"十四五"普通高等教育本科部委级规划教材

食品科学与工程国家一流本科专业建设配套教材
江苏省青蓝工程教学团队建设配套教材

U0149631

发酵工艺学

Fajiao Gongyixue

余晓红 商曰玲 王笃军◎主编

中国纺织出版社有限公司

图书在版编目（CIP）数据

发酵工艺学 / 余晓红，商曰玲，王笃军主编. -- 北京：中国纺织出版社有限公司，2024.4

"十四五"普通高等教育本科部委级规划教材

ISBN 978-7-5229-0743-7

Ⅰ.①发… Ⅱ.①余… ②商… ③王… Ⅲ.①药物－发酵－生产工艺－医学院校－教材 Ⅳ.①TQ460.38

中国国家版本馆 CIP 数据核字（2023）第 127848 号

责任编辑：毕仕林 国 帅 责任校对：王花妮
责任印制：王艳丽

中国纺织出版社有限公司出版发行
地址：北京市朝阳区百子湾东里 A407 号楼 邮政编码：100124
销售电话：010—67004422 传真：010—87155801
http://www.c-textilep.com
中国纺织出版社天猫旗舰店
官方微博 http://weibo.com/2119887771
三河市宏盛印务有限公司印刷 各地新华书店经销
2024 年 4 月第 1 版第 1 次印刷
开本：787×1092 1/16 印张：20.75
字数：546 千字 定价：58.00 元

普通高等教育食品专业系列教材
编委会成员

本书编委会

主　编：余晓红（盐城工学院）
　　　　商曰玲（盐城工学院）
　　　　王笃军（盐城工学院）
编　者（按姓氏笔画排序）：
　　　　王　铁（江苏洋河酒厂股份有限公司）
　　　　吕永梅（盐城工学院）
　　　　刘金彬（盐城工学院）
　　　　李　唯（盐城工学院）
　　　　陈小冬（盐城工学院）
　　　　邵　帅（盐城工学院）
　　　　胡　悦（盐城工学院）
　　　　柳晓晨（盐城工学院）
　　　　靳文斌（盐城工学院）
　　　　蔡金文（江苏菌钥生命科技发展有限公司）
　　　　魏　明（盐城工学院）

前　言

本书贯彻党的二十大精神,适用于食品科学与工程和生物工程专业的本科生和硕士研究生教育教学,突出以食品生物产业发展与应用型人才培养的特点,将发酵基础理论新技术和新方法、功能性发酵食品、水产品发酵和农畜产品发酵等内容撰写入教材,符合国家现阶段对食品和生物产业发展及相关人才需求定位,更好地体现应用型工科院校培养目标,着力培养具有现代工程师素养的高级应用型人才。

本教材涵盖发酵基本理论、发酵与酿造工程学基础、发酵类产品工艺三大部分的专业基础课程,结合最新科学研究成果,通过现有文献资料的查询及专业相关专家的咨询指导,内容不仅包含发酵基本理论、基础知识及现代生物技术在食品发酵与酿造中应用,还包括发酵工艺控制与发酵类产品实际操作技能的掌握和训练,可以满足现代医药、轻工、农业类高等院校的生命科学教学体系中专业课程的教学需要。

盐城工学院余晓红教授统编全书并编写第一章。第五章第一节、第三节至第五节内容由盐城工学院商曰玲副教授编写。第五章第二节由江苏洋河酒厂股份有限公司酿造部部长王铁编写。第五章第六节由盐城工学院胡悦老师编写。第二章到第九章内容,分别由盐城工学院吕永梅、靳文斌、邵帅、李唯、刘金彬、魏明、柳晓晨老师编写。第十章第一节和第二节由盐城工学院王笃军老师编写,第三节由江苏菌钥生命科技发展有限公司行政总监蔡金文编写。第十一章由盐城工学院陈小冬老师编写。本书在编写过程中,校企合作,力求突出实用性、科学性与先进性相结合,同时,部分章节设计了思政教育元素融入点,以期符合本科及研究生教育要求。

本教材由盐城工学院产教融合教材基金、盐城工学院研究生精品教材专项基金资助出版。本教材参考了国内外同行的科研成果和著作,在此对相关作者表示感谢。由于编者的学识和水平有限,书中难免出现疏忽之处,敬请读者批评、指正,以便将来修订时进一步完善。

编　者

2023 年 10 月

目　录

配套资源

第一章　绪论

发酵的英文是"fermentation"，源于拉丁语"ferver"，发酵过程常伴随发热、发泡或翻涌等现象，在液体发酵时，上述现象特别明显，而在固体发酵时，不一定能看到发泡或翻涌现象，但有明显的发热现象，往往需要翻料以降温，这是人们最早对发酵现象的认识。例如，中国黄酒和欧洲啤酒的酿造就是以起泡现象作为判断发酵进程的指标。狭义的发酵仅指有机化合物在厌氧条件下进行不彻底的分解释放能量的过程，而广义的发酵是指微生物在有氧或无氧条件下利用营养物进行生产的过程。

第一节　发酵的历史与特点

一、发酵过程的发展

我国民间酿酒的历史，可以追溯到四千多年前，而在古文明发源地埃及，民间酿酒和醋最早发现的时期大约在三千年前，比我国要晚将近一千年。北魏贾思勰的《齐民要术》（公元533—544年）中，列有谷物制曲、制酱、酿酒、造醋和腌菜等工艺，这些都是人类自发地利用发酵技术生产食品的过程。虽然人们对发酵现象认识很早，但对引起发酵的微生物及发酵的本质认识经历了漫长的过程。

1. 微生物的发现

17世纪后叶，荷兰的安东·列文虎克（Antony van Leeuwenhoek）发明了世界上第一台显微镜，人类历史上首次用肉眼观察到微小的生物个体，但没有发现微生物与发酵的关系，体现发酵现象的"自然发生说"盛极一时。

2. 微生物与发酵的关系

1861年，路易斯·巴斯德（Louis Pasteur）利用曲颈瓶实验否定了"自然发生说"，把微生物和发酵联系了起来，揭示了发酵是微生物作用的结果，但对发酵中微生物的控制技术没有掌握。

3. 纯培养技术的建立

19世纪后叶，德国的罗伯特·柯赫（Robert Koch）建立了微生物的纯培养技术，获得了各种纯培养微生物及其发酵产品，结束了巴斯德时期混菌的自然发酵过程。

4. 发酵本质的揭示

1897年，德国爱德华·布赫纳（Eduard Buchner）的"无细胞发酵"实验，发现酵母完全破碎后的提取液仍能完成发酵，证明微生物发酵的本质是酶的作用，这一发现将微生物学和生物化学紧密地联系起来，为此后酿造技术的发展奠定了理论基础。

5. 工业发酵技术的发展

20 世纪 40 年代，"二战"的爆发促进了工业发酵技术——好氧性发酵工程技术生产大量的抗生素，并逐渐形成了强大的现代化产业，与此同时，乙醇、丙酮、丁醇、甘油、各种有机酸、氨基酸、蛋白质、油脂等工业化发酵产品相继问世。

从 20 世纪 50 年代开始，随着人们对发酵产品的社会需求不断增高，新的发酵技术应运而生，如发酵微生物的人工诱变育种和代谢控制发酵工程技术，化学合成与微生物发酵相结合的工程技术，以及近年来迅猛发展的基因工程技术。

二、发酵的特点

发酵是利用微生物细胞或其产生的酶进行大分子物质转化的过程，与化学工业最大的区别是发酵在常温、常压和比较温和的条件下进行，其特点如下：

①过程安全，设备简单。发酵大多是在常温、常压下进行的，生产过程安全，对发酵设备要求也相对简单，设备成本较低。

②原料广泛，成本低廉。发酵常以淀粉、糖蜜或其他农副产品为主原料，辅加少量营养因子，大多数反应就可以进行。

③反应专一，副产物少。发酵是通过生物体产生的酶来完成的，而酶催化具有高度的专一性，因而可以有选择性地转化底物，获得较为单一的代谢产物，利于后续的分离纯化。

④代谢多样，适应范围广。可用于发酵的微生物种类较多，其代谢方式、代谢过程和途径多样。目前，大部分化合物都可以找到能将其分解代谢并获得相应代谢产物的微生物，因而发酵适用的范围非常广。

⑤营养丰富，易受污染。发酵过程所用原料的营养丰富，各种微生物都易生长，所以发酵过程要严格控制，防止杂菌污染。特别是纯种发酵，在接种前对设备和培养基要彻底灭菌，反应过程中所需的空气或添加营养物也需保持无菌状态。

⑥菌种是关键。发酵的主要任务是成分的降解和转化，这些过程都是由微生物完成的，所以微生物菌种的代谢能力和适用性是发酵成功最重要因素。工业生产中常利用各种育种方法和筛选手段获得功能性状优良的微生物菌株，达到创造显著经济效益的目的。同时，在发酵过程中，不断对菌株进行复壮和筛选，以保持其应有的优良功能性状。

第二节 发酵产品的类型

一、按发酵产品的性质分

1. 微生物代谢产物

生物体在代谢过程中产生许多重要的代谢产物，可分为初级代谢产物和次级代谢产物。

初级代谢是指微生物从外界吸收各种营养物质，通过分解代谢和合成代谢，通常在对数生长期生成的、维持细胞生长所需物质和能量的过程。这一过程的产物如糖、氨基酸、脂肪酸、核苷酸及其聚合而成的高分子化合物称为初级代谢产物。

次级代谢是指在稳定生长期之后，以初级代谢产物为前体合成的化学结构复杂、对微生物本身生命活动没有明确功能的物质的过程。此过程的产物如抗生素、毒素、激素、色素等称为次级代谢产物。

2. 微生物酶

酶制剂现在已经应用到各个方面，在工农业生产中发挥着极大的作用。酶普遍存在于动植物细胞和微生物细胞内，早期主要采用提取的方式获得，现在主要以微生物发酵法生产，且可以通过微生物代谢控制发酵产酶，获得动植物来源的酶。有些工业用酶不需要纯化，连同微生物细胞一起利用，如传统白酒发酵所用的"曲"（复合酶制剂），实际就是混合微生物的发酵剂，在生产中起到分解糖类和蛋白质等原料的作用。工业用淀粉酶、葡萄糖苷酶、支链淀粉酶、转化酶、葡萄糖异构酶、纤维素酶、碱性蛋白酶、酸性蛋白酶、中性蛋白酶、果胶酶、脂肪酶、凝乳酶、过氧化氢酶、胆固醇氧化酶、葡萄糖氧化酶、氨基酰化酶等都可以利用微生物生产。

3. 生物转化产物

生物转化是指利用生物细胞中的一种或多种酶作用于一些化合物，使化合物的结构发生变化，生产具有更高经济价值的化合物。生物转化和生物代谢产物是有很大区别的，生物转化是由微生物细胞中的酶对底物进行生物催化，催化反应包括脱氢、氧化、脱水、缩合、脱羧、羟化、氨化、脱氨、异构化等，如利用葡萄糖异构酶转化葡萄糖为果糖，利用醋酸菌将乙醇氧化成乙酸生产食醋，将葡萄糖转化成葡萄糖酸等。生物转化反应最大的特点是反应的特异性强，包括反应类型特异性、结构位置特异性、立体特异性，其中反应的立体特异性最为重要。生物转化的优点是反应条件温和、工艺简单、污染小等。

4. 微生物菌体

这是以获得具有特定用途的生物细胞为目的的一种发酵，其生产特点是生长稳定期时菌体细胞浓度最大、产量最高。菌体发酵主要有单细胞蛋白，藻类，冬虫夏草、蜜环菌、灵芝、茯苓、香菇、云芝等食用菌类，活性乳酸菌、疫苗、生物杀虫剂和杀菌剂等。

5. 重组产品

重组 DNA 技术的出现扩大了发酵产品的来源，来自高等生物的基因可以转入微生物细胞从而合成外源蛋白质，作为寄主的微生物包括大肠杆菌、酿酒酵母及丝状真菌，利用基因工程菌可以生产原有微生物所不能生产的新产品，如胰岛素、干扰素、特异蛋白、单克隆抗体和白细胞介素等。

二、按发酵产业种类分

①酿酒工业。主要利用谷物果蔬农产品原料，制取各种酒类，如黄酒、啤酒、葡萄酒及各种果酒等。

②传统酿造工业。主要利用含糖或蛋白质的原料，制取人们日常生活的调味品，如酱、酱油、食醋、腐乳、豆豉、酸乳、乳酸菌饮料等。

③有机酸发酵工业。主要利用含淀粉类原料，经过淀粉糖化、液化及后续发酵，制取各类有机酸。有机酸既可作为工业原料，也可作食品添加剂，如柠檬酸、苹果酸、酒石酸、乳酸、葡萄糖酸等。

④酶制剂发酵工业。主要以含一定淀粉、蛋白质的农产品（如玉米粉、豆饼粉等）为原料，经微生物发酵，产生大量的酶类。发酵可以采用固态发酵，也可采用液态深层发酵。所用菌种因酶种类不同而有较大差异，如淀粉酶多采用枯草芽孢杆菌、地衣芽孢杆菌，蛋白酶

多采用黄曲霉、米曲霉等，产脂肪酶的微生物种类多，各生产企业使用的菌种不尽相同。

⑤氨基酸发酵工业。主要利用含淀粉类原料，利用特定的菌种进行发酵，如利用北京棒状杆菌、钝齿棒状杆菌发酵生产谷氨酸。氨基酸既可作为工业原料，也可作为食品添加剂。

⑥功能性食品生产工业。利用含糖和蛋白质的原料培养特定的菌类，在菌类生长过程中，在其体内合成特定的功能性物质，如低聚糖、真菌多糖、红曲等。

⑦食品添加剂生产工业。与功能性食品生产类似，利用特定的菌类在生产过程中产生特定的物质，如黄原胶是一种由假黄单胞菌属发酵产生的单胞多糖，海藻糖是由节杆菌属、棒杆菌属、短杆菌属微生物产生的一种非还原性二糖，这些物质可作为食品添加剂。

⑧菌体制造工业。在一定的培养基质中培养特定的菌体而获得产物，目前主要是利用酵母细胞获得单细胞蛋白、酵母粉等。

⑨维生素发酵工业。利用部分微生物能合成维生素的特性，培养后从培养液中提取微生物获得产物，如维生素 B_2、维生素 B_{12}、维生素 C 等。

⑩核苷酸发酵工业。目前主要指 5′-肌苷酸（IMP）和 5′-鸟苷酸（GMP）及其钠盐的发酵，这些物质具有很强的鲜味，是新生代鸡精调味品的主要原料。理论上，可以用微生物生产的核苷酸及其衍生物有 60 多种，但实际生产的种类以 IMP 为主。

第三节　发酵工艺的发展趋势

发酵的实质是利用生物细胞（微生物细胞、动植物细胞）或其组成部分（细胞器、酶），在适宜条件下，对培养基中的底物进行分解代谢或转化，生产有价值的产物。发酵过程涉及许多学科，如分子生物学、细胞生物学、遗传学、微生物学、化学、工程学等，发酵工艺是一门综合性的科学技术。随着生物技术的发展，发酵技术的工业化应用更加依赖基因工程、细胞工程、发酵工程、酶工程和生化工程等技术的发展。

从发酵与生物技术的关系及生物技术发展的趋势来看，发酵工艺的发展主要集中在以下几个方面。

①筛选和培育优良菌种。发酵过程主要是利用细胞进行物质分解或转化，发酵效率、发酵产物的特性与细胞的特性有密切联系，因此，筛选和培育优良的菌种在发酵工业中显得尤为重要。传统菌种筛选主要是从发酵产品、原料、产地分离纯化而获得一些性状优良的菌种，也可以对这些菌种进行一些诱变处理，诱发符合需要的正向突变，而随着基因工程技术的发展，人们可以在短时间内获得具优良性状的工程菌，这是常规育种方法无法做到的。目前，利用基因工程技术手段，人们已经能使微生物细胞产生许多动植物细胞才能产生的产品，如胰岛素、干扰素等。可以说，基因工程为发酵技术提供了无限的潜力和发展空间。

②用发酵技术进行动植物细胞培养。动植物细胞能产生很多微生物细胞所不具备的特有代谢产物，利用工程技术进行动植物细胞的大量培养，就能生产这些特有物质。如动物细胞可产生生长激素、疫苗、免疫球蛋白等，植物细胞可产生生物碱类、色素、类黄酮、花色苷、苯酚、固醇、萜烯、植物生长激素、调味品、香料等。利用植物细胞培养还可以生产一些人类还不能合成的稀有化合物，如从红豆杉中提取的紫杉醇对治疗癌症有很好的疗效，但这种植物资源非常稀少，很难获得大量的提取原料，而现在可利用细胞培养的方法，从红豆杉的早期细胞培养物中提取紫杉醇。

③固定化酶或细胞将发挥更大的作用。发酵过程中所发生的所有反应都是在酶的催化作用下进行的，将酶或细胞固定在不溶性、易于分离的膜状或颗粒状聚合物上，这些酶或细胞在连续催化反应过程中不再流失，从而可以回收并反复利用，这样可以节约成本，且酶也不会混杂在反应产物中，使下游提取纯化工艺变得相对简单。但存在的问题是，酶的固定化过程比较困难，现在多数采用包埋的方法，效果不是很理想，今后还要进一步研究，以获得更好的固定方法。

④重视设备与下游分离纯化方法的开发。为便于控制发酵条件，大部分发酵过程都是在发酵罐中进行的，在罐型较小时，各种参数很容易控制，但当罐型放大到一定程度时，各种参数的控制就变得困难，因此，对设备的各种参数进行有效控制就变得非常重要，这也是设备开发的重心之一，其开发涉及流体力学、传质、传热和生物化学反应动力学等学科。目前，发酵中绝大多数反应器属于非均相反应器，主要为机械搅拌式、鼓泡式、环流式，要实现反应器的自动化、连续化，生物传感器是必不可少的，因此，生物传感器的研究和设计也是今后发酵工业发展的方向之一。生物发酵的下游工程技术——成分分离、纯化更能体现发酵的价值，因此开发新的成分分离、纯化方法，将会获得更加有价值的一些生物反应纯品，大幅提高其附加值。

⑤发酵法生产单细胞蛋白。在世界经济、科技飞速发展的今天，人们既有更多的机遇，也面临着更多的问题和困境，能源短缺、环境恶化和食物供给不平衡是人类目前面临的主要问题，这些问题一时难以解决。有科技工作者认为，开发单细胞蛋白是解决上述问题的有效途径之一。以工农业废料、石油废料等作为原料，以各种辅料作为营养基质，利用微生物对这些基质进行转化，既可以获得微生物的代谢产品（单细胞蛋白），又可以处理掉废料中许多影响环境的物质。单细胞蛋白最主要的用途是做动物饲料。目前的单细胞蛋白主要以酵母为主，其他生物的单细胞蛋白还有待于开发利用。

⑥更多采用冷杀菌。冷杀菌过程中发酵液的温度并不升高，这样既可以很好地保持发酵液中功能性成分的生物活性，又有利于保持产品的色、香、味及营养成分，但目前冷杀菌技术在食品及发酵产品中的应用不多，主要原因是设备的成本相对较大，且生产者对冷杀菌的效果不是很放心，担心杀菌不彻底，因此今后还需要进行进一步研究并予以标准化，使冷杀菌的优势得以很好地体现。冷杀菌包括超高压杀菌、辐射杀菌、高压脉冲电场杀菌、磁力杀菌、感应电子杀菌等。

⑦加强代谢研究，进一步搞好代谢控制，开发更多代谢产品。由于生物代谢的多样性和复杂性，人们对生物的许多物质代谢途径不甚清楚，目前能够做到的只是通过改变外部环境条件获得更多的目标产物，而没有根本的办法从代谢途径或机理上予以控制，因此，需要加强代谢途径的研究，迫使微生物的代谢向着有利于人类需要的方向发展，提高效率，减少副产物的生成，开发出更多有价值的生物代谢产品。

⑧构建代谢网络，计算理论得率，设法提高实际产率。在搞清代谢途径的基础上，用代谢物流分析的方法建立代谢网络和化学计量模型，计算细胞内代谢物的物料平衡，以获得最大的理论得率。目前建立代谢网络和物料平衡的方法是基于细胞代谢中间物的物料"平衡"，即其产物生成速率和消耗速率相等，利用一些可检测的胞外代谢物指标，如底物浓度的消耗量，菌体生产量，乙酸、乙醇、乳酸等产物的浓度，建立代谢方程矩阵，可以从理论和实际两个方面来指导生产。目前，代谢网络和化学计量方法在氨基酸和抗生素生产中得到了应用，在其他发酵代谢中的应用还比较少。

思考题

①试论述发酵产品和人类日常生活的关系。

②什么是发酵？发酵的特点有哪些？

③发酵产品的分类有哪些？

④试论述生物技术在发酵工艺的应用发展趋势。

第二章 工业微生物菌种

微生物资源是重要的战略生物资源，微生物产业是仅次于动植物之后的关键生物产业。工业微生物对发酵工业产品的质量和产量有重要的影响，是保证发酵产品质量稳定的关键环节。工业微生物对菌种的要求主要表现为以下几个方面：

①能在成本低廉的培养基中快速生长，且代谢产物得率高，易于回收。

②能够在培养条件易于控制的情况下迅速生长并发酵目标产物。

③繁殖快，用于发酵的周期较短，减少污染杂菌的可能，同时提高设备的利用率，降低生产周期。

④抗杂菌污染和噬菌体感染的能力较强，发酵过程中不易被感染。

⑤菌种纯度高，具有稳定的遗传性状，发酵过程稳定，产品质量有保障。

⑥胞外代谢物最好为目标产物，产物便于分离同时降低产物对菌体生长抑制作用，菌种适应放大设备的能力较强。

⑦为保证产品安全，病原菌不能作为菌体，不能产生毒素（包括抗生素、激素和毒素等）和有害的生物活性物质。应用于食品领域的菌种要求更为严格，必须经过严格鉴定才能作为工业食品级微生物应用，如早期采用黄曲霉（*Aspergillus flavus*）生产酱油，目前已经停止使用。

第一节 工业微生物

目前工业中保藏的微生物菌种来源主要有五种途径：从自然界中分离纯化出来的野生菌株；利用诱变技术获得的突变工程菌株；利用 DNA 重组技术获得的工程菌；原生质体融合菌；利用合成生物学技术改造的工程菌株。

细菌、酵母菌、霉菌和放线菌为最为常见的工业微生物。本书主要从细菌、放线菌和真菌三个大方向逐一介绍。

一、细菌

细菌（bacteria）在自然界中分布最广、数量最多、与人类生产生活最为密切。细菌在发酵工业中使用最为广泛，一般由基本结构和特殊结构组成。细胞壁、细胞膜、细胞质和核质是各种细菌都具有的基本结构。细菌的菌毛、鞭毛、荚膜和芽孢为某些细菌特有的结构，这些特征不仅在鉴定细菌分类中有重要的意义，同时也是发酵某些产品所特有的。

根据形态分类，细菌主要包括球菌、杆菌和螺旋菌。杆菌属类是发酵工业中最为常用的细菌，谷氨酸的定量分析常用大肠杆菌（*Escherichia coli*）生产的谷氨酸脱羧酶，天冬酰胺、天冬氨酸、苏氨酸和缬氨酸等氨基酸的制备也常用大肠杆菌；乳杆菌（*Lactobacillus* sp.）可用于生产乳制品、豆制品、酱油、干酪泡菜等；可以发酵枯草芽孢杆菌（*Bacillus subtilis*）获得淀粉酶和蛋白酶；工业上还利用棒状杆菌类（*Corynebacterium* sp.）和短杆菌（*Brevibacterium* sp.）进行氨基酸和核苷酸的生产。在发酵工业中球菌也具有相应的应用价值，如可以利用链球菌属（*Streptococcus* sp.）和乳球菌属（*Lactococcus* sp.）发酵乳制品等。

二、放线菌

放线菌具有分枝菌丝和分生孢子两种特殊结构，呈菌丝状生长菌落呈放射状，主要通过孢子繁殖。放线菌蕴含巨大应用价值，可以产生生物酶和抗生素等许多生物活性物质，并且有一大类放线菌能在较高温度下生长，能够产生大量消化酶（如蛋白酶）。使用放线菌可以生产大部分抗生素，除生产抗生素外，甾体激素和酶制剂的生产应用也比较广泛。同时，不同抗生素有选择性对不同微生物产生抑制作用。

链霉菌属（*Streptomyces* sp.）是研究最为广泛的一类放线菌，灰色链霉菌（*S. griseus*）可以用于生产链霉素，龟裂链霉菌（*S. rimosus*）用于生产土霉素，金霉素链霉菌（*S. aureofaciens*）用于生产金霉素，红霉素链霉菌（*S. erythreus*）用于生产红霉素。小单胞菌属（*Micromonospora* sp.）中的许多种也可以用于生产抗生素，如棘孢小单胞菌（*M. echinospora*）主要用于生产庆大霉素。诺卡氏菌属（*Nocardia* sp.）用于生产利福金霉素、蚊霉素等。孢囊链霉菌属（*Streptosporangium* sp.）的一类放线菌主要用于生产多霉素、创新霉素。

三、真菌

酵母菌是当前工农业极具价值的一类微生物，也是研究微生物遗传学的重要材料。除了在面包、酒精、酱油等的生产具有广泛应用外，还应用于单细胞蛋白制造、糖化饲料、低聚果糖、石油脱蜡、酶制剂生产和猪血饲料发酵等许多方面。随着发酵工程技术的进步，工程化的酵母菌株也用于发酵制备如核糖核酸、辅酶 A 及凝血质细胞色素 C 等医药产品。

啤酒酵母（*Saccharomyces cerevisiae*）又称酿酒酵母，常用于酒精食品的制作，包括啤酒、果酒和白酒等，也用于面包、酒精及药用酵母的生产。发酵啤酒酵母还可以用于凝血质、麦角固醇、核酸、细胞色素 C 和辅酶 A 等的制备生产；啤酒酵母也可用于生产供食用、药用或者用作饲料的单细胞蛋白；酒心巧克力的制作使用啤酒酵母表达的蔗糖转化酶。

除了用于传统的酿酒、制酱油外，目前也广泛应用于酶制剂工业和发酵行业。工业上常用的霉菌有藻状菌纲（*Phycomycetes*）的毛霉（*Mucor*）、犁头霉（*Absidia*）和根霉（*Rhizopus*），短梗霉菌（*Aureobasidium* sp.）中的出芽短梗霉（*Aureobasidium pullulans*），子囊菌纲（*Ascomycetes*）的红曲霉（*Monascus*），以及半知菌纲（*Deuteromycetes*）的青霉（*Penicillum*）和曲霉（*Aspergillus*）等。米曲霉（*R. oryzae*）有极强的产淀粉酶能力，酶活力很高，故常作为糖化酶使用；米曲霉能够分泌蛋白酶，因此分解蛋白质能力较强，所以也可用于制造腐乳。米曲霉同时具有较强的产淀粉酶和分泌蛋白酶能力，是淀粉酶和蛋白酶的工业生产菌。黑曲霉（*A. niger*）分泌酶系丰富且产酶能力强，可用于制备如淀粉酶、蛋白酶、纤维素酶、果胶酶和葡萄糖氧化酶等，也可生产没食子酸、抗坏血酸、葡萄糖酸和柠檬酸等多种有机酸。出芽短梗霉是发酵制备普鲁兰多糖的菌株，普鲁兰多糖广泛应用在食品、医药、石油化工等行业。在自然界，微生物可降解利用普鲁兰多糖，不污染环境。

第二节 菌种选育

菌种选育、发酵、提取精制是发酵工业里的三个主要环节，其中影响最大的是菌种选育，它是生产发酵产品的最基本和最关键环节。好的菌种，不仅可以提高目标发酵产物的产量、降低生产成本、提高经济效益，同时还可以简化生产工艺、降低副产物含量、提高产物纯度，进而提高产品的质量、改善有效成分的组成，甚至还可能用于开发新的产品。为了培育优良的菌种，科研工作者深入研究菌种的遗传信息，通过菌种遗传标记进一步分析合成机制，为分子遗传学研究提供理论基础，最终获得遗传性状符合工业需求的优良菌种。

目前为止，工业微生物育种所采用的方法主要包括自然选育、诱变育种、杂交育种、原生质体融合、基因工程和合成生物学等。

一、自然选育

自然选育（或自然分离）是指无人工处理直接对微生物进行筛选的方法，属于纯种选育的方法。相比于其他有机体，微生物更容易发生自然变异，且自然变异是偶然的、不定向的，并且多数是负向变异，容易造成菌种退化，并且负变多于正变。如果不及时进行自然选育，特别是在工业生产和发酵研究中要经常进行菌种纯化，就有可能使微生物的生产水平大幅下降。自然选育分离出能够维持原有生产水平或者生产水平更高的正变菌株，从而达到纯化复壮菌种、提高生产效率的目的。但是自然选育极难获得正突变菌株，目前应用自然选育达到优良菌种选育目的的应用较少。自然育种的步骤主要包括自然变异的产生、选育方法的选择、复壮和保藏等。

（一）自然变异的产生

自然变异是指没有人工参与的微生物变异，但是并不表示这种变异没有人为的原因，自然界中能够引起微生物发生基因突变的因素多种多样，自发突变实际上也是众多因素长期综合导致的结果。

1. 环境因素

自然界中各种各样的短波辐射是可以达到低剂量诱变效应的。温度、水分、培养条件、营养物质等自然条件对于自发突变也都是有影响的。同时，微生物代谢产物在胞内累积到一定浓度时也可以诱发微生物的 DNA 构象改变，如过氧化氢、有机过氧化合物等。

2. 菌种遗传的不稳定性

菌种遗传的不稳定性主要有 DNA 碱基的移码突变效应，DNA 增变基因的诱发突变，DNA 死亡基因的诱发突变，DNA 代谢失调引起的其他突变，遗传基因型的分离，回复突变的产生，以及异核现象导致的微生物群体变异等。

自发突变具有变异速率慢的特点。一方面主要是因为导致变异的因素都不是强诱变因子，是需要长时间积累产生的；另一方面，一个基因发生突变不一定会影响遗传性状的改变，即使影响，也不会立即影响微生物群体的性状变异，变异要通过 DNA 复制才能传到下一代，并在一定的环境条件下进行目标蛋白的表达，通过微生物性状的变化才能体现出来。更重要的是，突变基因必须取得数量的优势时，群体才能表现出性状的变异。

（二）选育方法的选择

单菌落分离法是最常用的自然选育方法，主要步骤如下。

①制备单孢子悬液。孢子制备是发酵工业生产中不可或缺的一个环节，孢子的好坏直接关系到发酵生产的成功与否。用无菌生理盐水或合适的缓冲液稀释单孢子悬浮液。

②分离培养单菌落。根据计数结果，定量稀释后，取适量（0.1~0.2 mL）孢子液到固体培养皿上，培养到长出的单菌落以 5~20 个菌落/平皿为宜（根据丝状真菌、细菌或者放线菌菌落的大小不同而不同）。

③制备斜面种子。分离培养后获得的单菌落，用取样环挑取单菌落并利用划线的方法接到斜面培养。待种子成熟后接入发酵瓶，测定发酵单位的过程称为筛选，它也分初筛、复筛两个过程。

④摇瓶初筛。初筛指初步筛选，在初筛过程中，主要以筛选面宽、菌株数多为原则。因此，初筛时尽量不用母瓶的种子，而是将斜面直接接入发酵瓶，测其产量；对于一些生长慢的菌种，也可先接入母瓶，生长到一定浓度后再转入发酵瓶中。初筛这一过程中，菌株挑选量以 5%~20% 为宜。

⑤摇瓶复筛。复筛是对初筛得到的高产菌株的再筛，以挑选出稳定高产菌株为原则，要求菌株数少，测定准确。每一初筛通过斜面可接 2~3 只摇瓶。最好使用母瓶、发酵瓶两级，并要重复 3~5 次，用统计分析法确定产量水平。

⑥生产试验。复筛选出的高单位菌株至少要比对照菌株产量提高 10%，并要经过菌落纯度、摇瓶单位波动情况，以及糖、氮代谢等考察，考察合格后方可在生产罐上试验。

⑦菌种保藏、初筛、复筛都要同时以生产菌株为对照，复筛得到的高单位菌株应制成沙土管、冷冻管或液氮管进行保藏。

二、诱变育种

诱变育种是利用物理和化学诱变剂等促进生物体突变的因子，以使生物体发生突变为主要手段，从突变子中筛选高产菌株的一种育种方法。

（一）诱变因子

诱变因子包括化学因子、物理因子、生物因子。化学诱变剂包括烷化剂（主要是烷化碱基，如羟胺、硫酸二乙酯、亚硝基胍、嵌合剂吖啶类染料等）和碱基结构类似物（2-氨基嘌呤、5-溴尿嘧啶、8-氮鸟嘌呤等）；物理诱变剂包括电离辐射、放射性钴^{60}Co、紫外线、高能离子束等；生物诱变剂包括转座子、噬菌体等，生物诱变剂主要是将外源生物基因片段整合到细胞的染色体或质粒上。

诱变育种，其理论基础是基因突变，突变又包括染色体畸变和基因突变。

（二）诱变育种的基本方法

诱变育种主要分为两个基本步骤：菌种的诱变和突变子的筛选。突变子分为正突变和负突变，一般认为获得高产性能的菌株为正突变。诱变部由选择出发菌株开始，制出新鲜细菌悬液作诱变处理，然后以一定稀释度平皿，至平皿上长出单菌落等各步骤。因诱发突变是使用诱变剂促使菌种发生突变，所以形成的突变与菌种本身的遗传背景、诱变剂种类及其剂量的选择和合理使用方法均密切关系。筛选部分包括经单孢子分离长出单菌随机挑至斜面，经初筛和复筛进行生产能力测定，最后把优良菌种进行保存。具体过程如下。

1. 出发菌株的选择

出发菌株可以是筛选到的野生型菌株，也可以是现有的生产菌株，但都要求出发菌株具有生产某一目标产物的能力，且对诱变剂敏感，此外出发菌株还需具有生产方面的优良性能。在诱变前，应对出发菌株进行产量、生理特性、形态等方面的基础性研究，将诱变后获得的诱变子与野生型在相同条件下进行对比。

用于诱变的菌种，应将其培养至合适的生理周期，然后一般将其制成一定浓度的悬浮液，可采用细胞、孢子、原生质体等类型。诱变前测定其菌体或孢子的浓度，以便计算诱变后的突变率和致死率等指标。菌体或孢子悬浮液应均匀打散，并稀释一定浓度，避免诱变时剂量不匀或涂培养皿时无法得到单菌落。

2. 选择诱变剂

诱变剂的选择主要是根据成功的经验，诱变剂的诱变作用不但与诱变剂本身有关，还与菌种的种类和出发菌株的遗传背景有关。一般对遗传上不稳定的菌株，可采用温和的诱变剂，或采用已见效果的诱变剂；对于遗传上较稳定的菌株则采用强烈的、不常用的、诱变谱广的诱变剂。要重视出发菌株的诱变系谱，不应常采用同一种诱变剂反复处理，以防止诱变效应饱和；但也不要频频变换诱变剂，以避免造成菌种的遗传背景复杂，不利于高产菌株的稳定。选择诱变剂时，还应该考虑诱变剂本身的特点。例如紫外线主要作用于 DNA 分子的嘧啶碱基，而亚硝酸则主要作用于 DNA 分子的嘌呤碱基。紫外线和亚硝酸复合使用，突变谱宽，诱变效果好。各类诱变剂的剂量表达方式有所不同，因此在诱变选育工作中，常以杀菌率表示诱变剂的相对剂量。

3. 诱变过程

无论是物理诱变、化学诱变或者生物诱变，都会对人体细胞造成一定程度的伤害作用，操作过程一定要严谨、规范、认真。下面以紫外线诱变为例，说明诱变处理的过程。打开紫外灯（30 W）预热 20 min。取 5 mL 待诱变菌悬液放于无菌的培养皿（9 cm）中，放置在离紫外灯 30 cm（垂直距离）处的磁力搅拌器上，照射 1 min 后打开培养皿盖，开始紫外诱变照射，照射过程中磁力搅拌器不断搅拌。开始记录时间，照射时间分别设为 15 s、30 s、1 min、2 min、5 min 和 10 min，计算致死率和突变率。照射结束后，诱变后的菌液在黑暗冷冻条件下放置 1~2 h，然后在红灯下稀释涂菌进行初筛。在计算某一诱变剂对微生物作用的最适剂量时，必须考虑到一切诱变剂都有杀菌和诱变的双重效应。当杀菌率不高时，诱变率常随剂量的提高而提高，剂量提高到一定的浓度后，诱变率反而下降了。如果以产量性状为标准，则诱变率的高低还有两种情况：一是提高产量的正向突变；二是产量降低的诱变率，这种称为负向突变。因此，诱变过程中要注意诱变剂的使用剂量。紫外线诱变时，其剂量主要由紫外灯功率、照射时间、与紫外灯的距离决定。因此，可以通过调节紫外灯功率、照射时间和与紫外灯的距离来控制诱变剂的剂量，也就控制了诱变剂的诱变效果。

4. 突变子的筛选

诱变后的菌体悬浮液或孢子悬浮液应尽快涂布于装有培养基的培养皿中，并进行培养，培养一定时间后，对其进行观察计算，计算突变率和致死率。根据实验目的精心安排筛选方案，突变子的类型很多，要通过初筛和复筛两个阶段最终获得符合要求的正突变子。

①初筛。根据筛选对象，需要采取合适的方法，在诱变后大量的菌落中进行筛选才能更加高效、快速地筛选到所需要的突变株。俗语中，常用所谓的"筛子"一词来表示用什么方法进行快速筛选所需要的微生物。突变的微生物类型很多，可以是形态变异型、营养缺陷型、抗性变异型，也可以是发酵条变异型等。初筛时，可直接在培养皿上选取突变子，必要时，也可通过摇瓶发酵试验再次确认。

下面为几种常见的初筛方法。

透明圈法：以高产淀粉酶的细菌筛选为例。可在固体肉汤培养基中加入一种呈蓝色的淀粉（starch azure），将涂布诱变后的菌液倒入培养皿中，培养一定时间，分泌淀粉酶的菌落的外围会有一明显的褪色圈。淀粉酶活性越高，该褪色圈的直径越大，可直接在蓝色的琼脂背景下清晰地看到该褪色圈，因而在初筛时可直接了解该菌落产淀粉酶活性的相对高低。对于产蛋白酶的诱变菌株的筛选，则常用加入酪蛋白的琼脂培养基作为初筛的"筛子"，产蛋白酶活力高的菌落，也会产生直径较大的透明圈。

营养缺陷型筛选法：在氨基酸、核苷酸高产菌筛选时，常用营养缺陷型筛选法。诱变后的突变子，可能某代谢途径的酶基因发生变异，因而导致某末端产物无法合成。该末端产物无法合成，则有可能导致该末端产物的前端的某代谢产物大量积累。该突变子的培养基中必须加入该末端产物，只有这样该突变子才能生长、繁殖。因此，营养缺陷型突变子的筛选往往采用两种培养基（一种是在基本培养基加入末端产物；另一种是不加该末端产物），采用影印法，从对应的菌落中筛选出该营养缺陷突变子。

抗反馈突变菌株的筛选：分离抗反馈突变株的最常用的方法是用与代谢产物结构类似的化合物（结构类似物）处理微生物细胞，通过杀死或抑制绝大多数细胞，选出能大量产生该代谢物的抗反馈突变株。结构类似物一方面具有和代谢物相似的结构，因而具有和代谢物相似的反馈调节作用，阻遏该代谢物的生成；另一方面它与代谢物不同，因此不具有正常的生理功能，对细胞的正常代谢有阻遏作用，会抑制菌的生长或导致菌的死亡。例如，一种氨基酸终产物，在正常的情况下，参与蛋白质合成，过量时可抑制或阻遏它自身的合成酶类。如果这种氨基酸的结构类似物也显示这种抑制或阻遏，但却不能用于蛋白质的合成，那么当用这种结构类似物处理菌株时，大多数细胞将由于缺少该种氨基酸而不能生长或者死亡，而有那些对该结构类似物不敏感的突变株，仍然能够合成该种氨基酸而继续生长。某些菌株只所以能够对这种结构类似物不敏感，是因为被该氨基酸（或结构类似物）反馈抑制的酶的结构发生了改变（抗反馈抑制），或者被阻遏的酶的生成通路发生了改变（抗反馈阻遏）。由于突破了原有的反馈调节系统，这些突变株就可产生大量的该种氨基酸。

②复筛。在初筛的基础上，对某些突变子进行进一步的性能测试，根据性能的好坏取舍。复筛过程包括对培养皿上的菌落做进一步验证试验及摇瓶发酵，并结合产物检测的试验。

诱变育种技术虽然效率不高，但即使在基因工程技术较为发达的今天，诱变育种技术仍是不可缺少的育种手段，常用于细菌、酵母菌和霉菌的诱变。目前许多高产菌，如黑曲霉、米曲霉和红曲菌等都是经过诱变育种得到的。

三、杂交育种

杂交育种是将两个基因型不同的亲株通过杂交使遗传物质重新组合，形成新的遗传型个体的过程。杂交育种一般是选用已知性状的供体菌株和受体菌株作为亲本，把不同菌株的优良性状集中于组合体中，克服长期用诱变剂处理造成的菌株生活能力下降等缺陷，使两个不同基因型的菌株通过接合或原生质体融合使遗传物质重新组合，再从中分离和筛选出具有新性状的菌株。因此，杂交育种不仅能克服原有菌种生活力衰退的趋势，还可以消除某一菌种经长期诱变处理后所出现的产量上升缓慢的现象。杂交还可以改变产品质量和产量，甚至形成新的品种。早期我国药用微生物菌种的改良中就用了杂交育种技术，如20世纪60年代将青霉素产生菌黄青霉和灰黄霉素产生菌荨麻青霉，进行种间准性杂交，并获得成功；20世纪70年代的青霉素产生菌杂交研究也是比较成功的，得到了高产重组体菌株，大大地提高了青霉素的发酵单位。杂交育种是一种重要的育种手段，真菌、放线菌和细菌均可进行，但对微生物育种来说，有性重组的局限性很大。迄今发现有杂交现象的微生物为数不多，有工业价值的微生物则更少，而且即使发酵杂交，遗传重组的频率并不高，重新形成的重组体动摇了菌种的遗传基础，使得菌种对诱导剂更加敏感。另外，由于操作方法比较复杂、技术条件要求苛刻，其推广和应用受到一定程度的限制。

传统的杂交育种在真核微生物中可以通过有性杂交和准性杂交两种途径进行；在原核微生物中（如细菌和放线菌）则可通过接合杂交进行。20世纪70年代发展起来的原生质体融合杂交育种技术则有更大的实用意义，我国育种工作者也已普遍推广使用此种方法。

（一）准性生殖

所谓准性生殖是指真菌中不通过有性生殖的基因重组过程。1952年Pontecorvo首先在构巢曲霉中发现准性生殖，证实不产生有性孢子的微生物（如真菌中的半知菌纲和放线菌），除了主要进行无性繁殖外，还能进行准性生殖，准性生殖的整个过程包括三个相互联系的阶段。

1. 异核体形成

当具有不同性状的两个细胞或两条菌丝相互联结时，导致在一个或一条菌丝中并存有两种或两种以上不同遗传型的核，这样的细胞或菌丝体叫作异核体。异核体一般比较稳定，它多发生在孢子发芽初期，有时在孢子发芽管与菌丝间也可见到。

2. 二倍体形成

随着异核体形成，异核体菌丝在繁殖过程中，偶尔在两种不同遗传管与菌丝间也可见到核的融合，形成杂合细胞核，由于组成异核体的两个亲本细胞核各具有一个染色体组，所以杂合核是二倍体。在自然条件下，杂合二倍体的形成概率通常是很低的。杂合二倍体是杂交育种的关键，因为杂合二倍体本身不仅已经具备了杂种的特性，而且随着其染色体或基因的重组和分离，还能形成更多类型的杂种（重组体分离子），这就为杂交育种提供了丰富的材料。

3. 体细胞重组

杂合二倍体只具有相对的稳定性，在繁殖过程中发生染色体交换和染色体单倍化，形成各种分离子，用诱变剂处理后分离子的类型更多。有人把它们总称为体细胞重组。

在生产实践中，我国进行了不少霉菌杂交育种方面的工作并获成功，如青霉素产生高产重组体菌株、灰黄霉素产生菌高产重组体菌株等，提高了菌株的发酵单位。在细菌和放线菌中，接合是最常见的杂交方式，二亲株的细胞在固体培养基上混合培养。

（二）接合

在细菌和放线菌中，接合是最常见的杂交方式。二亲株的细胞在固体培养基上混合培养时，一亲株细胞的基因组片段进入另一亲株的细胞，发生部分染色体的转移或遗传信息的交换，形成部分合子，部分合子是由一个供体染色体片段与一个受体染色体的整体结合而形成，但也可能两个亲本染色体都不完整。经过二次交换形成单倍重组体。在放线菌中可以经过一次单交换形成一种特殊的线型 DNA 结构，称为异核系，即杂合的无性繁殖系的细胞体，异核系的菌落形态很小，遗传类型各不相同，能在基本培养基或选择培养基上生长。异核系不稳定，所产生的孢子几乎全部是单倍体，而成为一个单倍的无性繁殖系，能长出各种类型的分离子。接合杂交在工业微生物的菌种改良中也有一些成功的报道，但多数效果并不明显。

四、原生质体融合

所谓原生质体融合，就是把两个亲本的细胞壁分别使用生物酶制剂酶解，使菌体细胞在高渗环境中释放出只有原生质膜包裹着的球状体（即原生质体）。在融合剂聚乙二醇（PEG）的作用下，两亲本的原生质体在高渗条件下混合，使其相互聚集发生质配和核配，基因组由接触到交换，从而实现遗传重组。原生质体融合技术最开始在动植物细胞中得到应用，后面逐渐在微生物细胞中也得到成功应用。由于该技术能大幅提高重组的频率，并扩大重组的幅度，因此使用微生物原生质体融合技术获得优良菌种已受到国内外的重视，并在一些研究中有所突破，在发酵工业菌种的改良中表现出良好的应用前景。

原生质体无细胞壁，易接受外来遗传物质，它打破了微生物种属间的界限，不仅可能将不同种的微生物融合在一起，而且可能使属间，甚至门间也实现原生质体融合，这就为亲缘关系较远的、性能差异较大的菌株实现杂交开辟了一条有效途径。原生质体易受到诱变剂的作用，而成为较好的诱变对象。实践证明，原生质体融合能使重组频率大幅提高。因此，通过此项技术能使来自两个甚至更多菌株的多种优良性状，通过遗传重组，组合到一个重组细胞里。原生质体融合作为一项新的生物技术，为微生物育种工作提供了一条新的途径。原生质体融合一般包括如下 3 个步骤。

（一）标记菌株的筛选

供融合用的两个亲株要求性能稳定并带有遗传标记，以利于融合子的选择。采用的遗传标记一般以营养缺陷型和抗药性等遗传性状为标记，也有采用温度敏感型，糖发酵和同化性能，呼吸缺陷，以及形态、色素标记等。为了尽量减少标记对菌株尤其是工业生产菌株正常代谢的影响，在选择标记时，尽可能采用该菌株自身已带的各种遗传标记，很多通过诱变方法获得，这不仅要耗费很大的人力和时间，还往往对亲株的生产性能有重大的不利影响。目前，可应用灭活原生质体融合技术替代遗传标记。该方法由于可以不用遗传标记等优点，在育种工作中已初见成效。灭活原生质体融合技术是指采用热、紫外线、电离辐射、某些生化试剂、抗生素等作为灭活剂处理单一亲株或双亲株的原生质体，使之失去再生的能力，经细胞融合后，由于损伤部位的互补可以形成能再生的融合体。灭活处理的条件应该适当温和一些，以保持细胞 DNA 的遗传功能和重组能力，该方法有单一亲株灭活和双亲株（或多亲株）灭活两种。前者是采用灭活一个原养型亲株的原生质体，与另一带有营养缺陷型标记的非灭活亲株融合，然后筛选原养型重组体。一般认为，被灭活的亲株在融合中起遗传物质供体的作用。后者是双亲株原生质体灭活，只要其致死损伤不一致，就有可能通过融合而互补产生活的重组体。

（二）原生质体的制备

将两亲株分别用酶处理，使细胞壁全部消化或薄弱部分破裂，原生质体即从细胞内逸出，对于细菌和放线菌，制备原生质体主要采用溶菌酶；对于酵母菌和霉菌，则一般采用蜗牛酶和纤维素酶。为了使菌体易于原生质体化，在用脱壁酶处理菌体以前可先用某些化合物对菌体进行处理，有利于原生质体制备，例如，在细菌培养液中加入 EDTA、甘氨酸、青霉素或 D 环丝氨酸等，在放线菌培养液中加入 1%~4% 甘氨酸等，在酵母菌中加入 EDTA 和巯基乙醇等，其目的是增加菌体细胞壁对酶的敏感性。要注意酶浓度的影响，一般来说，酶浓度增加，原生质体的形成率也增大，超过一定范围，则原生质体形成率的提高不明显。酶浓度过低，不利于原生质体的形成；酶浓度过高，导致原生质体再生率的降低。

温度对酶解作用有双重影响，一方面随着温度升高，酶解反应速度加快；另一方面，随着温度升高，酶蛋白变性而使酶失活。一般酶解温度控制在 20~40℃，充足的酶解时间是原生质体化的必要条件。但是如果酶解时间过长，则再生率随酶解的时间延长而显著降低。其原因是当酶解达到一定时间后，绝大多数的菌体细胞均已形成原生质体，因此，再进行酶解作用，酶便会进一步对原生质体发生作用而使细胞质膜受到损伤，造成原生质体失活。除此之外，菌体的生长状况对原生质体形成的影响也很大，一般采用对数生长后期的菌体进行处理，这个时期的细菌生长代谢旺盛，细胞壁对酶解作用最为敏感，原生质体胞高，再生率也高，一般来说，细菌以采用对数生长后期较好，放线菌以采用对数生长期到平衡期的转换期合适。

为了防止破壁以后的原生质体破裂，必须把原生质体释放在高渗溶液或培养基中。

（三）原生质体的融合

1. 化学融合

化学融合的原理是基于正常情况下的原生体表面具有较强的负电荷，但是在聚二醇（PEG）存在下，原生质体能够聚集、融合并伴随 DNA 的交换。PEG 作为一种高分子化合物，20%~50% 的浓度能对原生质体产生瞬间冲击效应，原生质体很快发生收缩与粘连，随后用高 Ca 高 pH 法进行清洗，使原生质体融合得以完成。

PEG 诱导融合的机理：PEG 由于含有醚键而具负极性，与水、蛋白质和碳水化合物等一些正极化集团能形成氢键。当 PEG 分子足够长时，可作为邻近原生质表面之间的分子桥而使之粘连。PEG 也能连接 Ca^{2+} 等阳离子。Ca^{2+} 可在一些负极化基才和 PEG 之间形成桥，因而促进粘连。在洗涤过程中，连接在原生质体膜上的 PEG 分子可被洗脱，这样将引起电荷的紊乱和再分布，从而引起原生质体融合。高 Ca 高 pH 由于增加了质膜的流动性，因而也大幅提高了融合频率。洗涤时的渗透压冲击对融合也可能起作用。

2. 电融合

电融合常用的方法为交流电场法与非交流电场法两种，特别是交流电场法电融合，与一般 PEG 介导的融合相比，融合频率比较高、操作简便、快速，可以在显微镜下进行，并可避免 PEG 对细胞的毒害作用。目前，电融合在细菌和动植物细胞中应用较多，在放线菌中报道较少。电融合的方法多种多样，但基本上都包括下述过程：细胞在高频交变电场中极化成偶极子，并沿电力线排列成串珠状，在形成串珠的两极间施加数个直流高压电脉冲，使串珠中两个紧密接触的细胞膜击穿面形成连接两细胞间的孔润，最后在细胞能压的作用下，使细胞完成融合过程，在显微镜的监控下，伴随电融合，两个或多个原生质体能被融合，甚至几个细胞能被融合成一个巨大细胞。另外，原生质体还能被诱导融合成人工磷脂囊，也做脂质体。融合的比率为80%~90%，比使用PEG作为融合剂获得60%的比率要高得多。

3. 原生质体的再生

原生质体没有细胞壁，仅有一层细胞膜，尽管它们具有生物活性，但在普通培养基上不能生长。影响原生质体再生的因素有：菌种自身的再生性能、原生质体制备的条件、再生培养基成分、再生培养条件等。检查原生质体形成和再生的指标有两个，即原生质体的形成率和原生质体的再生率。以原生体形成率和再生率为指标，可确定原生质体制备的最佳条件。

4. 融合子的选择

融合子的选择主要依靠在选择培养基上的遗传标记，两个遗传标记能够互补，就可确定为融合子。但是，由于原生质体融合后会产生两种情况，一种是真正的融合，即产生杂合二倍体或单倍重组体；另一种是暂时的融合，形成异核体。两者均可以在选择培养基上生长，一般前者较稳定，而后者不稳定，会分离成亲本类型，有的甚至以异核状态移接几代，因此，要获得真正融合子，必须在融合体再生后，进行几代自然分离、选择才能确定。

由上所述，原生质体融合在工业微生物育种中日益受到重视，逐渐取代了传统的杂交技术，改变了过去杂交育种的局面。此方法不但重组频率高，育种范围广，而且原生质体的形成与再生本身就可作为一种育种方法。例如，通过原生质体的形成与再生有可能使某些链霉菌菌株产生抗生素的能力明显提高，也可能消除质粒或改变其耐药性等。目前对这些作用的机制虽还不清楚，但对链霉菌的育种来说仍有其实用意义，同时也可能有助于提高放线菌原生质体融合育种的实际效果。

但是该技术在微生物育种中的应用还有某些局限性。例如，有些微生物不同的种之间难以形成稳定的重组体，虽然对原生质体做适当的处理，如短时间的热处理等，可暂时抑制细胞的限制系统，但有时仍难解决这一问题。再如，原生质体融合所形成的融合体细胞内的基因重组仍是随机的，为了获得所需要的重组体菌株还必须进行大量筛选。

五、基因工程

基因工程又称体外重组DNA技术、遗传工程，是以分子遗传学的理论为基础，综合分子生物学和微生物遗传学的最新技术而发展起来的一门新兴技术。它是现代生物技术的一个重要组成方面，随着DNA分子结构和遗传机制这一奥秘的揭示，特别是当人们了解到遗传密码通过转录表达和翻译成蛋白质以后，生物学家不再满足于探索揭示生命的奥秘，而是大胆设想在分子水平上控制生命。基因工程育种不但可以完全突破物种间的障碍，实现真正意义上的远缘杂交，而且这种远缘既可跨越微生物之间的种属障碍，还可实现动物、植物及微生物之间的杂交。

广义的基因工程育种包括所有利用DNA重组技术将外源基因导入到微生物细胞，使后者获得前者的某些优良性状或者利用后者作为表达场所来生产目的产物的新菌种，真正意义上的基因工程育种应该仅指那些以微生物本身为出发菌株，利用基因工程方法进行改造而获得的工程菌，或者是将微生物甲的某种基因导入到微生物乙中，使后者具有前者的某些性状或表达前者的基因产物而获得新菌种。

基因工程的主要过程包括以下几个步骤：目的基因的获得；载体的选择与准备；基因与载体的连接；外源基因的导入；重组体的筛选；产物的表达。

（一）目的基因的获得

基因克隆的第一步就是获得目的基因，目的基因可以是含有目的基因的 DNA 片段，也可以是没有多余序列的纯基因 cDNA。限制性内切酶的发现为实现目的基因的获得提供了可能，它们可识别 DNA 分子上特定的序列面进行切制并不影响其他 DNA 序列。目前，有许多种方法获得目的基因，主要包括物理学离心法和基因文库法，详细方法主要有以下几种。

1. 物理学分离法

（1）密度梯度离心法分离

有些基因的碱基组成和总体 DNA 有明显不同。基因片段中 C 含量高，DNA 片段的密度大，这样就可以用密度梯度离心法分离。

（2）凝胶电泳分离富集

用限制酶处理染色体 DNA，再用凝胶电泳法分离，依次分段收集大小不同的 DNA 片段，再用快速转化法测定哪一段 DNA 中含有所需的基因片段，这样取得的 DNA 虽仍然是一些片段的混合物，但目的基因已经得到相当程度的富集。

2. 基因文库法

（1）"鸟枪法"

"鸟枪法"的特点是绕过直接分离基因的难关，即用某种合适的限制酶将供体 DNA 酶切后得到的各种大小的 DNA 片段，直接与用产生同样末端的酶切开的载体 DNA 环相连接以得到各种不同的杂合载体（质粒），然后转入受体菌进行增殖，再用适当的筛选方法，由众多的菌落中选出含有目的基因的菌株，最后再从这个菌株中提取出重组 DNA 和回收目的基因，由于生物体的基因组一般都十分庞大，酶切后的 DNA 片段数目很大，因此，目的基因克隆的筛选工作量也很大。

（2）双酶消化法

利用两种限制酶混合消化基因组 DNA，以获得适于克隆的随机片段化的 DNA 群体，这些 DNA 群体间存在着有效随机序列重叠现象。通过蔗糖梯度离心或制备凝胶电泳技术，可以把这些片段群体按大小分开，得到大小约为 20 kb 的随机的 DNA 片段群体。这样大小的 DNA 片段适于 λ 噬菌体载体的克隆能力，经体外重组、包装和转化之后，可以获得足够数量的独立的重组体转化子克隆，构成几乎是完全的、代表性的基因文库。

（3）cDNA 法（互补 DNA 法）

cDNA 法即为反转录法。由于真核生物的基因中常含有非编码间隔区（内含子），在原核受体中无法正常表达，必须设法消去内含子，mRNA 是已经转录加工过的 RNA，即无内含子的遗传密码携带者。如果能够得到某一基因的 mRNA，在反转录酶作用下，以 mRNA 为模板反转录合成互补 DNA，加上接头后即可与载体连接，再进行噬菌体的包装与转染，与质粒 DNA 的转化面构建 cDNA 文库，最后可利用探针将目的基因从文库中"钓"出来。由于从胞中提取出 mRNA 的数目要比全基因组小得多，因此利用此法可以大大地减少工作量。

（4）PCR 法

PCR 扩增技术也称为聚合酶链式反应（polymerase chain reaction），是根据生物体 DNA 的复制原理在体外合成 DNA，是一种快速的体外快速扩增的方法。该反应是一指数式反应，其可在短时间内使目的片段的扩增量达到 10^6 倍，可从极微量的 DNA 乃至单细胞含有的 DNA 起始，扩增出 μg 级的 PCR 产物。自 20 世纪 80 年代中期问世以来，PCR 技术迅速渗透到了分子生物学的各个领域，现已在基因克隆、外源基因的整合检测、物种起源、生物进化等方面得到了广泛应用。

（5）人工合成

自 1966 年 Khorana 等完成世界上第一个人工合成基因后，DNA 的合成有了极大的发展，现已可在电脑控制下通过合成仪合成，约 20 min 即可加上一个碱基，因而通过人工合成来获得 DNA 片段的情况已日益增多。世界上第一个人工合成并获表达的是生长激素释放抑制素。

（二）载体的选择与准备

载体是用于传递运载外源 DNA 序列进入宿主细胞的运载工具，其本身也是 DNA 分子，用作载体的 DNA 分子应具有以下基本性质：本身是一个复制子，能在宿主细胞中自主复制且稳定遗传；应具有明显而方便的筛选标记；应具有较多的单一限制性内切酶切点且酶切点不在 DNA 复制区；载体应尽可能小，这样既可在宿主细胞中复制成许多拷贝，又便于与较大的目的基因结合，也不易受到机械剪切；有利于外源基因的表达，最好含有一个强启动子；有一定的非必要区，在这段内插入外源基因不影响其复制。在基因工程中用作载体的有质粒载体、噬菌体载体和根据特殊要求构建的其他载体三种类型。

1. 质粒载体

质粒是存在于细胞质中能进行独立自我复制并具遗传性的一种细胞的核外基因，在一般情况下，这种核外基因并非是细胞生存所必需的物质，但质粒所具有的基因能赋予细胞以各种特性。许多质粒是环状双链 DNA，但在酵母菌和放线菌中也发现有线型双链 DNA 质粒和 RNA 质粒。

根据细胞中质粒拷贝数的多少，可将质粒分为两种类型。一种是严紧型质粒，其复制受宿主细胞严格控制，拷贝数低，这种质粒往往较大且是自身传递的。另一种是松弛型质粒，其复制不受宿主细胞的严格控制，拷贝数高，这种质粒往往较小且是非接合的。

已知的质粒所显示的特性有自我增殖性、细胞间的传递性、质粒间的不相容性（即两种质粒不能共存于一个细胞中）及在细胞内有一定的拷贝数等。早期常应用天然质粒，随着研究工作的进展，目前已经开发和构建了许多可作为基因工程载体的质粒，这为基因工程实验获得成功打下了基础。

2. 噬菌体载体

噬菌体载体是指为了达到输送基因的目的而使用的大肠杆菌、枯草杆菌等的噬菌体。由于噬菌体的宿主专一性很强，因此作为载体比质粒更安全。另外，由于噬菌体基因组有一个很强的启动子，因此可以使插入噬菌体 DNA 的外援基因能够有效地表达。在大肠杆菌中除了来自 λ 噬菌体的噬菌体载体外，还有纤维状噬菌体及 M13、fd 等具有单链 DNA 的噬菌体载体系统。在枯草杆菌中，已知有 0105、p11 等噬菌体载体。

3. 根据特殊要求构建的其他载体

（1）柯斯质粒（cosmid vecto）

柯斯质粒载体用于克隆大片段的 DNA 分子特别有效，而这种特性对于研究高等生物的基因组十分重要。其具有以下特定。一是具有 λ 噬菌体的特性：在克隆了外源片段后可在体外被包装成噬菌体颗粒，高效地感染对 λ 噬菌体敏感的大肠杆菌细胞。进入寄主的柯斯质粒 DNA 分子，按照 λ 噬菌体 DNA 的方式环化，但无法按噬菌体的方式生活，更无法形成子代噬菌体颗粒。二是具有质粒载体的特性：在寄主细胞内如质粒一样进行复制，携带有抗性基因和克隆位点，并具氯霉素扩增效应。三是具有高容量的克隆能力：柯斯质粒本身一般只有 5~7 kb，而它克隆外源 DNA 片段的极限值竟高达 45 kb，远远超过质粒载体及 λ 噬菌体载体的克隆能力。同时，由于包装限制，柯斯质粒载体的克隆能力还存在一个最低极限值。例如，5 kb 大小的柯斯质粒载体，插入的外源片段至少不能小于 30 kb。四是具有与同源序列的质粒重组的能力。一旦柯斯质粒与一种带有同源序列的质粒共存在同一个寄主细胞当中时，它们之间便会形成共合体。

（2）穿梭质粒（shuttle vector）

穿梭质粒也可称为沙特尔载体，是一种为了在两种不同的宿主细胞中均能复制而构建的接合质粒。例如，把大肠杆菌质粒 pMB9 和酵母质粒 2μ DNA 连接而成的 pJDB219 及把大肠杆菌的 pBR322 与含有酵母 DNA 复制起始区的 DNA 片段连接而成的 YRp7，都可在大肠杆菌或酵母的细胞中加以复制。把取自酵母的基因与该种质粒相连接，在大肠杆菌中使之扩增，然后再取出返回于酵母中，这一方法可用于研究特定基因的性状表达。像这样在原核生物大肠杆菌和枯草杆菌间往来的质粒也可称为穿梭载体。

在基因工程研究领域中，人们已构建了各种用于特殊要求的载体。除上述的柯斯质粒和穿梭质粒外，还有为筛选强启动子而构建的启动子筛选载体和为用于表达外源基因而构建的表达载体等多种载体。

（三）　基因与载体的连接

通过不同途径获取含目的基因的外源 DNA、选择或改建适当的克隆载体后，下一步工作是将外源 DNA 与载体 DNA 连接在一起，即 DNA 的体外重组。外源 DNA 片段同载体分子连接的方法，即 DNA 分子体外重组技术，主要是依赖于核酸内切限制酶和 DNA 连接酶的作用。一般说来在选择外源 DNA 同载体分子连接反应程序时，需要考虑到下列三个因素：实验步骤要尽可能地简单易行；连接形成的"接点"序列，应能被一定的核酸内切限制酶重新切割，以便回收插入的外源 DNA 片段；对转录和转译过程中密码结构的阅读不发生干扰。

目的基因与载体之间的连接有三种方法：两个两端均为黏端的 DNA 片段间的连接；两个两端均为平端的 DNA 片段间的连接；一端为黏端，另一端为平端的 DNA 片段间的连接。应根据目的基因与载体本身的酶切位点特性而采用相应方式。在基因工程中，DNA 连接酶是 T4DNA 首选的连接酶，因为它不仅能完成黏端 DNA 片段间的连接，而且也能完成平端 DNA 片段间的连接。但大肠杆菌 DNA 连接酶对黏端 DNA 片段间的连接有效，对平末端 DNA 片段之间的连接几乎无效，即使有效，条件十分复杂。

连接缓冲液使用含 Mg、ATP 的缓冲液，同时也含有保护和稳定酶活性的物质如二硫苏糖醇（DTT）、小牛血清白蛋白（BSA）等。虽然温度在 37℃ 时有利于连接酶发挥最大的活性，但是在这个温度下黏性末端的氢键结合不稳定，所以在实际操作时，DNA 分子黏性末端连接的反应温度通常采用折中的温度，即 12~15℃，反应时间为 12~16 h。

（四）　外源基因的导入

当外源 DNA 分子与载体连接完成后，需要将重组 DNA 分子引入寄主细胞。将重组 DNA 分子有效地引入寄主细胞是基因操作中的关键步骤，而寄主能够接纳重组 DNA 分子也必不可少，通常外源基因以质粒或噬菌体为载体，通过转化（对质粒而言）或转染（对噬菌体而言）导入宿主细胞，而更多的是使用质粒载体，所以转化是导入外源基因最常用的方法。目前实现转化的方法主要有以下四种。

（1）感受态转化

感受态转化即指经典的转化，大多数细胞在正常情况下并不发生转化，而只有极少数细胞才有可能发生转化作用，例如，枯草杆菌在一定的培养条件下，对数生长期后、平衡期前为感受态时期，这时的细胞就能摄入外部 DNA。

（2）原生质体转化

将菌体细胞脱去细胞壁，制备成原生质体，在聚乙二醇的帮助下即可实现转化，应用此法可在许多微生物中达到转化目的。由于此法源于细胞融合，有人将 DNA 包以脂质膜，形成内含 DNA 的脂质体而成为人造小细胞，也可通过类似细胞融合的过程实现转化。Bibb 等在 Okanishi 和他的合作者有关链霉菌原生质体的形成、再生和转染的工作基础上，发现有聚乙二醇存在时，质粒 DNA 可以以很高的频率转化链霉菌原生质体。聚乙二醇使用的最终浓度大约为 25%。

（3）碱土金属离子处理

大多数细菌转化方法都用 Mandel 和 Higa 提出的 $CaCl_2$ 法。经过 $CaCl_2$ 处理的受体细菌会被诱导而产生短暂的"感受态"，在此期间它们能够摄取各种不同来源的 DNA。目前 $CaCl_2$ 法已成功地用于大肠杆菌、葡萄球菌等，并对其他一些革兰氏阴性菌也有效，用此法也可使大肠杆菌摄入 RNA 和单链 DNA。也有人用乙酸锂、氯化铝等处理细胞成功地实现了 DNA 的转化。

（4）高压电穿孔法（电转化法）

电转化（electrotransformation），也称为高压电穿孔法（high-voltage electroproration，简称电穿孔法 electroporation），可用于将 DNA 导入真核细胞（如动物细胞和植物细胞）和原核细胞（转化大肠杆菌和其他细菌等）。与真核生物电转化相比，原核生物电转化时需要更高的电场强度。电穿孔通过在电穿孔比色杯（1.0~1.5 kV，250~750 V/cm）中传递数千伏特穿过 1~2 mm 悬浮细胞的距离而起作用。之后，将细胞小心处理，一般涂布在相应培养基中，直到它们有机会分裂，产生含有再生质粒的新细胞。使用电穿孔法转化，其转化频率与原生质体转化频率相当甚至更高，可以达到化学转化法制备的感受态细胞转化率的 10~20 倍。

（五）重组体的筛选

要筛选和鉴定重组 DNA 分子，可从以下三个方面入手：识别含有重组 DNA 分子的寄主细胞；探测寄主细胞中的外源 DNA；分析表达目标产物（蛋白质等），间接检测外源 DNA。

（六）产物的表达

外源基因引入受体后，是否很好地得到表达，这是基因工程技术中一个很关键的问题，其涉及供体细胞与受体细胞之间的亲缘关系，以及不同基因调控系统的协调问题，如外源基因转录启动子与受体细胞 RNA 多聚酶的统一，转录后的 mRNA 与受体细胞核糖体的结合部分与翻译间的协调，外源基因插入到复制子中的方向对表达的影响等都需要考虑。

产物鉴定的方法主要有以下几种：DNA 序列测定、产物活性的直接测定、氨基酸序列测定、产物的免疫沉淀验证。

基因工程菌用于生产实践，已取得了可喜的成绩，但存在质粒丢失、重组质粒 DNA 片段脱落等问题，需要科研工作者重视。

六、合成生物学

合成生物学是二十一世纪初的新兴学科，发展势头迅猛。合成生物学和基因工程共同点是将一个物种的基因改变并转接至另一物种，但合成生物学更侧重于建立人工生物系统（artificial biosystem），将"基因"连接成网络，让细胞来完成设计人员设想的各种任务。

第三节　菌种纯化与保藏

一、菌种的纯化与复壮

（一）菌种的纯化

自然界中的微生物都是混合微生物，因此，把含有两种及两种以上的微生物培养物称为混合培养物（mixed culture），将源自于同一亲代细胞的菌落称为纯培养物（pure culture）。若要进行菌种鉴定或者科学研究，需使用纯培养物。因此要把混合培养物的目标菌株进行纯化，我们把混合培养物最终得到纯培养物的过程称为分离、纯化。分离纯化的方法有许多种，主要可分为以下五种：

倾注平板法：将菌悬液按照特定方法稀释，定量取稀释液与未凝固的营养琼脂培养基充分混合，立即将混合液倒入无菌的培养皿，凝固后在恒温培养箱倒置培养。多次培养后，取单个菌落制成悬液，重复数次，便可得到纯培养物。

涂布平板法：将菌悬液按照特定方法稀释，量取稀释液涂布于预先准备好的培养皿上，恒温培养获得单菌落。

平板划线法：最简单的分离微生物的方法是平板划线法。用无菌的接种环取少许培养物在平板上进行划线。划线的方法很多，常见的比较容易出现单个菌落的划线方法有斜线法、曲线法、方格法、放射法、四格法等。当接种环在培养基表面上往后移动时，接种环上的菌液逐渐稀释，最后在所划的线上分散着单个细胞，经培养，每一个细胞长成菌落。

富集培养法：富集培养法的方法和原理非常简单。通过创造一些条件只让所需的微生物生长，在这些条件下，所需要的微生物能有效地与其他微生物进行竞争，在生长能力方面远超过其他微生物。所创造的条件包括选择最适的碳源、能源、温度、光、pH、渗透压和氢受体等。在相同的培养基和培养条件下，经过多次重复移种，最后富集的菌株很容易在固体培养基上长出单菌落。如果要分离一些专性寄生菌，就必须把样品接种到相应敏感宿主细胞群体中，使其大量生长，通过多次重复移种便可以得到纯的寄生菌。

厌氧法：在实验室中，为了分离某些厌氧菌，可以利用装有原培养基的试管作为培养容器，把这支试管放在沸水浴中加热数分钟，以便逐出培养基中的溶解氧。快速冷却接种，接种后加入无菌的石蜡于培养基表面，使培养基与空气隔绝。另一种方法是在接种后，利用 N_2 或 CO_2 取代培养基中的气体，然后在火焰上把试管口密封。有时为了更有效地分离某些厌氧菌，可以把所分离的样品接种于培养基上，然后再把装有已接种培养基的培养皿放在完全密封的厌氧培养装置中。

（二） 菌种的复壮

1. 菌种退化的原因

所谓菌种退化，主要指生产菌种或选育过程中筛选出来的优良菌株，由于进行移接传代或保藏后，群体中某些生理特征和形态特征逐渐减退或完全丧失的现象。集中表现在目的代谢产物合成能力降低、产量下降，有的是发酵力和糖化力降低。以生长代谢来说，孢子数量减少或变得更多、部分菌落变小或变得更大、生长能力更弱、生长速度变慢，或者恰好相反。

导致菌种退化的原因是基因突变和连续移代。退化不是突然发生的，而是从量变到质变的逐步演变过程。开始时，在群体细胞中仅出现产量下降的个别突变细胞，不会使群体菌株性能明显改变。经过连续传代、负变细胞达到一定数量，在群体中占优势，从整体菌株上反映产量下降及其相关的一些特性发生了变化，表型上出现退化。

防止菌种退化的措施一般有控制传代次数、创造良好培养条件、利用不同类型的细胞进行移种传代、采用有效的菌种保藏方法。

2. 菌种复壮的主要方法

狭义的复壮是指在菌种已发生退化的情况下，通过纯化分离和测定生产性能等方法，从退化的群体中找出少数尚未衰退的个体，进一步繁殖，以达到恢复该菌种原有典型性状的一种措施，它是一种消极的措施。广义的复壮是指在菌种生产性能尚未退化前就经常有意识地进行种分离与生产性能的测定工作，以保持菌种稳定的生产性状，甚至使其逐步提高，它是一种积极的措施。

由于菌种衰退包括菌种遗传特性的改变和菌种生理状况的改变这两个根本原因，衰退菌种的复壮也应该考虑这两个原因。一般衰退菌种的复壮措施如下。

（1） 纯种分离

通过纯种分离，可以把退化菌种的细胞群体中一部分仍保持原有典型性状的单细胞分离出来，经过扩大培养，就可恢复原菌株的典型性状。常用的分离纯化方法很多，一类较粗放，一般只能达到"菌落纯"的水平，即从种的水平来说是纯的，如平板表面涂布法、琼脂培养基倾注法、平板划线分离法；另一类是较精细的单细胞或单孢子分离方法，它可以达到细胞纯，即"菌株纯"的水平，如用"分离小室"进行单细胞分离、用显微操纵器进行单细胞分离、用菌丝尖端切割法进行单细胞分离。

（2） 淘汰衰退的个体

淘汰已衰退的个体。如将芽孢产生菌经80℃高温处理，淘汰不产芽孢的个体；在-10～-30℃放置5～7天，死亡率达到80%，留下抗低温的健壮个体。

（3） 选择合适的培养条件

一般来说将保藏后的菌种接种在保藏前所用的同一培养基上，有利于菌种原有性状的恢复。但菌种经过多次传代培养或保藏后，其生理状态可能发生较大的变化，特别是可能出现某些生长因子的缺乏。而菌种分离培养基和菌种斜面培养基的营养成分相对贫乏，在这样的培养基上连续传代很可能导致菌种群体的生理特性衰退。所以，可通过改变培养基配方、选择合适培养条件的方法来使菌种复壮。

（4） 宿主体内复壮法

对于寄生性微生物的退化菌株，可通过接种至相应的昆虫等动物、植物宿主体内的措施来提高它们的活性，即通过宿主体内生长进行复壮。

二、菌种的保藏

微生物在使用和传代过程中容易发生污染、变异甚至死亡，因而常常造成菌种的衰退，并有可能使优良菌种丢失。菌种保藏的重要意义就在于尽可能保持其原有性状和活力的稳定，确保菌种不死亡、不变异、不被污染，以达到便于研究、交换和使用等各方面的需要。无论采用何种保藏方法，首先，应该挑选典型菌种的优良纯种来进行保藏，最好保藏它们的休眠体，如分生孢子、芽孢等，其次，应根据微生物生理、生化特点，人为地创造环境条件使微生物长期处于代谢不活泼、生长繁殖受抑制的休眠状态。这些人工造成的环境主要是干燥、低温和缺氧，另外，避光、缺乏营养、添加保护剂或酸度中和剂也能有效提高保藏效果。

微生物菌种的保藏方法有多种，如低温斜面保藏法、液体石蜡保藏法、砂土管保藏法、麸皮保藏法等。

（一）低温斜面保藏法

保藏培养基：麦芽汁琼脂培养基、马铃薯琼脂培养基或米曲汁琼脂培养基。接种后在30℃培养7~10天，放在冰箱或室温下保存，2个月移植一次，存放地点保持干燥。或者用土豆葡萄糖培养基生长的斜面菌种，经培养10天后，放置4℃冰箱，可存放3~6个月。其缺点是菌株仍有一定程度的代谢活动能力，保藏期短，传代次数多，菌种较容易发生变异和被污染。

（二）液体石蜡保藏法

该法是在无菌条件下，将灭过菌并已蒸发掉水分的液体石蜡倒入培养成熟的菌种斜面（或半固体穿刺培养物）上，液体石蜡层高出斜面顶端1 cm，使培养物与空气隔绝，加胶塞并用固体石蜡封口，垂直放在室温或4℃冰箱内保藏。使用的液体石蜡要求优质无毒、化学纯，其灭菌条件是：150~170℃烘箱内灭菌1 h；或者121℃高压蒸汽灭菌60~80 min，再置于80℃的烘箱内烘干除去水分。

由于液体石蜡阻隔了空气，使菌体处于缺氧状态，而且又可防止水分挥发，使培养物不会干裂，能使保藏期延长1~2年，甚至更长。这种方法操作简单，它适于保藏霉菌、酵母菌、放线菌、好氧性细菌等，对霉菌和酵母菌的保藏效果较好，可保存几年，甚至长达10年。但对很多厌氧性细菌的保藏效果较差，尤其不适用于某些能分解烃类的菌种。

（三）砂土管保藏法

这是一种常用的长期保藏菌种的方法，适用于产孢子的放线菌、霉菌及形成芽孢的细菌，对于一些对干燥敏感的细菌，如奈氏球菌、弧菌和假单胞杆菌及酵母菌则不适用。

其制作方法是先将砂与土分别洗净、烘干、过筛（一般砂用60目筛，土用120目筛）按砂与土的比例为（1~2）∶1混匀，分装于小试管中，砂土的高度约1 cm，以121℃蒸汽灭菌1~1.5 h，间歇灭菌3次。50℃烘干后经检查无误后备用，也可只用砂或土作载体进行保藏。需要保藏的菌株先用斜面培养基充分培养，再用无菌水制成$1 \times 10^8 \sim 1 \times 10^{10}$个/mL菌悬液或孢子悬液，再滴入砂土管中，放线菌和霉菌也可直接刮下孢子与载体混匀，而后置于干燥器抽真空2~4 h，用火焰熔封管（或用石蜡封口），置于干燥器中，在室温或4℃冰箱内保藏，后者效果更好。

砂土管保藏法兼具低温、干燥、隔氧和无营养物等多种条件，故保藏期较长、效果较好，且微生物移接方便，经济简便。它比液体石蜡保藏法的保藏期长，达 1~10 年。

（四）麸皮保藏法

麸皮保藏法，也称曲法保藏，即以麸皮为载体，吸附接入的孢子，然后在低温干燥条件下保存。其制作方法是按照不同菌种对水分要求的不同，将麸皮与水以一定的比例（1：0.8~1：1.5）拌匀，装量为试管体积的 2/5，湿热灭菌后经冷却，接入新鲜培养的菌种，适温培养至孢子长成。将试管置于盛有氯化钙等干燥剂的干燥器中，于室温下干燥数日，后移入低温下保藏；干燥后也可将试管用火焰熔封，再保藏，这样效果更好。

该法适用于产孢子的霉菌和某些放线菌，保藏期在 1 年以上。因操作简单、经济实惠，工厂较多采用。中国科学院微生物研究所采用麸皮保藏法保藏曲霉，如米曲霉、黑曲霉、泡盛曲霉等，其保藏期可达数年至数十年。

（五）冷冻真空干燥保藏法

冷冻真空干燥保藏法，又称冷冻干燥保藏法，简称冻干法。它通常是用保护剂制备拟菌种的细胞悬液或孢子悬液于安瓿管中，在低温下快速将含菌样冻结，并减压抽真空使水升华，将样品脱水干燥，形成完全干燥的固体菌块，并在真空条件下立即融封，造成无氧真空环境，最后置于低温下，使微生物处于休眠状态，而得以长期保藏。常用的保护剂有脱脂牛奶、血清、淀粉、葡聚糖等高分子物质。

由于该法同时具备低温、干燥、缺氧的菌种保藏条件，保藏期长，一般为 5~15 年，存活率高，变异率低，是目前被广泛采用的一种较理想的保藏方法。除不产孢子的丝状真菌不宜用该法外，其他大多数微生物（如病毒、细菌、放线菌、酵母菌、丝状真菌等）均可采用这种保藏方法。但该法操作比较繁琐，技术要求较高，且需要冻干机等设备保藏菌种需用时，可在无菌环境下开启安瓿管，将无菌的培养基注入安瓿管，固体菌块溶解后，摇匀复水，然后将其接种于适宜该菌种生长的斜面上适温培养即可。

（六）液氮超低温保藏法

液氮超低温保藏法，简称液氮保藏法或液氮法。它是以甘油、二甲基亚砜等作为保护剂，在液氮超低温（-196℃）下保藏的方法。其主要原理是菌种细胞从常温过渡到低温并在降到低温之前，使细胞内的自由水通过细胞膜外渗出来，以免膜内因自由水凝结成冰晶而使细胞损伤。

液氮低温保藏的保护剂，一般选择甘油、二甲基亚砜、糊精、血清蛋白、聚乙烯氮戊环、Tween 80 等，但最常用的是甘油（10%~20%）。不同微生物要选择不同的保护剂，再通过试验加以确定保护剂的浓度，原则上是控制在不足以造成微生物致死的浓度。该法操作简便、高效，保藏期一般可在 15 年以上，是目前被公认的有效的菌种长期保藏技术之一。除了少数对低温损伤敏感的微生物外，该法适用于各种微生物菌种的保藏，甚至连藻类、原生动物、支原体等都能用该法获得有效的保藏。该法的另一大优点是可使用各种培养形式的微生物进行保藏，无论是孢子或菌体、液体培养物或固体培养物均可采用该保藏法。其缺点是需购置超低温液氮设备，且液氮消耗较多，操作费用较高。使用菌种时，从液氮罐中取出安瓿管，并迅速放到 35~40℃温水中，使之冰冻融化，无菌操作打开安瓿管，移接到保藏前使用的同一种培养基斜面上进行培养。从液氮罐中取出安瓿管时速度要快，一般不超过 1 min，以防其他安瓿管升温而影响保藏质量，并且取样时一定要戴专用手套以防止意外爆炸和冻伤。

（七）其他方法

酒曲（药）保藏：选取生产性能优良的酒曲（药），干燥后置于干燥低温处保藏。该法保藏，保藏期长达 5 年，5 年后也可从其中分离到所需的微生物。

种曲的短期保藏：三角瓶培养的种曲，可用干燥法降低水分后保藏。具体方法是将三角瓶内的种曲倒入灭过菌的净纸上，放入盘中，在灭过菌的干燥箱内 35～40℃烘干，使水分降低为 13%以下。然后用无菌的纸袋装好，封口，装于塑料袋中，置于 4℃冰箱保存，保存期一般在 1 个月内。红曲米及麸曲培养物可用该法保存。

三、国内外菌种保藏机构

（一）国际菌种保藏机构

主要的国际菌种保藏机构有世界菌种保藏联合会（WFCC），世界微生物数据中心（WDCM），欧洲菌种保藏组织（ECCO），国际微生物资源中心（MIRCEN），全球生物资源网络中心（GBRCN），Fritsch 淡水鱼普保藏中心（Fritsch Collection of Illustrations of Freshwater Algae），美国菌种保藏中心（ATCC），美国农业研究菌种保藏中心（NRRL），荷兰微生物菌种保藏中心（CBS），德国微生物和细胞培养保藏中心（DSZM），法国国家微生物菌种保藏中心（CNCM），日本菌种保藏机构和英国的菌种保藏机构。英国的菌种保藏机构包括英格兰公共卫生部（Public Health England，PHE），藻类和单细胞动物保藏组织（CCA），全国食品工业和海洋细菌（NCIMB），国际应用生物科学中心（CABI），国家酵母菌保藏中心（NCYC）和英国国家菌种保藏中心（UKNCC）。

（二）中国菌种保藏机构

国家菌种资源库（national microbial resource center，NMRC）是国家科技资源共享服务平台的重要组成部分，作为基础支撑与条件保障类国家科技创新基地，负责国家微生物菌种资源的研究、保藏、管理与共享，保障微生物菌种资源的战略安全和可持续利用，为科技创新、产业发展和社会进步提供支撑。菌种库的主要任务包括：围绕国家重大需求和科学研究开展菌种资源的收集、整理、保藏工作；承接科技计划项目实施所形成的菌种资源的汇集、整理和保藏任务；负责微生物菌种资源标准的制定和完善，规范和指导各领域微生物菌种资源的保护利用；建设和维护国家菌种资源在线服务系统，开展菌种实物和信息资源的社会共享；根据创新需求研发关键共性技术，创制新型资源，开展定制服务；面向社会开展科学普及；开展菌种资源国际交流合作，参加相关国际学术组织，维护国家利益与安全。

菌种库以中国农业微生物菌种保藏管理中心、中国医学细菌保藏管理中心、中国药学微生物菌种保藏管理中心、中国工业微生物菌种保藏管理中心、中国兽医微生物菌种保藏管理中心、中国普通微生物菌种保藏管理中心、中国林业微生物菌种保藏管理中心、中国海洋微生物菌种保藏管理中心和中国典型培养物保藏管理中心 9 个国家级微生物菌种保藏中心为核心，整合了我国农业、林业、医学、药学、工业、兽医、海洋、基础研究、教学实验九大领域的模式菌种和具有重要应用价值或潜在应用价值的菌种资源。资源拥有量位居全球微生物资源保藏机构首位，涵盖了国内微生物肥料、微生物饲料、微生物农药、微生物环境治理、食用菌栽培、食品发酵、生物化工、产品质控、环境监测、疫苗生产、药物研发等各应用领域的优良微生物菌种资源，同时也保藏有丰富的开展生命科学基础研究用的各种标准和模式微生物菌种材料。菌种库近年来更是注重特殊生境来源的微生物资源的收集，包括来源于世界三极（南极、北极和青藏高原）、深海大洋、沙漠、盐碱等环境中的微生物资源的收集。

第四节　微生物代谢调控理论

一、微生物的代谢及分类

微生物的代谢是指微生物在存活期间的代谢活动。微生物在代谢过程中，会产生多种多样的代谢产物。根据代谢产物与微生物生长繁殖的关系，可以分为初级代谢产物和次级代谢产物两类。初级代谢产物是指微生物通过代谢活动所产生的、自身生长和繁殖所必需的物质，次级代谢产物是指微生物生长到一定阶段才产生的化学结构十分复杂、对该微生物无明显生理功能，或并非是微生物生长和繁殖所必需的物质。微生物的新陈代谢指微生物细胞中的分解代谢（catabolism）和合成代谢（anabolism）的总和。分解代谢是指生物体将各种有机营养分子和细胞物质降解成简单的产物和能量，即由大分子物质降解成小分子物质并产生能量和还原力 ［H］ 的过程。分解代谢包括各种中心途径如三羧酸循环（TCA）、糖酵解途径（EMP）和戊糖磷酸途径（HMP），以及外周途径（指其他碳源、氮源物质通过分解后进入中心途径）。合成代谢又称为同化作用，与分解代谢相反，是指在合成酶的催化下，将分解代谢所提供的能量（ATP）、中间体（简单小分子）、还原力 ［H］ 或从环境中所吸收的小分子物质共同合成复杂大分子物质的过程，如合成氨基酸、核酸等单体。分解代谢和合成代谢是分不开的，分解代谢可以为合成代谢提供所需要的原料和能量，而合成代谢又为分解代谢提供大分子物质底物，两者相辅相成、协调统一，在生物体内偶联进行，从而使生命活动正常有序的进行。

为了使细胞生长处于平衡状态，并对外界环境的改变能够作出迅速响应，在长期的进化过程中，微生物细胞建立了一整套可塑性极强、极精确、灵敏的代谢调节系统，使微生物的代谢速度和方向按照微生物的需要而改变，达到灵活地适应外界环境、经济合理地利用和合成所需的各种物质和能力，以达到新的代谢平衡。微生物的代谢调节具有多系统、多层次的特点，有三种类型，即酶活性调节（激活或抑制）、酶合成调节（诱导或阻遏）和通过细胞膜通透性调节。其中酶的调节是代谢最本质的调节，主要包括酶合成和酶活性两方面的调节，两者密切配合和协调，保证微生物细胞的新陈代谢，实现细胞的经济运行。

二、微生物酶活性的调节

酶活性的调节是指通过改变酶分子的活性来调节代谢速率的调节方式，这种调节方式迅速、及时、有效，是发生在蛋白质水平上的调节。酶活性的调节包括酶的激活和抑制两个方面。酶的激活作用是指在某个酶促反应系统中，由于加入某种特定的物质，使原来无活性的酶变成有活性或使原来活性低的酶活性提高，从而使得该酶促反应速度提高的过程。酶的抑制作用和激活作用相反，是指由于某些物质的存在，降低了酶的生物活性。这种能引起酶的活性提高（或获得）或降低（或丧失）的物质称为酶的激活剂或抑制剂。激活剂或者抑制剂可以是外源的物质，也可以是机体自身代谢过程中产生和积累的代谢产物。

在酶活性调节机制的研究中，酶的变构理论和酶分子的化学修饰调节理论最为清楚。酶的变构理论是通过酶分子空间构型上的变化来引起酶活性的改变，酶分子的化学修饰调节理论则是通过酶分子本身化学组成上的改变，进而引起酶活性的变化。

（一）变构调节理论

变构调节理论是在变构酶的基础上提出来的，酶的变构调节一般是指一些小分子物质（ADP、AMP等）能够与酶的调节部位或亚基（催化位点以外的部位）以非共价键形式结合，使酶的构象发生改变，导致酶的活性增强或减弱，从而达到调控代谢的反应。这种现象被称为变构调节现象，这种受调节的酶称为变构酶。

一般受反馈抑制的调节酶都是变构酶，它们往往是代谢网络中分支途径的第一个酶，变构酶在代谢调节中起着重要作用。一般变构酶是一类具有多亚基四级结构的蛋白质，它们的亚单位除了有活性中心（也称活性部位或催化部位）外，还有调节部位（或称变构中心）。变构中心虽然不是酶活性中心的组成部分，但变构酶的调节部位与某些化合物（称为变构剂）通常以非共价键的形式特异性结合，通过改变酶分子的构象，从而改变酶活性，这种改变或是增强酶的催化活力（激活作用），或是降低酶的催化活力（抑制作用）。变构酶的作用程序一般为：变构效应物首先与酶蛋白表面的变构中心结合，导致酶分子构象发生变化，称为变构转换，进一步导致酶的活性中心发生变化，进而促进或者抑制酶的活性。在变构调节中，由于变构酶的氨基酸序列没有改变，仅仅是其三级或四级结构改变，因此变构调节是一种非常灵活、迅速的调节方式。

（二）共价修饰调节理论

共价修饰是指通过化学基团的引入或除去，使酶的活性发生改变的调节方式。可由共价修饰引起酶活性改变的酶称为共价调节酶。这类酶的特点是：可由在修饰酶的催化下被共价地修饰，即在它分子上共价地结合或释放一个低分子量的基团而使其酶活发生改变。蛋白质共价结构发生改变从而改变酶学性质又被称为分子的化学修饰。引起共价调节酶所发生共价修饰的形式有多种，如乙酰化、磷酸化、腺苷酰化、甲基化等，其中以磷酸化修饰为最常见。

共价修饰作用可分为可逆的共价修饰和不可逆的共价修饰。可逆共价修饰是指细胞中有些酶以活性形式和非活性形式存在，且两种形式可以通过另外的酶的催化作用进行共价修饰而相互转换。这类酶主要包括一些磷酸化酶、糖原合酶、磷酸化酶激酶、磷酸酯酶和乙酰CoA羧化酶等。可逆共价修饰在生物体内具有重要的意义，比如可在短时间内生成大量的活性改变的酶，有效地控制细胞的代谢状况；可逆性修饰更易做到响应代谢环境的变化而控制酶的活性。

微生物体内合成的蛋白质有时不具有生物活性，经蛋白质水解酶专一的作用后，构象发生改变，形成酶的活性部位，变成活性蛋白质。这个不具有生物活性的蛋白质称为前体，如果活性蛋白质是酶，这个前体称为酶原。不可逆共价修饰的典型例子是酶原激活，即当功能需要时，无活性的酶原被相应的蛋白酶水解作用去除特定一段肽链而活化，酶原变为活性酶的过程是不可逆的，不再恢复为酶原。生物体内，这种酶活性的关闭作用是极其重要的。胰蛋白酶、弹性蛋白酶、胃蛋白酶等重要的水解蛋白质的酶，它们在体内都以酶原的形式存在。

因为如果它们以活化的形式存在，那么我们体内的消化道就会被水解而破坏。因此我们体内有保护机制，以防止这些酶原过早活化。以胃蛋白酶为例，胃蛋白酶原是由胃壁细胞分泌的，由 392 个氨基酸残基组成，在胃酸 H 的作用下，pH 低于 5 时，酶原自动激活，从氨基端失去 44 个氨基酸残基（碱性的前提片段），转变为高酸性的具有生物活性的胃蛋白酶。

（三）其他调节方式

1. 缔合与解离

能进行这种调节转变的蛋白质一般都是由多个亚基组成，蛋白质的活化与钝化是通过组成它的亚单位的缔合与解离实现的。这类互相转变有时是由共价修饰或由若干配基缔合启动的。

2. 竞争性抑制

有些蛋白质的生物活性受代谢物质的竞争性抑制。例如，需要氧化型 NAD 的反应可能受到还原型 NADH 的竞争性抑制；需 ATP 的反应可能受 ADP 或 AMP 的竞争性抑制；有些酶活受反应过程中形成的产物的竞争性抑制影响。

三、微生物酶合成的调节

酶合成的调节是一种通过控制酶合成量达到控制微生物代谢速率的调节方式。在正常代谢途径中，酶合成调节与酶活性调节两种调节方式同时存在，从而达到迅速、准确、有效地控制代谢过程。

在微生物的代谢过程中，蛋白质合成调控主要表现在转录水平上的调控和转录后水平上的调控。原核生物的蛋白质合成调控主要发生在转录水平上。酶合成的调节有诱导和阻遏两种类型。诱导作用指当某种化合物（包括外加的和内源性的积累）存在的作用下，使某种酶合成或合成速率提高的现象。阻遏作用指当某种化合物存在或者过量时，导致某种酶合成停止或合成速率降低的现象。微生物代谢过程中两种现象同时存在，进而利用它们的协调作用，达到有效地控制细胞内酶合成量的平衡。

酶的诱导和阻遏以相反方向影响酶的生物合成，但是它们的作用机制是相似的。1996 年 Jacob 和 Monod 提出了乳糖操纵子模型（Lac operon model），开创了基因表达蛋白质调节机制研究的新领域。操纵子模型可以在原核生物的基因表达过程中进行很好地说明。操纵子模型即一组协同表达的基因操作单元，它们有共同的控制区和调节系统，每个操纵子由 3 类基因组成，即 RNA 聚合酶结合位点的启动基因（也称为启动子，promoter，P）、阻遏物结合部位并控制相邻结构基因功能的操纵基因（operator，O）和可以转录为 mRNA 的一系列结构基因，而调节基因可能在操纵子附近，可能在操纵子内部，主要用于编码组成型调节蛋白，与操纵基因结合。操纵子的提出，说明酶的诱导和阻遏是在调节基因的产物——调节蛋白（也称为阻遏蛋白）的作用下，通过操纵基因调控结构基因或基因组的转录而发生的。

（一）酶合成的诱导作用

根据酶合成方式与环境影响的不同关系，可以将酶分为组成酶和诱导酶两大类。组成酶是细胞里固有的酶，它们的合成与环境无关，且含量较为稳定。正常情况下，保持机体基本能源供给的酶都是组成酶，如分解葡萄糖的糖酵解和三羧酸循环中的相关酶类。而诱导酶则是一类依赖于某种底物或底物类似物诱导而合成的酶。大肠杆菌乳糖降解酶的诱导合成是较为典型的酶诱导（图 2-1）。细菌中同样存在经济的原则，细菌通常不会合成一些在代谢上无用的酶，所以一些与分解相关的酶类只有在相关底物或者类似物存在的情况下被诱导合成，而一些合成代谢的酶类在产物或者其类似物足够量存在的时候，该类酶的合成则被阻遏。酶的诱导调控中，调节蛋白就是阻遏物的作用。当没有诱导物（乳糖或其类似物）存在时，由调节基因编码的阻遏蛋白与操纵基因（O）结合，阻止 RNA 聚合酶与结构基因结合，导致结构基因不表达；当有诱导剂（乳糖或其类似物）时，阻遏蛋白与诱导剂结合并发生变构作用，使之不能与操纵基因结合，RNA 聚合酶便可以启动结构基因发生逆转录反应，从而使吸收和降解乳糖的酶被诱导产生。

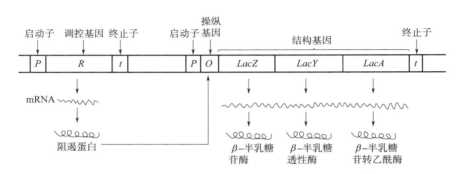

图 2-1　大肠杆菌半乳糖操纵子模型

诱导的本质就是解阻遏，即诱导物解除了调节蛋白对操纵基因的阻塞。这种调节有正调节和负调节两种类型，正调节作用是指在有诱导物存在时调节蛋白可转化为转录激活剂，此时诱导物是转录作用所必需的。属于正控制诱导作用的典型操纵子模型是阿拉伯糖操纵子（ara 操纵子），它负责大肠杆菌异化 L 阿拉伯糖的酶的合成，另外，鼠伤寒沙门菌的组氨酸合成操纵子也是正调节作用。而负调节则是指调节蛋白阻止转录的进行，当诱导物存在时，调节蛋白与诱导物结合后就失活，然后转录就开始进行。Jacob 和 Monod 提出的乳糖操纵子模型中的诱导作用是一种负控制作用。

（二）酶合成的阻遏

在微生物的代谢过程中，若细胞内或者所处环境中某种代谢产物积累到一定程度，微生物的调节体系就会启动阻遏作用，阻止代谢途径中包括关键酶在内的一系列酶的合成，通过反馈调节作用降低此类产物合成量或者合成速率，从而控制代谢过程，减少末端产物生成，这种现象称为酶合成的阻遏。阻遏的生理学功能是为了节约生物体内有限的养分和能量。酶合成的阻遏主要包括分解代谢产物阻遏和末端代谢产物阻遏两种类型。

1. 分解代谢产物阻遏

在研究微生物对混合碳源利用所表现的二次生长现象的过程中，发现当细胞内同时存在两种可利用底物（碳源或氮源）时，会出现利用快的底物能够阻遏与利用慢的底物有关的分解酶的合成。首先在枯草杆菌中发现了二次生长现象，后来在大肠杆菌和许多其他物种都观察到了二次生长的现象，而且不限于葡萄糖和阿拉伯糖。研究表明，大肠杆菌在同时含有葡萄糖和山梨醇培养基中存在二次生长现象。最初的研究认为，这种酶的阻遏现象只限于葡萄糖对其他底物的阻遏，这种现象在过去被称为葡萄糖效应。后来随着研究的不断深入，发现所有可以迅速利用或代谢的底物（氮源、磷源和硫源等）都能阻遏另一种被缓慢利用底物所需酶的形成，这种现象称为分解代谢产物阻遏（carbon cata-bolite repression，CCR）或营养阻遏（nutritional represin）。这种阻遏并不是快速利用底物直接作用的结果，而是由这种底物分解过程中产生的中间代谢物引起的。受到降解物阻遏的酶类包括代谢乳糖、半乳糖、阿拉伯糖及麦芽糖等的操纵子。

对代谢降解物敏感的操纵子受到降解物的阻遏，关于 CCR 的产生机制还没有完全解释清楚。大肠杆菌中的环腺苷酸（cAMP）水平的调控属于一种 CCR。cAMP 是在腺苷酸环化酶（adenylate cyclase，AC）的作用下由 ATP 转变来的，它的浓度受到葡萄糖代谢的调节。大肠杆菌中介导 CCR 效应的关键调控蛋白为环腺苷酸受体蛋白 CRP（cyclic AMP receptor protein），又称分解代谢基因激活蛋白（catabolite gene-activator protein，CAP）或者转录激活因子，能够结合 cAMP。当 CAP 与 cAMP 结合后即被激活，并可作用于分解代谢酶类操纵子的启动子的一定部位，促使转录的进行。当大肠杆菌在缺乏碳源的培养基中培养时，细胞内 cAMP 的浓度就高，如果在含有葡萄糖的培养基中培养时，cAMP 浓度就低；如果培养基中只有甘油或乳糖等不能进入糖酵解途径的碳源，cAMP 的浓度也升高，推测糖酵解途径中位于 6-磷酸葡萄糖和甘油之间的某些代谢产物是 AC 的抑制剂。分解代谢物阻遏对微生物具有重要意义，微生物细胞在其所处的环境条件下，利用其细胞中已有的酶系首先降解最易利用的生长底物，必要时才会去合成用于降解另一种生长底物的酶系，体现了细胞运作的经济性和自我保障机制。

2. 末端代谢产物阻遏和弱化调节作用

末端代谢产物阻遏是指在酶合成的阻遏中，某代谢途径末端产物的过量累积而引起的阻遏现象。这种阻遏方式在核苷酸、氨基酸和维生素的生物合成途径中存在较为普遍。最初也是在大肠杆菌合成甲硫氨酸的途径中发现这种现象的，末端代谢产物阻遏的显著特点是同时阻止合成途径中所有酶的合成。大肠杆菌中的甲硫氨酸是由高丝氨酸经胱硫醚和高半胱氨酸合成的，在仅含葡萄糖和无机盐的培养基中，大肠杆菌细胞含有将高丝氨酸转化为甲硫氨酸的三种酶，但当培养基中加入甲硫氨酸时，这三种酶活就消失。

许多氨基酸合成途径中酶系列的合成不但受氨基酸本身的调节，而且受其对应的氨酰 tRNA 的调节。前者是反馈阻遏，这种方式是指氨基酸合成途径的末端产物（与合成途径相对应的氨基酸）作为阻遏物阻碍转录的启动；后者被称为另一种类型的弱化控制，即当细胞中存在过量的对应氨酰 tRNA 时，已启动的转录会在操纵子的第一个结构基因被转录之前终止，使已经启动的转录反应终止。简而言之，反馈阻遏控制转录的开始，弱化控制转录的终止和减弱。

末端代谢物阻遏的机制同样可以用操纵子学说进行解释。其中，阻遏模型与诱导模型的不同之处在于，调节基因 R 编码的阻遏蛋白本身没有与操纵基因 O 结合的活性，它必须受辅阻遏物（末端产物）激活后才能与 O 结合，从而阻止 RNA 聚合酶对结构基因的转录。阻遏模型与诱导模型最大的相似之处是效应物（指辅阻遏物）与调节蛋白（阻遏物）的结合是可逆的。

弱化作用，也叫作衰减作用（attenuation），是另一种在转录水平上调控转录起始的终止和减弱转录。色氨酸（Trp）合成途径中氨酰 tRNA 的调节是典型的弱化调节，以色氨酸操纵子模型为例，它的第一个结构基因 S1 与启动基因 P、操纵基因 O 之间有一段叫作前导 DNA 的核苷酸序列（leader sequence）或称弱化子（attenuator）。操纵子的转录必须经过前导区，才能进入结构基因区。当细胞内 Trp-tRNA 足够时，弱化子能起到转止的信号作用；当细胞内 Trp-tRNA 缺时该弱化子就不起中止的信号作用。由此可见，不像阻遏调控方式，弱化作用不是"全部或者没有"开关式的调节，而是对氨基酸水平的一种更加精细的调控。

色氨酸生物合成途径的调控作用主要有三种方式：阻遏作用、弱化作用及终产物 Trp 对合成酶的反馈抑制作用。其中色氨酸阻遏操纵子发挥着关键作用。对于色氨酸的生物合成，色氨酸操纵子的阻遏系统是一个一级开关，即第一调控系统，它主管转录的启动与否。色氨酸操纵子的第二转录水平控制是色氨酸操纵子的弱化系统，是细菌辅助阻遏作用的一种精细调控。色氨酸操纵子的这个精细调控决定着已启动的转录是否能够继续进行下去，该过程由色氨酸的浓度来调节，这种过早终止的酶的诱导、分解代谢物阻遏和末端代谢物阻遏可以在同一微生物内同时出现。这样当某些底物存在时微生物体内就会合成诱导酶；几种底物同时存在时，优先利用能被快速或容易代谢的底物，这样就会出现与代谢较慢的底物有关的酶的合成将被阻遏；当末端代谢物能满足微生物生长需要时，与代谢有关酶的合成又被终止。

由于微生物具有末端产物反馈阻遏的调节系统，使微生物已合成足够所需的物质时，或外源加入该类物质时，合成该物质的有关酶类的生物合成就会被停止。当该物质被消耗利用后（如氨基酸用于合成蛋白质），又可以合成这些酶，这就节约了能量和原材料，因此微生物在正常生理状况下不会合成过量的细胞物质。操纵子学说是在进行原核微生物代谢调节的研究时建立起来的，而真核微生物的情况更复杂。真核微生物的酶合成的调节除可发生在上述的转录水平外，也可能发生在翻译水平。

四、发酵工业中微生物代谢控制的应用

在正常代谢过程中，微生物细胞通常不会过量积累初级代谢产物和次级代谢产物。即使在某种特定条件下过量积累了中间代谢产物，也能被诱导酶转化为次级代谢产物，最终排出体外。但在人为控制条件下，可以使微生物过量生产特定代谢产物。因目的代谢产物不同，发酵工业中所采用的调控方法和途径也各不相同，主要包括人为控制代谢、控制微生物发酵途径和提高发酵产率三种方法，归纳起来就是控制发酵条件、改变细胞透性和改变微生物遗传特性，最终的目的都在于解除、加强或改变微生物的控制机制。现代科学研究中，改变微生物遗传特性往往是控制代谢最有效的手段。

（一）发酵条件的控制

发酵条件控制主要包括发酵培养基成分、温度、pH、溶解氧（通气量）等的控制，另外，选育出的目的菌株还必须注意保持菌株的纯度。

1. 培养基成分的控制

在发酵培养基中，合适的碳氮源是必需的，且尽量避免使用引起分解代谢阻遏的碳氮源。迅速利用的碳源主要是葡萄糖，缓慢利用的碳源主要包括淀粉、乳糖、蔗糖等。迅速利用的氮源一般是氨水、铵盐和玉米浆，而缓慢利用的氮源主要包括黄豆饼粉、花生饼粉等物质。发酵工业中通常采用适量的速效和迟效碳源和氮源的配比，或在后期限量流加葡萄糖的方法，来满足机体生长的需要并避免速效碳源或氮源可能引起的分解代谢物阻遏，速效的碳氮源可以促进微生物的生长繁殖，缓慢利用的碳氮源主要用于满足产物合成、延长合成期、延缓自溶期。例如，荧光假单胞菌纤维素酶的合成和嗜热脂肪芽孢杆菌的淀粉酶分别受半乳糖和果糖的分解阻遏，若分别以甘露糖和甘油作碳源，两类酶的活性可分别增加 1500 倍和 25 倍。又如，青霉素发酵中，速效碳源葡萄糖和迟效碳源乳糖以适当比例组合的混合碳源生产，葡萄糖被快速利用以满足青霉菌生长的需要，葡萄糖耗尽时才利用乳糖并开始合成青霉素。同时，在发酵过程中，通过加入诱导剂可以进一步有效地增加诱导酶的产量，提高青霉素的产量。另外，在发酵培养基中添加产物的前体物质，可以达到绕过反馈阻遏方法进而提高某些

代谢产物产量的效果。例如，在色氨酸发酵过程中加入适量的邻氨基苯甲酸作为色氨酸的前体物质，即使色氨酸的反馈抑制仍然存在，但是色氨酸的合成仍然在继续进行。

2. 发酵温度的控制

机体的生长繁殖离不开酶的参与，温度通过影响酶的活性进而影响发酵过程。发酵温度升高，生长代谢加快，生产期会提前；发酵温度过高，菌体容易衰老甚至死亡，发酵周期缩短。发酵过程中影响发酵温度变化的因素主要是发酵热，发酵热主要受生物热、搅拌热、蒸发热、辐射热等影响。其中，生物热是指产生菌在生长繁殖过程中，释放的大量热量，生物热的产生与菌种的遗传特性、菌龄、营养基质和发酵时间有关；搅拌热是由于搅拌器的转动引起液体的摩擦产生的热量；蒸发热主要是发酵液蒸发水分带走的热量；辐射热是由于罐内外的温差，辐射带走的热量。影响发酵温度变化的因素中，生物热影响最为明显，且具有强烈的时间性。生物热的大小与呼吸作用强弱有关。在培养初期，菌体处于适应期，菌数少，呼吸作用缓慢，产生的热量也较少；菌体在对数期生长繁殖迅速，呼吸作用激烈，菌体的数量也较多，所以产生的热量也相应较多，温度上升较快，这个时候必须控制温度；培养后期，菌体基本上停止繁殖，主要靠菌体内的酶系进行代谢作用，产生的热量不多，温度变化不大。因此，可以通过培养期的温度变化初步判读发酵是否正常，例如，如果培养前期温度上升缓慢，说明菌体代谢缓慢，发酵不正常，反过来，要是培养前期发酵温度上升剧烈，有可能污染杂菌。

选择既适合菌体生长又适合代谢产物合成的温度十分必要，而菌体生长的温度和代谢物合成的温度往往不一致，因此，可以实行变温控制，在生长阶段选择合适菌体生长的温度，在产物合成阶段，变为适合合成代谢产物的温度。当然，确定最适发酵温度的同时还应参考其他发酵条件。比如，在较差通气条件下，降低发酵温度对发酵有利。培养基成分较易被利用或者比较稀薄时，降低发酵温度也是有利的。

3. pH 对发酵的控制

发酵 pH 对发酵的影响较大，首先可以通过影响菌体原生质膜电荷的改变，引起膜对离子的渗透作用，进而影响营养物的吸收和代谢产物的分泌；pH 对菌体生长代谢的酶活性的影响较大，酶促反应需要合适的 pH，pH 的变化可以导致酶活性的丢失或增加；pH 也可以影响代谢产物的合成方向。不同的微生物，生长繁殖和代谢产物合成都需要其特定的 pH，其中，培养基中营养物质的代谢变化对发酵液中 pH 的变化影响较大。若阴离子氮源被利用后产生氨气，则 pH 上升；若发酵液中有有机酸积累，pH 则下降。一般来说，高碳源培养基倾向于向酸性 pH 转移，高氮源培养基倾向于向碱性 pH 转移，这都跟碳氮比有直接的关系。

4. 溶氧和搅拌对发酵的控制

溶氧作为发酵过程中判断氧是否足够的度量，了解菌体对氧利用的规律。溶氧是考查设备、工艺条件对氧供需与产物形成影响的指标之一。如果要使菌体快速生长繁殖（如发酵前期），则应达到临界氧浓度。临界氧浓度是指不影响菌体的呼吸所允许的最低氧浓度。如果要促进产物的合成，则应根据生产目的不同，使溶解氧控制在最适浓度。发酵液中溶解氧浓度的任何变化都是供需平衡的结果，通过调节发酵液中溶解氧不外乎从供和需两方面考虑着手。

通过控制发酵条件，实际上是通过影响微生物自身的代谢调节系统，进而改变其代谢方向，使之按人们设计的需求的方向进行，最终达到获得高浓度积累所需目标产物的目的。

（二）改变细胞透性

改变细胞膜的通透性是调控发酵代谢的措施之一。改变细胞膜通透性的方法主要采用生理学方法，通过增大细胞的透性，可使细胞内的代谢产物迅速渗透到细胞外，进而消除反馈控制，最终有利于提高发酵产物的量。如控制生物素的含量可以改变细胞膜的成分，进而增加膜的通透性，影响代谢产物的分泌速率。例如，限制培养基中的生物素浓度为 $1 \sim 5$ mg/L，这个浓度就可以达到控制细胞膜中脂质的合成的效果，而谷氨酸发酵生产中，生物素的浓度控制要达到亚适量时才能大量分泌谷氨酸。当培养液中生物素含量较高时，也可以通过加入适量的青霉素来提高谷氨酸产量。因为青霉素通过抑制细菌的细胞壁肽聚糖合成中肽链的交联，导致细胞壁的缺损不完整，进而达到代谢产物分泌到胞外的作用；也可以通过添加表面活性剂如 Tween 80 或者阳离子表面活性剂，将脂类从细胞壁中溶解出来，导致细胞壁疏松，增加膜的通透性；另外，还可以控制 Mn^{2+}、Zn^{2+} 的浓度，通过干扰细胞膜或细胞壁的形成，达到增加细胞通透性的目的。

（三）改变菌种遗传特性

反馈调节是微生物防止合成代谢产物过量产生的重要机制，接触反馈调节作用可以保证高水平积累各种代谢产物，除调控发酵条件和改变细胞通透性外，改变微生物的遗传特性，即改变酶的活性或酶的合成系统，使之对反馈调节不敏感，进而达到过量生产代谢产物的目的。通过改变微生物的遗传型来解除反馈调节，定向选育出某种特定的突变型是控制代谢的较有效的途径，常见的突变型有筛选营养缺陷型突变株、组成型突变株、抗性突变体等。

1. 营养缺陷型和渗漏缺陷型突变株的应用

通过构建营养缺陷型菌株协助解除代谢反馈调控机制的研究已经在氨基酸、核苷酸生产中获得应用。例如，目前赖氨酸的发酵生产就是运用营养缺陷型解除调控的一个典型例子。以谷氨酸棒杆菌（*Corynebacterium glutamicum*）为出发菌株，改造筛选获得了高丝氨酸缺陷型的菌株，解除了正常的反馈抑制，获得高产赖氨酸的菌株。但是为了保证足够的新增细胞量的需求，发酵过程中需要在培养基中补给合适量的苏氨酸或高丝氨酸和甲硫氨酸，以保证生产大量的赖氨酸。次级代谢产物青霉素与初级代谢产物赖氨酸是同一分支代谢途径的两个产物，它们的共同前体是 α-氨基己二酸。赖氨酸对合成 α-氨基己二酸的酶有反馈阻遏或抑制作用。当赖氨酸达到一定浓度后，α-氨基己二酸的合成便被抑制，也进一步阻止了青霉素的合成。选育赖氨酸营养缺陷型菌株，便可以解除赖氨酸的反馈调节机制，同时也可以切断通向赖氨酸的代谢支路，使得大量积累的 α-氨基己二酸用于合成青霉素。

渗漏缺陷型突变体（leaky mutant）是一种不完全遗传障碍营养缺陷型，主要体现在一种酶活性下降，而非全部被抑制或者丢失的突变。该类突变株能自己合成微量的某一代谢终产物，但是这个量达不到反馈调节的浓度，所以不会造成反馈抑制作用，也不会影响到中间代谢产物的积累。与营养缺陷型不同的是，渗漏缺陷型菌株发酵过程中不需外源添加所渗漏缺陷的物质。

2. 组成型突变株的应用

组成型突变株是指在调节基因或操纵基因上突变引起酶的合成诱导机制失效，菌株不经诱导也能合成酶，或不受终产物阻遏的调节突变型。其中，对反馈抑制不敏感或对反馈阻遏有抗性的组成型突变株称为抗反馈突变株。有一种组成型突变株也可以称为抗结构类似物突变株，原因是在选育组成型突变株的方法中，遵循的主要原则是，要创造一种利于组成型菌株生长但是不利于诱导型菌株生长的培养条件，营造对组成型的选择优势及适当识别两类菌落的方法，从而把组成型突变株选择出来，而且在本方法中常用末端代谢产物结构类似物作为筛选分离抗反馈突变株的筛选剂，同时在恒温培养器中，也可以通过加入低浓度的底物诱导剂连续培养细菌，进行组成型突变菌株的筛选。目前，已用这种方法选出不需乳糖诱导就大量积累半乳糖苷酶的大肠杆菌突变株；采用在培养基中添加或不添加诱导剂的交替培养方法，也可以从群体中筛选出抗反馈调节的突变菌株；还可以利用在培养基中加入抑制诱导酶合成的物质来筛选组成型菌株；另外，可从营养缺陷型的回复突变菌株中筛选具有抗反馈的突变菌株。例如，由于谷氨酸棒杆菌中肌苷酸脱氢酶的回复突变株对其终产物鸟苷酸的反馈调节不敏感，从而提高了鸟苷酸的产量。

3. 抗性突变株的应用

"葡萄糖效应"是抗生素生产中最常见的碳源分解代谢调节方式，葡萄糖被快速利用，其分解代谢过程中所积累的分解代谢产物不仅抑制抗生素的合成，同时也抑制了其他某些碳源、氮源的分解利用。因此，可通过只添加上述碳（或氮）源作为唯一可供菌利用的碳（或氮）源，进行筛选抗葡萄糖分解代谢调节的突变株。例如，将目标改造微生物在培养在只含有葡萄糖（阻遏性碳源）和组氨酸作为唯一氮源的培养基中，经过连续传代，可筛选去葡萄糖分解代谢调节的突变株。因为葡萄糖分解代谢物可以阻遏正常的组氨酸分解酶类，抑制组氨酸降解，如果突变株能在这种培养基中生长，说明它具有能分解组氨酸而获得氮源的酶。

思考题

①菌种选育的方法有哪些？
②简述原生质体融合技术的特点。
③什么是基因工程技术？简述基因工程技术的基本程序。
④简述菌种的保藏方法。
⑤举例说明微生物代谢调控在发酵工业中的重要性。
⑥试述发酵 pH 对微生物代谢调控的影响。

第三章　发酵工业培养基的制备与灭菌

第一节　培养基的组成

一、碳源

碳源是组成培养基的主要成分之一，碳源主要为细胞提供合成新化合物的骨架，为细胞的呼吸代谢提供底物和能源，维持渗透压。常见的碳源主要有糖类、油脂类化合物、有机酸等。葡萄糖是碳源中最易利用的糖，几乎所有的微生物都能利用葡萄糖。

二、氮源

氮源主要用于构成菌体细胞物质（核酸、氨基酸、蛋白质等）和含氮代谢物。常用的氮源可分为两大类：有机氮源和无机氮源。

（一）无机氮源

常用的无机氮源有铵盐、硝酸盐、氨水等。一般情况下微生物对无机氮源的利用比有机氮源快，但无机氮源的迅速利用常会引起培养基 pH 的变化。

（二）有机氮源

常用的有机氮源有蛋白胨、酵母粉、玉米浆、玉米蛋白粉等。在微生物分泌的蛋白酶作用下，水解成氨基酸，再被菌体进一步分解代谢。

三、无机盐及微量元素

微生物在生长繁殖过程中，通常需要某些无机盐和微量元素，作为其生理活性物质的组成或调节物，一般在低浓度时对微生物生长和产物合成具有促进作用，在高浓度时常表现出明显的抑制作用。常见的微量元素如磷、镁、硫、钾、钠、铁、氯、锰、锌、钙等。

四、生长因子、前体和产物促进剂

微生物生长不可缺少的微量有机物质称为生长因子，例如氨基酸、嘌呤、维生素等。前体指某些化合物加入到发酵培养基中，能直接被微生物在生物合成过程中结合到产物分子中，而其自身的结构并没有多大变化，但是产物的产量却因加入前体而有较大的提高。促进剂指那些既不是营养物又不是前体，但却能提高产量的添加剂。

五、水

除了少数微生物如蓝细菌能利用水中的氢作为还原 CO_2 时的还原剂外，其他微生物都不是将水作为营养物质，但是由于水在微生物的生命活动过程包括营养过程，它仍应属于营养要素之一，为培养基的重要组成之一。

第二节　培养基的类型

培养基种类繁多，按照其成分、物理状态和用途可将培养基分成多种类型。

一、按成分划分

（一）天然培养基

一类利用动植物或微生物包括其提取物制成的培养基，主要由化学成分还不清楚或化学成分不恒定的天然有机物组成，如常用的 LB（Luria-Bertani）培养基。

常用的天然有机营养物质包括牛肉浸膏、酵母浸膏、蛋白胨、豆芽汁、牛奶、玉米粉、土壤浸液、麸皮、血清、胡萝卜汁、稻草浸汁、椰子汁等。复合培养基成本较低，除在实验室经常使用外，也适于进行工业上大规模的微生物发酵生产。

（二）合成培养基

一类按微生物的营养要求精确设计后用化学试剂配制成的培养基。该类培养基的组成成分明确、重复性强，但微生物在其中生长速度慢，与天然培养基相比成本高，一般适用于在实验室进行有关微生物营养需求、代谢、分类鉴定、生物量测定、菌种选育及遗传分析等方面的研究工作。例如，高氏 1 号培养基和查氏培养基。

（三）半合成培养基

一类主要由化学试剂，添加某些天然成分的培养基，以更有效满足微生物对营养物的需要，如马铃薯蔗糖培养基。

二、按物理状态划分

（一）液体培养基

指一类呈液体状态的培养基，培养基中未加任何凝固剂，适用于大规模工业生产及在实验室进行微生物的基础理论和应用方面的研究。在用液体培养基培养微生物时，通过振荡或搅拌可以使菌体与培养基充分接触，同时还可以增加培养基的通气量。

（二）半固体培养基

指在液体培养基中加入少量的凝固剂配制而成的半固体状态的培养基。半固体培养基常用来观察微生物的运动特征、分类鉴定及噬菌体效价测定等方面的实验工作。

（三）固体培养基

天然固体营养基质制成的培养基或液体培养基中加入一定量凝固剂（琼脂 1.5%~2%）

即为固体培养基。例如由马铃薯块、小米、麸皮及米糠等制成固体状态的培养基就属于固体培养基。如生产酒的酒曲、生产食用菌的棉子壳培养基。固体培养基常用于微生物的分离、纯化、计数等方面的研究。

理想的凝固剂应具备以下特点：不被所培养的微生物分解利用，在微生物生长的温度范围内保持固体状态。在培养嗜热细菌时，由于高温容易引起培养基液化，通常在培养基中适当增加凝固剂来解决这一问题；凝固剂凝固点温度不能太低，否则不利于微生物的生长，凝固剂对所培养的微生物无毒害作用，凝固剂在灭菌过程中不被破坏，透明度好，黏着力强；配制方便且价格低廉。常用的凝固剂有琼脂、明胶和硅胶。

三、按用途划分

（一）基础培养基

基础培养基是含有一般微生物生长繁殖所需的基本营养物质的培养基。牛肉膏蛋白胨培养基是最常用的基础培养基。此外，基础培养基也可以作为一些特殊培养基的基础成分，根据某种微生物的特殊营养需求，在基础培养基中加入所需营养物质。

（二）营养培养基

营养培养基是在基础培养基中加入某些特殊营养物质制成的一类营养丰富的培养基，这些特殊营养物质包括血液、血清、酵母浸膏、动植物组织液等。加富培养基一般用来培养营养要求比较苛刻的异养型微生物，如培养百日咳博德氏菌需要含有血液的加富培养基。

（三）鉴别培养基

鉴别培养基是用于鉴别不同类型微生物的培养基。在培养基中加入某种特殊化学物质使某种微生物在培养基中生长后能产生特殊代谢产物，而这种代谢产物可以与培养基中的特殊化学物质发生特定的化学反应，产生明显的特征性变化。根据这种特征性变化，可将该种微生物与其他微生物区分开来。鉴别培养基主要用于微生物的快速分类鉴定，以及分离和筛选产生菌种代谢产物的微生物菌种。

（四）选择培养基

选择培养基是用来将某种或某类微生物从混杂的微生物群体中分离出来的培养基。根据不同种类微生物的特殊营养需求或对某种化学物质的敏感性不同，在培养基中加入相应的特殊营养物质或化学物质，抑制不需要的微生物的生长，有利于所需微生物的生长。

在实际应用中，有时需要配制既有选择作用又有鉴别作用的培养基。例如，当要分离金黄色葡萄球菌时，在培养基中加入 7.5% NaCl、甘露糖醇和酸碱指示剂，金黄色葡萄球菌可耐高浓度 NaCl，且能利用甘露糖醇产酸。因此，能在上述培养基生长，而且菌落周围培养基颜色发生变化，则该菌落有可能是金黄色葡萄球菌，可再通过进一步鉴定加以确定。

第三节　培养基设计的原则

配制培养基有以下四个原则。

一、目的明确

培养不同的微生物必须采用不同的培养条件。培养目的不同，原料的选择和配比就不同。例如，对于枯草芽孢杆菌，一般培养采用肉汤培养基或 LB 培养基；自然转化采用基础培养基；观察芽孢采用生孢子培养基；产蛋白酶采用以玉米粉、黄豆饼粉为主的产酶培养基。因此，研究人员要根据不同的工作目的，微生物不同的营养需要，运用自己丰富的生物化学和微生物学知识来配制最佳的培养基。

二、营养协调

微生物细胞组成元素的调查或分析，是设计培养基时的重要参考依据。微生物细胞内各种成分间有一较稳定的比例。在大多数化能异养菌的培养基中，各营养要素在量的比例大体符合以下 10 倍序列的递减规律。

各营养要素按照含量大小依次为 $H_2O > C$ 源+能源 $> N$ 源 $> P$、$S > K$、$Mg >$ 生长因子。含量依次为 10^{-1}、10^{-2}、10^{-3}、10^{-4}、10^{-5}、10^{-6}。

（一）选择适宜的营养物质

①细菌：牛肉膏蛋白胨培养基（或简称普通肉汤培养基）。
②放线菌：高氏 1 号合成培养基培养。
③酵母菌：麦芽汁培养基。
④霉菌：查氏合成培养基。
⑤实验室一般培养：普通常用培养基。
⑥遗传研究：成分清楚的合成培养基。
⑥生理、代谢研究：选用相应的培养基配方。

（二）营养物质浓度及配比合适

营养物质的浓度要适宜，营养物质之间的配比也要适宜。高浓度糖类物质、无机盐、重金属离子等不仅不能维持和促进微生物的生长，反而起到抑制或杀菌作用。培养基中各营养物质之间的浓度配比也直接影响微生物的生长繁殖和代谢产物的形成和积累，其中碳氮比（C/N）的影响较大：真菌需 C/N 比较高的培养基；细菌（动物病原菌）需 C/N 比较低的培养基；发酵生产谷氨酸时：碳氮比为 4/1 时，菌体大量繁殖，谷氨酸积累少；碳氮比为 3/1 时，菌体繁殖受到抑制，谷氨酸产量则大量增加。

各氮源按照含氮量大小排序依次是 $NH_3 > CO(NH_2)_2 > NH_4NO_3 > (NH_4)_2CO_3 > (NH_4)_2SO_4$，含氮比例依次是 82%、46%、35%、29.2%、21%。

这说明在同样重量时，在以上各氮源中含氮量以氨为最高，尿素次之，硝酸铵和碳酸铵再次之，而硫酸铵则最低。

三、理化适宜

理化适宜指培养基的 pH、渗透压、水活度和氧化还原电势等物理化学条件较为适宜。

（一）pH

各大类微生物都有其生长适宜的 pH 范围，培养基的 pH 必须控制在一定的范围内，以满足不同类型微生物的生长繁殖或产生代谢产物。

通常培养条件（初始 pH）：细菌为 pH 7.0~8.0，放线菌为 pH 7.5~8.5，酵母菌为 pH 3.8~6.0，霉菌为 pH 4.0~5.8，藻类为 pH 6.0~7.0，原生动物为 pH 6.0~8.0。

微生物的生长、代谢过程中会产生引起培养基 pH 改变的代谢产物，为了维持培养基 pH 的相对恒定，通常要进行 pH 的调节。pH 的调节包括 pH 的内源调节和 pH 的外源调节。

1. pH 的内源调节

通过培养基内在成分所起的调节作用，就是 pH 的内源调节。

①第一种是采用磷酸缓冲液进行调节。

$[K_2HPO_4] / [KH_2PO_4] = 1$ 时，溶液的 pH 稳定在 6.8。调节 K_2HPO_4 和 KH_2PO_4 两者浓度比可获得 pH 6.0~7.6 的一系列稳定的 pH。反应原理如下：

$$K_2HPO_4 + HCl \rightarrow KH_2PO_4 + KCl$$
$$KH_2PO_4 + KOH \rightarrow K_2HPO_4 + H_2O$$

②第二种以 $CaCO_3$ 作"备用碱"进行调节。$CaCO_3$（不溶于水又是沉淀性的，在培养基中分布不均匀）、$NaHCO_3$ 均可用来调节培养基的 pH。

2. pH 的外源调节

这是一类按实际需要不断从外界加酸或碱液，以调整培养液的方法。

（二）渗透压和水活度

渗透压（osmotic pressure）是某水溶液中一个可用压力来量度的一个物化指标。它表示两种浓度不同的溶液间被一个半透性薄膜隔开时，稀溶液中的水分子会因水势的推动而透过隔膜流向浓溶液，直到浓溶液产生的机械压力足以使两边水分子的进出达到平衡为止，这时浓溶液中的溶质所产生的机械压力，即为它的渗透压值。

与微生物细胞渗透压相等的等渗溶液最适宜微生物的生长；高渗溶液会使细胞发生质壁分离；低渗溶液则会使细胞吸水膨胀，形成很高的膨压，这对细胞壁脆弱或丧失的各种缺壁细胞如原生质体、球状体或支原体来说，是致命的。

水分活度（A_w）是一个比渗透压更有生理意义的一个物化指标。它表示在天然或人为环境中，微生物可实际利用的自由水或游离水的含量。各种微生物生长繁殖范围的 A_w 在 0.6~0.998。

（三）氧化还原电势 （redox potential）

氧化还原电势又称氧化还原电位，是度量某氧化还原系统中还原剂释放电子或氧化剂接受电子趋势的一种指标。一般以 Eh 表示，指以氢电极为标准时某氧化还原系统的电极电位值，单位是 V（伏）或 mV（毫伏）。

不同类型微生物生长对氧化还原电位的要求不同：好氧性微生物在 +0.1 V 以上时可正常生长，以 +0.3~+0.4 V 为宜；厌氧性微生物在低于 +0.1 V 条件下生长；兼性厌氧微生物在 +0.1 V 以上时进行好氧呼吸，+0.1 V 以下时进行发酵。

氧化还原电位与氧分压和 pH 有关，也受某些微生物代谢产物的影响：增加通气量（如振荡培养、搅拌）提高培养基的氧分压，或加入氧化剂，从而增加 Eh 值在培养基中加入巯基乙醇、抗坏血酸（0.1%）、硫化氢（0.025%）、半胱氨酸（0.05%）、谷胱甘肽、铁屑、二硫苏糖醇等还原性物质可降低 Eh 值。

测定氧化还原电势除用电位计外，还可在培养基中加入化学指示剂刃天青（resazurin）进行间接测定。刃天青在无氧条件下呈现无色（Eh = -40 mV）；在有氧条件下，其颜色与溶液的 pH 相关（中性呈紫色；碱性呈蓝色；酸性呈红色）；在微量氧时，其呈粉红色。

四、经济节约

配制培养基时应尽量利用廉价且易于获得的原料作为培养基成份，特别是在发酵工业中，以降低生产成本。

（1）以粗化精

对微生物来说，各种粗原料营养更加完全，效果更好，而且在经济上也节约。大量的农副产品或制品，如麸皮、米糠、玉米浆、醇母浸膏、酒糟、豆饼、花生饼、蛋白胨等都是常用的发酵工业原料。

（2）以"野"代"家"

以野生植物原料代替栽培植物原料，如木薯、橡子、薯芋等都是富含淀粉质的野生植物，可以部分取代粮食用于工业发酵的碳源。

（3）以废代好

以工农业生产中易污染环境的废弃物作为培养微生物的原料。例如，糖蜜（制糖工业中含有蔗糖的废液）、乳清（乳制品工业中含有乳糖的废液）、豆制品工业废液、黑废液（造纸工业中含有戊糖和己糖的亚硫酸纸浆）等。工业上的甲烷发酵主要利用废水、废渣作原料，在我国农村，已推广利用粪便及禾草为原料发酵生产甲烷作为燃料。

（4）以简代繁

某制药厂改进链霉素发酵液中的原有配方，设法减去 30%～50% 的黄豆饼粉 25% 的葡萄糖和 20% 硫酸铵，结果反而提高了产量。

（5）以氮代肮

以大气氨、铵盐、硝酸盐或尿素等一类非蛋白质或非氨基酸廉价原料用作发酵培养基的原料，让微生物转化成菌体蛋白质成含氮的发酵产物供人们利用。

（6）以纤代糖

开发利用纤维素这种世界上含量最丰富的可再生资源。大量的纤维素农副产品可转变为优质饲料、工业发酵原料、燃料及人类的食品及饮料。

（7）以"国"代"进"

以国产原料代替进口原料，尽量减少工业成本。国内青霉素发酵工业的迅速发展，依赖于找到了富有中国特色的培养基配方，即用廉价的棉子饼（或花生饼）和白玉米粉代替玉米浆和乳糖。

第四节　发酵主要原料的水解制备

一、淀粉质原料制糖工艺及培养基配制方法

（一）淀粉的组成和特性

淀粉是一种白色无定形结晶粉末，存在于很多植物组织中。因为微生物分解淀粉必须有

相应的胞外淀粉酶，所以大多数微生物并不能够直接分解利用淀粉。因此在很多发酵工业产品的生产中，都需要先把淀粉水解制成水解糖后再使用，如谷氨酸等很多氨基酸发酵、抗生素发酵、有机酸发酵等。

淀粉的本质是由很多葡萄糖分子通过 α-1，4-糖苷键和 α-1，6-糖苷键连接而成的具有一定层次构造的化学大分子。淀粉的本质是碳水化合物，含碳 44.4%，含氢 6.2%，含氧 49.4%。

（二）　淀粉水解的原理

在工业生产中把淀粉通过一定方法水解为葡萄糖的过程称为淀粉的"糖化"过程，所制得的糖液称为淀粉水解糖液。水解的方法有酸解法、酶解法、酸酶结合法等。淀粉未解制备葡萄糖的过程伴随着一些副反应的发生。首先，淀粉水解成葡萄糖的过程会有糊精、低聚糖、麦芽糖等中间产物的生成；其次，反应生成的葡萄糖之间会发生复合反应，生成龙胆二糖、异麦芽糖及其他低聚糖；另外，还有一部分葡萄糖会发生分解反应，生成 5-羟甲基糠醛，然后进一步分解为一些有机酸和有色物质。5-羟甲基糠醛是淀粉水解液色素产生的根源。这三个方面的反应同时发生，以第一个反应为主。

（三）　淀粉酸水解制糖工艺

根据水解所用催化剂的不同，主要有三种方法：酸解法、酶解法和酸酶结合法。

（1）酸解法

酸解法是淀粉水解糖制备的传统方法，它是以无机酸为催化剂，在高温高压下将淀粉水解为葡萄糖的方法。

该法的优点：工艺简单、水解时间短、设备生产能力大。目前广泛采用此法。

该法的缺点：高温高压及酸的腐蚀对设备有一定要求；副反应多，影响水解糖液的质量；对原料要求严格，原料淀粉颗粒必须大小均匀，否则造成水解不均一、不彻底。

（2）酶解法

酶解法是用专一性很强的淀粉酶将原料淀粉水解为糊精和低聚糖，再用糖化酶继续水解为葡萄糖的制糖工艺。

优点：条件温和，设备要求低；酶专一性强，副反应少；淀粉液初始浓度较高，要求较低（颗粒大小可以不均一）；糖液颜色浅，较纯净。

缺点：生产周期长，需要专门的设备，过滤困难。但是随着酶制剂工业的发展，酶解法取代酸解法是淀粉水解糖技术发展的必然趋势。

（3）酸酶结合法

酸酶结合法是结合了酸解法和酶解法的水解糖制备工艺，兼具两者特点。根据酸解法和酶解法使用的先后顺序又分为酸酶法和酶酸法两种。

①酸酶法。酸酶法是先将淀粉用酸水解成低聚糖和糊精，再用糖化酶将其水解为葡萄糖的工艺。有些原料的淀粉，如玉米、小麦的淀粉颗粒坚实，用 α-淀粉酶短时间内往往作用不彻底，因此有些工厂就先用酸将淀粉水解到一定程度，再用糖化酶糖化。

②酶酸法。酶酸法是先用 α-淀粉酶将原料淀粉水解到一定程度，过滤除去杂质后，再用酸完全水解的工艺。该法适用于较粗的原料，如大米淀粉，可以弥补酸解法对原料要求较高的缺点，提高原料利用率。

总的来说，酶解法较酸解法更好，酸酶结合法各项指标基本介于二者之间。

（四） 淀粉酶水解制糖工艺

由于酶解法主要用到了 α-淀粉酶和糖化酶两种酶，因此又叫双酶水解法。酶解法制糖条件温和、糖液质量高，是淀粉水解制糖工艺未来的发展趋势。

酶解法一般分两步进行，第一步是利用 α-淀粉酶将淀粉水解为糊精和低聚糖，这步使淀粉的溶解性增加，故称为液化；第二步是用糖化酶将糊精和低聚糖进一步水解为葡萄糖，称为糖化。

1. 液化

（1） α-淀粉酶的作用方式和来源

α-淀粉酶能水解淀粉中的 α-1，4-糖苷键，生成 α 型葡萄糖，故得名。α-淀粉酶不能水解淀粉中的 α-1，6-糖苷键，但能越过 α-1，6-糖苷键继续作用。α-淀粉酶的作用是从淀粉内部开始的，其水解具有一定的随机性。α-淀粉酶的水解产物主要是麦芽糖和葡萄糖，以及少量其他低聚糖，α-淀粉酶再水解麦芽糖内的 α-1，4-糖苷键是很难的。例如，一般直链淀粉的水解产物中含麦芽糖约 87%，葡萄糖约 13%。α-淀粉酶水解支链淀粉的方式与直链淀粉相似，能水解淀粉中的 α-1，4-糖苷键，但不能水解 α-1，6-糖苷键。由于分支处 α-1，6-糖苷键的存在，产物还含有异麦芽糖和带分支的低聚糖。α-1，6-糖苷键的存在使 α-淀粉酶的水解速度下降，因此支链淀粉比直链淀粉水解速度慢。淀粉液总的水解趋势是大分子逐渐变成小分子，速度也是开始较快，末期较慢。

α-淀粉酶主要由以下几种微生物通过发酵生产：黑曲霉、黄曲霉、枯草芽孢杆菌、巨大芽孢杆菌等，国内一般都使用较易培养的枯草芽孢杆菌。

（2） 淀粉液化条件及液化程度的控制

酶的本质是蛋白质，因此其作用的发挥受很多条件影响，如底物状态、pH、温度及作用环境中的某些物质等。

①淀粉状态对 α-淀粉酶的影响。天然淀粉是以颗粒状存在的，有一定晶型，α-淀粉酶很难直接作用。因此淀粉在液化前必须先加热糊化，破坏其晶体结构，使淀粉分子充分浸出，再加入 α-淀粉酶。据试验，淀粉颗粒水解速度和淀粉糊化液水解速度之比为 1：20000。

②α-淀粉酶对温度的耐受力较强，如国内以枯草芽孢杆菌生产的 α-淀粉酶 BF7658，60℃保温 10 min 几乎没有活力损失，而一般的酶其活力大部分失活了。生产上希望尽量快地完成液化，因此液化温度较高，一般选用 88~90℃并加入钙离子作为保护剂。若能进一步提高液化温度，将会使液化速度更快，但是需要 α-淀粉酶有更好的温度耐受能力。

③pH 对 α-淀粉酶的影响。同温度一样，每种酶也都有自己最适的 pH。α-淀粉酶在 pH 为 6.0~7.0 时较稳定，在 pH 5 以下失活严重，最适 pH 为 6.2~6.4。但最适 pH 也与温度相关，温度高则最适 pH 偏高，反之偏低。

④酶活力的其他影响因素。研究表明，淀粉乳中淀粉和糊精分子的存在本身就对 α-淀粉酶有一定的保护作用。例如，80℃加热 1 h，在淀粉乳浓度 10% 的情况下，酶活力残余 94%；而在没有淀粉乳的情况下，酶活力仅残余 24%。

α-淀粉酶实质上是一种金属酶，其活性非常依赖钙离子。如果没有钙离子，则其活性几乎完全消失。工业一般使用 $CaCl_2$ 或 $CaSO_4$，保持钙离子浓度在 0.01 mol/L 左右。钠离子对 α-淀粉酶的稳定也有一定作用，一般使用浓度也是 0.01 mol/L 左右。

酶的用量也会影响酶解速度。这要根据酶的活力和原料而定，例如，国产 BF7658，水解薯类淀粉用量一般为每克淀粉 8~10U。

⑤淀粉液化程度的控制。淀粉的液化速度是先快后慢，且液化产物多为双糖，因此没必要为追求更高的液化液 DE 值而延长液化时间。酶解法虽然没有酸解法那么强的副反应，但是液化毕竟是在高温下进行的，时间过长，一部分已经液化的淀粉又会重新结合成大分子（类似淀粉糊化时间过长引起的淀粉老化现象），给糖化带来不便。因此一般液化时间为 10~15 min。控制液化液 DE 值 10~20 即可。

2. 糖化

糖化过程类似液化，只是使用的酶及具体工艺条件不同。

（1）糖化酶的作用特点

糖化酶又称葡萄糖淀粉酶，其作用是将 α-淀粉酶液化产生的糊精等物质进步水解成葡萄糖。糖化酶不同于 α-淀粉酶，它的作用方式是从底物的非还原末端逐个地切下葡萄糖单位，产生 α-葡萄糖，因此是一种外切酶。糖化酶既可以作用于 α-1，4-糖苷键，也可作用于 α-1，6-糖苷键，但速度较慢。糖化酶主要来源于曲霉属、根霉属及拟内孢霉属的微生物。曲霉类常用的是黑曲霉，糖化温度高、pH 低、速度快，且不论液体固体都可进行大规模培养，是国内糖化酶主要来源。但黑曲霉产生的糖化酶往往不纯，常含有糖基转移酶等杂质，因此使用前应设法尽量纯化。根霉类常用的有雪白根霉等，其所产糖化酶系纯度高、活力高，但缺点是不易大规模培养，尤其是液体培养活力很低，因此还没有大规模使用。糖化酶的保存条件和失活速度与 α-淀粉酶基本接近。

（2）糖化工艺条件

不同来源的糖化酶最适反应条件一般不同。一般最适 pH 偏低，最适温度为 50℃左右。例如，曲霉类最适 pH 为 4.0~4.5，最适温度为 55~60℃；拟内孢霉类最适 pH 为 4.8~5.0，最适温度为 50℃。糖化过程宜尽量温度高些、pH 低些，这样糖化速度快且糖液质量高，而且不易染杂菌。

糖化酶用量主要根据酶活力决定。一般 30% 的淀粉浓度，每克淀粉加酶 80~100U。糖化速度开始很快，DE 值达到顶峰后会下降，这是由于酶中的杂质催化了葡萄糖转移反应等副反应，消耗了葡萄糖，所以糖化要及时结束。一般糖化时间在 24 h 左右，糖化终点可用无水乙醇检验。糖化设备与液化设备也基本相同。

糖化结束后，升温至 100℃，5 min 灭活酶，降温、过滤后加入贮罐准备发酵使用。

二、糖蜜原料培养基的制备过程

糖蜜是制糖工业的废液，是一种很有潜力的发酵原料。糖蜜用于发酵生产，可降低成本，节约能源，便于实现高糖发酵工艺。国内使用糖蜜作为发酵原料还不普遍，但在国外，糖蜜已经是一种普遍采用的碳源。

糖蜜根据来源的不同，分为甘蔗糖蜜和甜菜糖蜜。另外，葡萄糖工业中不能再结晶的葡萄糖母液也称为葡萄糖蜜。

（一）糖蜜原料的性质和组成

糖蜜的外观是一种黑褐色、黏稠的液体，pH 为 5.5 左右，不同种类其成分有一定差异。

（二）糖蜜原料的预处理

糖蜜的预处理，主要包括澄清处理和脱钙处理，在某些发酵中，还要做去除生物素的处理。

糖蜜中含有一定比例的灰分，影响菌种生长，也影响产品纯度。糖蜜中还含有大量的胶体物质，如不除去，则在发酵中会造成大量泡沫，影响发酵生产。糖蜜的澄清处理，主要目的就是除去其中的灰分和胶体物质。

糖蜜的具体预处理方法还有很多。例如，在以甘蔗糖蜜为碳源发酵生产黄原胶的过程中提到了八种糖蜜的预处理方法：①取糖蜜稀释液（含糖量 5%，下同）加入亚铁氰化钾搅拌均匀后静置，过滤收集滤液；②取糖蜜稀释液加入亚铁氰化钾，搅拌均匀后加入活性炭，静置后过滤收集滤液；③取糖蜜稀释液加入亚铁氰化钾，搅拌均匀后加入硅藻土，静置后过滤，收集滤液；④取糖蜜稀释液加入亚铁氯化钾，搅拌均匀后加入 EDTA 煮沸过滤，收集滤液；⑤取糖蜜稀释液加入硅藻土，静置过滤，收集滤液；⑥取糖蜜稀释液加入活性炭，静置后过滤，收集滤液；⑦取糖蜜稀释液加入硅藻土和活性炭混合处理，静置后过滤取滤液；⑧取糖蜜稀释液加 H_2SO_4 调 pH 至 2.0~2.8，再加 Ca（OH）$_2$ 调 pH 至 7.2 左右，68℃保温 30 min 后加入活性炭，过滤收集滤液。这些方法虽然各不相同，但目的都是澄清和脱钙。在谷氨酸等的发酵中，糖蜜原料除了澄清和脱钙处理外，还要设法去除生物素。生物素等关键生长因子的含量对这类应用营养缺陷型菌株进行代谢控制发酵的生产至关重要。一般甘蔗糖蜜含生物素 1~3 μg/g，甜菜糖蜜含生物素 0.3~1 μg/g，而谷氨酸发酵要求发酵液生物素含量低于 10 μg/L，以发酵液含糖蜜 10% 计，生物素浓度也超过规定的几十倍甚至上百倍，因此必须大量脱除生物素。脱除生物素的具体方法有活性炭处理法、树脂处理法、亚硝酸处理法、辐射处理法等。

第五节 培养基灭菌

所谓灭菌就是杀死一切微生物，包括微生物的营养体和芽孢，这一概念不同于消毒。后者是指消灭一切致病微生物（病原体）。在发酵生产中为什么要灭菌呢？主要有以下几点原因：如不灭菌，会使生物反应的基质或产物，因杂菌的消耗而损失，造成生产能力的下降；杂菌也会产生代谢产物，这就使产物的提取更加困难，造成得率降低，产品质量下降；有些杂菌会分解产物，使生产失败；杂菌大量繁殖后，会改变反应液的 pH 值，使反应异常；如果发生噬菌体污染，生产菌细胞将被裂解，使生产失败。

一、灭菌的原理和方法

灭菌的方法很多，在实验室可以使用干热灭菌，对于环境可以使用化学试剂灭菌，但化学试剂的灭菌方法有很大的限制。在工业生产中，对于培养基、管道、设备的灭菌，通常采用蒸汽加热到一定的温度并保温一段时间的灭菌方法，称之为湿热灭菌。湿热灭菌的显著优点是：使用方便，无污染，而且其冷凝水可以直接冷凝在培养基中，也可以通过管道排出。

（一）化学物质灭菌

原理：药物与微生物细胞中的成分反应，使蛋白质变性，酶失活。使用范围：器皿、双手和实验室、无菌室的环境灭菌，不能用于培养基灭菌。常用的灭菌剂如表 3-1 所示。

表3-1　常用的灭菌剂

化学物质名称	有效浓度	化学物质名称	有效浓度
新洁尔灭	0.25%	甲醛	37%
杜灭	0.25%	戊二醛	2%
高锰酸钾	0.1%~0.25%	苯酚	0.1%~0.15%
漂白粉	5%	过氧乙酸	0.02%~0.2%
酒精	75%	焦碳酸二乙酯	0.01%~0.1%
煤酚皂（来苏尔）	1%~5%		

（二）辐射灭菌

辐射灭菌的原理是利用高能量的电磁辐射与菌体核酸的光化学反应造成菌体死亡。常用的有紫外线、X射线和γ射线。主要用于室内空气及器皿表面灭菌。

（三）干热灭菌

灭菌原理是利用高温对微生物有氧化、蛋白质变性和电解质浓缩作用而杀灭微生物。常用灼烧和电热箱加热，140~180℃处理1~2 h。适于对玻璃、金属用具及沙土管灭菌。

（四）湿热灭菌

灭菌原理是直接用蒸汽灭菌，蒸汽在冷凝时能释放出大量潜热，蒸汽具有强大的穿透力，破坏菌体蛋白和核酸的化学键，使酶失活，微生物因代谢障碍而死亡。水煮常压灭菌：100℃。或饱和蒸汽灭菌：一般121℃处理30 min。适合培养基和发酵设备灭菌。

（五）过滤除菌

除菌原理是利用微生物不能透过滤膜的性质除菌。方法是使用0.01~0.45 mm孔径滤膜，用于压缩空气、酶溶液及其他不耐热化合物溶液除菌。

二、培养基的湿热灭菌

由于培养基灭菌大多数用湿热灭菌，在这里主要介绍湿热灭菌。衡量热灭菌的指标很多，最常用的是"热死时间"，即在限定的温度下杀死一定比例原有微生物所需的持续时间。影响热灭菌温度和时间的因素很多，包括：微生物种类、性质、浓度和培养基的性质、浓度等。

（一）热灭菌的原理

1. 微生物的热阻

在这里先讲几个概念：

①致死温度：杀死微生物的极限温度。

②致死时间：在致死温度下，杀死全部微生物所需要的时间。

③微生物的热阻：表示微生物对热的抵抗能力，即指微生物在某一特定条件下（主要是温度）的致死时间。其对热的抵抗能力越大，可以理解为热阻越大，衡量不同的微生物对热

的抵抗能力的大小，可以使用相对热阻的概念。

④相对热阻：某一微生物在某一特定条件下的致死时间与另一微生物在相同条件下的致死时间之比。例如：芽孢：大肠杆菌＝3000000：1；病毒：大肠杆菌＝（1~5）：1等。

2. 对数残存定律

微生物的湿热灭菌过程，其本质上就是微生物细胞内蛋白质的变性过程。因此，可以把灭菌过程看成是蛋白质变性的过程，从这个意义上讲，灭菌过程应遵循单分子反应的速度理论，那么，则有下列方程［式（3-1）］：

$$\frac{dN}{dt} = -kN \tag{3-1}$$

式中，N——残存的活菌数；

t——灭菌时间（s）；

k——灭菌速度常数（s^{-1}），也称反应速度常数或比死亡速度常数，此常数的大小与微生物的种类与加热温度有关；

$\frac{dN}{dt}$——活菌数瞬时变化速率，即死亡速率。

该方程称为对数残存定律，表示微生物的死亡速率与任一瞬时残存的活菌数成正比。

3. 理论灭菌时间的计算

将上式积分，转换得：

$$\int_{N_0}^{N_t} \frac{dN}{dt} = k\int_0^t dt$$
$$N = N_0 e^{-xt}$$

两边取对数得式（3-2），即

$$t = \frac{1}{k}\ln\frac{N_0}{N_t} \tag{3-2}$$

式中，N_0——开始灭菌（$t=0$）时原有活菌数；

N_t——经时间 t 后残存活菌数；

k——意义同上；

t——表示理论灭菌时间。

比死亡速率常数 k，k 值大，表明微生物容易死亡。

理论灭菌时间的计算需要注意以下几个问题：

①k 值因不同的微生物种类、不同的生理状态、不同的外界环境，差别很大，实质上，它是微生物热阻的一种表示形式，微生物的热阻越大，k 值也越小。可以取耐热性芽孢杆菌的 k 进行计算。

②在计算过程中，N_0，N_t如何取值？

N_0为灭菌开始时培养基中活微生物数，可以参考一般培养基中的活微生物数为（1~2）×10^7个/mL；N_t通常取 0.001 个，即灭菌失败的概率为千分之一。

③上述灭菌时间，通常称之为理论灭菌时间，只可以用于工程计算，在实践过程中，因蒸汽的压力问题（不稳定）、蒸汽的流量问题有很大差别，甚至培养基中固体颗粒的大小、培养基的黏度等因素，都会影响灭菌效果，实际的设计和操作计算时间可作适当比例的延长或缩短。在实际生产中，通常采用经验数值：间歇灭菌，121℃，20~30 min；连续灭菌，

137℃，1~30 s，在维持罐中保温 8~20 min。

4. 灭菌温度的选择

在培养基灭菌过程中，除了杂菌死亡外，还伴随着培养基成分的破坏。因此必须选择既能达到灭菌目的，又能使培养基破坏降低至最低的工艺条件。

许多实验研究结果表明，培养基在高温灭菌的过程中，其营养成分的破坏在很大程度上可以用一级反应来描述其反应速度。即式（3-3）：

$$\frac{dC}{dt} = -k'C \tag{3-3}$$

式中，C——表示反应物的浓度，mol/L；

t——表示反应时间，s；

k'——表示反应速率常数，1/s，随稳定与反应类型而变化。

在化学反应中，其他条件不变，培养基反应速率常数 k' 与温度的关系可用阿雷尼乌斯方程式表示，即式（3-4）：

$$k' = A' \cdot e^{-E'/RT} \tag{3-4}$$

式中，A'——表示比例常数；

E'——营养物质破坏需要的活化能（4.18 J/mol）；

R——气体常数，1.987×4.18 J/（mol·K）；

T——反应的绝对温度，K。

在灭菌过程中，培养基受热时温度从 T_1 上升到 T_2 时，活菌比死亡速率常数 k 和培养基破坏速度常数 k' 的变化情况为：

$$k_1 = A' \cdot e^{-E/RT_1}$$
$$k_2 = A' \cdot e^{-E/RT_2}$$

将两式相除并取对数得：

$$\ln \frac{k_2}{k_1} = E/R(1/T_1 - 1/T_2)$$

同样，对于培养基成分的破坏也可以得到类似的关系，即：

$$\ln \frac{k'_2}{k'_1} = E'/R(1/T_1 - 1/T_2)$$

将两式相除得：

$$\ln\left(\frac{k_2}{k_1}\right) / \ln\left(\frac{k'_2}{k'_1}\right) = E/E'$$

由于灭菌时杀死微生物的活化能 E 大于培养基成分破坏的活化能 E'，因此，随着温度的上升，微生物比死亡速率常数增加倍数要大于培养基成分破坏分解速率常数的增加倍数，也就是说，当灭菌温度升高时，微生物死亡速率大于培养基成分破坏的速率。根据这一理论，培养基灭菌一般选择高温快速灭菌法，换言之，为达到相同的灭菌效果，提高灭菌温度可以明显缩短灭菌时间，并可减少培养基因受热时间长受到破坏的损失。

（二）培养基的分批灭菌

1. 定义

分批灭菌又称实罐灭菌，将配制好的培养基输入发酵罐中，用蒸汽加热，使培养基和设备同时灭菌的一种灭菌方式。

2. 灭菌过程

过程包括升温、保温和冷却三个阶段，各阶段对灭菌的贡献分别为：20%、75%、5%。培养基的升温可由两种方式实现：间接加热，在夹套或蛇管中通入蒸汽加热；直接加热，在培养基中直接通入热蒸汽加热。

灭菌过程中加热和保温阶段的灭菌作用是主要的，而冷却阶段的灭菌作用是次要的，一般很小，可以忽略不计。此外，还应指出的是，应当避免长时间的加热，因为加热时间过长，不仅破坏营养物质，而且有可能引起培养液中某些有害物质的生成，从而影响培养过程的顺利进行。

3. 分批灭菌的操作

分批灭菌是在所用的发酵罐或其他培养装置中进行的，它是在配制罐中配好培养基后，通过专用管道输入发酵罐等培养设备，然后开始灭菌。在进行培养基的间歇灭菌之前，通常先将发酵罐等培养装置的分空气过滤器进行灭菌，并且用空气将分过滤器吹干。开始灭菌时，应先放夹套或蛇管中的冷水，开启排气管阀，通过空气管向发酵罐内的培养基通入蒸汽进行加热，同时，也可在夹套内通蒸汽进行间接加热。当培养基温度升到70℃左右时，从取样管和放料管向罐内通入蒸汽进一步加热，当温度升至120℃，罐压为 $1 \times 10^5 Pa$（表压）时，打开接种、补料、消泡剂、酸、碱等管道阀门进行排汽，当然在保温过程中，应注意凡在培养基液面下的各种进口管道都应通入蒸汽，而在液面以上的其余各管道则应排放蒸汽，这样才能不留死角，从而保证灭菌彻底。保温结束后，依次关闭各排气、进气阀门，待罐内压力低于空气压力后，向罐内通入无菌空气，在夹套或蛇管中通冷水降温，使培养基的温度降到所需的温度，进行下一步的发酵和培养。

由于培养基的间歇灭菌不需要专门的灭菌设备，投资少，对设备要求简单，对蒸汽的要求也比较低且灭菌效果可靠，因此，间歇灭菌是中小型生产工厂经常采用的一种培养基灭菌方法。

（三）培养基的连续灭菌

1. 连续灭菌定义

连续灭菌也叫连消，将配制好的并经预热（60~75℃）的培养基用泵连续输入由直接蒸汽加热的加热塔，使在短时间内达到灭菌温度（126~132℃），然后进入维持罐（或维持管），使在灭菌温度下维持3~7 min后再进入冷却管，使其冷却至接种温度并直接进入已事先灭菌（空罐灭菌）过的发酵罐内。其温度一般以126~132℃为宜，总蒸汽压力要求达到0.044~0.049 MPa。

培养基采用连续灭菌时，需在培养基进入发酵罐前，直接用蒸汽进行空罐灭菌（空消），用无菌空气保压，待培养基流入罐后，开始冷却。灭菌时对培养基的加热可采用各种加热器。

培养基的冷却方式有喷淋冷却式、真空冷却式、薄板换热器式几种方式，其过程均包括加热、维持和冷却阶段。

2. 连续灭菌的流程

（1）由热交换器组成的灭菌系统

流程中采用了薄板换热器作为培养液的加热和冷却器，蒸汽在薄板换热器的加热段使培养液的温度升高，维持保温一定时间后，培养基在薄板换热器的冷却段进行冷却，从而使培养基的预热、加热灭菌及冷却过程可在同一设备内完成。该流程的加热和冷却时间比喷射加热连续灭菌时间长，但由于培养基的预热过程后紧接着灭菌培养基的冷却，因而节约了蒸汽和冷却水的用量。

（2）蒸汽直接喷射型的连续灭菌系统

流程中采用了蒸汽喷射器，它使培养液与高温蒸汽直接接触，从而在短时间内可将培养液急速升温至预定的灭菌温度，然后在该温度下维持一段时间灭菌，灭菌后的培养基通过膨胀阀进入真空冷却器急速冷却。

（3）由连消塔、维持罐和喷淋冷却组成的灭菌系统

连续灭菌的基本设备一般包括：

①配料预热罐：将配制好的料液预热到 60~70℃，以避免连续灭菌时由于料液与蒸汽温度过大而产生水汽撞击声；

②连消塔：连消塔的作用主要是使高温蒸汽与料液迅速接触混合，并使料液的温度很快升高到灭菌温度（126~132）℃；

③维持罐：连消塔加热的时间很短，光靠这段时间的灭菌是不够的，维持罐的作用是使料液在灭菌温度下保持 5~7 min，以达到灭菌的目的；

④冷却管：从维持罐出来的料液要经过冷却排管进行冷却，生产上一般采用冷水喷淋冷却，冷却到 40~50℃后，输送到预先已经灭菌过的罐内。

（四）间歇灭菌与连续灭菌的比较

连续灭菌与分批灭菌相比具有很多优点，尤其是当生产规模大时，优点更为显著。主要体现在以下几方面。

①可采用高温短时灭菌，培养基受热时间短，营养成分破坏少，有利于提高发酵产率。

②发酵罐利用率高。

③蒸汽负荷均衡。

④采用板式换热器时，可节约大量能量。

⑤适宜采用自动控制，劳动强度小。但当培养基中含有固体颗粒或培养基有较多泡沫时，以采用分批灭菌为好，因为在这种情况下用连续灭菌容易导致灭菌不彻底。对于容积小的发酵罐，连续灭菌的优点不明显，而采用的分批灭菌比较方便。

第六节 空气灭菌

空气（即大气）是一种气态物质的混合物，除氧和氮外，还含有惰性气体、二氧化碳和水蒸气等。此外，还有悬浮在空气中的灰尘，主要由构成地壳的无机物质微粒、烟灰、植物的花粉，以及种类繁多的微生物组成。空气中常见的微生物有金黄色小球菌、产气杆菌等。

空气中微生物的数量与环境有密切的关系。一般干燥寒冷的北方，空气中含微生物量较少，而潮湿温暖的南方空气中含微生物量较多，城市空气中的微生物含量比人口稀少的农村多，地平面空气微生物含量比高空多。

一、空气净化的方法

各种不同的培养过程，鉴于其所用菌种的生长能力强弱、生长速率的快慢、培养周期的

长短以及培养基中 pH 值差异，对空气灭菌的要求也不相同。所以，对空气灭菌的要求应根据具体情况而定，但一般仍可按 10^{-3} 的染菌概率。即在 1000 次培养过程中，只允许一次是由于空气灭菌不彻底而造成染菌，致使培养过程失败，空气净化的方法大致有如下几种。

1. 热灭菌法

空气热灭菌法是基于加热后微生物体内的蛋白质热变性而得以实现，它与培养基的加热灭菌相比，虽都是用加热法把微生物杀死、但两者的本质是有区别的。

鉴于空气在进入培养系统之前，一般均需用压缩机压缩，提高压力，所以，空气热灭菌时所需的温度，就不必用蒸汽或其他载热体加热，而可直接利用空气压缩时的温度升高来实现。空气经压缩后温度能够升到 200℃ 以上，保持一定时间后，便可实现干热杀菌。利用空气压缩时所产生的热量进行灭菌的原理对制备大量无菌空气具有特别的意义。但在实际应用时，对培养装置与空气压缩机的相对位置，连接压缩机与培养装置的管道的灭菌以及管道长度等问题都必须加以仔细考虑。

2. 静电除菌

近年来一些工厂已使用静电除尘器除去空气中的水雾，油雾、尘埃，同时也除去了空气中的微生物，静电除菌是利用静电引力来吸附带电粒子而达到除尘灭菌的目的。悬浮于空气中的微生物，其孢子大多数带有不同的电荷，没有带电荷的微粒进入高压静电场时都会被电离成带电微粒。但对于一些直径很小的微粒，它所带的电荷很小，当产生的引力等于或小于微粒布朗扩散运动的动量时，则微粒就不能被吸附而沉降，所以静电除尘灭菌对很小的微粒效率较低。

3. 介质过滤除菌法

过滤除菌法是让含菌空气通过过滤介质，以阻截空气中所含微生物，而取得无菌空气的方法。通过过滤除菌处理的空气可达到无菌，并有足够的压力和适宜的温度以供好氧培养过程之用。该法是目前广泛应用来获得大量无菌空气的常规方法。在空气的除菌方法中，介质过滤除菌生产中使用最多。

二、介质除菌的原理

空气过滤所用介质的间隙一般大于微生物细胞颗粒，那么悬浮于空气中的微生物菌体何以能被过滤除去呢？当气流通过滤层时，基于滤层纤维的层层阻碍，迫使空气在流动过程中出现无数次改变气速大小和方向的绕流运动，从而导致微生物微粒与滤层纤维间产生撞击、拦截、布朗扩散、重力及静电引力等作用，从而把微生物微粒截留、捕集在纤维表面上，实现了过滤的目的。

1. 布朗扩散截留作用

直径很小的微粒在很慢的气流中能产生一种不规则的直线运动称为布朗扩散。布朗扩散的运动距离很短，在较大的气速、较大的纤维间隙中是不起作用的，但在很慢的气流速度和较小的纤维间除中，布朗扩散作用大大增加微粒与纤维的接触滞留机会，假设微粒扩散运动的距离为 x，则离纤维表面距离小于或等于 x 的气流微粒都会因为扩散运动而与纤维接触，截留在纤维上。由于布朗扩散截留作用的存在，大大增加了纤维的截留效率。

2. 拦截截留作用

在一定条件下，空气速度是影响截留效率的重要参数，改变气流的流速就是改变微粒的运动惯性力。通过降低气流速度，可以使惯性截留作用接近于零，此时的气流流速称为临界气流速度，气流速度在临界速度以下，微粒不能因惯性截留于纤维上，截留效率显著下降，但实践证明，随着气流速度的继续下降，纤维对微粒的截留效率又回升，说明有另一种机理在起作用，这就是拦截截留作用。

因为微生物微粒直径很小，质量很轻，它随气流流动慢慢靠近纤维时，微粒所在主导气流流线受纤维所阻改变流动方向，绕过纤维前进并在纤维的周边形成一层边界滞留区。滞留区的气流流速更慢，进到滞留区的微粒慢慢靠近和接触纤维而被黏附截留。拦截截留的截留效率与气流的雷诺数和微粒同纤维的直径比有关。

3. 惯性撞击截留作用

过滤器中的滤层交织着无数的纤维，并形成层层网格，随着纤维直径的减小和填充密度的增大，所形成的网格也就越细致、紧密，网格的层数也就越多，纤维间的间隙就越小。当含有微生物颗粒的空气通过滤层时，空气流仅能从纤维间的间隙通过，由于纤维纵横交错，层层叠叠，迫使空气流不断地改变它的运动方向和速度大小。鉴于微生物颗粒的惯性大于空气，因而当空气流遇阻而绕道前进时，微生物颗粒未能及时改变它的运动方向、其结果便将撞击纤维并被截留于纤维的表面。

惯性撞击截流作用的大小取决于颗粒的动能和纤维的阻力，其中尤以气流的流速显得更为重要。惯性力与气流流速成正比，当空气流速过低时惯性撞击截留作用很小，甚至接近于零；当空气的流速增大时，惯性撞击截留作用起主导作用。

4. 重力沉降作用

重力沉降起到一个稳定的分离作用，当微粒所受的重力大于气流对它的拖带力时微粒就沉降。就单一的重力沉降情况来看，大颗粒比小颗粒作用显著，对于小颗粒只有气流速度很慢才起作用。一般它是配合拦截截留作用而显著出来的，即在纤维的边界滞留区内微粒的沉降作用提高了拦截截留的效率。

5. 静电吸引作用

当具有一定速度的气流通过介质滤层时，由于摩擦会产生诱导电荷。当菌体所带的电荷与介质所带的电荷相反时，就会发生静电吸引作用。带电的微粒会受带异性电荷的物体所吸引而沉降。此外表面吸附也归属于这个范畴，如活性炭的大部分过滤效能是表面吸附的作用。

在整个过滤过程中，以上 5 种作用机制将随参数变化发生复杂的变化。一般认为惯性、拦截和布朗运动的作用较大，而重力和静电引力的作用较小。

三、提高过滤除菌效率的措施

鉴于目前所采用的过滤介质均需要干燥条件下才能进行除菌，因此需要围绕介质来提所除菌效率。提高除菌效率的主要措施如下。

①设计合理的空气预处理设备，选择合适的空气净化流程，以达到除油、水和杂质的目的。

②设计和安装合理的空气过滤器，选用除菌效率高的过滤介质。

③保证进口空气清洁度，减少进口空气的含菌数。方法有：加强生产场地的卫生管理，减少生产环境空气中的含菌数；正确选择进风口，压缩空气站应设上风向；提高进口空气的采气位置，减少菌数和尘埃数；加强空气压缩前的预处理。

④降低进入空气过滤器的空气相对湿度，保证过滤介质能在干燥状态下工作。其方法有：使用无油润滑的空气压缩机；加强空气冷却和去油去水；提高进入过滤器的空气温度，降低

其相对湿度。

四、介质过滤效率和过滤器计算

(一) 介质过滤效率

介质过滤效率就是介质滤层所滤去的尘埃颗粒数与原来空气中颗粒数的比值，它是衡量过滤器过滤能力的指标，公式如式（3-5）所示。

$$\eta = \frac{N_1 - N_2}{N_1} = 1 - \frac{N_2}{N_1} = 1 - P \tag{3-5}$$

式中，N_1——过滤前空气中的尘埃颗粒数；

N_2——过滤后空气中的尘埃颗粒数；

η——过滤效率，%；

P——穿透率，即过滤后空气中残留的颗粒数与原有颗粒数之比。

介质过滤除菌机制，不是面积过滤，而是依靠很多细小的纤维将空气中粒子拦截在介质中，因此过滤效率是随滤层厚度的增加而提高的。在一定条件下，可以通过计算确定过滤层厚度。取滤床厚度中一段微小长度 dL，经过此厚度过滤介质过滤后，空气中颗粒数减少数为-dN，可以用式（3-6）表示。

$$- dN = KNdL \tag{3-6}$$

式中，N——空气中尘埃数，个；

L——滤床厚度，cm；

K——常数。

将上式移项后积分得：

$$\int_{N_0}^{N_s} \frac{dN}{N} = K\int_0^L dL$$

$$\ln \frac{N_s}{N_0} = - KL$$

所以可得式（3-7）：

$$L = \frac{1}{K}\ln \frac{N_s}{N_0} \tag{3-7}$$

式中，N_0——连续使用时间内通入的总空气的尘埃颗粒数；

N_s——过滤后空气中含尘埃颗粒数。

式（3-7）称为"对数穿透定律"，表示进入滤层的微粒数与穿透滤层微粒数之比的对数是滤层厚度的函数。常数 K 值与气流速度、纤维直径、介质填充密度及空气中颗粒大小等有关。K 值可通过实验测得，也可通过计算求得，可参考有关资料。若令 $N=0$，则 $L=\infty$，事实上也不可能，一般取 $N=0.001$。

对数穿透定律表达式说明介质过滤不能长期获得100%的过滤效率，即经过滤的空气不是长期无菌，只是延长空气带出微粒在过滤器中的滞留时间，过滤介质使用时间长，滞留的带菌微粒就有可能穿过，所以过滤器必须定期灭菌。

(二) 影响介质过滤效率的因素

介质过滤效率与介质纤维直径关系很大，在其他条件相同时，介质纤维直径越小，过滤效率越高。对于相同的介质，过滤效率与介质填充厚度、介质填充密度和空气流速有关。

1. 介质填充厚度

表3-2为棉花过滤介质在填充密度不变时（180~185 kg/m³），其填充厚度对过滤效率的影响。

表3-2　棉花填充厚度对过滤效率的影响（$dp \geqslant 0.3~\mu m$ 粒子数）

填充厚度/mm	流量/（L·min⁻¹）									
	6	12	18	24	30	36	42	48	54	60
	残存粒子									
195（70 g）	1.0	0.7	1.9	14.5	29.5	83.4	242.1	268.7	429.7	597.0
122.5（46.7 g）	1.9	16.0	12.4	7.4	379.3	325.1	563.3	936.8	561.3	8237.1
85.5（31.1 g）	12.0	12.3	13.7	20.8	10.0	11.4	21.3	58.8	135.5	592.8

2. 介质填充密度

在不同空气流量时，增加维尼龙和棉花的填充密度，可以提高过滤效率。

3. 空气流速

在空气流速很低时，过滤效率随气流速度增加而降低，当气流速度增加到临界值后，过滤效率随气流速度而提高。原因是空气流过过滤层时所产生的压力降，直接影响操作费用和通气发酵效率。因此，在选择过滤介质时，要考虑过滤效率，又要使压力减小。总之，提高过滤效率需要综合考虑过滤介质的直径、介质滤层厚度、介质填充密度和空气流速的关系。

（三）提高过滤除菌效率的措施

鉴于目前所采用的过滤介质均需要干燥条件下才能进行除菌，因此需要围绕介质来提高除菌效率。提高除菌效率的主要措施如下。

①设计合理的空气预处理设备，选择合适的空气净化流程，以达到除油、水和杂质的目的。

②设计和安装合理的空气过滤器，选用除菌效率高的过滤介质。

③保证进口空气清洁度，减少进口空气的含菌数。方法有加强生产场地的卫生管理，减少生产环境空　中的含菌数；正确选择进风口，压缩空气站应设上风向；提高进口空气的采气位置，减少菌数和尘埃数；加强空气压缩前的预处理。

④降低进入空气过滤器的空气相对湿度，保证过滤介质能在干燥状态下工作。其方法有：使用无油润滑的空气压缩机；加强空气冷却和去油去水；提高进入过滤器的空气温度，降低其相对湿度。

思考题

①发酵工业中常用的碳源有哪些？各有什么特点？

②什么是前体？举例说明前体对发酵的重要性。

③按照物理状态的不同，培养基可分为几种类型？

④淀粉有什么性质？简述淀粉的水解原理。

⑤发酵灭菌方法有哪些？如何根据灭菌对象和要求的不同选用不同的方法？

⑥空气除菌的方法有哪些？简述这些方法的原理和优缺点。

第四章 发酵工艺过程及控制

第一节 种子的扩大培养

现代发酵工业生产的规模越来越大，发酵罐的容积从几十立方米发展到几百立方米。如果要使微生物在几个小时内，完成如此巨大的发酵任务，就必须具备数量巨大的微生物。单靠试管到摇瓶里的少量种子直接接入发酵生产罐不可能达到要求的种子数和质量要求，必须从保藏管中的微生物菌种逐级扩大为发酵生产所需的种子。种子扩大培养的目的就是要为发酵工业提供适宜微生物生长的特定的物理和化学环境，使其迅速大量繁殖，为生产提供相当数量的代谢旺盛的微生物菌种。种子扩大培养是指将保存在沙土管、冷冻干燥管等保藏条件中处于休眠状态的生产菌种接入试管斜面活化后，再经过扁瓶或摇瓶和种子罐逐级扩大培养，最终获得一定数量的高质量的纯种过程。其中，发酵工业所说的种子是指保藏休眠状态的生产菌种经种子扩大培养所得的纯种培养物。

一、种子扩大培养原理及方法

种子扩大培养原理及方法是指以优质的种子在合适的时间以一定的接种量接入到下一级种子罐进行扩大培养，以获得数量多、代谢旺盛、活力强的大量纯种用于后续的发酵生产。具体涉及以下方面：

1. 种子应具备的条件

①菌种细胞的生长活力强，转种至发酵罐后能迅速生长，延迟期短。

②菌种生理状态稳定。

③菌体总量及浓度能满足大容量发酵罐接种量的要求。

④无杂菌污染。

⑤保持稳定的生产能力。

从以上条件可以看出，就是要确保种子质量，因此，需要建立种子质量的判断方法。

2. 种子质量的判断方法

由于种子在种子罐中培养时间较短，可供分析的参数较少，使种子的内在质量难于控制。为了保证各级种子移种前的质量，除了规定的培养条件外，在培养过程中还要定期取样测定一些参数，了解基质的代谢变化和菌体形态等是否正常，以确保种子质量。在发酵生产过程中通常测定的参数有：

①种子培养液的 pH 是否在种子要求的范围之内。

②种子培养液中糖、氨基氮、磷酸盐的含量。

③种子培养液中菌体形态、浓度和培养液外观（色泽、气味、混浊度等）。

④有无杂菌污染。

⑤根据具体需要检测其他相关参数，如某些酶的活力、种子罐的溶氧和尾气情况等。

3. 种子扩大培养级数的确定

种子罐级数：是指由摇瓶培养到种子罐制备大量种子需逐级扩大培养的次数，主要取决于菌种生长速率、生长环境及所采用发酵罐容积。一般来讲，菌种在良好的生长环境中生长越快，所需扩大培养的种子罐级数越少，而发酵罐容积越大，所需扩大培养的种子罐级数越多。

确定种子罐级数通常需要注意的问题：①种子罐级数越少越好，可简化工艺和控制，减少染菌机会。②对于生长较慢的菌种，若种子罐级数太少，接种量就会偏低，则发酵时间延长，不仅降低了发酵罐生产率，而且增加了染菌风险。③种子罐级数确定不但与菌种特性和生产规模相关，而且与所选的发酵工艺条件相关。在非常有利于该菌种扩大培养的种子罐培养条件，该菌种种子罐放大级数可能会相应减少。

4. 种子扩大培养方法

种子扩大培养的制备过程大致可分为以下几个步骤：

①将沙土管或冷冻干燥管中的菌种接入斜面培养基中进行活化培养。

②将生长良好的斜面菌种（包括细菌、孢子或菌丝体）转接到扁瓶固体培养基或摇瓶液体培养基中进行种子扩大培养，完成实验室阶段的扁瓶孢子或摇瓶液体种子的制备。

③将实验室阶段扩大培养获得的扁瓶孢子或摇瓶液体菌种接入到种子罐进行扩大培养，第一级种子罐称为一级种子罐，依次类推。如果一级种子罐制备的种子直接转入发酵罐进行发酵生产，则称为二级发酵，同理类推到多级发酵。在实际生产中，根据种子扩大级数的需要，可将一级种子再转入二级种子罐进一步扩大培养，从而完成三级发酵罐所需的种子制备；同理类推，直至在种子制备车间完成发酵罐发酵生产所需的种子量。

因此，从工业发酵过程来看，种子制备分为两个阶段：实验室种子制备阶段和生产车间种子制备阶段。

二、影响种子质量的主要因素

生产过程中影响种子质量的因素通常有：菌种遗传特性、培养基、培养条件、种龄和接种量。

1. 菌种遗传特性

尽管用于工业发酵的生产菌种都经过严格筛选和选育获得，其遗传稳定性良好。但是，在种子扩大培养实践中，仍需要十分注意选择合适的种子培养基和培养条件，尽量避免引起种子扩大培养过程中出现少量种子变异导致种质退化现象发生，即使是少量种子出现退化，也可能对后续发酵产生极为不利的影响。

2. 培养基

种子培养基要满足以下要求。

①营养成分适合种子培养的需要。

②选择有利于孢子发芽和菌体生长的培养基。

③营养上要易于被菌体直接吸收和利用。

④营养成分要适当丰富和完全，氮源含量要高。

⑤营养成分要尽可能与发酵培养基相近。

3. 培养条件

①温度。各种微生物菌种都有自己最适的培养温度，培养温度偏高或偏低都会影响微生物

斜面孢子质量以及种子罐扩大培养的种子质量。培养温度偏低会导致菌种生长缓慢，而培养温度偏高则会导致菌丝过早自溶。如在制备土霉素生产种子过程中，在高于37℃培养时，孢子接入发酵罐后表现出糖代谢变慢、氨基氮回升提前、菌丝过早自溶、效价降低等现象。因此，一般实际生产过程中，对微生物孢子斜面培养以及种子罐扩大培养的温度都有较为严格的控制。

②通气量。在种子罐中培养的种子除保证供给易被利用的营养外，还要有足够的通气量提高种子质量。例如，青霉素的生产菌种在制备过程中将通气充足和不足两种情况下得到的种子分别接入发酵罐内，它们的发酵单位可相差1倍。但也有例外，如土霉素生产菌，一级种子罐的通气量小对发酵有利。

③pH。各种微生物菌种生长都有其最适的pH，包括最适的初始pH以及菌种扩大培养过程中的最优控制pH。为了促进微生物菌种生长繁殖，种子扩大培养基通常需要保持适宜的pH。选择最适种子扩大培养pH的原则是在此pH条件下可获得最大比生长速率和大量高活力菌种。一般情况下，最后一级种子培养基的pH需要调节到与发酵培养基所需的最适pH相同或接近，以便种子接入发酵罐能尽快适应新的环境。

4. 种龄

种龄是指种子罐中培养的菌丝体开始移入下一级种子罐或发酵罐时的培养时间。通常种龄是以处于生命力极旺盛的对数生长期，菌体量还未达到最大值时的培养时间较为合适。时间太长，菌种趋于老化，生产能力下降，菌体自溶；种龄太短，容易造成菌体发酵前期生长缓慢。不同菌种或同一菌种工艺条件不同，种龄是不一样的，一般需要经过大量实验来确定，如嗜碱性芽孢杆菌生产碱性蛋白酶，种龄以12 h为宜。

5. 接种量

接种量的大小决定于生产菌种在发酵罐中生长繁殖的速度，采用较大的接种量可以缩短发酵罐中菌丝繁殖达到高峰的时间，使产物的形成提前到来，并可减少杂菌的生长机会。但接种量过大或者过小均会影响发酵。接种量过大会引起溶氧不足，影响产物合成，而且会过多移入代谢废物。接种量过小会延长培养时间，降低发酵罐的生产效率。通常接种量如下：细菌1%~5%，酵母菌5%~10%，霉菌7%~15%或20%~25%。

三、种子质量的标准

1. 细胞或菌体

细菌或菌体主要观察菌丝形态、菌丝浓度和培养液外观（色素、颗粒等）：单细胞为菌体健壮、菌形一致、均匀整齐，有的还要求有一定的排列或形态；霉菌、放线菌为菌丝粗壮、对某些染料着色力强、生长旺盛、菌丝分枝情况和内含物情况好。

2. 生化指标

种子液的糖、氮、磷的含量和pH变化。

3. 产物生成量

在抗生素发酵中，产物生成量是考察种子质量的重要指标，因为种子液中产物生成量的多少间接反映种子的生产能力和成熟程度。

4. 酶活力

种子液中某种酶的活力，与目的产物的产量有一定的关联。

第二节　微生物发酵动力学类型

一、发酵动力学概念

发酵动力学是生化反应工程的基础内容之一，以研究发酵过程的反应速率和环境因素对发酵速率的影响为主要内容。通过发酵动力学的研究，可进一步了解微生物的生理特征，菌体生长和产物形成的合适条件，以及各种发酵参数之间的关系，为发酵过程的工艺控制、发酵罐的设计放大和用计算机对发酵过程进行控制创造条件。

发酵中同时存在着菌体生长和产物形成两个过程，它们都需要消耗培养基中的基质，因此有各自的动力学表达式，但它们之间又是相互联系的，都是以微生物生长动力学为基础。所谓微生物生长动力学是以研究菌体浓度、限制性基质浓度、抑制剂浓度、温度和 pH 等对菌体生长速率的影响为主要内容的。而发酵动力学则研究微生物生长、产物合成和底物消耗之间的动态定量关系，定量描述微生物生长和产物形成的过程，除了微生物生长动力学以外还包括产物生成动力学和基质消耗动力学。其研究的重要方法是使用数学模型定量地描述发酵过程中关键因素的变化，从而为发酵过程的工艺设计和管理控制提供理论基础。

因为迄今对发酵的认识还很不完全，发酵动力学的研究具有复杂性和不完全性。为使研究具有一定的可行性和实用性，对发酵过程通常要进行以下简化处理：

①反应器内完全混合，即任何区域的温度、pH、物质浓度等变量完全一致。

②温度、pH 等环境条件能够稳定控制，从而使动力学参数也保持相对稳定。

③细胞固有的化学组成不随发酵时间和某些发酵条件的变化而发生明显变化。

④各种描述发酵动态的变量对发酵条件变化的反应无明显滞后。

实验证明，上述假设与实际过程的偏差造成的影响并不十分严重，从而使发酵动力学的研究具有一定的可信度。

发酵动力学主要采用宏观处理法和质量平衡法进行研究。所谓宏观处理法，是把细胞看成一个均匀分布的物体，不管微观反应机制，只考虑各个宏观变量之间的关系，这样得出的动力学模型称为非结构模型。而质量平衡法是根据物质平衡，对微生物反应过程进行计量。研究发酵动力学的通常步骤：

①获得发酵过程中能够反映发酵过程变化的多种理化参数；

②寻求发酵过程变化的多种理化参数与微生物发酵代谢规律之间的相互关系；

③建立多种数学模型，描述多种理化参数随时间变化的关系；

④利用计算机的程序控制，反复验证多种数学模型的可行性和适用范围。

微生物发酵动力学的研究与发酵的种类、方式密切相关。根据微生物对氧的需求不同，可分为好氧发酵、厌氧发酵、兼性好氧发酵。好氧发酵法又可以分为液体表面培养发酵、在多孔或颗粒状固体培养基表面发酵和通氧式液体深层发酵。厌氧发酵采用不通氧的深层发酵。液体深层培养是在有一定径高比的圆柱形发酵罐内完成的，根据其操作方法可分为分批发酵、分批补料发酵和连续发酵等。

二、分批发酵

微生物分批发酵动力学主要是研究微生物在分批发酵过程中细胞生长动力学、基质消耗动力学及产物合成动力学和其之间的动态定量关系。

（一）微生物生长动力学

1. 微生物生长动力学模型

在生长过程中，微生物通过代谢活动将部分营养物质转变成微生物细胞构成的物质，表现出微生物细胞体积的增大。当生长到一定阶段，微生物细胞开始分裂、增殖，表现出细胞数量的增多。所以，微生物生长是指细胞体积的增加和细胞数目的增多。

分批发酵是指一次性投料、接种直到发酵结束，发酵液始终留在发酵罐内。因此，分批发酵过程属于典型的非稳态过程。在发酵初期，接入微生物细胞，随着该细胞对培养环境的适应和生长，基质将逐渐被消耗，代谢产物不断积累。分批发酵过程中，微生物生长通常要经历延迟期、对数生长期、衰减期、稳定期（静止期）和衰亡期五个时期。

延迟期指微生物在接种后一段时间内并未增殖，细胞数量几乎保持不变的一段时期。延迟期长短主要取决于种子质量、接种量，以及培养基营养成分的特性和浓度。在工业生产中，综合考虑发酵生产率、生产成本及染菌污染等原因，应采取适当措施尽量缩短延迟期。采用对数生长期且达到一定浓度的微生物种子，可有效缩短延迟期。对数生长期（又称指数生长期）指微生物在分批发酵过程中的第二个阶段，微生物生长速率快速增加，逐渐达到最大值的时期。

在分批发酵的微生物生长第二个阶段，微生物生长速率逐渐增加，然后达到最大生长速率，这个时期称为对数（或指数）生长期。由于在此封闭系统内所有发酵液不与外界交换，微生物生长特性通常以细胞浓度或细胞数量倍增所需要的时间来表示，根据定义，可用公式来定量描述。

$$\frac{\mathrm{d}X}{\mathrm{d}t} = \mu X$$

对上式积分得：

$$X_t = X_0 \, \mathrm{e}^{\mu t}$$

取自然对数，可得式（4-1）：

$$\ln X_t = \ln X_0 + \mu t \tag{4-1}$$

式中，X ——微生物细胞浓度，g/L；

X_0、X_t ——初始微生物浓度和经培养 t 时间后的微生物细胞浓度；

t ——培养时间；

μ ——以细胞浓度表示的比生长速率。

由公式表示的生长模型来看，微生物的生长是无限制的，但实际上，在分批发酵中，由于微生物快速生长所导致的营养物耗尽，或微生物分泌出的代谢产物，都可能明显影响微生物的进一步生长。因此，微生物经过一段时间发酵培养后，微生物生长速率会出现衰减，即微生物生长进入了衰减期，当微生物净生长速率降至零时，表明微生物进入了静止期（也称为稳定期）。

由公式可知，微生物细胞浓度的自然对数与时间呈直线关系，斜率为 μ，即比生长速率。在良好的培养条件下，对数生长期的微生物以最大比生长率 μ_m 生长，不同的微生物，其 μ_m 也不同，可以 μ_m 值大小来反映微生物的生长特性，这属于微生物本征动力学特征参数之一。

稳定期指微生物在分批发酵过程中净生长速率等于零的时期，该时期微生物处于生长和死亡的动态平衡，即 $\mu = \alpha$（α 为比死亡速率），该时期微生物的次级代谢十分活跃，许多次级代谢产物在此期间大量合成，微生物细胞的形态也发生较大变化，如形成空泡等。

衰亡期是指微生物在分批发酵中，由于发酵液中营养物质大量耗尽，对生长有害的代谢物在发酵液中大量积累的时期，此时 $\alpha > \mu$，此时微生物死亡、自溶，总细胞数呈负增长。在工业发酵中，发酵终点一般选为衰亡期出现之前。

在分批发酵体系中，可以通过探究在一定底物浓度范围内的微生物生长情况，来了解微生物生长受底物浓度限制的特性，如图4-1所示，在此图中的A~B区域中，可见到稳定期的菌体浓度与初始底物浓度成正比，这个状态可用式（4-2）表示。

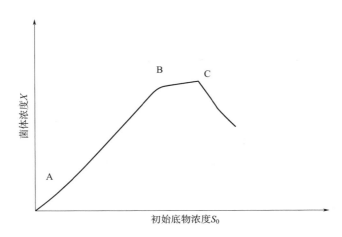

图4-1 分批发酵中初始底物浓度对稳定期菌体浓度的影响

$$X = Y_{X/S}(S_0 - S_t) \tag{4-2}$$

式中，X——菌体浓度；

  $Y_{X/S}$——针对底物的细胞生长得率，或称为底物转化率（即转化为细胞的得率）；

  S_0——底物初始浓度；

  S_t——底物残留浓度。

在A~B区域中，由于初始底物浓度 S_0 较低，发酵罐内菌体积累量相对较少，菌体量随着初始底物浓度 S_0 的增加而增加；在B~C区域中，随着初始底物浓度 S_0 的增加，菌体浓度达到最高水平，即使再增加底物的初始浓度，菌体量不再增加；在C区域及以后，菌体活性受到初始高浓度底物及其形成的高渗作用等的强烈抑制，菌体不能生长。

2. Monod 方程

由于限制性底物减少，使微生物生长速率下降，如图4-2所示的C~A区域，这正好反映了分批发酵的衰减期生长特征，即比生长速率 μ 受培养基中残留的生长限制性底物浓度的控制，且 μ 与培养基中残留的生长限制性底物 S 关系可用Monod方程表示如下：

$$\mu = \frac{\mu_m S_t}{K_S + S_t}$$

其中，K_S 是底物亲和常数，其数值相当于 μ 正处于 μ_m 一半时的底物浓度，表明微生物对该底物的亲和力。

K_S 与 μ 成反比，当 K_S 越大，表明微生物对该底物的亲合力越低，利用得越慢，比生长速率越小。

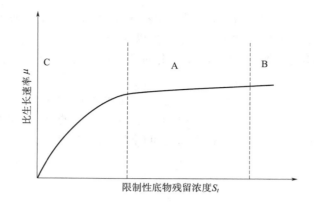

图 4-2　限制性底物残留浓度与比生长速率的关系

在图中的 A~B 区域，由于在分批发酵中有过量的底物存在，微生物比生长率达到最大值 μ_m；而在 C~A 区域，底物浓度成为生长限制性因子，比生长率 μ 小于 μ_m。如果微生物对限制性底物具有很高的亲和力，则该底物浓度降低到很低的水平时，才会影响到微生物生长，这时培养过程中的衰减期很短促。如果微生物对某一底物的亲和力很低，即使该底物尚有较高的浓度时，也会使生长速率衰减，这样在培养过程中的衰减期就会较长。

（二）底物消耗动力学

1. 底物消耗动力学参数

底物消耗速率可与细胞生长得率系数（简称细胞得率系数）与细胞生长速率相关联。若定义底物消耗速率为 $\dfrac{\mathrm{d}S}{\mathrm{d}t}$，并以 r_S 表示；细胞生长速率为 $\dfrac{\mathrm{d}X}{\mathrm{d}t}$，并以 r_X 表示；细胞得率系数为 $Y_{X/S}$，菌体浓度为 X，底物浓度为 S，最大比生长速率为 μ_m，则单位体积培养液中底物浓度的消耗速率 $\dfrac{\mathrm{d}S}{\mathrm{d}t}$ 可表示为 $\dfrac{\mathrm{d}S}{\mathrm{d}t} = \dfrac{1}{Y_{X/S}} \cdot \dfrac{\mathrm{d}X}{\mathrm{d}t}$。因为 $\mu = \dfrac{1}{X} \cdot \dfrac{\mathrm{d}X}{\mathrm{d}t}$，所以：

$$\frac{\mathrm{d}S}{\mathrm{d}t} = \frac{\mu X}{Y_{X/S}}$$

又因为 $\mu = \dfrac{\mu_\mathrm{m} S_t}{K_\mathrm{S} + S_t}$，所以：

$$r_\mathrm{S} = \frac{\mathrm{d}S}{\mathrm{d}t} = \frac{1}{Y_{X/S}} \cdot \frac{\mu_\mathrm{m} S X}{K_\mathrm{S} + S}$$

底物比消耗速率定义为，单位质量细胞在单位时间内的底物消耗量，用 q_S 表示，即 $q_\mathrm{S} = \dfrac{1}{X} \cdot \dfrac{\mathrm{d}S}{\mathrm{d}t}$，所以：

$$q_\mathrm{S} = \frac{1}{Y_{X/S}} \cdot \frac{\mu_\mathrm{m} S}{K_\mathrm{S} + S}$$

若定义 $q_{S,\max}$ 为底物最大比消耗速率，则 $q_{S,\max} = \dfrac{1}{Y_{X/S}} \cdot \mu_\mathrm{m}$。

因此：

$$q_{S} = q_{S, \max} \cdot \frac{S}{K_{S} + S}$$

单位体积培养液中的细胞在单位时间内摄取溶解氧的量称为摄氧率（γ）或溶解氧的消耗速率（以 r_{O_2} 表示），若定义 $Y_{X/O}$ 为针对溶解氧作为底物的细胞得率系数，则同样有：

$$r_{O_2} = \frac{1}{Y_{X/O}} \cdot r_X$$

r_{O_2} 与细胞浓度之比，为单位质量细胞在单位时间内的溶解氧消耗量，称为比耗氧速率 q_{O_2}，也可称为微生物细胞的呼吸强度，所以：

$$r_{O_2} = q_{O_2} \cdot X$$

$$q_{O_2} = \frac{r_{O_2}}{X} = \frac{1}{Y} \cdot \frac{r_X}{Y_{X/O}} = \frac{1}{Y_{X/O}} \cdot \mu$$

q_{O_2} 的数值因微生物细胞及培养条件的不同而不同，一般范围为 0.05 ~ 0.25 h^{-1}。

2. 底物消耗动力学模型

当代谢产物的生成与能量代谢过程相关联，即在底物降解产能的过程中形成产物，如底物水平磷酸化时，不仅提供细胞生化反应过程所需的能量，而且底物同时降解为如乙醇、乳酸等简单产物。细胞是在生长和能量代谢的过程中生成产物，没有独立用于细胞生成产物的底物。此时，产物的生成直接与能量的产生相联系。

（1）底物消耗的速率方程不考虑单独的产物生成项

底物消耗动力学模型中底物消耗速率可表示为：

$$r_{S} = \frac{1}{Y_{X/S}^{*}} r_X + mX$$

其中，$Y_{X/S}^{*}$ 为生成细胞的质量与完全消耗于细胞生长底物的质量之比，它表示针对底物的细胞绝对得率，也可称为理论细胞得率；m 为维持细胞结构和生命活动所需能量的细胞维持系数，g/（g·s）或 s^{-1}。两边均除以 X，得到：

$$q_{S} = \frac{1}{Y_{X/S}^{*}} \mu + m$$

将式 $q_{S} = \frac{\mu}{Y_{X/S}^{*}}$ 代入公式，又可得：

$$\frac{1}{Y_{X/S}} = \frac{1}{Y_{X/S}^{*}} + \frac{m}{\mu}$$

其中，$Y_{X/S}$ 为对底物的总消耗而言的细胞得率，即表观得率；$Y_{X/S}^{*}$ 为仅用于细胞生长所消耗底物而言的细胞得率，即理论得率。

以 q_{S} 对 μ 或以 $\frac{1}{Y_{X/S}}$ 对 $\frac{1}{\mu}$ 分别作图，均可求出 $Y_{X/S}^{*}$ 和 m 的值。不同微生物在利用不同底物时，$Y_{X/S}^{*}$ 和 m 不同。但对于确定的微生物在确定的底物上生长，且培养条件一定的条件下，$Y_{X/S}^{*}$ 和 m 为常数。

对于利用底物时的溶解氧消耗，同样也可表示如下：

$$r_{O_2} = \frac{1}{Y_{X/O}} \cdot r_X + m_{O_2} X$$

将公式两边除以 X 可得，$q_{O_2} = \dfrac{1}{Y^*_{X/O}} \mu + m_{O_2}$，变换可得：

$$\frac{1}{Y_{X/O}} = \frac{1}{Y^*_{X/O}} + \frac{m_{O_2}}{\mu}$$

（2）涉及产物生成的底物消耗动力学

当产物生成不与或仅部分与能量代谢相联系，则用于生成产物的底物全部或部分是以单独物进入细胞内，此时产物生成与能量代谢仅为部分相关。底物消耗速率取决于三个因素：细胞生长速率、产物生成速率及底物用于维持能耗的速率。可利用细胞和产物的得率系数与维持系数 m 相关联。其底物消耗动力学模型见式（4-3）：

$$r_S = \frac{1}{Y^*_{X/S}} r_X + mX + \frac{1}{Y_{p/S}} r_p \qquad (4-3)$$

式中，$Y_{p/S}$——产物得率系数（也是底物转化为产物的转化率）；

$\qquad r_p$——产物生成速率。

当限制性底物的消耗速率 r_S 用比消耗率 q_S 表示时，则有式（4-4）：

$$q_S = \frac{1}{Y^*_{X/S}} \mu + m + \frac{1}{Y_{p/S}} q_p \qquad (4-4)$$

式中，q_p——产物比生成速率，即单位质量的细胞在单位时间内生成产物的速率。

有关底物消耗动力学的上述讨论都是建立在单一的限制性底物基础上。对于微生物发酵过程而言，却包含着复杂的多种酶促生物化学反应同时进行，即有多种不同底物存在，此时底物的消耗和转化机理可表现为同时消耗、依次消耗和交叉消耗等多种情况，相应的底物消耗动力学模型也将变得较为复杂。尽管如此，在实际工作中，仍然可以针对某一特定的微生物发酵过程或特定的代谢产物，来研究主要限制性底物的消耗与微生物生长及产物合成的动力学关系，通常围绕限制性碳源开展相关研究，以了解微生物生长及产物合成的代谢规律，实施发酵过程优化与控制，以提高发酵产量和生产强度。

（三）发酵产物合成与微生物生长的动力学关系

微生物合成代谢产物种类较多，细胞内生物合成的途径复杂，使其代谢调节机制也各不相同。因此，在工业发酵过程中，快速确定目的代谢产物合成与微生物细胞生长的发酵动力学关系，优化发酵过程控制策略，是提高微生物代谢产物产量和生产率的关键，通常来讲，可以根据代谢产物的理化性质及其合成途径将其划分为初生代谢产物和次生代谢产物两大类。一般可采用一定的定量模型来描述代谢产物的合成与微生物细胞生长的动力学关系。Pirt 曾根据微生物培养过程中产物形成与微生物生长的动力学关系，将其划分为与生长偶联型和与生长非偶联型两种情况。与生长偶联的产物，是由正在生长的细胞合成的初级代谢物，而非生长偶联的产物，则相当于次级代谢物。Gaden 进一步根据产物生成速率与细胞生长速率之间的动态关系，将这种动力学关系划分为生长相关型、生长部分相关型和非生长相关型三种，下面分别进行介绍。

1. 生长相关型

生长相关型是指产物生成与细胞生长密切相关的动力学过程，产物的生成是微生物细胞主要能量代谢的直接结果，即产物通常是基质分解代谢产物或合成细胞生长必需的代谢产物。因此，代谢产物生成和细胞生长是同步的，属于完全偶联型。与生长相关联的产物形成可用以生长为参照基准的产物得率 $Y_{P/X}$ 来表示：

$$\frac{dP}{dX} = Y_{P/X}$$

其中，产物得率 $Y_{P/X}$ 为以生长为参照基准的产物得率，将上式转换成对时间的变化速率：

$$\frac{dP}{dt} = Y_{P/X}\frac{dX}{dt}$$

因为 $\mu = \frac{1}{X} \cdot \frac{dX}{dt}$，所以：

$$\frac{dP}{dt} = \mu X \cdot Y_{P/X}$$

由产物比合成速率 q_p 的定义可知：

$$q_p = \frac{1}{X} \cdot \frac{dP}{dt}$$

代入可得：

$$q_p = \mu\, Y_{P/X}$$

由上可知，产物生成速率与比生长速率成正比。这类产物通常是微生物的分解代谢产物或更广泛意义上的初生代谢产物，如由根霉产生的脂肪酶和由树状黄杆菌产生的葡萄糖异构酶都属于这一类型。

2. 生长部分相关型

生长部分相关型指微生物代谢产物为能量代谢的间接结果，不是底物的直接氧化产物，而是菌体内生物氧化过程的主流产物，产物的生成与底物的消耗仅有时间关系，并无直接的化学计量关系，产物生成与微生物生长部分偶联，属于中间发酵类型。属于此类型的有柠檬酸、氨基酸的发酵等。

对于此类生长模型，其 μ 和 q_s 下降到一定值后，产物生成才比较明显，q_p 增大；当进入产物生成期，q_p、μ 和 q_s 基本同步。其动力学方程为：

$$\frac{dP}{dt} = \alpha\frac{dX}{dt} + \beta X$$

其中，$\frac{dP}{dt}$ ——产物生成速率；

　　　　α ——与菌体生长相关的产物生成系数；

　　　　β ——与菌体浓度相关的产物生成系数。

公式被称为 Luedeking-Piret 方程，该方程能准确反映产物形成与菌体生长的部分相关性。人们曾用该模型描述亮氨酸和异亮氨酸的发酵，都能较好地拟合发酵过程。

3. 非生长相关型

非生长相关型指微生物产物的生成与能量代谢和细胞生长均无直接关系，即产物生成与微生物细胞生长不偶联。该类型产物均为次生代谢产物，发酵类型较复杂，其特点是细胞处于生长阶段，并无产物的合成与积累，当细胞生长进入稳定期后，细胞才开始大量生成产物，如图 4-3 所示。所以，此类型的产物生成只与细胞的积累有关，可用下式表示：

$$\frac{dP}{dt} = \beta X$$

由上式可知，产物生成速率与微生物生长速率无关，只与菌体生物量积累有关。因此，此类型的发酵过程通常可以划分为两个阶段，即菌体生长阶段和产物合成阶段。绝大多数次级代谢产物如抗生素发酵等都属于这一类型。

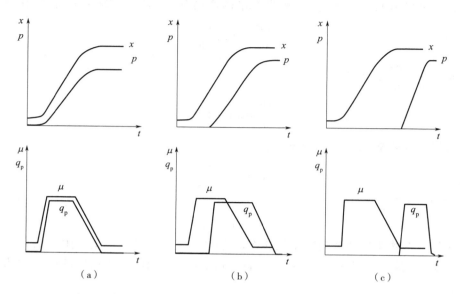

图4-3 产物合成与生长相关、部分相关、非相关的动力学模型示意图

三、连续发酵

在发酵过程中，向发酵容器中添加新鲜培养基，可延长对数生长期，增加生物量，且可以克服由于养分不足导致的发酵过程过早结束。如果在添加新鲜培养基的同时，从容器中放出等体积的发酵液，就可以形成一个连续生产过程。若向发酵容器中以适当的速率连续添加新鲜培养基和放出等量的发酵液，则可以获得一个相对稳定的连续发酵状态，称为连续发酵。连续发酵通常又分为单级和多级连续发酵。

（一）单级连续发酵动力学模型

连续发酵达到稳态时，从发酵罐中流出的细胞数量与发酵罐中所形成的新细胞数量相等。将单位时间内连续流入发酵罐中的新鲜培养基体积与发酵罐内的培养液总体积的比值称为稀释率 D，可以用下式表示：

$$D = \frac{F}{V}$$

其中，F 为流速；V 为发酵罐中原有的培养液总体积。

经过一段时间的培养后，细胞浓度的变化可描述如下：

发酵罐中细胞积累的变化=流入细胞+生长细胞-流出细胞-死亡细胞

如果流出的细胞不回流，则流入细胞项为 0，由于连续培养过程可控制细胞不进入死亡期，因此，死亡细胞可忽略不计，故可用下式描述：

$$\frac{\mathrm{d}X}{\mathrm{d}t} = \mu X - DX$$

当连续发酵达到稳态时，细胞浓度为常数，即此时 $\dfrac{dX}{dt} = 0$，那么公式可变为：

$$\mu X = DX$$
$$\mu = D$$

即在稳态时，比生长速率等于稀释率，也就是说，单级连续发酵的比生长速率受到稀释率的控制。

同样，经过一段时间的培养后，生长限制性底物 S 残留浓度的变化可描述如下：

底物残留浓度变化＝流入底物量－排出底物量－细胞消耗底物量

可用下式表示如下：

$$\frac{dS}{dt} = DS_{in} - DS_{out} - \frac{1}{Y_{X/S}} \cdot \frac{dX}{dt}$$

其中，S 为底物浓度；S_{in} 为流入底物的量；S_{out} 为排出底物的量；$Y_{X/S}$ 为表观细胞得率。

因为 $\dfrac{dX}{dt} = \mu X$，所以，公式可以变化为：

$$\frac{dS}{dt} = DS_{in} - DS_{out} - \frac{\mu X}{Y_{X/S}}$$

连续发酵达到稳态时，$\dfrac{dS}{dt} = 0$，那么，公式可变为：

$$D\,(S_{in} - S_{out}) = \frac{\mu X}{Y_{X/S}}$$

又因为，$\mu = D$，所以，变换公式可得：

$$X = Y_{X/S}\,(S_{in} - S_{out})$$

两个公式为单级连续培养的两个稳态方程。其中，两个稳态方程包含以下几点假设：$Y_{X/S}$ 对于特定微生物及其具体操作参数（D）来讲是常数；细胞浓度除了一种限制性营养成分 S 外，与其他营养成分无关；$Y_{X/S}$ 只受限制性营养成分 S 的影响，S 一定，μ 一定，则 $Y_{X/S}$ 一定。

从公式中可以看出，稀释率 D 可以控制比生长速率 μ。在单级连续发酵系统中，细胞的生长可导致底物的消耗，直至底物的浓度足以支持比生长速率与稀释率相等时达到平衡。如果底物被消耗到低于支持适当比生长速率的浓度时，则细胞洗出率将会大于所能产生的新细胞，则系统中的底物 S 浓度又会增加，并使比生长速率上升至与稀释率的动态平衡，这就是单级连续发酵系统的自身动态平衡。

连续培养系统又称为恒化器（chemostate），即培养物的比生长速率是受到培养基中某一限制性化学组分的控制作用。连续培养系统也被称为恒浊器（tudidostate），它可以通过控制培养基流动的流速，使发酵容器内发酵液中细胞浓度保持相对恒定，即将发酵液的浊度保持在某一窄小的范围内。具体实现是利用光电倍增管测定浊度来表征细胞浓度，并将检测信号输入到向发酵罐中注入新鲜培养基的泵的控制系统，以便控制流动的培养基的流速。当细胞浓度超过设定值时，控制系统启动补料泵；如果细胞浓度低于设定值时，则控制系统停止泵的运转。

广泛运用恒化器的原因是因为它具有明显优于恒浊器的地方，即保持稳态时不需要控制系统。然而在连续发酵时，可采用恒浊器独特的优点，在发酵早期避免细胞完全被洗出。

在恒化器中，微生物发酵动力学特性可用多个常数予以描述，如 $Y_{X/S}$，μ_m 和 K_S 等。$Y_{X/S}$

值能影响稳态时的细胞浓度，μ_m 值能影响所采用的最大稀释率，K_S 值能影响底物残留浓度及可采用的最大稀释率。图 4-4 是一个对限制性底物具有低 K_S 的细菌在恒化器中培养时，稀释率对稳态时菌体浓度和底物残留浓度的影响。

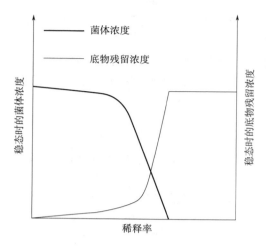

图 4-4 对限制性底物具有低 K_S 值的细菌连续培养特性

从图可以看出，对于限制性底物的培养，当稀释率开始增加时，底物残留浓度增加得很少，绝大部分都为细菌生长所消耗。直至稀释率 D 接近 μ_m 时，残留底物浓度 S 才因过量而显著上升。如果继续增大稀释率，菌体将开始从系统中洗出，稳态菌体将随稀释率的增大而迅速下降，而残留基质浓度则因其过量将随稀释率的增大而迅速增加。将导致菌体开始从系统中洗出时的稀释率定义为临界稀释率 D_C，其表达式如下：

$$D_C = \frac{\mu_m S_0}{K_S + S_0}$$

如图 4-5 所示的是一株对限制性底物具有高 K_S 值的细菌，在连续培养时，D 值对限制性底物残留浓度与菌体浓度的影响。由于细菌对限制性底物利用率低（即 K_S 较高），所以，随着稀释率增加，底物残留浓度显著上升，接近于 D_C 时，S 值很快增加，X 值很快下降。

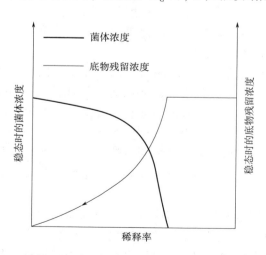

图 4-5 对限制性底物具有高 K_S 值的细菌连续培养特性

如图 4-6 所示的是在不同的限制性底物初始浓度下，稀释率对稳态时的菌体浓度和底物残留浓度的影响。由图可知，当限制性底物初始浓度 S_0 增加时，菌体浓度 X 也增加；由于初始底物浓度增加，导致菌体浓度增加，但残留底物浓度未受影响。此外，随 S_0 的增加，D_C 也稍有上升，同时也使底物残留浓度 S 上升。

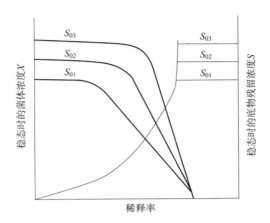

图 4-6　不同的限制初始底物浓度下，稀释率对稳态时的菌体浓度及底物残留浓度的影响

单级连续发酵的生长模型可由上述两个稳态方程得到：

当 $D < D_C$ 时，

细胞衡算：$D = \mu = \dfrac{\mu_m S}{K_S + s}$，则 $S = \dfrac{K_S D}{\mu_m - D}$

底物衡算：$X = Y_{X/S}(S_0 - S)$，计算可得：

$$X = Y_{X/S}\left(S_0 - \frac{K_S D}{\mu_m - D}\right)$$

细胞产率：$DX = D\, Y_{X/S}\left(S_0 - \dfrac{K_S D}{\mu_m - D}\right)$

当 $\dfrac{dD_X}{dD} = 0$ 时，即：

$$D = \mu_m\left(1 - \sqrt{\frac{K_S}{K_S + S_0}}\right)$$

此时可获得最大的细胞生产率：

$$(D_X)_m = Y_{X/S}\,\mu_m\, S_0\left(\sqrt{\frac{K_S}{K_S + S_0}} - \sqrt{\frac{K_S}{S_0}}\right)$$

若 $S_0 \gg K_S$（$S_0 > 10K_S$），底物供给浓度很大，为非限制性，则有：

$$(D_X)_m = Y_{X/S}\,\mu_m\, S_0$$

此时，最大临界稀释率：$\dfrac{\mu_m S_0}{K_S + S_0} \rightarrow \mu_m$，可知，当 $D > D_{max} = \mu_m$ 时，$\dfrac{dX}{dt} < 0$。

（二）多级连续发酵动力学模型

基本恒化器的改进有多种方法，但最普通的方法是增加发酵罐的级数和将菌体送回罐内。

图 4-7 是两级恒化器系统的示意图。

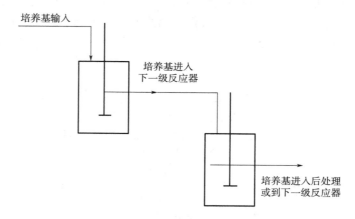

图 4-7 两级恒化器示意图

以两级连续发酵为例，介绍其动力学模型。

假设两级发酵罐内培养体积相同，即 $V_1 = V_2$；且第二级不加入新鲜培养基，则对于第一级动力学模型（方程）与单级相同。

稳态时：$\mu_1 = D$

$$X = Y_{X/S}(S_0 - S_1)$$

$$S_1 = \frac{K_S D}{\mu_m - D} = \frac{K_S D}{D_C - D}$$

$$DX_1 = D\, Y_{X/S}\left(S_0 - \frac{K_S D}{\mu_m - D}\right)$$

$$DP_1 \approx q_P X_1$$

第二级动力学模型：

$$\mu_1 = \frac{\mu_m S_1}{K_S + S_1} = \frac{\mu_m}{1 - K_S/S_1}$$

$$\mu_2 = \frac{\mu_m S_2}{K_S + S_2} = \frac{\mu_m}{1 - K_S/S_2}$$

由于，$S_1 < S_0$，$S_2 < S_1$，所以，有 $\mu_2 < \mu_1$，可见从第二级开始，比生长速率不再等于稀释率。

1. 第二级微生物生长动力学

对第二级细胞进行物料衡算：

积累的细胞（净增量）= 第一级流入的细胞 - 第二级流出的细胞 +
第二级生长的细胞 - 第二级死亡的细胞

$$\frac{dX_2}{dt} = DX_1 - DX_2 + \mu_2 x_2 - \alpha x_2$$

第二级稳态时 $\frac{dX_2}{dt} = 0$，所以有：$\mu_2 = D\left(1 - \frac{X_1}{X_2}\right)$

同理由稳态方程可得：

$$\mu_n = D\left(1 - \frac{X_{n-1}}{X_n}\right)$$

2. 第二级底物消耗动力学

对第二级基质物料进行衡算：

积累的营养组分＝第一级流入量－第二级流出量－第二级生长消耗量－
第二级维持生命需要量－第二级形成产物消耗量

$$\frac{\mathrm{d}S_2}{\mathrm{d}t} = DS_1 - DS_2 - \frac{\mu_2 x_2}{Y_G} - m x_2 - \frac{q_P x_2}{Y_P}$$

稳态时，$\dfrac{\mathrm{d}S_2}{\mathrm{d}t} = 0$，$m x_2 \ll \dfrac{\mu_2 x_2}{Y_G}$，$\dfrac{q_P x_2}{Y_P} \approx 0$，$Y_G \approx Y_{X/S}$

可得：$X_2 - X_1 = Y_{X/S}(S_1 - S_2)$

即：$X_2 = X_1 + Y_{X/S}(S_1 - S_2) = Y_{X/S}(S_0 - S_1) + Y_{X/S}(S_1 - S_2)$

求得：$X_2 = Y_{X/S}(S_0 - S_2)$

对于 S_2 的求解有以下过程：

由以上推导可知：$\mu_2 = D\left(1 - \dfrac{X_1}{X_2}\right)$，$X_2 = Y_{X/S}(S_0 - S_2)$，$X_1 = Y_{X/S}(S_0 - S_1)$，$S_1 = \dfrac{K_S D}{\mu_m - D}$

又有：$\mu_2 = \dfrac{\mu_m S_2}{K_S + S_2}$，推导可得：

$$(\mu_m - D)S_2^2 - \left(\mu_m S_0 - \frac{K_S D^2}{\mu_m - D} + K_S D\right)S_2 + \frac{K_S^2 D^2}{\mu_m - D} = 0$$

解此方程可得第二级发酵罐中稳态限制性基质浓度 S_2，再可确定 X_2，再求出 DX_2。对于细胞形成产物的速率（DP_2）有：

产物变化率＝第一级流入产物量－第二级流出产物量＋第二级合成产物量－分解项

$$\frac{\mathrm{d}P_2}{\mathrm{d}t} = DP_1 - DP_2 - \left(\frac{\mathrm{d}P_2}{\mathrm{d}t}\right)_{\text{细胞合成}} - kP_2 = DP_1 - DP_2 + q_P X_2$$

稳态时，$\dfrac{\mathrm{d}P_2}{\mathrm{d}t} = 0$

$$DP_2 = DP_1 + q_P X_2 = q_P X_1 + q_P X_2$$

第二级发酵罐产物浓度：

$$P_2 = P_1 + \frac{q_P X_2}{D}$$

同理：

$$P_n = P_{n-1} + \frac{q_P X_n}{D}$$

3. 细胞回流单级恒化器连续发酵动力学

单级连续发酵时，发酵罐流出的发酵液经适当的固液分离浓缩，部分浓缩的细胞悬浮液再回流到发酵罐中，其余部分流出系统外。这种发酵流程提高了发酵罐中细胞浓度和底物利用率，也有利于提高系统操作稳定性。单级细胞回流示意图如图4-8所示。

其中，α 为再循环比率（回流比），$\alpha < 1$；c 为浓缩因子，$c > 1$。

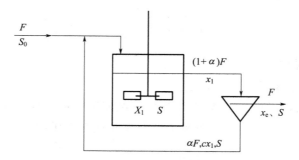

图 4-8 单级细胞回流示意图

在该模型中，其细胞的物料衡算如下：

积累的细胞=进入的细胞+再循环流入的细胞−流出的细胞+生长的细胞−死亡的细胞

$$\frac{dx_1}{dt} = \frac{F}{V}x_0 + \frac{\alpha F}{V} \cdot cx_1 - \frac{(1+\alpha)F}{V}x_1 + \mu x_1 - \alpha x_1$$

假定：细胞死亡很少；$x_0 = 0$（培养基无菌加入）；$D = F/V$

由稳态条件 $\dfrac{dx_1}{dt} = 0$

得：$\alpha Dcx_1 - (1+\alpha)Dx_1 + \mu x_1 = 0$

即：$\mu = D(1 + \alpha - \alpha c)$

其限制性基质的物料衡算如下：

积累的基质=进入基质+循环流入基质−流出基质−消耗基质

$$\frac{dS}{dt} = \frac{F}{V}S_0 + \frac{\alpha F}{V}S - \frac{(1+\alpha)F}{V}S + \frac{\mu x_1}{Y_{X/S}}$$

稳态时，$\dfrac{dS_2}{dt} = 0$。

$$DS_0 + \alpha DS - (1+\alpha)DS = \frac{\mu x_1}{Y_{X/S}}$$

$$x_1 = \frac{D}{\mu}Y_{X/S}(S_0 + S)$$

$$x_1 = \frac{1}{(1+\alpha-\alpha c)} \cdot Y_{X/S}(S_0 - S)$$

$$\frac{1}{(1+\alpha-\alpha c)} > 1$$

所以，x_1 比单级不再循环的 x 大，

又 $\mu = \dfrac{\mu_m S}{K_S + s} \rightarrow S = \dfrac{K_S \mu}{\mu_m - \mu} = K_S \cdot \dfrac{D(1+\alpha-\alpha c)}{\mu_m - D(1+\alpha-\alpha c)}$

得：$x_1 = \dfrac{Y_{X/S}}{(1+\alpha-\alpha c)}\left[S_0 - K_S \cdot \dfrac{D(1+\alpha-\alpha c)}{\mu_m - D(1+\alpha-\alpha c)}\right]$

假定在分离器中没有细胞生长和基质消耗，则有物料衡算式：

流入分离器细胞=流出分离器细胞+再循环的细胞

$$(1+\alpha)Fx_1 = Fx_e + \alpha Fcx_1$$

可得：$x_e = (1 + \alpha - \alpha c) x_1 = Y_{X/S} \left[S_0 - K_S \cdot \dfrac{D(1 + \alpha - \alpha c)}{\mu_m - D(1 + \alpha - \alpha c)} \right]$

可在不同级的罐内设定不同的培养条件，有利于多种碳源利用和次级代谢产物生成。如产气雷白氏菌（*Klebsiella aerogenes*），在第一级罐内只利用葡萄糖，显著提高菌的生长速率，在第二级罐内利用麦芽糖，菌的生长速率显著低于一级罐，但可大量形成次级代谢产物。多级连续发酵系统比较复杂，用于实际生产还有较大困难。

①限制菌体从恒化器中排出，使流出的菌体浓度低于罐内菌体浓度。

②收集流出的发酵液至菌体分离设备，通过沉降或离心，浓缩菌体，部分菌体送回发酵罐内。菌体返回恒化器不仅能够提高底物利用率、菌体生长量和产物产量等，还可以改进系统的稳定性，该方法适用于处理料液较稀的发酵类型，如酿酒和废液处理。

四、补料分批发酵

补料分批发酵动力学模型

Yoshirla 等首先发展了补料分批发酵（Fed-batch culture）方式，即在分批发酵过程中补充培养基，而不从发酵体系中排出发酵液，使发酵液的体积随着发酵时间延长逐渐增加。该发酵方式介于分批发酵和连续发酵之间。如果在发酵过程中每隔一定时间，取出一定体积的发酵液，同时在同一时间间隔内加入相等体积的培养基，如此反复进行的发酵，这种方式称为重复补料分批发酵或半连续发酵。其按照补料方式可分为：连续流加、不连续流加和多周期流加；按照流加方式可以分为：快速流加、恒速流加、指数速率流加和变速流加；按照反应器中发酵液体积可以分为：变体积和恒体积；按照反应器数目可分为：单级和多级，按照补加培养基成分可分为：单一组分补料和多组分补料。

在分批发酵中，生长会受到某一底物浓度的限制，在任何发酵时间的菌体浓度均可用下式表示：

$$X_t = X_0 + Y_{X/S}(S_R - S_t)$$

其中，X_t 为经过 t 小时（h）培养后的菌体浓度（g/L）；X_0 为接种后的菌体浓度（g/L）；$Y_{X/S}$ 为表观菌体细胞得率；S_R 为初始底物浓度与补入发酵罐中的底物浓度之和（g/L）；S_t 为经过 t 小时（h）培养后的残留底物浓度（g/L）。

当 $S \approx 0$ 时，最终的菌体浓度可以约为 X_m，此时 X_0 与 X_m 相比可以忽略不计，则公式可变为：

$$X_m \approx Y_{X/S} S_R$$

如果在 $X_t = X_m$ 时开始补加培养基，这时的稀释率小于 μ_m，实际上底物的消耗速率接近于补入发酵罐的新鲜培养基速率。因此，

$$F S_R \approx \mu \frac{X}{Y_{X/S}}$$

其中，F 为培养基补入速率；X 为培养液中菌体总量。

从公式可以计算出加入的底物量与被细胞消耗的底物量相等。因此（dS/dt）= 0，虽然细胞的总量（X）随着时间的延长而增加，但细胞浓度（X）实际上仍为一个常数，即（dX/dt）≈0，所以，$\mu \approx D$（D 为稀释率），这种状态称为半稳态。随着时间的推移，由于发酵体积增加，即使补料速率不变，稀释率也相对下降。D 值的动态变化可用下式表示：

$$D = \frac{F}{V_0 + F_t}$$

式中，V_0——发酵体系原有的体积；

t——发酵进程时间。

按照 Monod 方程，由于 D 的下降而使底物的残留浓度下降。在分批补料发酵中，大多数的 μ 值都大幅超过 S_R。所以，实际上残留底物浓度是极小的，可以视作为零。在 D 比 μ_m、K_S 都小且大幅小于 S_R 时，即可成为半稳态。

分批补料发酵过程中，整个反应器中细胞、限制性基质和产物总量的变化速率分别可用下式表示：

$$\frac{\mathrm{d}(xV)}{\mathrm{d}t} = \mu x V$$

$$\frac{\mathrm{d}(SV)}{\mathrm{d}t} = FS_0 - \frac{1}{Y_{X/S}} \cdot \frac{\mathrm{d}(xV)}{\mathrm{d}t}$$

$$\frac{\mathrm{d}(PV)}{\mathrm{d}t} = q_P x V$$

细胞总量的变化率为：

$$\frac{\mathrm{d}(xV)}{\mathrm{d}t} = V\frac{\mathrm{d}X}{\mathrm{d}t} + x\frac{\mathrm{d}V}{\mathrm{d}t}$$

若为恒速流加，培养基流量为 F，则 $\frac{\mathrm{d}V}{\mathrm{d}t} = F$。

由上述公式可得：

$$\mu x V = V\frac{\mathrm{d}x}{\mathrm{d}t} + xF$$

$$\frac{\mathrm{d}x}{\mathrm{d}t} = \left(\mu - \frac{F}{V}\right)x = (\mu - D)x$$

同样可以推导出限制性基质和产物浓度的变化率：

$$\frac{\mathrm{d}(SV)}{\mathrm{d}t} = V\frac{\mathrm{d}S}{\mathrm{d}t} + S\frac{\mathrm{d}V}{\mathrm{d}t} = V\frac{\mathrm{d}S}{\mathrm{d}t} + SF$$

$$FS_0 - \frac{1}{Y_{X/S}} \cdot \frac{\mathrm{d}(xV)}{\mathrm{d}t} = V\frac{\mathrm{d}S}{\mathrm{d}t} + SF$$

$$\frac{\mathrm{d}S}{\mathrm{d}t} = D(S_0 - S) - \frac{\mu X}{Y_{X/S}}$$

$$\frac{\mathrm{d}(PV)}{\mathrm{d}t} = P\frac{\mathrm{d}V}{\mathrm{d}t} + V\frac{\mathrm{d}P}{\mathrm{d}t} = FP + V\frac{\mathrm{d}P}{\mathrm{d}t} = q_P x V$$

$$\frac{\mathrm{d}P}{\mathrm{d}t} = q_P x - \frac{F}{V}P = q_P x - PD$$

拟稳态时 $\frac{\mathrm{d}x}{\mathrm{d}t} \approx 0$，$\frac{\mathrm{d}S}{\mathrm{d}t} = 0$。

这时 $\mu \approx D$。

对于恒速流加，细胞的比生长速率对时间的变化率为：

$$\frac{\mathrm{d}\mu}{\mathrm{d}t} = \frac{\mathrm{d}}{\mathrm{d}t}\left(\frac{F}{V}\right) = -\frac{F^2}{V^2} = -\frac{F^2}{(V_0 + F_t)^2}$$

长时间流加培养之后，$\dfrac{\mathrm{d}\mu}{\mathrm{d}t}=\dfrac{1}{t^2}$。

第三节　发酵工艺控制

一、温度

（一）温度对发酵的影响

发酵工业所用的菌种绝大多数是中温菌，如霉菌、放线菌和一般细菌。它们的最适生长温度一般在 20~40℃。在发酵过程中，需要维持适当的温度，才能使菌体生长和代谢产物的合成顺利地进行。

温度的变化对发酵过程可产生两方面的影响：一方面是影响各种酶反应的速率和蛋白质的性质；另一方面是影响发酵液的物理性质。一般地，发酵温度升高，酶促反应速率增大，通常在生物学的范围内温度每升高 10℃，生长速度就加快一倍，生长代谢加快，生产期提前。但是，如果温度过高，容易导致酶失活，菌体出现衰老和死亡，每种微生物都有生长发育所需的适宜温度。温度除了影响发酵过程中的各种反应速率外，还可以影响发酵液的物理性质，如温度会影响发酵液中氧的传递和溶解氧的浓度，影响微生物细胞对基质的吸收和分解。温度还会影响生物合成的方向，如金色链球菌在低于 30℃时，合成金霉素的能力较强；当温度提高，合成四环素的比例提高，当达到 35℃时，则只合成四环素，而金霉素合成几乎停止。

因此，发酵过程在不同阶段所维持的温度与发酵过程的酶反应速率、菌体生长速率和产物合成速率等有密切关系。不同的菌种、不同产品、不同发酵阶段需要维持适当的温度。

（二）影响发酵温度的因素

在发酵过程中，既有产生热能的因素，又有散失热能的因素，因而引起发酵温度的变化。产热的因素有生物热（$Q_{生物}$）和搅拌热（$Q_{搅拌}$）；散热的因素有蒸发热（$Q_{蒸发}$）和辐射热（$Q_{辐射}$）。因此，发酵热包括生物热、搅拌热、蒸发热、辐射热等，代表整个发酵过程释放出来的净热量，以 [J/m³·h] 表示。现将发酵过程中产热和散热的因素分述如下。

①生物热（$Q_{生物}$）。微生物在生长繁殖过程中，本身会产生大量的热，称为生物热。这种热的来源主要是微生物分解培养基中的碳水化合物、脂肪和蛋白质生成 CO_2、水和其他物质时释放出来的。

②搅拌热（$Q_{搅拌}$）。好氧发酵都有大功率的搅拌。机械搅拌带动发酵液进行翻腾混合，液体之间、液体与搅拌器之间的摩擦产生了大量的热量。搅拌热与搅拌轴功率有关，可以通过式（4-5）计算：

$$Q_{搅拌}=P\times3061\ （kJ/h）\tag{4-5}$$

式中，P——搅拌功率，kW。

③蒸发热（$Q_{蒸发}$）。通气时，发酵液水分随之蒸发，被空气和蒸发水分带走的热量叫作蒸发热或汽化热。可按式（4-6）计算：

73

$$Q_{蒸发} = q_m \times (H_出 - H_进) \tag{4-6}$$

式中，q_m——干空气的质量流量，kg/h；

$H_出$、$H_进$——发酵罐排气、进气的热焓，kJ/kg。

④辐射热（$Q_{辐射}$）。因发酵罐液体温度与罐外周围环境温度的温差，发酵液中有部分热通过罐体向外辐射。辐射热的大小取决于罐内外的温差的大小，外界气温越低，辐射热越大。

因此，发酵热 $Q_{发酵}$ 为：

$$Q_{发酵} = Q_{生物} + Q_{搅拌} - Q_{蒸发} - Q_{辐射}$$

（三）最适温度的选择

最适发酵温度是既适合菌体的生长、又适合代谢产物合成的温度。但最适生长温度与最适生产温度往往是不一致的，如初级代谢产物乳酸的发酵，乳酸链球菌的最适生长温度为34℃，而产酸最多的温度为30℃，但发酵速度最高的温度达40℃。次级代谢产物发酵更是如此，如在2%乳糖、2%玉米浆和无机盐的培养基中对青霉素发酵菌产黄青霉进行发酵研究，测得菌体的最适生长温度为30℃，而青霉素合成的最适温度为24.7℃。

最适发酵温度还随菌种、培养基成分、培养条件和菌体生长阶段的改变而改变。例如，在较差的通气条件下，由于氧的溶解度随温度下降而升高，因此降低发酵温度是对发酵有利的，因为低温可以提高溶氧、降低菌体生长速率从而减少氧的消耗量，所以可弥补通气条件差所带来的不足。培养基的成分差异和浓度大小对培养温度的确定也有影响，在使用易利用或较稀薄的培养基时，如果高温发酵，营养物质往往代谢快，耗竭过早，最终导致菌体自溶，使代谢产物的产量下降，因此发酵温度的确定还与培养基的成分有密切的关系。

（四）温度控制方法

工业生产上，所用的大型发酵罐在发酵过程中一般不需要加热，因为发酵中释放了大量的发酵热，需要冷却的情况较多。利用自动控制或手动调整的阀门，将冷却水通入发酵罐的夹层或蛇形管中，通过热交换来降温，保持恒温发酵。如果气温较高，会导致冷却水的温度变高，致使冷却效果很差，达不到预定的温度，就可采用冷冻盐水进行循环式降温，以迅速降到恒温。因此大型工厂需要建立冷冻站，提高冷却能力，保证在正常温度下进行发酵。在理论上，整个发酵过程中不应只选一个培养温度，而应该根据发酵的不同阶段选择不同的培养温度。在生长阶段应选择最适生长温度，在产物分泌阶段应选择最适生产温度。这样的变温发酵所得产物的产量会相对比较理想。

二、pH 值

（一）pH 对微生物生长和代谢的影响

pH 可显著影响微生物的生长和代谢产物形成，不同微生物对 pH 要求不同。大多数细菌的最适 pH 为 6.5~7.5，霉菌一般为 4.0~5.8，酵母为 3.8~6.0，放线菌为 6.5~8.0。如果培养液的 pH 不合适，微生物的生长就要受到影响。

pH 的变化会影响酶的活性、基质的利用速率和细胞结构，从而影响菌体生长和产物合成。同一种微生物在不同的 pH 下也可能会形成不同的发酵产物。如黑曲霉在 pH 2~3 的情况下，发酵产生柠檬酸；而在 pH 接近中性时，则生成草酸。另外，微生物生长的最适 pH 和产物合成的最适 pH 往往不同。因此，控制适当的 pH 是保证微生物正常生长和提高产物产量的重要条件之一。

如同温度对发酵影响一样，pH 还对发酵液或代谢产物产生物理化学的影响，其中要特别注意的是对产物稳定性的影响。由于 pH 对菌体生长和产物的合成能产生上述明显的影响，所以在工业发酵中维持所需最适 pH 已成为发酵成败的关键因素之一。

（二）影响 pH 变化的因素

在发酵过程中，pH 的变化决定于所用的菌种、培养基的成分和培养条件。在生产菌的代谢过程中，菌本身具有一定调整周围 pH 至最适环境的能力。曾以产生利福霉素 SV 的地中海诺卡氏菌进行发酵研究，采用 6.0、6.8、7.5 三个初始 pH，结果发现，初始 pH 在 6.8、7.5 时，最终发酵 pH 都能达到 7.5 左右，菌丝生长和发酵单位都达到正常水平，但初始 pH 为 6.0 时，发酵中期 pH 只有 4.5，菌浓仅为 20%，发酵单位为零。这说明菌体仅有一定的自调能力。

培养基中营养物质的代谢也是引起 pH 变化的重要原因，发酵所用的碳源种类不同，pH 变化也不一样。如灰黄霉素发酵的 pH 变化就与所用碳源种类有密切关系。如果以乳糖为碳源，乳糖被缓慢利用，丙酮酸积累很少，pH 维持在 6~7 之间；如果以葡萄糖为碳源，丙酮酸迅速积累，使 pH 下降到 3.6，发酵单位很低。

综上所述，在发酵过程中，要选择好发酵培养基的成分及其配比，并控制好发酵条件。才能保证 pH 不会产生明显的波动，维持在最佳的范围内，得到较好的发酵结果。

（三）pH 控制方法

在多数情况下，为了获得最大产量，需要对发酵液中 pH 进行测量和控制。控制 pH 可以从基础培养基的配方考虑。首先应仔细选择碳源和氮源。一般说来，培养基中的碳/氮值（C/N 值）高，则发酵液倾向于酸性，反之则倾向于碱性或中性。同时，还应注意生理酸性盐和生理碱性盐的平衡。其次，可以在培养基设计的时候加入缓冲剂（如磷酸盐），制成缓冲能力强的培养基。在分批发酵中，常采用这种方法来控制 pH 的变化。

利用上述方法调节 pH 的能力是有限的，如果达不到要求，就可在发酵过程中直接补加酸或碱和补料的方式来控制，特别是补料的方法，效果比较明显。发酵过程中 pH 的变化反映了菌体的生理状况，如 pH 的上升超过最适值，便意味着菌体处于饥饿状态，可加糖调节，糖的过量又会使 pH 下降。发酵过程中如果仅用酸或碱调节 pH 不能改善发酵情况，进行补料则是一个较好的办法，既可调节培养液的 pH，又可补充营养，增加培养基的浓度，减少阻遏作用，而进一步提高发酵产物的产率。目前，已比较成功地采用补料的方法来调节 pH，如氨基酸发酵采用补加尿素的方法，特别是次级代谢产物抗生素发酵，更常用此法。

三、溶解氧

（一）溶解氧对发酵的影响

溶解氧（DO）是需氧发酵控制的最重要参数之一。氧在水中的溶解度很小，所以需要不断通气和搅拌，才能满足溶解氧的要求。溶解氧的高低对菌体生长和产物的性质及产量都会产生不同的影响。如谷氨酸发酵，供氧不足时，谷氨酸积累就会明显降低，产生大量乳酸和琥珀酸。在天冬酰胺酶的发酵中，前期是好氧培养，而后期转为厌氧培养，酶的活力就能大大提高。掌握好转变时机，颇为重要。据实验研究，当溶解氧量下降到45%时，就从好氧培养转为厌氧培养，酶的活力可提高6倍，这就说明控制溶解氧的重要性。对抗生素发酵来说，氧的供给就更为重要。如金霉素发酵，在生长期中短时间停止通气，就可能影响菌体在生产期的糖代谢途径，由HMP途径转向EMP途径，使金霉素合成的产量减少。金霉素C上的氧还直接来源于溶解氧。所以，溶解氧对菌体代谢和产物合成都有影响。

由上可知，需氧发酵并不是溶解氧越高越好。溶解氧高虽然有利于菌体生长和产物合成，但溶解氧太高有时反而会抑制产物的形成。为避免发酵处于限氧条件下，需要考查每一种发酵产物的临界氧量和最适氧量，并使发酵过程保持在最适量。最适溶解氧量的大小与菌体和产物合成代谢的特性有关，这是由实验来确定的。据报道，青霉素发酵的临界氧量为5%~10%，低于此值就会对青霉素合成带来不可逆的损失，时间越长，损失越大。而初级代谢的氨基酸发酵，需氧量的大小与氨基酸的合成途径密切相关。根据发酵需氧要求不同，可分为三类：第一类包括谷氨酸、精氨酸和脯氨酸，它们在供氧充足的条件下，产量才最大，如果供氧不足，氨基酸合成就会受到强烈的抑制；第二类包括异亮氨酸、赖氨酸和苏氨酸，供氧充足可得最高产量，但供氧受限，产量受的影响并不明显；第三类有亮氨酸、缬氨酸和苯丙氨酸，仅在供氧受限、细胞呼吸受抑制时，才能获得最大量的氨基酸，如果供氧充足，产物形成反而受到抑制。

（二）氧的控制方法

发酵液中DO的变化是由供求关系决定的，控制DO可以从氧的供应和氧的消耗两方面进行考虑，即：

$$\frac{dC_L}{dt} = K_L a(C^* - C_L) - Q_{O_2} \times X$$

其中，$K_L a(C^* - C_L)$反映供氧，$Q_{O_2} \times X$反映耗氧。从供氧能力看，凡是能提高$K_L a$和C^*的因素都能改善供氧条件，提高DO。当然，在最大供氧能力受限制的情况下，为了保持一定的DO水平，就需要适当控制菌体的耗氧速率。

①提高$K_L a$，也就是提高设备的供氧能力。从改善搅拌考虑，往往更容易收到效果。常用的方法有：提高搅拌转速、改变搅拌器直径和类型、改变挡板的数量和位置；也可以采取补水、添加表面活性剂等措施改善培养液的流变性质，提高$K_L a$等。

②提高C^*。一种方法是在通气中掺加纯氧或富氧，使氧分压提高。工业中采用控制通气成分的方法非常昂贵，氧气制备的成本很高，所以，这一方法一般只用于小规模发酵在关键时候改善供氧状况。另一种常用的提高C^*的方法是提高罐压。由于总气压上升，氧气分压随之上升，对应的饱和氧浓度C^*也得到提高。值得注意的是，这种方法同时也提高了CO_2分压，因而提高了CO_2在发酵液中的浓度，这会影响发酵液的pH和菌体的代谢。

③控制菌体对氧的消耗速率。无论如何改进发酵罐的供氧能力，如果发酵工艺条件不配合，还会出现DO供不应求的现象。因此，发酵过程中还需要采用适当的工艺条件，使菌体对氧的需求控制在适当的范围。常用的措施有：控制加糖或补料速率，限制养分的供应以降低菌体生长速度。改变发酵温度，一般采用降低温度的方法，低温下菌体代谢下降，OUR下降，同时C^*增加，使氧传递的推动力$(C^* - C_L)$提高，有利于氧的供给。

通过上述措施的综合使用，才能把DO控制在适当水平。

四、基质浓度

基质是培养微生物的营养物质。基质是发酵生产菌代谢的物质基础，既涉及菌体的生长繁殖，又涉及代谢产物的形成。因此，选择适当的基质并控制适当的浓度是提高代谢产物产量的重要方法。在分批发酵中，营养物质不足固然不利于菌体的生长和产物合成，但是营养物质过于丰富同样会带来问题，比如菌体生长过旺、黏度增大、传质变差等，导致菌丝老化，产量下降，或不得不花费较多的能量来维持菌体的生存环境，成本大幅增加。所以，控制合适的基质浓度对菌体的生长和产物的形成都有利。

（一）碳源对发酵的影响及其控制

按碳源利用快慢程度，分为快速利用的碳源和缓慢利用的碳源。快速利用的碳源能较迅速地参与代谢、合成菌体和产生能量，并形成分解产物，有利于菌体生长，但有可能会出现分解代谢物阻遏效应，对产物合成产生阻遏作用；而对于缓慢利用的碳源，菌体只能缓慢代谢这些碳源，有利于延长代谢产物的合成，特别是延长抗生素的分泌期，有利于微生物次生代谢产物的发酵生产。因此，选择最适碳源对提高代谢产物的产量非常重要。

分解代谢物阻遏效应的发现源自早期对大肠杆菌的二次生长现象的研究。葡萄糖是典型的快速利用碳源，将大肠杆菌培养在含葡萄糖和另一种缓慢利用碳源（如乳糖）的培养基上，便会出现两次旺盛的生长现象，称为二次生长。其特征是两个生长期间夹有一个停滞期，菌体在第一个生长期利用葡萄糖，而乳糖不被利用。

碳源浓度对于菌体生长和产物合成有显著影响。因此，要优化碳源浓度控制，可在发酵过程中采用中间补料的方法进行控制，具体可采用经验法和发酵动力学法。经验法是在实际生产中，要根据不同代谢类型确定补糖时间、补糖量和补糖方式。而发酵动力学法要根据菌体的比生产速率、糖比消耗速率及产物的比生产速率等动力学参数来控制。

（二）氮源的种类和浓度对发酵的影响及其控制

氮源可分为无机氮源和有机氮源两大类，氮源的种类和浓度都能影响微生物产物合成的方向和产量。氮源也分为可快速利用的氮源（速效氮源）和缓慢利用的氮源（迟效氮源）。速效氮源如氨基（或铵）态氮的氨基酸（或硫酸铵等）和玉米浆等；迟效氮源如黄豆饼粉、花生饼粉、棉籽饼粉等蛋白质。速效氮源容易被菌体所利用，促进菌体生长，但对某些代谢产物的合成，特别是某些如抗生素等次生代谢产物的合成产生调节作用而影响产量。例如，链霉菌的竹桃霉素发酵中，采用促进菌体生长的铵盐浓度，能刺激菌丝生长，但抗生素的产量反而下降。又如，铵盐对柱晶白霉素、螺旋霉素、泰洛星等的合成也具有调节作用。缓慢利用的氮源对延长次生代谢产物的分泌期、提高产物的产量十分有利。发酵培养基一般选用含有快速和慢速利用的混合氮源，有时还需要通过补加氮源来控制其浓度，生产上常采用以下方法：

①补加有机氮源。根据产生菌的代谢情况，可在发酵过程中添加某些具有调节生长代谢作用的有机氮源，如酵母粉、玉米浆、尿素等。例如，在土霉素发酵中，补加酵母粉可提高发酵单位；青霉素发酵中，后期出现糖利用缓慢、菌浓度变稀、pH 下降的现象，补加尿素就可改善这种状况并提高发酵产量。

②补加无机氮源。补加氨水或硫酸铵是工业上常用的方法，氨水既可作为无机氮源，又可以调节 pH。但当 pH 偏高而又需补氮时，就可补加生理酸性物质的硫酸铵，以达到提高氮

含量和调节 pH 的双重目的。因此，应根据发酵控制的需要来确定如何补充无机氮源。

（三）磷酸盐浓度对发酵的影响及其控制

磷作为核酸合成的重要元素，是微生物生长繁殖和代谢产物合成所必需的。微生物生长良好时所允许的磷酸盐浓度为 0.32~300 mmol/L，而次生代谢产物合成良好时所允许的最高磷酸盐平均浓度仅为 1.0 mmol/L，提高到 10 mmol/L 就会明显抑制次生代谢产物合成。相比之下，菌体生长所允许的浓度比次生代谢产物合成所允许的磷酸盐浓度要大得多，相差几十倍甚至几百倍。因此，控制磷酸盐浓度对微生物次生代谢产物合成非常重要。磷酸盐浓度对于初生代谢产物合成的影响，往往通过促进生长而间接产生，对于次生代谢产物，其影响机制更为复杂。

对磷酸盐浓度的控制，一般是在基础培养基中采用适当的浓度。对抗生素发酵来说，常常是采用生长亚适量（即对菌体生长不是最适合但又不影响生长的量）的磷酸盐浓度。其最适浓度取决于菌种特性、培养条件、培养基组成和原料来源等因素，并结合具体条件和使用的原材料进行实验优化来确定。培养基中的磷含量还可能因配制方法和灭菌条件不同而有所变化。在发酵过程中，若发现代谢缓慢情况，还可补加磷酸盐。

除碳源、氮源和磷酸盐等主要影响因素外，在培养基中还有其他成分影响发酵。例如，Cu^{2+} 在以醋酸为碳源的培养基中，能促进谷氨酸产量的提高，而 Mn^{2+} 对芽孢杆菌合成杆菌肽等次生代谢产物具有特殊作用，必须使用足够的浓度才能促进它们的合成。总之，控制基质的种类及其各成分的浓度是决定发酵是否成功的关键，必须根据产生菌的特性和产物合成的要求进行深入细致的研究，以取得满意的结果。

五、CO_2 与呼吸熵

（一）CO_2 的来源和影响

CO_2 是微生物在生长繁殖过程中的代谢产物，也是某些合成代谢的基质，对微生物生长和发酵具有刺激或抑制作用，如环状芽孢杆菌（*B. circulus*）等的发芽孢子在开始生长（并非孢子发芽）时就需要 CO_2，并将此现象称为 CO_2 效应。CO_2 还是大肠杆菌和链孢霉变株的生长因子，有时需含 30% CO_2 的气体，菌体才能生长。

CO_2 对菌体生长还具有抑制作用，空气中 CO_2 含量高于 4% 时，菌体的糖代谢和呼吸速率都下降。发酵液中的 CO_2 浓度达 1.6×10^{-2} mol/L 时，酵母菌生长就受到严重抑制。用扫描电子显微镜观察 CO_2 对产黄青霉菌丝形态的影响，发现菌丝形态随 CO_2 含量不同而改变，当 CO_2 含量在 0~8% 时，菌丝主要呈丝状，上升到 15%~22% 时则呈膨胀、粗短的菌丝，CO_2 分压再提高到 0.08×10^5 Pa 时，则出现球状或酵母状细胞，使青霉素合成受阻。

CO_2 对微生物发酵也有影响。牛链球菌（*Streptococcus bovis*）发酵生产多糖，最重要的条件就是空气中要含有 5% 的 CO_2。精氨酸发酵也需要有一定的 CO_2 才能得到最大产量，CO_2 的最适分压约为 0.12×10^5 Pa，高于或低于此分压，产量都会降低。CO_2 对发酵还能产生抑制作用，如对肌苷、异亮氨酸和组氨酸发酵，特别对抗生素发酵影响尤为明显。早在 40 年前就已发现大气中的 CO_2 影响青霉素生产，空气中 CO_2 含量大于 4% 时，即使溶解氧在临界氧浓度以上，青霉素合成和菌体呼吸强度都受到抑制，在空气中的 CO_2 分压达 0.081×10^5 Pa 时，青霉素的比生产速率下降 50%。

CO_2 对细胞的作用机制，主要是 CO_2 及 HCO_3^- 都影响细胞膜的结构，它们分别作用于细胞膜的不同位点。已知细胞膜的结构是脂质双层蛋白质镶嵌模型，溶解于培养液中的 CO_2 主要作用在细胞膜脂质核心部位，HCO_3^- 影响细胞膜的膜蛋白。当细胞膜脂质当中的 CO_2 浓度达到临界值时，膜的流动性及表面电荷密度就会发生改变，使许多基质的膜运输受到阻碍，影响细胞膜的运输效率，导致细胞处于"麻醉"状态，细胞生长受到抑制，形态发生改变。除上述机制外，还有其他机制影响微生物发酵，如 CO_2 抑制红霉素生物合成，可能是 CO_2 对甲基丙二酸前体合成产生反馈抑制作用，使红霉素发酵单位降低。CO_2 还可能通过使发酵液 pH 下降、或与其他物质发生化学反应、或与生长必需的金属离子形成碳酸盐沉淀等原因，造成间接作用而影响菌的生长和发酵产物的合成。

（二）CO_2 浓度控制方法

CO_2 在发酵液中的浓度变化不像溶解氧那样，没有一定的规律。它的大小受到许多因素的影响，如菌体的呼吸强度、发酵液流变学特性、通气搅拌程度和外界压力大小等因素。CO_2 浓度的控制应随它对发酵的影响而定。如果 CO_2 对产物合成有抑制作用，则应设法降低其浓度；若有促进作用，则应提高其浓度。通气和搅拌速率的大小，不但能调节发酵液中的溶解氧，还能调节 CO_2 的溶解度，在发酵罐中不断通入空气，既可保持溶解氧在临界点以上，又可随废气排出所产生的 CO_2，使之低于能产生抑制作用的浓度。因而通气搅拌也是控制 CO_2 浓度的一种方法，降低通气量和搅拌速率，有利于增加 CO_2 在发酵液中的浓度，反之就会减小 CO_2 浓度。

CO_2 的产生与补料工艺控制密切相关，如在青霉素发酵中，补糖会增加排气中 CO_2 的浓度和降低培养液的 pH。因为补加的糖用于菌体生长、菌体维持和青霉素合成三方面，它们都产生 CO_2，使 CO_2 产量增加。溶解的 CO_2 和代谢产生的有机酸，又使发酵液 pH 下降。因此，补糖、CO_2、pH 三者具有相关性，被用作青霉素补料工艺的控制参数，其中排气中的 CO_2 量的变化比 pH 变化更为敏感，所以采用 CO_2 释放率作为控制补糖的参数。

六、泡沫控制

在发酵过程中，为了满足好氧微生物的需求，并取得较好的生产效果，要通入大量的无菌空气。同时，为了加速氧在水中的溶解度，必须加以剧烈地搅拌，使气泡分割成无数小气泡，以增加气液界面。因此，发酵过程中产生一定的泡沫很正常。但是，如果泡沫太多又不加以控制，就会对发酵造成损害。首先是会造成排气管有大量逃液的损失，泡沫升到罐顶有可能从轴封渗出，增加染菌的概率；其次是泡沫严重时还会影响通气搅拌的正常进行，妨碍菌体的呼吸，造成代谢异常，最终导致产物产量下降或菌体的提早自溶。

发酵过程中，起泡的方式有五种。

①整个发酵过程中，泡沫保持恒定的水平。

②发酵早期，起泡后稳定地下降，以后保持恒定。

③发酵前期，泡沫稍微降低后又开始回升。

④发酵开始起泡能力低，以后上升。

⑤以上类型的综合方式。这些方式的出现是与基质的种类、通气搅拌强度和灭菌条件等因素有关，其中基质中的有机氮源（如黄豆饼粉等）是起泡的主要因素。

发酵工业消除泡沫常用的方法有两种：化学消泡和机械消泡。

（一）化学消泡

化学消泡是一种使用化学消泡剂的消泡法，也是目前应用最广的一种消泡方法。其优点是化学消泡剂来源广泛，消泡效果好，作用迅速可靠，尤其是合成消泡剂效率高，用量少，安装测试装置后容易实现自动控制等。化学消泡的机理是当化学消泡剂加入起泡体系后，由于消泡剂本身的表面张力比较低，使气泡膜局部的表面张力降低，力的平衡遭到破坏，此处为周围表面张力较大的膜所牵引，因而气泡破裂，产生气泡合并，最后导致泡沫破裂。发酵工业常用的消泡剂主要有四类：天然油脂类；高碳醇、脂肪酸和酯类；聚醚类；硅酮类（聚硅油类）。

（二）机械消泡

机械消泡是一种物理作用，靠机械强烈振动及压力的变化，促使气泡破裂，或借机械力将排出气体中的液体加以分离回收。其优点是不用在发酵液中加入其他物质，节省原料（消泡剂），减少由于加入消泡剂所引起的污染机会及后续发酵液中产物分离的困难。但其缺点是效果往往不如化学消泡迅速可靠，需要一定的设备和消耗一定的动力，而且不能从根本上消除引起泡沫稳定的因素，常见的机械消泡装置有耙式消泡浆和旋转圆板式消泡装置，两种消泡装置如图4-9所示。

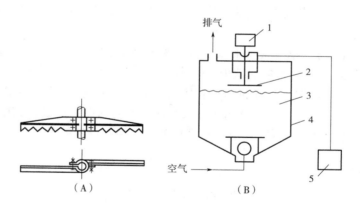

图 4-9　两种消泡装置
（A）耙式消泡浆；（B）旋转圆板型消泡装置
1—电极　2—旋转圆板　3—发酵液　4—发酵槽　5—供液泵

七、发酵终点判断

发酵类型不同，需要达到的目标也不同，因而对发酵终点的判断标准也不同。无论哪一种类型的发酵，其终点的判断标准归纳起来有两点，一是产品的质量，二是经济效益。对原材料与发酵成本占整个生产成本主要部分的发酵品种，主要追求提高产率、得率（转化率）和发酵系数。如果下游处理工艺的成本占生产成本的主要部分且产品价值高，则除了要求高产率和发酵系数外，还要求高的产物浓度。如计算总的发酵产率，则用放罐时的发酵单位除以总的发酵时间（图4-10）。

总产率可用从发酵终点到下一批发酵终点直线斜率来表示；最高产率可用从原点与产物

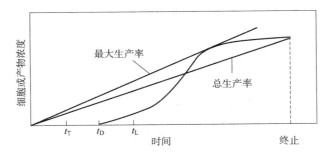

图 4-10　分批培养的产率计算

t_T—放罐检修工作时间　t_D—洗罐、配料和灭菌时间　t_L—生长停滞时间

浓度曲线相切的一段直线斜率代表。切点处的产物浓度比终点最大值低。从式（4-9）可求得分批发酵总生产周期：

$$t = \frac{1}{\mu_m} \times \ln\left(\frac{X_1}{X_2}\right) + t_T + t_D + t_L \tag{4-9}$$

式中，t_T——放罐检修工作时间；

$\quad\quad t_D$——洗罐、配料和灭菌时间；

$\quad\quad t_L$——生长停滞时间；

$\quad\quad X_1$——菌体起始浓度；

$\quad\quad X_2$——放罐细胞浓度；

$\quad\quad \mu_m$——最大比生产速率。

由上式可知，如要提高总产率，则必须缩短发酵周期。即在产率降低时放罐，延长发酵时间。虽然略能提高产物浓度，但产率下降且消耗每千瓦电力及每吨冷却水所得产量也下降，成本提高。放罐时间对下游工序也有很大的影响，放罐时间过早，会残留过多的养分（如糖、脂肪、可溶性蛋白等），增加提取工艺段的负担；如放罐太晚，菌丝自溶，不仅会延长过滤时间，还可能使一些不稳定的产物浓度下降，扰乱提取工艺阶段的工作计划。

临近放罐时加糖、补料或加入消泡剂要慎重，因残留物对提取和精制有重要影响。补料可根据糖耗速率计算到放罐时允许的残留量来控制。对于抗生素发酵，一般在放罐前约 16 h便应停止加糖和消泡剂。判断放罐的指标主要有产物浓度、过滤速度、菌丝形态、氨基氮含量、残糖含量、pH、DO、发酵液的黏度和外观等。一般地，菌丝自溶前总有些迹象，如氨基氮、DO 和 pH 开始上升、菌丝碎片增多、黏度增加、过滤速率下降等。已发酵过的老品种抗生素发酵放罐时间一般都按作业计划进行，但在发酵异常情况下，放罐时间就需当机立断，以避免倒罐。未发酵过的新品种发酵则需要探索合理的放罐时间。绝大多数抗生素发酵掌握在菌体自溶前放罐，极少数品种在菌丝部分自溶后放罐，以便胞内抗生素释放出来。总之，发酵终点的判断需综合多方面的因素统筹考虑。

八、发酵污染的控制

（一）染菌对发酵的影响

1. 青霉素发酵染菌的影响

绝大多数杂菌都能直接产生青霉素酶，而另一些杂菌则可被青霉素诱导而产生青霉素酶。

不论在青霉素发酵前期、中期或后期污染能产生青霉素酶的杂菌，都能迅速破坏青霉素。

2. 其他抗生素发酵染菌的影响

链霉素、四环类抗生素、红霉素、卡那霉素、庆大霉素以及对杂菌几乎没有抑制和杀灭作用的灰黄霉素、制霉菌素、克念菌素等抗生素的发酵染菌，虽然不像青霉素发酵污染能产生青霉素酶的杂菌那样使青霉素一无所得（严重染菌者除外），但也会造成不同程度的危害。染菌后同样也会干扰抗生素产生菌的正常代谢，降低抗生素产量。

3. 染菌对疫苗发酵的影响

在现代，疫苗的生产已逐渐由固体培养转向深层液体发酵，这是一类不加提纯而直接使用的产品。在深层培养过程中，一旦遭到杂菌污染，则不论污染的是活菌、死菌或内外毒素，都应全部废弃。

（二）染菌的检查与类型判断

在发酵过程中，如何及早发现杂菌并及时处理是避免染菌造成严重损失的重要手段，生产上要求能用准确、迅速的方法来检查出污染杂菌的类型，并对其可能的染菌途径作出判断。目前常用的方法主要有以下几种。

1. 显微镜检查法

通常用简单染色法或革兰氏染色法，将菌体染色后在显微镜下观察。对于霉菌、酵母发酵，先用低倍镜观察生产菌的特征，然后再用高倍镜观察有无杂菌存在。根据生产菌与杂菌的不同特征来判断是否染菌，必要时还可进行芽孢染色和鞭毛染色。此法简单、直接，是最常用的检查杂菌方法之一。但是，由于整个镜检过程需要一定的时间，这对于发酵周期较短的生产菌判断其早期污染不利，往往还需要与其他方法结合。

2. 平板划线培养或斜面培养检查法

先将待检样品在无菌平板上划线，根据可能的污染类型分别置于37℃、27℃下培养划线平板，以适应嗜中温和低温菌的生长，一般8 h后即可观察是否有杂菌污染。

对于噬菌体检查，可采用双层平板培养法，上层和底层同为肉汤琼脂培养基，上层减少琼脂用量，先将灭菌的下层培养基熔化后倒入平板，凝固后再将上层培养基溶解并保持40℃，加入生产菌作为指示菌和待检样品混合后迅速倒在下层平板上。置培养箱保温，经12~20 h培养，通过观察有无噬菌斑来检查是否被噬菌体污染。

3. 肉汤培养检查法

将待检样品接入无菌的肉汤培养基中，分别置于37℃和27℃下进行培养，随时观察微生物生长情况，并取样镜检，判断是否污染杂菌。

4. 过程的异常现象观察法

发酵过程出现的异常现象如溶解氧、pH、尾气中的 CO_2 含量以及发酵液黏度等的异常变化，都可能是产生污染的重要信息，可以根据这些异常现象分析发酵是否染菌。

（三）染菌原因分析

造成发酵染菌的原因很多，比较复杂，主要有：种子带菌、压缩空气带菌、设备渗漏、灭菌不彻底、操作失误和技术管理不善等。

1. 从污染的杂菌种类进行分析

若污染的是耐热芽孢杆菌，可能是培养基或设备灭菌不彻底所造成；若污染的是球菌、无芽孢杆菌等不耐热杂菌，则有可能是种子带菌、压缩空气除菌不彻底、设备渗漏或操作失误所引起；若检查污染发现是浅绿色菌落的杂菌，可以判定很可能是冷却盘管等循环水系统出现渗漏所引起；若污染的是霉菌，一般是无菌室环境消毒不够彻底或无菌操作失误所引起；若污染的是酵母菌，则主要是由于糖液灭菌不彻底，特别是糖液放置时间较长引起的。

2. 从污染时间进行分析

若发酵前期染菌，可能是由于种子带菌、培养基或设备灭菌不彻底、接种操作不当或无菌空气带菌等原因引起；若发酵后期染菌，可能是由于中间补料污染、设备渗漏或操作失误等原因所引起。

3. 从染菌的幅度进行分析

如果各个发酵罐或多数发酵罐染菌，而且所污染的是同一种杂菌，一般是压缩空气系统存在问题，如空气系统结构不合理、空气过滤器介质失效等；如果个别发酵罐连续染菌，一般是该发酵罐系统存在问题。

综上所述，一旦发酵过程中出现了染菌情况，就可以从以上几个方面具体问题具体分析，很快找到染菌原因。

第四节　下游加工过程

在发酵工业中，有些发酵产物属于对热、pH 或剪切力较为敏感的活性物质，分离纯化过程常常需要低温环境、合适的 pH 范围及尽可能小的剪切力，同时还要严格防止外界微生物和杂物的污染。所以，整个下游提取精制加工过程应遵循如下原则：快速操作，低温环境，温和条件（如 pH 应选择在目标物质的稳定范围内），尽可能小的剪切作用，并尽可能防止污染。对于基因工程产品，还应注意生物安全，即要防止基因工程菌的扩散，因此，通常需要在密封的环境中操作。深入研究各种发酵体系的特性及发酵产物的特点，是正确选择合适的下游加工技术及工艺、降低生产成本、提高产品质量的关键。

一、产物分离

（一）萃取分离技术

在发酵产物分离中，传统的有机溶剂萃取分离技术可用于有机酸、氨基酸、抗生素、维生素、激素和生物碱等生物小分子的分离和纯化。20 世纪 60 年代末以来，相继出现了可应用于生物大分子如多肽、蛋白质、核酸等分离纯化的反胶团萃取等萃取分离技术。20 世纪 70 年代以后，双水相萃取分离技术迅速发展，为蛋白质特别是胞内蛋白质的提取纯化提供了有效的手段。此外，液膜萃取分离技术以及利用超临界流体为萃取剂的超临界流体萃取分离技术的出现，使萃取分离技术更趋全面，适用于各种生物产物的分离纯化。

（二）浓缩技术

浓缩过程是发酵工业提取与精制过程常用的单元操作，有时在整个发酵产品提取纯化过程中都会不断使用。浓缩的任务是将低溶质浓度的溶液通过除去溶剂变为高溶质浓度的溶液。可以细分为蒸发浓缩法、冷冻浓缩法和吸收浓缩法等。

（三）沉淀分离技术

由于物理环境的变化引起溶质的溶解度降低，从而生成固体凝聚物的过程一般被称为沉淀。蛋白质分子周围存在与蛋白质分子紧密或疏松结合的水化层，故可形成稳定的胶体溶液，这是防止蛋白质凝聚沉淀的屏障之一。蛋白质分子间的静电排斥作用也是防止蛋白质凝聚沉淀的重要原因。因此，可通过降低蛋白质周围的水化层及双电层厚度来降低蛋白质溶液的稳定性，从而实现蛋白质沉淀。沉淀分离方法有多种，如盐析沉淀法、有机溶剂沉淀法、等电点沉淀法、金属离子沉淀法、聚电解质沉淀法、非离子型聚合物沉淀法等。

（四）吸附分离技术

1. 吸附分离原理

吸附：吸附作用是物体表面的一个重要物理性质。理论上讲，任何两相都可以形成界面，其中一相的物质在另一相的表面发生密集行为，称为吸附。

吸附分离法：通过吸附作用从液体或气体中除去有害成分或提取有用目标产物的分离方法称为吸附分离法。

吸附介质：凡是能够将周围其他分子聚集到某一物质表面上的物质，就称为吸附介质，或称为吸附剂。

2. 吸附介质的分类及其性质

根据吸附介质的基本性质，吸附力可分为物理吸附、化学吸附、复合吸附等。常见吸附介质如下。

（1）活性炭

活性炭是常用的一种吸附介质，制备活性炭的材料来源不同，得到的活性炭种类也不一样。一般有 3 类活性炭，即动物炭、植物炭和矿物炭。活性炭的吸附活性取决于比表面积和内部孔径的大小。

（2）硅胶

硅胶是一种广泛使用的极性吸附介质，其优点是化学性质稳定，吸附量大。硅胶是以硅酸盐为原料制成的。硅胶的吸附活性决定于其含水量。

（3）氧化铝

氧化铝吸附介质是一类疏水性吸附介质，主要是用于分离非极性化合物。吸附原理一般认为是被分离的物质与氧化铝表面的一些羟基相互作用，形成氢键，而铝原子提供一个亲电子中心，吸引电子供体的某些基团，如—OH，—NH_2 等。氧化铝的吸附活性决定于其表面酸度。

（4）羟基磷灰石

羟基磷灰石对蛋白质的吸附原理是溶质分子中的酸性基团与洗脱液中的磷酸根离子，对羟基磷灰石中的钙离子有竞争作用。

（5）聚丙烯酰胺

聚丙烯酰胺属于一类化学合成的极性吸附介质，分子中的酰胺基与被分离物质之间的羟基和羧基可以形成氢键。聚丙烯酰胺的吸附活性决定于其相对分子量、线性结构以及电荷密度。

（五）色谱分离技术

1. 吸附色谱

吸附色谱是利用固定相介质表面的活性基团对不同溶质分子发生吸附作用的强弱不同而进行分离的方法。在吸附层析法中，使用的固定相基质是颗粒状的吸附剂。在吸附剂的表面存在着许多随机分布的吸附位点，这些位点通过范德瓦耳斯力和静电引力与生物分子结合，其结合力的大小与各种生物分子的结构及吸附介质的性质密切相关。

2. 离子交换色谱技术

离子交换是应用合成的离子交换树脂作为吸附剂，将溶液中的物质依靠库仑力吸附在树脂上，然后用合适的洗脱剂将吸附质从树脂上洗脱下来，达到分离、浓缩、提纯的目的。离子交换技术是在以离子交换剂为固定相、以液体为流动相的系统中进行的荷电物质分离技术。离子交换树脂是一种不溶于酸、碱和有机溶剂的固态高分子化合物，它的化学稳定性良好，且具有离子交换能力。其巨大的分子可以分成两部分：一部分是不能移动的、多价的高

分子基团，构成树脂的骨架，使树脂具有上述溶解度和化学稳定的性质；另一部分是可移动的离子，称为活性离子，它在树脂骨架中的进进出出，就发生离子交换现象。活性离子是阳离子的称为阳离子交换树脂，活性离子是阴离子的称为阴离子交换树脂。离子交换剂一般是由基质、电荷基团（或功能基团）和反离子构成。

3. 凝胶色谱技术

凝胶过滤色谱又称尺寸排阻色谱，是利用凝胶粒子（通常称为凝胶过滤介质）为固定相，根据料液中溶质相对分子质量的差别进行分离的液相色谱法。在装填有一定孔径分布的凝胶过滤介质的色谱柱中，料液中相对分子质量大的溶质不能进入到凝胶的细孔中，因而从凝胶间的床层空隙流过；而相对分子质量很小的溶质能够进入到凝胶的细孔中缓慢洗脱，最终按照分子质量的大小差异将发酵产物相互分离。

4. 亲和色谱技术

亲和吸附依靠溶质和树脂之间特殊的化学作用，这不同于依靠范德华力的传统吸附及离子交换静电吸附。亲和吸附具有更高的选择性，吸附剂由载体与配位体两部分组成。载体与配位体之间以共价键或离子键相连，但载体不与溶质反应。相反，被束缚的配位体有选择地与溶质反应，当溶质为大分子时，这种作用将涉及吸附剂上相邻的几个位点，这种作用表示为"钥匙和锁"的机制，大致可分为配基固定化、吸附样品和样品解析三步。

5. 逆流色谱技术

在用很长的软管（如聚四氟乙烯管）绕制成的色谱柱内不加入任何固态支撑体或填料，使用时由使用者根据被分离混合物的理化特征，选择某一种有机/水两相溶剂体系或双水相溶剂体系，此体系可以是二元的或多元的。用此体系的上层或下层作为色谱过程的固定相，首先将其注满管柱内，然后让此管柱作特定的旋转运动，用由此形成的离心力场来支撑柱内的液态相。这时，若用溶剂体系中的另一层作为流动相，带着混合样品由泵的压力推入分离管柱，样品就会穿过两个液相对流的整个管柱空间，各个组分也就会按其在两相中的分配系数分离开来。

（六）膜分离技术

膜分离技术是指利用膜的选择性，以膜的两侧存在一定量的能量差作为推动力，由于溶液中各组分透过膜的迁移速率不同而实现分离。膜分离操作属于速率控制的传质过程，具有设备简单、可在室温或低温下操作、无相变、处理效率高、节能等优点，适用于热敏性的生物工程产物的分离纯化。

二、发酵产品的提取与纯化

（一）结晶技术

结晶是一项重要的化工单元操作，在生物工业中也是一个应用十分广泛的产品提取技术。除了常见的食盐、蔗糖、食品添加剂等产品外，在氨基酸工业、有机酸工业、抗生素工业中，许多产品最终往往是以结晶形式出现的。较好的晶形、适当的晶体粒度和粒度分布将有利于晶体的运输、贮存，并防止运输、贮存过程中晶体产生结块。

结晶的全过程应包括形成过饱和溶液、晶核形成、晶体生长三个阶段。溶液达到过饱和是结晶的前提，过饱和率是结晶的推动力。物质在溶解时一般吸收热量，在结晶时放出热量，称为结晶热。结晶是一个同时有质量和热量传递的过程。

影响结晶生成的因素如下。

1. 过饱和率

过饱和率增加能使成核速率和晶体生长速率增大，而过饱和率对成核速率的影响较晶体生长速率的影响大。当过饱和率达到某一定的值时，成核速率达到最大；当过饱和率越过这个定值时，随着过饱和率继续增加，成核速率反而下降。

2. 黏度

黏度大，溶质分子扩散速率慢，妨碍溶质在晶体表面的定向排列，晶体生长速率与溶液的黏度成反比。

3. 温度

温度升高，可使成核速率和晶体生长速率增快。根据实验，一般成核速率开始随温度而上升，达到最大值后，温度再升高，成核速率反而降低。温度对晶体的大小也影响较大。在较高温度下结晶，实际形成的晶体也较大；在较低温度下结晶，得到的晶体较细小；温度改变过大时，常会导致晶形和结晶水的变化。

4. 搅拌

搅拌能促进成核和扩散，提高晶核长大速率，搅拌可使晶体与母液均匀接触，使晶体长得更大和均匀生长。但当搅拌强度达到一定程度后，再提高搅拌强度效果就不显著，相反还会使晶体破碎。

5. 冷却速率

冷却速率能直接影响晶核的生成和晶体的大小。迅速冷却和剧烈搅拌，能达到的过饱和率较高，有利于大量晶核的生成，而得出的晶体较细小，而且常导致生成针状结构。

6. pH 和等电点

在接近等电点的 pH 条件下所带的阴离子与阳离子相等，两性电解质的发酵产品（溶质）

便形成结晶析出。

7. 晶种

加入晶种能诱导结晶。晶种可以是同种物质或相同晶型的物质。

（二）干燥技术

干燥指利用热能使湿物料中水分气化并排出蒸汽，从而得到较干物料的过程。干燥所采用的设备称为干燥器。干燥的主要目的：一是产品便于包装、贮存和运输；二是许多生物制品在水分含量较低的状态下较为稳定，从而使生物制品有较长的保质期。干燥的应用范围很广，所处理的物料种类多，物料的性质差异大，它几乎是生产所有固态产品的最后一道工序。

1. 对流加热干燥法

此法又称为空气加热干燥法，即空气通过加热器后变为热空气，将热量带给干燥器并传给物料。

（1）气流干燥

气流干燥就是利用热的空气与粉状或粒状的湿物料接触，使水分迅速汽化而获得干燥物料的方法，又称为瞬间干燥或急骤干燥。

（2）沸腾干燥

沸腾干燥是利用热的空气流使孔板上的粉粒状物料呈流化沸腾状态，使水分迅速汽化达到干燥的目的。

（3）喷雾干燥

喷雾干燥原理是利用不同的喷雾器，将悬浮液或黏滞的液体喷成雾状，使其在干燥室中与热空气接触，由于物料呈微粒状，表面积大，蒸发面积大，微粒中水分急速蒸发，在几秒或几十秒内获得干燥，干燥后的粉末状固体则沉降于干燥室底部，由卸料器排出。

2. 接触加热干燥法

接触加热干燥方法又称为加热面传热干燥法。即用某种加热面与物料直接接触，将热量传给物料，使其中的水分汽化蒸发除去。

3. 冷冻升华干燥法

在冷冻干燥过程中，被干燥的产品首先要进行预冻，然后在真空状态下进行升华，使水分直接由冰变成气体而获得干燥。在整个升华阶段，产品必须保持在冻结状态，不然就不能得到性状良好的产品。在产品的预冻阶段，还要掌握合适的预冻温度，如果预冻温度不够低，则产品可能没有完全冻结实，在抽空升华的时候会膨胀起泡；如果预冻的温度太低，不仅会增加不必要的能量消耗，而且对于某些产品会降低冻干后的成活率。

第五节　发酵过程的主要设备

发酵设备是发酵工厂最基本的设备，也是生物技术产品能否实现产业化的关键装置，从发酵工厂生产流程角度可以细分如下发酵过程的主要设备。

一、前处理车间

一个批次的发酵生产进行之前，通常需要一系列的准备工作，包括：原料的运输、粉碎和配制，以及工业菌种的活化及种子扩大培养等。这些工作通常需要原料库、原料预处理车间、配料车间、菌种间及种子扩大培养车间。

（一）原料库

通常发酵工厂需要适量贮存大宗的发酵原料以保证发酵生产的正常进行，发酵工厂都会建立专门的原料库来储藏发酵所需的各种原料。储藏过程中通常需要用到机械输送设备和卸料装备，常用的原料输送设备分为：机械输送设备和气流输送设备。

需要根据输送原料的不同选用不同类型的机械输送设备，并根据储藏量的大小选用合适规格的输送设备。常用的机械输送设备主要有：带式运输机、斗式运输机和螺旋式运输机。气流输送设备分为：吸引式输送和压送式输送。此外，气流输送设备通常还配有装料设备、卸料设备、除尘设备和风机等。

（二）原料预处理车间

用于发酵的原料，除粉料外，一般要对颗粒较大的物料进行粉碎处理以增大其比表面积，方便后续的配料工序。通常粉碎有湿式粉碎和干式粉碎。湿式粉碎是将原料和水一起粉碎，将原料处理成粉浆。干式粉碎则是将原料直接粉碎，通常为避免粉碎时出现粉尘，应配备除尘设备和通风设备。常用的原料粉碎设备有：锤式粉碎机和辊式粉碎机。

（三）配料车间

配料间除了配备上述的输送设备外，还会根据生产规模配备相应的带搅拌装备的配料罐，对于需要预处理的淀粉物料还需要配备用于淀粉液化和糖化的蒸煮罐和糖化罐等装备。

（四）菌种间

工业菌种是发酵的灵魂，因此，工厂菌种间属于发酵工厂的核心车间之一，是发酵工厂进行菌种保藏、菌种选育、菌种复壮、菌种活化和菌种检测的车间，一般需要采取一定的保密和安全措施。通常配备的设备有液氮罐、超低温冰箱、低温冰箱、超净工作台、摇床等常规微生物实验室的设备。

（五）种子扩大车间

在最终进入发酵车间生产之前，通常需要采用多级种子罐实施种子无菌扩大培养，实现由保藏菌种到大规模生产。根据不同菌种的特点，选用不同规格和不同放大级数的种子罐，具体如何选用将在后续发酵放大设计的章节中具体介绍。

当然，也可把菌种间和种子扩大车间从前处理车间中单列出来，以突出其重要性。

二、发酵车间

发酵车间是进行发酵生产的主体车间，其核心装备是发酵罐系统。

发酵罐是现代发酵工程中重要的设备，是微生物进行发酵的重要场所。为使微生物发挥最大的生产效率，现代发酵工程所使用的发酵罐应具有下面重要的特征：发酵罐应有适宜的径高比。罐身较长，氧的利用率较高；发酵罐应能承受一定的压力。因为发酵罐在灭菌和正常工作时，要承受一定的压力（气压和液压）和温度；发酵罐的搅拌通风装置能使气液充分混合，实现传质传热作用，保证微生物发酵过程中所需的溶解氧；发酵罐内应尽量减少死角，避免藏污积垢，保证灭菌彻底，防止染菌；发酵罐应具有足够的冷却面积；搅拌器的轴封要严密，以减少泄漏。

发酵罐的类型较多，主要包括通用式发酵罐、气升式发酵罐、管道式发酵罐、固定化发酵罐、自吸式发酵罐以及伍式发酵罐等类型，以上各种类型的发酵罐可以适应不同发酵类型的应用需要。

（一）通用式发酵罐

通用式发酵罐指带有通气和机械搅拌装置的发酵罐，是工业生产中最常用的发酵罐 其中．机械搅拌的作用是利用机械搅拌器的作用使通入的无菌空气和发酵液充分混合，促使 氧在发酵液中溶解，满足微生物生长繁殖和发酵所需要的氧气，同时强化热量的传递。通气则多用于抗生素、维生素、氨基酸、酶类的生产。

（二）气升式发酵罐

气升式发酵罐是借助气体上升的动力来搅拌的发酵罐。这种流体的上升是通过一种特殊装置导流筒内外流体重度的差异，使其产生静压差，再加上气液喷出时的动能，使流体自导流筒上升，形成向周围环境下降的循环流动。其特点是结构简单，无轴封，不易污染，氧传质效率高，能耗低，安装维修方便，特别适用于耗氧量大和微生物细胞不耐搅拌剪切的发酵类型。

（三）管道式发酵罐

管道式发酵罐是以发酵液的流动代替搅拌作用，依靠液体的流动，实现通气混合与传质等目的。此类发酵装置尚处于试验阶段，对于无菌要求不高或需要光照的发酵类型可试用。

（四）固定化发酵罐

固定化发酵罐是一种在圆筒形的容器中填充固定化微生物进行生物催化反应的装置。其优点是微生物利用率比较高，主要用于特定的微生物催化底物转化产物的发酵类型。此类发酵罐主要有填充床和流化床两种类型。

（五）自吸式发酵罐

自吸式发酵罐是一种不需要空气压缩机提供无菌空气，而是通过高速旋转的转子产生的真空或液体喷射吸气装置吸入空气的发酵罐。这种发酵罐 20 世纪 60 年代由欧美国家研究开发，最初应用于醋酸发酵，取得了良好的效果，醋酸转化率达到 96% ~ 97%，耗电少。随后在国内外的酵母及单细胞蛋白生产、维生素生产及酶制剂等生产中得到了广泛地应用，并取得了很好的效果。

（六）伍式发酵罐

伍式发酵罐的主要部件是套筒、搅拌器。搅拌时液体沿着套筒外上升至液面，然后由套筒内返回罐底，搅拌器是用 6 根弯曲的中空的不锈钢管焊于圆盘上，兼作空气分配器。

无菌空气由空心轴导入，经过搅拌器的空心管吹出，与被搅拌器甩出的液体相混合，发酵液在套筒外侧上升，由套筒内部下降，形成循环。这种发酵罐多应用于纸浆废液发酵生产酵母等发酵类型。设备的缺点是结构复杂，清洗筒套较困难，且消耗功率较高。

三、后处理车间

（一） 固液分离车间

发酵结束后，需要对产品进行分离提取，无论目标产物是胞内产物还是胞外产物，通常第一步都是对发酵培养物进行固液分离。通常在固液分离之前要对发酵液进行预处理，添加絮凝剂，调节发酵 pH 等改变其物理特性，以方便后续处理。一般固液分离的手段是过滤或离心。常用的过滤设备有真空抽滤、板框压滤机、真空转鼓过滤机及膜分离装备等。离心设备包括卧式离心机、螺旋式离心机等低速离心机，以及连续流离心分离机等。

（二） 粗提车间

粗提车间的目的是尽可能快地获得更多的目标产物，由于提取手段可能比较粗放，通常所得产物含有比较多的杂质。对于胞内产物的提取，一般分为干法和湿法提取，对于湿法提取，一般是在固液分离之后进行细胞破碎，主要用到的方法和设备有：高压匀浆破碎法、高速球磨法和超声破碎法等设备提取，以及酸热法、化学渗透法、生物酶溶法等方法提取；而对于干法提取，则需要对固液分离后的湿菌体进行干燥，通常所用的干燥设备包括：流化干燥床（流化床干燥器）、大型真空干燥箱、旋转式干燥床等。然后对干燥的菌体进行粉碎，主要用到的粉碎设备与前处理中提到的原料粉碎设备相似。通常粉碎后的物料投入提取罐，并采用溶剂提取。

对于胞外产物的提取可在固液分离之后，对滤液部分作进一步处理，滤液粗提主要涉及盐析沉淀或浓缩、萃取等提取过程，通常要用到盐析罐、真空浓缩装置、萃取塔等装备。

（三） 精制车间

经过粗提的产品已除去了大量的杂质，但仍需要进一步精制，才能达到目标产品的原料质量要求。常用的精制技术有层析分离技术、膜分离技术、结晶技术和干燥技术等，通常要用到层析柱系统、膜分离系统、结晶罐及干燥设备等。

（四） 成品包装及质检车间

产品经过提纯精制以后，如果是原料产品就可以进行成品包装，经过质检环节后就成为合格的产品。若要作为药物原料或其中间体产品，则需要将已精制的原料送入精烘包，在高洁净度的区域进行重新溶解、结晶分离并干燥、粉碎制成达标的药物原料或其中间体产品。

（五） 三废处理车间

在整个发酵生产过程中，可能伴随一些三废的产生。其中，废气较少，主要有含尘废气和有机废气。含尘废气主要来自原料粉碎及锅炉烟气等，采用机械除尘、洗涤和过滤除尘达标后即可排放。有机废气主要在产品发酵、提取等过程中，多数为烃类、醇类等，其处理方法主要有：燃烧法、吸附法、吸收法、冷凝法和催化转化法。主要为蒸汽等，经过简单的装置处理就能达标排放，而溶剂则严格回收。发酵过程中产生的废渣主要来自菌体，属于安全无毒的高蛋白原料，可开发成为饲料或饲料添加剂。而发酵过程产生的废水则要经过专门的废水处理系统处理，达到相应的排放标准后才能排放。

四、公用车间

锅炉及蒸汽系统：在发酵罐及其附属设备使用过程中需要采用湿热灭菌，因此，需要锅炉及配套管路进行灭菌。蒸汽锅炉按照不同的特点有不同的分类，但在实际应用中，一般根据产能选取蒸汽量和蒸汽压合适的型号。同时，在选择合适型号锅炉的基础上选择合适的管道设备。

（一）配电系统

配电设备也是整个发酵工厂的重点，要保证稳定可靠的供电，同时要有一定的系统冗余应对停电等突发事件，发酵工厂一般采用双回路供电以防停电带来的影响。

（二）控制系统

控制系统主要针对发酵车间而言，采用中央控制系统，通常配备各种传感器。通过该系统实现对发酵过程中各参数的检测及调控，实时监测发酵过程，对于发酵异常现象实现早发现早处理。

（三）无菌空气系统

在好氧发酵过程中需要大量的无菌空气，因此，需要合适的无菌空气系统，提供发酵所需的无菌空气。空气过滤除菌是发酵工业生产中最常用、最经济的空气除菌方法。过滤除菌是采用灭菌的过滤介质来阻截流过该介质的空气所含有的所有微生物，从而取得无菌空气。

（四）供水系统

生产过程的用水包括饮用水、纯化水及注射用水等。其中，饮用水通常为自来水和天然水（井水、深井水、池水、江水、河水、湖水），水质应符合国家标准《生活饮用水卫生标准》。纯化水为饮用水经蒸馏或离子交换、反渗透等方法，其水质应符合《中华人民共和国药典》纯化水项下的各项要求。注射用水为纯水经蒸馏法制得，其水质应符合《中华人民共和国药典》注射用水项下规定的各项要求。

在整个生产过程中，需要大量的水，包括冷却水循环系统，因此，需要完善的供水系统。

五、其他设备

此外，工厂还应该配备安全防爆装备及应对突发事件的装备，确保安全生产。

思考题

①不同发酵产物的生成量如何测定？如何确定其发酵终点？

②讨论分批发酵、连续发酵和补料分批发酵的优缺点，并分析其应用场景。

③描述发酵过程的基本步骤，并解释每个步骤的关键因素。

④分析发酵液的特性，并讨论其对发酵过程的影响。

⑤请结合具体发酵产品，探讨其发酵工艺过程及关键控制点。

⑥请举例说明发酵动力学在实际生产中的应用。

第五章 传统发酵食品

第一节 酒精

一、淀粉质原料的糖化

酒精生产中常用的双酶法液化、糖化工艺（以玉米原料为例）如图5-1所示。

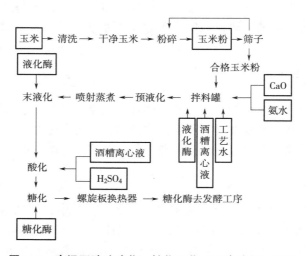

图5-1 高温双酶法液化、糖化工艺（两步液化）流程

该工艺中液化酶分两步加入，第一步是先加1/3的液化酶至拌料罐，目的是先降低醪液的黏度，以利于液化醪的喷射蒸煮；第二步加入2/3的液化酶至末液化罐。

液化醪经酸化后（pH 4.5）送入糖化罐，加入糖化酶糖化1 h（糖化醪的DE值为35%），送发酵工序。

二、酒精发酵工艺

我国传统酒精生产多采用间歇式发酵法，从发酵的外观现象可以将其分为前发酵、主发酵和后发酵三个阶段。前发酵期（约10 h）为酵母菌繁殖期，主发酵期（约12 h）酵母菌基本上停止繁殖，主要进行酒精发酵作用，后发酵期（约40 h）醪液中的糖分大部分已被酵母菌消耗掉，发酵作用十分缓慢。发酵过程中的冷却采用罐外淋水冷却、罐内蛇管冷却。发酵过程中一般不通风，发酵罐放空后，一般需清洗、杀菌。这种方式存在着发酵设备数量较多、占地面积大、冷却用水多及操作复杂等缺点。

近年来，酒精发酵罐从40~120 m³逐渐发展到500 m³以上，最大容积已突破4200 m³。发酵过程中多采用螺旋板式热交换器作冷却设备，减少了设备内部的死角，更有利于清洗杀菌。酒精大罐发酵分为间歇发酵和连续发酵两种。酒精大罐间歇发酵工艺流程如图 5-2 所示。

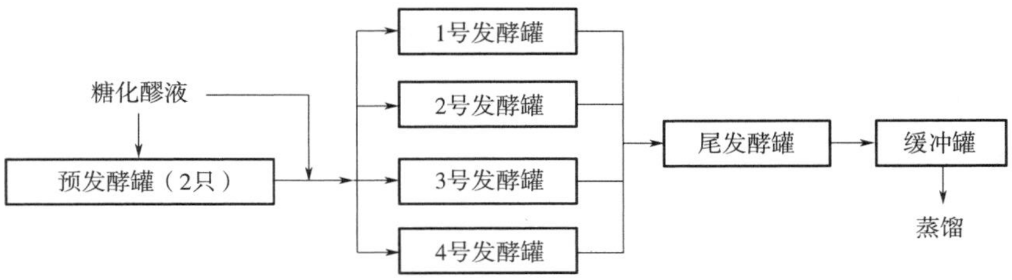

图 5-2 酒精大罐间歇发酵工艺流程

间歇发酵流程中，预发酵罐相当于传统工艺中的大酒母罐。2 个预发酵罐交替使用；在预发酵罐中补充营养盐，供给无菌空气。

大罐连续发酵工艺流程如图 5-3 所示。

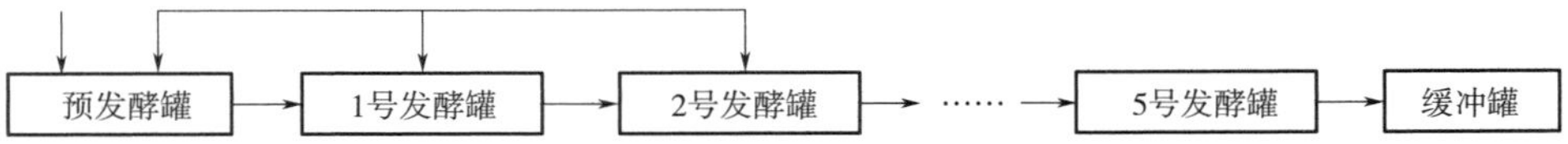

图 5-3 酒精大罐连续发酵工艺流程

连续发酵流程中，预发酵罐实质上是种子罐，它为 1 号发酵罐提供良好的菌种，糖化醪在 1 号发酵罐流加，也可在 1 号、2 号发酵罐都流加。为了保证酵母的正常增殖，在预发酵罐加入营养盐并定期加入杀菌剂，在预发酵罐、1 号发酵罐（有时也在 2 号发酵罐）供给无菌空气。酒精大罐连续发酵时间可持续 60 天以上，淀粉出酒率为 53%～54%，产量也有大幅度提高。

影响酒精大罐发酵的主要因素如下。

（一）进醪速度（流加速度）

在间歇发酵中，传统工艺接种量要求为 8%～10%，而大罐酒精发酵则要求接种量为 20%～25%，糖化醪液要求自接种后 8～10 h 内加完。在连续发酵过程中，要求进入各罐的醪液糖分基本上等于被酵母消耗的糖分与流出的糖分之和；发酵阶段，新增殖的酵母细胞数加上由上一罐流入的酵母细胞数等于流入下一罐的细胞数，新增殖的酵母细胞数取决于发酵醪营养物质的多少，营养物质的多少又取决于进、出料速度，所以控制进、出料速度就可以控制营养成分进而控制酵母细胞数。

由于发酵罐容积的不同，因此不可能制定统一的流加速度，为了方便控制，通常采用“稀释率”指标。所谓稀释率是指流加速度与流加罐总容积之比。如式（5-1）所示：

$$D=\frac{q_v}{V} \tag{5-1}$$

式中：D——稀释率，h^{-1}；

q_v——流加速度，m^3/h；

V——流加罐总容积，m^3。

实践表明，稀释率 D 一般控制在 $0.035\sim0.045\ h^{-1}$ 为宜。在此范围内，流加罐的酵母细胞数可控制在（$0.7\sim1.5$）亿/mL，稀释率太大，即使酵母菌繁殖快，酵母也来不及积累而被冲流带走，不能保持相对的稳定状态。为了保证稀释率，通常采用大罐双流或三流加法，即选择在 1 号发酵罐、2 号发酵罐，或预发酵罐、1 号发酵罐、2 号发酵罐都流加糖液。实践表明，效果较为合理。

（二）糖液的浓度

酒精发酵要求在一定浓度的糖液中进行。糖液浓度的高低直接影响到生产成绩。浓度稀有利于酵母的代谢活动，提高出酒率；浓醪发酵，则有利于提高设备利用率，增加产量，节省水、电、汽，降低生产成本。因此，大罐连续发酵的浓度需控制在一定范围内，通常控制糖液浓度以保持成熟醪酒精含量为 9%（体积分数）左右。

（三）发酵温度

发酵温度控制与发酵成绩关系密切。一般预发酵罐温度控制为 $30\sim32℃$，主发酵罐温度控制为 $32\sim35℃$。如采用耐高温酵母，预发酵罐温度控制为 $33℃$，主发酵罐温度控制为 $33\sim37℃$。

（四）发酵时间

一般地，糖蜜原料生产酒精发酵时间为 $24\sim34\ h$，淀粉质原料生产酒精发酵时间需要 $55\sim65\ h$。发酵时间太长或太短均不利于生产。为了缩短淀粉质原料酒精发酵时间，可适当提高蒸煮糊化醪的糖化率。

（五）发酵醪的滞流和滑漏

在间歇发酵中，不存在发酵的滞流和滑漏，但在连续发酵中，由于醪液始终处于流动状态，因此就要求醪液"依次"先进先出，防止滞流和滑漏的发生。为了防止滞流和滑漏的发生，可在罐内安装折流挡板，在大罐发酵中，则应以螺旋板式热交换器代替罐内冷却盘管，以减少滞流的发生，同时在发酵罐的进料处安装搅拌器，使新进醪液与原醪液混合充分，在出料口通入无菌空气，其作用一是激活酵母，二是对醪液充分搅拌混匀。

三、发酵成熟醪的蒸馏

发酵醪液中除乙醇外还有 50 多种挥发性杂质，蒸馏是利用液体混合物中各组分挥发性的不同而分离组分的方法。粗馏的结果是得到粗酒精，所用的设备称醪塔，也称粗馏塔。除去粗酒精中杂质，进一步提高酒精浓度的过程则称为精馏，所用的设备称为精馏塔。

发酵成熟醪中还含有不挥发性杂质。甘油、琥珀酸、乳酸、脂肪酸、无机盐类、酵母以及其他各种夹杂物，如不发酵性糖、植物体中的皮壳和纤维等。不挥发性杂质在醪塔的底部排出，称为废糟或酒糟，其中干物质的含量，随原料与加工工艺的不同而异，一般为 $5\%\sim7\%$。

多塔差压蒸馏是目前酒精企业生产优质中性酒精（食用酒精）的主流蒸馏系统，如六塔差压蒸馏设备流程中有粗馏塔、浓缩塔、纯化塔、精馏塔、杂酒塔、脱甲醇塔。从脱甲醇塔底抽吸出的 96%（体积分数）酒精达到国家优级食用酒精标准。

第五章 传统发酵食品

四、燃料酒精的生产

燃料酒精为无水乙醇，以一定比例添加到汽油或柴油中，可作为混合燃料使用。与食用酒精比较，燃料酒精不需要将杂质彻底清除，酒精蒸馏系统的蒸馏板数较少，并添加了脱水设备，用蒸馏得到的95%（体积分数）的酒精生产无水乙醇。常用的脱水方法有以下两种。

（一）分子筛乙醇脱水技术

分子筛是人工合成的沸石，其最重要的特性是具有强吸附能力。依据其孔径大小的不同，它们能够快速或缓慢地、有选择性地吸附或者根本不吸附，这就是所谓的"分子筛"效应——选择性吸附某种特定大小的分子而不吸附较大的分子。

在无水乙醇生产中使用的分子筛规格为0.3 nm级的合成沸石（内部孔径为0.3 nm）。水分子的直径为0.28 nm，能够进入分子筛空心小球的内部，并被吸附在其上；而乙醇分子直径为0.4 nm不能进入孔内，就从外面流出，直接通过分子筛塔而不被吸附。

（二）玉米粉乙醇吸附脱水技术

来自精馏塔或浓缩塔的高于95%（体积分数）的酒精蒸气从玉米粉吸水塔通过，玉米粉吸附水过多失效后，用干燥空气、氮气或 CO_2 吹干再生。玉米粉在塔中吸水、再生连续可使用90天以上。

用通过20目筛的干燥玉米粉作吸附剂，只造成较低的压力降，因此可以和酒精浓缩塔相连，工作较方便。玉米粉用过一段时间后可用于酒精发酵，玉米粉物料来源和质量稳定，可综合利用并节能。

第二节 浓香型白酒

浓香型白酒定义为：以粮谷为原料，经传统固态法发酵、蒸馏、陈酿、勾兑而成的，未添加食用酒精及非白酒发酵产生的呈香味物质，具有以己酸乙酯为主体复合香的白酒。

一、浓香型生产工艺的基本特点

浓香型大曲酒的酒体特征体现为窖香浓郁，绵软甘冽，香味协调，尾净悠长。

浓香型大曲酒酿造工艺的基本特点为：以高粱为制酒原料，以优质小麦、大麦和豌豆等为制曲原料制得中、高温曲，泥窖固态发酵，续糟配料，混蒸混烧，量质摘酒，原酒贮存，精心勾兑。其中最能体现浓香型大曲酒酿造工艺独特之处的是"泥窖固态发酵，续糟配料，混蒸混烧"。

所谓"泥窖"，即用泥料制作而成的窖池。就其在浓香型大曲酒生产中所起的作用而言，除了作为蓄积酒醅进行发酵的容器外，泥窖还与浓香型大曲酒中各种呈香呈味物质的生成密切相关。因而泥窖固态发酵是浓香型大曲酒酿造工艺的特点之一。

不同香型大曲酒在生产中采用的配料方法不尽相同，浓香型大曲酒生产工艺中则采用续糟配料。所谓续糟配料，就是在原出窖糟醅中，投入一定数量的新酿酒原料和一定数量的填充辅料，拌和均匀进行蒸煮。每轮发酵结束，均如此操作。这样，一个发酵池内的发酵糟醅，

95

既添入一部分新料、排出部分旧料，又使得一部分旧糟醅得以循环使用，形成浓香型大曲酒特有的"万年糟"。这样的配料方法，是浓香型大曲酒酿造工艺特点之二。

所谓混蒸混烧，是指在要进行蒸馏取酒的糟醅中按比例加入原辅料，通过人工操作将物料装入甑桶，先缓火蒸馏取酒，后加大火力进一步糊化原料。在同一蒸馏甑桶内，采取先以取酒为主，后以蒸粮为主的工艺方法，这是浓香型大曲酒酿造工艺特点之三。

浓香型大曲酒生产过程中，还必须重视"稳、准、细、净、匀、透、适、低"的八字诀。

稳：指入窖、转排配料要稳当，切忌大起大落。

准：指出窖、配料、打浆水、看温度、加曲等在计量上要准确。

细：凡各种酿酒操作及设备使用等，一定要细致而不粗心。

净：指酿酒生产场地、各种工用器具、设备乃至于糟醅、原料、辅料、大曲、生产用水都要清洁干净。

匀：指在操作上，拌和糟醅，物料上甑，泼打量水，摊晾下曲，入窖温度等均要做到均匀一致。

透：指在润粮过程中，原料高粱要充分吸水润透；高粱在蒸煮糊化过程中要熟透。

适：指糠壳用量、水分、酸度、淀粉浓度、大曲加量等入窖条件，都要做到适宜于与酿酒有关的各种微生物的正常繁殖生长，这才有利于糖化，发酵。

低：指填充辅料、量水尽量低限使用；入窖糟醅，尽量做到低温入窖，缓慢发酵。

白酒发酵过程中，主要有三个发酵阶段：

（一）主发酵期

在封窖后几天的时间里，由于好氧性微生物的有氧呼吸，产生大量的二氧化碳，同时糟醅逐渐升温，温度应缓慢上升。当窖内氧气耗尽，窖内糟醅在无氧条件下进行酒精发酵，窖内温度逐渐升至最高，而且能稳定一段时间后，再开始缓慢下降。

这一阶段，一般由封窖后 6~10 天后达到最大温度，夏季气温高，入池温度高，窖内微生物繁殖加快，糖化和发酵同时进行，且霉菌糖化作用快，升温快；冬季由于入池温度较低，地温等条件影响，通常在封窖后 8~12 天达到顶火温度，窖内品温升温缓慢，通常在封窖后第 3 天开始缓慢升温。

（二）生酸期

在这一阶段内除生产酒精、糖等物质外，还生成大量的有机酸。在窖内产生的有机酸主要是乙酸和乳酸，也有丁酸和己酸。在生酸期阶段内窖内糟醅品温基本保持不变，窖内糖化作用产生的糖与酵母维持生活所需的糖量基本达到一致，随着时间的推移，发酵作用基本停止，酵母逐渐衰老死亡，细菌等其他微生物生长占据优势，此时酒精含量、酸度、淀粉等变化不大。

（三）酯化期（产香味期）

酯化期是在发酵基本结束，窖泥糟醅品温逐渐下降，同时产生大量的有机酸，与酒精在酯化酶的作用下，生产以浓香型白酒主体香己酸乙酯为主的香味物质。糟醅内所含的香味物质成分较多，酯类物质的多少对产品质量影响极大。酯化期内，酯类物质的生成速度比较缓慢，且同时要消耗大量的酸和酒精。

在酯化期主要生成己酸乙酯、乙酸乙酯、乳酸乙酯、丁酸乙酯等酯类物质，此外还伴随着生成一些其他的香味物质，如芳香类香味物质。

二、浓香型生产工艺的基本类型

浓香型在发酵过程中，各地方由于自然因素发生了许多变化，各酒厂根据自身的条件对浓香型酒酿酒工艺进行了调整，可划分为原窖法、跑窖法、老五甑法三种糟醅入窖工艺类型。

（一）原窖法工艺

原窖法工艺又称原窖分层堆糟法。

此工艺操作方法为：本窖发酵糟除底糟、面糟外，各层糟醅混合使用，加原辅料、蒸馏取酒、蒸煮糊化、打量水、摊晾拌曲后仍然放回到原来的窖池内密封发酵。发酵完毕后，将出窖糟逐层起运至堆糟坝按层堆放，上层糟（黄水线以上）取完后进行滴窖操作，滴窖完成后再取出下层糟。具体堆糟方法是：面糟、底糟单独堆放，上、下层糟按取出顺序逐层往上堆放。

原窖法工艺的优点：

①粮糟的入窖条件基本一致，甑与甑之间产酒质量比较稳定。

②粮、糠、水等配料，甑与甑间的量比关系保持相对稳定，有规律性，易于掌握，入窖糟的酸度、淀粉浓度、水分基本一致。

③微生物长期生活在一个基本相同的环境里，有利于微生物的驯化和发酵。

④开窖后可以对出窖糟和黄水的情况进行充分的鉴定和分析，有利于总结经验与制订改进措施。

缺点是操作上劳动强度大，出窖糟酒精易挥发损失，不利于分层蒸馏。

（二）跑窖法工艺

跑窖法工艺又称跑窖分层蒸馏法工艺。

此工艺操作方法为：在生产时先有一个空着的窖池，然后把另一个窖内已经发酵完成后的糟醅取出，通过加原辅料、蒸馏取酒、糊化、打量水、摊晾拌曲后装入预先准备好的空窖池中，而不再将原来的发酵糟装回原窖。全部发酵糟蒸馏完毕后，这个窖池就成一个空窖，而原来的空窖则装满了入窖糟，再密封发酵。跑窖法工艺没有堆糟坝，窖内发酵糟逐甑取出分层蒸馏。

跑窖法工艺的优点：

①上轮上层糟醅成为下轮的下层糟醅，上轮下层糟醅成为下轮的上层糟醅，有利于调整糟醅的水分和酸度，有利于有机酸的充分利用，从而提高酒质。

②操作上劳动强度较小，运一甑蒸一甑，糟醅中香味成分挥发损失小。

③便于采取分层蒸馏，分级并坛等提高酒质的措施。

缺点是：班组窖池大小（甑口数）要求一致；甑与甑之间糟醅的酸度和水分差异较大，给操作、配料带来了一定的困难。

（三）老五甑法工艺

老五甑法工艺以苏、鲁、皖、豫一带酿酒为代表。

此工艺操作方法为：在正常情况下，窖内有四甑糟醅，出窖后加入新的原辅料分成五甑糟醅进行蒸馏。五甑糟醅中有四甑糟醅继续入窖发酵，其中一甑糟醅不加新原料，称为回糟；另一甑糟醅是上轮的回糟经发酵、蒸馏后所得，不再入窖发酵，称为丢糟。

老五甑法工艺的优点：

①窖池小，甑口少，糟醅与窖泥接触面积大，有利于培养糟醅风格，提高酒质。

②甑桶大，投粮量多，产量大，劳动生产率高。

③原料粉碎较粗，辅料糠壳用量小。

④不用打黄水坑进行滴窖。

⑤一天起一个窖，一班人蒸馏完成，有利于班组考核，如果生产上出现了差错也容易查找原因。

缺点是：出窖糟含水量大（一般在 62% 左右），配料拌和后，含水量为 53% 左右，不利于己酸乙酯等醇溶性呈香呈味物质的提取，而乳酸乙酯等水溶性呈香呈味物质易于馏出，对酒质有一定的影响。

上述工艺的采用，应根据各自不同的条件，灵活使用，不拘于形式。

三、浓香型生产工艺操作流程及要点

（一）工艺流程

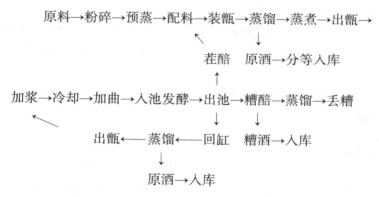

（二）操作要点

1. 酿酒用原料

一般酿制优质白酒，如浓香型大曲酒，多以高粱为主，近年来一些厂适量搭配大米、糯米、小麦、玉米等粮食作为酿制优质曲酒的原料，称为"五粮"或称"多粮"原料。

酿酒用原料要求新鲜，无霉变和杂质，淀粉含量较高。蛋白质和单宁含量适当，脂肪和果胶质含量要低，不得有超量的危害物质，粒粒饱满，较高的千粒重，水分含量在 14% 以下。主要原料成分见表 5-1。

表 5-1 白酒主要粮食原料成分

原料名称	水分/%	淀粉/%	粗蛋白/%	粗脂肪/%
高粱	11~13	56~64	7~12	1.6~4.3
玉米	11~17	62~70	10~12	2.7~5.3

续表

原料名称	水分/%	淀粉/%	粗蛋白/%	粗脂肪/%
大米	12~13	72~74	7~9	0.1~0.3
小麦	9~14	60~74	8~12	1.7~4.0
大麦	11~12	61~62	11~12	1.9~2.8

（1）高粱

高粱按黏性分为粳高粱、糯高粱两类。糯高粱几乎全含支链淀粉，结构较疏松，淀粉出酒率较高，高粱壳中的单宁含量在2%以上。微量的单宁及花青素等色素成分，经蒸煮和发酵后，其衍生物为香兰酸等酚类化合物，能赋予白酒特殊的芳香；但过量的单宁，则能抑制酵母发酵，并在开大气蒸馏时带入酒中，呈现涩味。

高粱蒸料后疏松适度，黏而不糊适于酿制优质白酒，现时普遍使用的杂交高粱比传统使用的糯高粱多含直链淀粉不易蒸煮糊化，吸水慢，产酒带涩味，在生产工艺措施上除增加量水、使用热水浆外，还要保证较长的润粮时间（70~75 min）、较长的蒸煮时间（70 min 以上）。在解决涩味上，有的厂加15%~20%米粉，有较明显减尾增香作用。

（2）大米

大米是稻谷的籽实，有粳米和糯米。粳米中又有黏度介于糯米之间的优质粳米和籼米之分。各种大米均有早熟和晚熟之分，一般晚熟稻谷的大米蒸煮后较软、较黏。大米的淀粉含量较高，蛋白质和脂肪含量较少。白曲可在大米培养基上能良好地生长、繁殖与代谢，这说明白曲对大米的分解利用能力强。配料中加入大米，对增强酒的芝麻香风味及提高出酒率都有益处。大米在混蒸混烧的酒酿造中，可将米饭的香味成分带至酒中，使酒质爽净。

（3）玉米

玉米有黄玉米和白玉米、糯玉米和粳玉米之分。通常黄玉米的淀粉含量高于白玉米。玉米的胚芽中含有大量的脂肪，若利用带有胚芽的玉米制白酒，则酒醅发酵时升酸快，升酸幅度大，且脂肪氧化形成的异味成分带入酒中会影响酒质，故用于制白酒的玉米最好是脱去胚芽。因淀粉颗粒形状不规则，呈玻璃状的组织状态，结构紧密，质地坚硬，难以蒸煮。玉米中含有较多的植酸，可发酵为环己醇及磷酸，磷酸可促进甘油（丙三醇）等多元醇的形成，使酒体较为醇甜。

（4）小麦

小麦含有丰富淀粉及蛋白质，含氨基酸20多种，维生素含量丰富，黏着力较强，是各类酿酒微生物生长繁殖、代谢活动的优良天然物质基础。小麦中的碳水化合物，除淀粉外，还有少量的蔗糖、葡萄糖、果糖等（其含量为2%~4%），以及2%~3%的糊精。酿造过程中加入小麦，不仅可以补充酒醅碳源，还可以提高发酵原料中氮源比例，小麦蛋白质含量较高，以麦胶蛋白和麦谷蛋白为主，麦胶蛋白中以氨基酸为多。这为美拉德反应提供了物质基础，通过发酵形成香味成分。

（5）大麦

皮多性质疏松，微生物生长繁殖快，产生酒冲辣，它发酵时水分热量易散失，微生物不能充分繁殖，发酵时产生杂醇较多，生酸多，有杂味，所以不适宜单独酿酒，多用以搭配其他原料制酒。

总之，各种不同的原料对酒质会带来的影响，经生产实践概括为"高粱香，玉米甜，大米净，糯米绵，大麦糙（冲）"。

五粮液酒厂多年实践不断改进原料配方现为：糯高粱 36%，大米 22%，糯米 18%，小麦 16%，玉米 8%，产生酒醇厚绵甜，与多种粮食搭配酿酒有关。

洋河酒厂从单用高粱原料改为目前多粮原料：高粱 45%，大米 20%，糯米 15%，小麦 12%，玉米 8%。

2. 原辅料的处理

（1）原粮粉碎

酿制浓香型曲酒的原料质量要求是，颗粒饱满、新鲜，无霉变，无异杂味、无杂质，干燥，其含水量应低于 13%，淀粉含量应在 62% 以上。高粱分为梗高粱和糯高粱，因为糯高粱的支链淀粉含量高，黏性大，易于糊化，磷的含量也高，所以出率高且酒质好，糯高粱是最好的酿酒原料。另外，酿酒原料要进行粉碎，其目的是要增加原料受热面，有利于淀粉颗粒吸水膨胀、糊化，并增加粮粉与酶的接触面，为糖化发酵创造良好的条件；有利于在蒸煮过程中排出原粮带来的邪杂味，有利于原粮灭菌。

原粮粉碎度要适当，过粗蒸煮糊化不透彻，将许多可利用的淀粉残留在酒糟里，造成出酒率低；过细，虽然易蒸熟，但蒸馏时易压气，酒醅发黏，辅料用量增加，给成品酒带来不良影响。

（2）辅料及大曲

辅料使用稻壳，稻壳是酿造浓香型大曲酒的优良填充剂，要求粒粗，但稻壳中含有果胶质、多缩戊醇等物质，在发酵过程中能产生甲醇、糠醛等有害物质，因此要求对稻壳清蒸，使用原则是熟糠拌料，适当用糠；对辅料质量的要求是新鲜、干燥、无霉变，无异杂味。

大曲既是糖化剂又是发酵剂，粉碎要粗细适中，以未通过 20 目筛的颗粒占 70% 为宜，严格按照生产调度执行。如果粉碎过细，曲中微生物和酶在糊化后的淀粉接触面过大，糖化发酵速度加快，但持续能力不足，没有后劲；如果过粗，接触面小，微生物和酶没有充分利用，糖化发酵迟缓，影响出酒率。

粉碎后的大曲要妥善保管，防止日晒雨淋，也要防潮，否则会霉烂变质，酶的活力会减弱甚至消失；大曲储存期不宜太久；不宜过早粉碎。

3. 揭窖出窖

（1）揭窖

揭窖皮泥，把盖窖的塑料布及四周的泥揭去，把泥倒入和泥池中。操作方法是用铁锨把窖皮泥划成 20 cm×20 cm 的小方块，用手一块一块揭起，擦掉泥上粘住的酒醅，然后把泥运到和泥池中。

（2）出窖

把要丢掉的酒醅运到甑桶附近，炒拌以后再上甑；出窖时必须要做到分层出窖，杜绝把酒醅混入大茬酒醅中，并要注意保护窖底，窖壁上的发酵泥，出清后要对池口周围及出窖路线掉下的酒醅清理干净。窖子出清后要严格按照池口保养工序标准进行池口保养，确保窖泥营养充分，水分充足。

4. 打扫保养

"养窖、护窖"是防止窖泥退化的重要手段，也是保证窖泥长期稳定和优质高产的条件。窖池保养是指对清扫后的窖池进行的保养、维护，其目的是给窖池内微生物提供营养源，促进微生物新陈代谢和生长繁殖，提高产酯产酸能力，有利于提供原酒的香味浓度和复合感。不论是新老窖池，都应重视正常保养。

①酒醅出清后，先用铁锨轻轻地刮去附在窖壁和窖底上残醅，再用软扫帚轻轻打扫窖壁窖底，用力不宜过大，防止损坏窖壁。

②用铁锨铲去窖池上部分黑斑和霉斑，用手或小扫帚剔除附着在窖壁凹陷处的残醅，确保池口四周、窖底窖壁五残醅，窖壁上无黑斑、霉斑。

③可以用热水对窖池四周进行喷洒，以杀灭杂菌、保护窖池。

④清扫后，用自配的低度酒 5~15 kg，酒度为 8%~12%（体积分数）用喷壶喷洒由上而下地向窖壁喷洒，完毕后，向窖壁、窖底用手撒曲粉 2~3kg，要抛洒均匀。保养后，用塑料布从上部盖好，防止窖池水分蒸发及防止杂菌入侵。

⑤必要时可进行复式保养，即每桶大叉入池后都进行标准化保养。

⑥检查黄水坛中是否有残醅，黄水管是否摆正或未放，错误立即纠正，最后打扫出窖线路。

⑦严格控制入池水分和酸度，防止窖泥干燥和酸度过大，以免影响窖泥微生物的生长。

⑧做好夏季加大曲粉培养窖池的工作。每年夏季高温季节，加适量大曲粉于窖底、摊匀，深翻池底 25~30 cm，把曲、土掺拌均匀，但不能翻动池底防水层。另加入酒糟或有机质、黄浆水、底锅水等，调节 pH，使水超过池底土面 30~40 cm，进行发酵。并经常翻拌池底，使其发酵旺盛，经 30~40 天后，池内的水逐渐耗完，池泥接近优质老窖泥，再添加部分大曲粉，均撒入池底，拌匀，取出部分池底泥调黏后，涂于池壁，砸平池底，即可投产。这是窖泥保养的有效方法。

强化的方针是针对窖泥退化的原因进行补缺和调整。老化窖泥在池壁会起碱斑，出现白色晶体，池壁板结，坚硬等。可以在生产过程中，对空窖的窖壁和窖底，喷洒所缺的营养液和己酸菌培养液，连续喷洒几排，窖泥会明显好转，泥质变软，色泽呈浅灰色，带有酯香味，pH 上升，氮、磷、钾有所增加，己酸菌活菌数可提高 3~4 倍，酒内己酸乙酯含量提高 50%~100%。基本上能恢复正常，不必更换窖泥，就能继续生产使用。把已经退化的窖池采取某些措施，重新恢复它的微生物活性，就是窖泥的强化。

⑨封泥后必须每天整理，避免窖池出现裂口和霉变现象；踩窖池时，窖边要脚印套脚印，紧贴窖边踩平踩实。

5. 配料与润粮

在发酵好的酒醅中投入原料、辅料进行混合蒸煮，出甑后，鼓风冷却拌曲，入窖发酵。因为是连续、循环使用，所以在工艺上称作续茬配料。配料要根据季节变化，投料量多少，甑桶大小而定；我们生产的粮醅比要控制在 1∶4.5~1∶5 为宜；辅料的多少，根据投料量的多少及酒醅水分的大小而定；正常辅料用量为每甑投料淀粉量的 22%~30%。浆水使用量也是根据季节、原料、酒醅现状来确定，正常浆水使用量为原料量的 90%~100%，保证入池饭醅含水量在 56%~58%，才能使饭醅正常发酵。

在蒸酒蒸粮前 50~60 min，要将一定数量的发酵糟醅和原料按比例充分拌和，盖上熟糠，堆积润粮。润粮可使淀粉能够充分吸收糟醅中的水分，以利于淀粉糊化。在装甑前 10~15 min 进行第二次拌和，将稻壳拌匀，收堆，准备上甑。配料时，切忌原粮与稻壳同时混入，以免原粮装入稻壳内，拌和不匀，不易糊化。拌和时要低翻快拌，以减少酒精挥发。

另外，在配料中加入稻壳，可使酒醅疏松，保持一定的空隙，为发酵和蒸馏创造较好的条件。另外也能起到稀释淀粉浓度、冲淡酸度、吸收酒精分、保持浆水的作用。一般稻壳用量占粮的 20%~22%，尽管稻壳经过清蒸半小时的处理，但邪杂味仍除不尽，还是要带入酒中，故应通过加强"滴窖降水"，进行"增醅减糠（稻壳）"来提高产品质量。

6. 装甑

在蒸馏前，要把酒醅、原料、稻壳三者按比例进行依次充分均匀拌和，要求炒拌两到三遍，做到疏松，使上甑前醅料均匀，疏松，无蛋团；炒拌结束后，对没上甑的醅料，要收拢成形，四周收紧，清扫干净，并在上面放入适量稻壳，严密覆盖。要求对每一桶醅料的数量要准确，上下不能超出正负 10 kg，保证配料准确，过多，过少都会影响糊化、发酵、产量质量，因此在拌料前要求出窖，配料必须准确无误，认真细致操作。

固态法白酒生产是通过人工操作把醅料一锨一锨地装入甑桶内进行蒸馏提酒，因此员工装甑操作技术的熟练程度，直接影响到酒醅中成分的分离浓缩和酒的质量。

在即将上甑前，要检查底锅水是否加够，水是否清洁卫生；蒸馏器具，包括甑桶、甑裂是否清洁卫生，通常要用清水彻底清洗后再倒酒梢子，在甑裂上撒上一层熟壳后，在甑裂上均匀撒越 10 cm 左右的酒醅，然后调节气压，等待底锅水沸腾后开始上甑。

上甑操作的基本方法：将醅料用锨轻轻地装入甑桶内，身体下身紧贴甑桶，将醅料轻轻地、均匀地铺撒于甑内，先里面后外面，使醅料逐步形成外高内低的锅底形状。上到一定部位，要试探上汽的深度，如上汽还有一定的距离，则要停止上甑，否则会造成上气不均匀，甚至压气，塌气，影响蒸馏效果，造成"夹花吊尾"影响产量和质量。

上甑操作要做到，及时调整气压，要不冒气、不压气、不跑气。要轻撒匀铺，见潮上甑，探气上料，在整个装甑过程中，要做到"轻、松、匀、薄、准、平"。即：

轻：动作要轻快。如蜻蜓点水，燕子含泥。

松：酒醅要疏松。炒拌要均匀，保证无蛋团。

匀：上气要均匀。为了保证上气均匀，装甑时要用力一致，甑内酒醅要中间装得低、甑边略高，一般四周比中间高 2~4cm，表面要相对平坦。

薄：装甑要薄撒不宜太厚，面积要大。装甑时要轻松握锨，挥撒自如，盖满甑桶。

准：上气盖料要准确。要见潮就盖，不偏不倚。

平：醅料要平整。就是要求甑桶内的表面要平整，不得有高低、凹凸不平现象。使上甑时间控制为 35~40 min；落盘后 5 min 内必须流酒。

上甑要求工作人员求精，求细，有较强的责任心。装甑前应将发酵酒醅和辅料充分搅拌均匀，灭净疙瘩，使材料松散，底锅水要做到勤换。如不及时清理，锅底水中溶解了大量的蛋白质，容易在蒸馏过程中起泡沫，上升传入醅内造成"淤锅"，使酒的质量下降。所以在上甑时要做到六个字"轻、松、匀、薄、准、平"。就是讲，装甑材料要疏松，装甑动作要轻快，上气要均匀，装醅料不宜太厚，"见湿盖料"或"见气盖料"。"见湿盖料"指酒蒸汽上升到甑桶表层，在酒醅表面发湿时盖一薄层发酵材料，避免跑气，但如果技术不熟练掌握不好，容易压汽歪甑。"见气盖料"指酒蒸气上升至甑桶表层，在酒醅表层稍见雾状酒蒸气时，迅速准确地盖一薄层发酵材料，这样不容易压气，但掌握不好容易跑气。所以只要坚持"轻、松、匀、薄、准、平"就能在蒸馏过程中"不打炮""不歪甑"，上气均匀，流酒平稳，为下一步掐酒工作打下基础。经长期分析观察，酒在蒸馏时各成分变化规律是：酒精含量随着馏分增加而下降；酸随着馏分增加而增加；低沸点醛随着馏分增加而下降；酯两头高中间低，一般酒头大于酒尾；杂醇油积聚于酒头，随着馏分的增加而变化。

7. 蒸馏操作

（1）流酒摘酒

在落盘数分钟后，酒精蒸气经冷凝而流出酒来。流酒时，要调节好气压，做到"缓火流酒"，流酒速度以 1.5～2.5 kg/min 为宜。刚流出来的酒，称为酒头，因酒头含有低沸点的物质多，如硫化氢、醛类等，所以要除去酒头 1～2 kg，留作他用。流酒温度要求控制在 20～35℃，称为中温流酒。

所谓摘酒，就是在流酒时，随着蒸馏温度不断上升，流酒时间逐渐增长，酒精浓度则由高浓度逐渐趋向低浓度。按质量要求，要把中、高浓度的酒精与低浓度的酒精分离开的一种操作过程称为摘酒。

摘酒的方法：传统工艺操作上是"断花"摘酒。"花"是指水、酒精由于表面张力的作用而溅起的泡沫，通常称为"水花""酒花"。酒精产生的泡沫，由于张力小而容易消失，随着蒸馏温度的升高，酒精浓度逐渐降低，酒精产生的泡沫消失的速度不断减慢，这时酒精中水的含量逐渐增多，水的相对密度大于酒精，张力大，泡沫消失的速度慢。因此在操作上把酒花和水花消失速度的变化作为鉴别酒精浓度的依据来进行摘酒，工艺称为"断花摘酒"或"看花断酒"。对每甑酒醅在蒸馏过程中，按照质量的不同大致分为四个不同的馏分，接酒人员准确辨别酒花状态，就能够做到断花摘酒。

第一馏分：流酒后 5 min 左右，酒精浓度在 70% 以上除酒头以外其余部分酒的特点是酒精浓度高、总酯含量高、香气浓郁、酒质好，一般作为调味酒，称为大清花，泡大整齐。

第二馏分：在流酒后 5～15 min 内馏出的酒，其浓度在 65%～70%，占总量的 2/3。特点是酒精浓度高、总酯含量高、香气浓而纯正、诸味协调，一般作为优级酒或一级酒来接选，称为二清花，泡渐小，持久。

第三馏分：二段流酒后 2～3 min 内馏出的部分浓度在 55%～65%，特点是酒精度明显下降，口感有香气，但不浓、不香、味寡淡，酸的含量上升，一般作为二级酒来接选，称为小清花，泡碎呈米状。

第四馏分：该段酒的酒精浓度在 50% 以下，可作为头梢子处理，最后酒精浓度更低部分纯粹是就酒梢子，称为断花，碎米花后一瞬间不见酒花；断花后看花杯呈现"无花"，开始酒尾（头梢酒尾）。

水花：开始出现大泡沫水花（大水花）这段时间约 30%（体积分数），泡无光泽、消失快、泡皮厚，到出现小水花，呈沫状粘连，浓度为 5%～8%（体积分数），称软梢子。

油花：小水花再消失出现油花，浓度为 0，尾子一直拉到油花满面为止，可以揭盖蒸醅。

（2）量质摘酒

①截取酒头。酒头浓香但暴辣，杂味也重。酒头含有大量的酯、酸、甲醇、醛和较高的酒精成分及杂醇油等物质，形成较浓的酯香味，以致刺鼻，且味杂、糙辣。一般截取酒头 1～2 kg，可复蒸；酒头中芳香成分较多，可择优储存做调味酒用。

②分段摘酒。除糟回不分段摘酒，酒身部分分段按质摘酒，有的厂采取前后两大段，大花前段酒浓度 74%（体积分数）以上，后段酒保持 70%（体积分数）以上。通常大茬酒前段酒摘取 1/2 左右，后段酒摘取 1/2 左右，二茬前段酒摘取 2/3 左右，后段酒摘取 1/3；小茬前段取 1/2，后段取 1/2 左右，操作可按窖地、酒醅、出酒等情况掌握摘取数量。以上的操作要根据酒醅发酵情况，以及原酒的质量情况实事求是地操作，不能千篇一律。

③去尾酒。尾酒中有较多高级醇、不挥发酸、高级脂肪酸酯、糠醛等物质，味酸涩苦糙，

乳酸乙酯含量特高，故应摘除，断花摘尾或提前摘尾。

尾酒中一些不良成分在长期贮存中会挥发，酸味、甜味浓的头梢尾酒经贮存可以用来勾兑调酒，降低被调酒的苦味、提高酒的后味。尾酒一般选取 150～180 kg。

（3）缓火蒸酒、大火蒸粮

①缓气蒸馏，大气追尾，中温流酒。曲酒中芳香成分众多，成分复杂且沸点相差较大。例如：甲醛 20℃，乙醛 21℃，甲醇 64.7℃，甲酸 100.7℃，乙醇 78.3℃，乳酸乙酯 118.13℃，乙酸乙酯 77℃，己酸乙酯 167℃。尽管如此，甑内温度在 95℃ 以下时，各物质组分均可按比例蒸出，形成特有的蒸发系数。如果缓火蒸馏，使酒精在甑内最大限度浓缩，并有较长保留时间，萃取酒醅中醇溶性的香味物质，如酯类含量增高，馏出量和酒精浓度成正比关系。乳酸乙酯易溶于水蒸气中，酒度高时馏出少，酒度低时大量馏出，实践也证明同样酒醅正常流酒 20 分钟，酒中己酸乙酯 350～400 mg/100 mL，乳酸乙酯为 90 mg/100 mL，大气蒸馏流酒 10 min，己酸乙酯只有 300 mg/100 mL，乳酸乙酯猛升为 140～150 mg/100 mL。有酒厂试验缓汽蒸酒，酯含量高于大气蒸 2%，蒸馏效率高 10%，蒸馏掌握一般蒸汽压力 0.01～0.02 MPa（0.1～0.2 kg/cm²），流酒速度 2.5～3 kg/min，时间 20 min，流酒温度 20～35℃。反之，大气快蒸，酒精快速流出，酒醅中虽高产己酸乙酯，但不能丰收于酒中，而乳酸乙酯和甘油则大量流出。

有的曲酒酒糟味较重，后味苦涩，除了其他物质失调外，主要是双乙酰和乳酸乙酯含量过高导致的。

②大火蒸粮。蒸煮的目的是使原料淀粉糊化，使颗粒中淀粉经过吸水、膨胀、破裂，并使淀粉成为溶解状态，给曲的糖化发酵作用创造条件。浓香型曲酒系用混蒸混烧、续茬发酵法，因此，蒸煮除具有上述功能外，还可将熟粮中的饭香带入酒中，形成独特的风味。

影响蒸煮糊化的因素主要有：

①原料粉碎度。酿造大曲酒的原料大多先经过粉碎，粉碎过粗或过细都不利于糊化和发酵，但浓香型大曲酒的酒醅都经过多次发酵续糟发酵，原料并不需要过细。

②出窖糟的水分和酸度。粮粉在蒸煮前先经过润料，出窖酒醅中水分越大酸度越高，粮粉吸收更加容易，母糟干燥则粮粉吸水困难。

③润料时间长短。淀粉在润料时吸取了酒醅中的水分颗粒略有膨胀，为糊化提供良好条件，同时淀粉在酸性介质中比中性或碱性介质中容易糊化，润料时间越长粮粉吸水越多，对糊化越有利。

④粮粉酒醅稻壳的比例。三者适当的混合可为蒸煮糊化创造有利条件，粮粉与酒醅配比大，吸水和酸的机会增多，适当地配以稻壳可使穿汽均匀。

⑤上甑速度和疏松程度。上甑太快、来气不均、粮粉预煮时间减少影响糊化，太慢又会跑气，影响产酒，上甑要求轻撒匀铺、探汽上甑边高中低。

⑥底锅水量和火力大小。底锅水量的多少直接影响蒸汽上升量，火力大小或蒸汽的压力高低也影响蒸汽的上升速度，蒸汽的上升速度及数量都是影响糊化的重要因素。

⑦蒸煮时间的长短。在蒸煮馏过程中，前期初馏阶段甑内酒精浓度高而甑内温度较低，一般只有到后来，随着流酒时间的增长酒精浓度逐渐降低，这时甑内温度达到吊尾阶段可使糊化作用加剧并将部分杂质排出。因此摘酒完毕加大火力，既可追酒较完全也可加速糊化。有的厂不规定具体的蒸煮时间，只是吊尾完即终止蒸煮，时间短起不到应有的作用造成出酒率低，尤其对发酵期短的影响更甚，但蒸煮过度酒醅发黏显腻，给操作和糖化发酵带来恶果。

总之影响糊化的因素很多，直到现在对曲酒蒸煮糊化质量的检验尚无一套合理准确的方法，一般根据传统操作的经验做到熟而不黏、内无生心就可以了。

8. 打量水

蒸煮后的饭醅必须加入一定数量温度达到要求的水，工艺操作上称为使浆水或打量水；浆水用量应根据生产季节、新老池口和酒醅的水分大小等因素而定；使水的原则是打梯度水，并保持水质清洁卫生，温度在90℃以上。90℃以上的浆水可以减少杂菌对饭醅的污染，同时也能使饭醅中淀粉颗粒能充分、迅速地吸水，以保持淀粉颗粒中有足够的含水量，增加其溶胀水分。若浆水温度低，水分只能附于淀粉颗粒表面吸收不到淀粉粒的内部，只是表面水分，不是溶胀水分，入池后会出现淋浆，造成酒醅干湿不均，影响发酵。

9. 鼓风冷却

饭醅上镰后加浆要使饭醅充分吸收水分后方可开动鼓风机；水使一半时，翻镰要达到一遍，目的是让饭醅充分吸收；翻镰整个操作动作要细致、迅速、时间不宜过长，以免杂菌感染；操作人员动作一致，锨口对锨口，锨口相互交接，要少挑高扬，里转外，外转里；保证饭醅水分、温度、酸度一致，脚底清洁无饭醅；同时在翻镰时操作人员要不断用扫帚打碎蛋团。镰子上饭醅各点温度相差较大时，必须作适当调整。摊凉结束后，应关掉鼓风机等待加曲。

10. 加曲

镰子上饭醅达到加曲温度时，关闭鼓风机，按照要求进行加曲。加曲时用扫帚轻轻地来回搓揉，保证曲粉与饭醅混合均匀然后折成堆。在穿堆时，紧跟穿堆机的节奏，一人一边，二锨对穿，要穿透，锨头要撒开，自然成堆，扫帚跟后搓揉曲粉，与饭醅均匀接触。在第一遍穿好后，要关闭穿堆机，量准温度，若温度有偏差，要及时调整，并把镰道两边、镰道两头饭醅堆起来、进行第二次穿堆。穿堆完毕，掐好堆准备入窖。

11. 入窖

入窖前先查看饭醅的水分和温度，达到要求后，方可入窖。饭醅入池后摊平，茬次之间必须用稻壳隔开。要及时清扫镰上及穿堆机上饭醅，做好桶桶清，场面及行车线路要无残醅、卫生清洁。饭醅入池后，立即摊平，根据酒醅状况进行适度踩窖，回缸入池后要踩紧踩实，平铺到边，用锨拍好方可封窖。

12. 封窖和窖池管理

将封窖泥运到和泥池中如封泥数量不足或者封泥黏性较差时可以添加部分新黄淤土，热水浸泡后均匀踩熟，把封窖泥装入泥车中，运到待封的窖池旁。用铁锨将封泥铲在窖池酒醅上压实、拍光；窖池封好后，表面要光滑，平整，无沙眼。窖池封好后，必要时三天以后盖上塑料布，并把塑料布塞好。封泥工作结束后，把窖池周围卫生打扫干净。

在封泥后30天内必须每天整理，避免窖池出现裂口和霉变现象。

踩窖池时，窖边要脚印套脚印，紧贴窖边踩平踩实。必须保持窖帽表面清洁，无杂物。若出现窖帽裂口应及时清理，避免透气、跑气。

封窖的目的是杜绝空气与杂菌的浸入，造成窖内厌氧环境，以抑制大部分好气菌的生酸作用，同时酵母在空气充足时，繁殖迅速，大量消耗糖分，发酵不良。在空气缺乏时，才能起到正常的缓慢发酵作用，因此严密封窖、清窖是十分必要的。

泥封发酵，认真做好窖池管理，是浓香型大曲酒传统操作，技术性不强，但仍存在下述问题：

（1）窖皮泥质量差

有的厂反复使用窖皮泥，每次不加或少加新黄泥，以致窖皮泥很糙，泥中稻壳、丢糟甚多，造成密封不严（漏气）。

（2）窖皮泥薄

封窖泥用量太少，窖皮薄，有的只有 2~3 cm，极易裂口，杂菌大量侵入，上层酒糟发霉，特别是青霉，使酒带霉味并发苦。

（3）封窖后不加管理

有的厂用泥封窖皮立即盖上塑料薄膜，有的厂即使是窖皮收汗后再盖薄膜，发酵数十天再也无人过问。造成窖边严重缺水而裂口，窖边糟发霉，上半截窖泥也长霉，薄膜下的窖皮泥"色彩斑斓""小动物"满地爬，此种窖池如何出好酒？

因此，封窖泥应定期更换，要优质黄泥与老窖皮泥合理搭配，封窖泥若使用培养泥则效果更佳。封窖泥厚度应坚持起码 10~15 cm，四周更要加厚。封窖后，每天清窖一次，用铁铲拍紧，泥掌抹光。窖皮收汗后，每天在面上洒开水（或95℃以上热水），再用铁铲拍紧、抹光，待水气干后，下班前用薄膜盖好，以保持水分，每天如此，直至出窖。

发酵期间，在清窖的同时，检查一次窖内温度的变化，并详细进行记录，这一工作至少要坚持 20~30 天，有的能一直坚持到出窖。注意正确掌握发酵期间温度的变化规律，给开窖鉴定和下排配料提供科学依据。此外，还应选重点窖作全面分析检验，如水分、酸度、淀粉、还原糖、含消量等，以积累资料，逐步掌握发酵规律，从而指导生产。

四、浓香型工艺参数及其控制

（一）出池酒醅、黄水的鉴定

1. 母糟的鉴定

用感官鉴定酒醅、黄水状况，总结上排配料和入窖条件的优缺点确定下排配料和入窖条件。从而保证酒产、质量。有以下几种状况：

①酒醅疏松不腻，肉实有骨力，颗头大，呈深猪肝色，闻有酒香、酯香。黄水透亮，悬丝长，呈猪肝红色，口尝酸味小，涩味大。

上排配料恰当，且入窖条件适宜，窖池管理较好，母糟做到"柔熟不腻，疏松不糙"，发酵良好。下排应稳定配料，细致操作。

②酒醅发酵基本正常，疏松不腻呈猪肝色，有骨力，闻有酒香。黄水透亮，悬丝长，呈金黄色，口尝酸涩味。产酒香气较弱有回味，黄水较多，酒质略差，但出率较高。反映上排配料基本恰当只是水分偏大，下排配料应减少量水，提高酒香味。

③酒醅软、腻闻香差，没有骨力，黄水带白色、黏性大、尝甜味，酸和涩味小。黄水不易滴出，发酵不足，产质量均低。

这是由于连续几排的配料中，稻壳用量少，水量多，造成母糟现软，没有骨力。粮糟入窖后不能正常糖化发酵，造成出窖残余淀粉高，尤其是黄水中含有糊精、淀粉、果胶等成分，使黄水不易滴出。解决办法：下排加糠减水，使母糟疏松，并注意控制入窖温度，通过几排努力才能调节正常。

④酒醅黄、粘起疙瘩，黄水酸味大，涩味小，醅闻酒气冲鼻，反映发酵温高，酸大，残

淀粉高，出酒率和质量均差，化验酸度 4 以上，残余淀粉高达 11%～12%，不升温，可增加淀粉含量，加稻壳尽量低温入窖，改善入窖条件，操作时加大排酸可清蒸配料二次排酸，排除有机酸。

2. 黄水味道判断母糟的发酵情况

（1）黄水现酸味

如果黄水现酸味，涩味小，说明上排粮糟入池温度过高，并受醋酸菌、乳酸菌等产酸菌感染，抑制酵母菌的繁殖活动，因而发酵槽残余淀粉高，有的还原糖还没有用完。

（2）黄水现甜味

黄水黏性大，以甜味为主，酸涩味不足，主要是入窖粮糟糖化发酵不完全，使一部分可发酵糖残留在母糟和黄水中所致。此外，若粮食糊化不彻底，糖化发酵不良也会使黄水带甜味。

（3）黄水现苦味

如果黄水明显苦味，说明用曲量大，且量水用量不足，造成粮糟入窖后因水分不足而干烧，就会使黄水带苦味。另外，窖池管理不善，窖皮裂口，杂菌入侵也会给黄水带来苦味。

（4）黄水现馊味

说明车间清洁卫生差，连续把亮堂上残余粮糟扫入窖中，造成大量杂菌入侵，引起馊味。若量水温度过低，不能被淀粉颗粒充分吸收，引起发酵不良，也会使黄水出现馊味。

（5）黄水现涩味

母糟发酵正常的黄水，应有明显的涩味，酸味适中，不带甜味。

（二）配料

混蒸续茬配料操作是浓香型白酒的特点。配料比：主要是原料与酒醅比称粮醅比；原料与填充料比称粮糠（稻壳）比；原料与加水量比称粮水比；原料与加曲量比称粮曲比；其中最为重要的是粮醅比。

1. 粮醅比

（1）材料作用

底醅合理配料中四大基本材料（原料粮粉、辅料、稻壳、量水、曲）的综合，是最基本的发酵材料，它在酿酒中的作用：

①香味物质前体的连续积累作用（"母糟""万年糟"）。

②合理调整酒醅入窖酸度。

③疏散酒醅淀粉（浓度）保证控制酒醅发酵升温和生酸，控温即可控酸相反亦然。

④调整酒醅入窖水分，保持化验水分稳定。含水 62% 左右的底醅配料时通过闷粮、闷醅使粮粉充分吸收底醅水分，水分降到 53%，只需再补充少量量水即可维持原有入窖水分（如扩大底醅时量水应扣除底醅带入的水分）。

（2）合理使用底醅的配料工艺原则

①根据季节和气温调整底醅用量，热季配量大，冬季配量少。气候变化逐步缩小或扩大配醅量，扩大粮醅比不允许增加辅料，要减稻壳，保持化验水分稳定，配料稳定。缩小粮醅比可加料加糠。

②根据上排酒醅发酵升温及残余淀粉合理调整底醅用量，一般情况下出窖酒醅残余淀粉在 10% 以下时可加料或减糠减醅来调节入窖淀粉，在 10% 以上时应减粮，处旺季应加壳加水、加曲促进发酵彻底。

③根据底醅酸度合理调整工艺操作措施，上排出窖酒醅酸大、残余淀粉高时应连续数排低温入窖。不增加辅料，出酒率可逐步回升。如酒醅酸大，残淀粉高，发酵不升温可增加入窖淀粉。适量增稻壳、保持水分、改善入窖条件利于升温发酵，或适量用耐高温活性干酵母改善，还需加强抽黄水。

（3）根据化验数据进行科学配料

每甑投入的用粮量与粮醅的用量的比例，通常称为粮醅比，粮醅比是根据工艺特点、对酒质的要求、发酵期的长短、粮粉的粗细等认定的，一般为 1:4～1:5.5。从酒醅的形态上看，应符合"疏松不糙，柔熟不腻"的质量要求。当然粮醅比不是一成不变的，还应考虑生产季节、酒醅发酵的情况因素，上面所列举的只是在正常生产情况下和酿酒旺季时的数据。如果在淡季生产或残余淀粉过高时，则应适当调整粮醅比。

2. 加糠量

稻壳在酿酒生产上主要起填充疏松作用。合理使用稻壳能调整淀粉浓度，稀释酸度，促进酒醅升温，利于保水、保酒精，同时也能提高蒸馏效率。总之，在固态法白酒生产上，是离不开它的，但因稻壳有糠杂气味，因此在生产中要控制其用量。

（1）在生产中正确使用稻壳应遵循的原则

①热减秋加的原则。原因为：在经过热季后，酒醅酸度高，转排生产应增加稻壳使用量稀释酸度，增加疏松度，增强酒醅的骨力，以利酒醅发酵。

②根据酒醅残余淀粉的高低确定用糠量的原则。若酒醅所含残余淀粉高，则应多加稻壳；若酒醅所含残余淀粉少，则要少用。

③根据酒醅含水量的大小确定用糠量的原则。酒醅在发酵过程中，由于诸多原因，其酒醅含水量的大小是不完全相同的，如果酒醅含水量大，则应该多使用稻壳；如果酒醅含水量小，则要少用。

④根据酒醅酸度大小确定用糠量的原则。若出池酒醅酸度大的酒醅要多用稻壳，若酸度小的酒醅则要少用，即在酒醅残余淀粉高、酸度又大时可采用增加稻壳用量的方法，以达到降酸和稀释淀粉的双重目的。

⑤根据淀粉颗粒的粗细进行调整。原粮经粉碎后，淀粉颗粒粗了则少用稻壳，淀粉颗粒细了则多用稻壳。淀粉粗细都会对生产产生影响，要稳定淀粉颗粒的粒度。

⑥窖底糟多用，面糟少用的原则。窖底糟承受的压力大，尤其是深窖、大窖；窖底糟接触空气少，微生物在发酵初期繁殖受影响，故增加一点糠壳，使其疏松，透气，有利于微生物的生长。

（2）在生产中使用稻壳应注意的几个问题

①注意稻壳的质量问题。稻壳应新鲜、无霉烂、未变质。稻壳的粗细度以 4～6 瓣开为标准，绝不能使用霉烂变质或有怪异位的稻壳。

②注意"熟糠配料"的问题。稻壳在使用时，必须经过清蒸，通过清蒸减少稻壳的杂味成分，同时也可排除一些异味。生产上严禁使用生糠。

3. 加曲量

大曲既是糖化剂又是发酵剂；它是由小麦、大麦等淀粉原料，经粉碎，用水拌和压制而成块状，入室培菌而成。

（1）大曲在生产上所起的作用

①提供有益微生物及酶。大曲是酿造浓香型大曲白酒有益微生物的来源，同时大曲中还

含有淀粉酶、糖化酶、蛋白酶、酯化酶等多种酶。

②提供淀粉，起到投粮作用。大曲除含有大量的有益微生物外，还含有大量的淀粉，经糖化发酵后也能产生部分酒精，而这类酒属于二次发酵酒，香味特殊，酒质优良，是构成浓香型大曲白酒独特风味的不可缺少的一部分。

③大曲是浓香型白酒微量香味成分的主要来源之一。大曲中含有丰富的蛋白质、氨基酸和芳香化合物等，通过发酵后可使浓香型白酒酒体更加丰满。

（2）大曲使用的原则

①根据入池温度的高低（或不同季节），确定大曲用量。入窖温度高（热季），用曲量小些，入池温度低（冬季），可多用些曲。

②按投料量的多少及残余淀粉含量，确定大曲用量。投料多，用曲量大，投料少，用曲量少；残余淀粉含量高，多用曲，残余淀粉含量少，少用曲。

③以曲质的好坏确定大曲用量：大曲质量好，可少用曲；大曲质量差，可以适当多用曲。

4. 加水量

水对酿酒生产至关重要，淀粉的糊化、糖化，微生物的生长繁殖，代谢活动等，都需要一定数量的水，酿酒生产中用水有量水、糟醅水、黄水、底醅水等。但加水量主要指"量水的使用量"。

（1）量水在酿酒生产中的基本作用

①稀释酸度，促使糟醅酸度挥发。

②保证发酵用水，使糟醅有充足的水分，以提供微生物生长、代谢所需，从而保证发酵的正常进行。

③调节窖内温度，水分蒸发时需要大量的热量，可以降低窖内温度，以利于微生物的代谢活动。

④降低入池糟醅的淀粉浓度，有利于酵母的发酵作用。

⑤增加糟醅的活力。

（2）使用量水的原则

①冬减热加的原则。冬季生产入窖温度低，升温慢，最终发酵温度不高，水分挥发少，水分损失少；而热季生产相应要加大量水用量。

②根据滴窖后糟醅含水量大小确定量水用量的原则。糟醅水小，量水多加，反之少加。糟醅含水量一般应在61%左右，若出入太大，尤其是含水量多时，属于不正常现象，会影响发酵效果。糟醅含水量小时，可采取加水润料；糟醅含水量大时，可采用滴窖的方法来调整。用减少量水、加大用糠或减少糟醅用量的方法都会带来不良的副作用。

③根据原粮的差异性考虑量水的用量。一般粳高粱用水稍多，糯高粱用水稍少一点；储存时间长的多用，反之可少用点。

④糠大水大的原则。在配料中用糠量大要多用量水，反之少用。

⑤窖底糟少用、窖面糟多用的原则。即采用打梯度水的原则。

原因一是：窖池底部水分多，窖池上部水分少，因此下部失水少，而上部水分损失大。二是：下部分糟醅入池后水分挥发少，上部挥发多。三是：上部糟醅发酵过程中受热大，而窖下半部分受热小，因此上部需水大。四是：糟醅在窖中堆放时，水分会向下流失。

根据酒醅中残余淀粉的高低确定量水用量的原则：酒醅含残余淀粉高，应多用水，反之，则少用。

（3）量水比失调对酒醅的影响

①适当水分是发酵良好重要因素。

②入窖水分过低害处。醅干、酸低、发酵不正常、残余淀粉高，出酒率低。长期低水分入窖会导致窖泥退化。入窖水分过高害处：糖化发酵速度快、升温猛，发酵不彻底造成醅黏、蒸酒困难影响出酒率。

③常规条件。季节、茬次、上排出窖酒醅干湿程度等来控制入池水分。一般大茬入窖化验水分 56%~58%，水分大，酒味较淡。

（三）窖池发酵参数

1. 入窖温度

温度是发酵不可缺少的条件。没有一定的温度，微生物的生命活动就会受到影响，酶活力降低，所以没有适宜的温度，窖池发酵就不可能正常进行；但是入池温度偏高后，会影响酵母菌的活力，阻止发酵，严重影响产品的质量。

低温入窖的目的，是控制低温缓慢发酵。所谓"前缓、中挺、后缓落"就是低温缓慢发酵规律的概括。

（1）低温入池，缓慢发酵对产品质量的好处

①酒醅入窖后，温度缓慢上升，主发酵期长，酒醅发酵完全，出酒率高，质量好。

②可以抑制有害菌的生长繁殖。入池温度低，使有益菌得到了生长繁殖的条件和机会，而不适合有害菌如醋酸菌、乳酸菌等生长繁殖。这些细菌的耐酸性强，适宜生长繁殖温度高，最适温度一般在 32~35℃。所以，当窖内温度升高到 32℃ 左右时，生酸菌才开始生长繁殖，而此时窖内发酵已基本完成，生酸菌的生长受到了阻碍。

③有利于控酸产酯。生产实践证明，凡是低温缓慢发酵的，生酸幅度小，酒醅不易产生病变，有利于下排生产。比较正常的发酵酸度变化如表 5-2 所示。

表 5-2　正常的发酵酸度变化

发酵天数	入窖	封窖	1	3	5	8	15	20	30	40
酸度	1.9	2.0	2.0	2.2	2.2	2.2	2.4	2.6	2.9	3.2

封窖第八天，含酒量达到最高峰，窖内温度也达到最高点，主发酵基本结束，这时酸度为 2.2。升酸幅度仅为总升酸量的 40% 以下。低温缓慢发酵，能在发酵的大部分过程中保持高酒精度和适当酸度。不仅有利于本排和下排的正常发酵，而且对浓香型曲酒的主体香酯有一定的影响。从己酸乙酯的生成机理看，己酸乙酯的生成过程是比较缓慢的，如果窖内发酵速度过快，窖内迅速升温，酸度也很快上升，这样可能会出现酒少酸多，会使乙酸乙酯的含量增加。

④有利于醇甜物质与酯类物质的生成。发酵温度的高低与酵母及其他微生物在窖内的繁殖活动有密切的关系。在发酵过程中，酵母在生产酒精的同时，能生成一些以甘油为主的多元醇，多元醇的生成量与菌种、菌数及原料有关，也与发酵速度、酒精成分密切相关。多元醇的生成是极其缓慢的，但在酵母活动末期则产生较多。如果入窖温度过高，窖内升温迅猛，酵母易早衰甚至死亡，那么醇甜物质的生成量就会减少。酒中的甜味物质除多元醇外，还有诸如 α-联酮、三羟基丁酮、2，3-丁二醇等，它们可以互相转化，在低温缓慢发酵时，也有

利于这些微量香味成分的生成。

从酯类物质生成的机理来看，酯类物质在窖内的生成是非常缓慢的。如果入窖温度高，发酵速度就会加快，温度也会迅速上升，酸度也会上升，这样就会造成酒精含量少而酸度大的后果。这对酯类物质的生成极为不利。

另外，从微生物代谢产酯的机理来看，酯的生成受有机酸发酵和酒精发酵的制约。如果两者发酵都不正常，则酯的生成也不正常。

⑤有利于控制高级醇的生成。曲酒在生产过程中，都会生成不同量的高级醇。高级醇是由原料中的蛋白质或酵母中的蛋白质水解为氨基酸，酵母利用这些氨基酸中的氨脱羧后而生成。因此，酒中的高级醇的生成量与原料中的蛋白质、酵母等微生物性状和数量有关。在相同条件下，发酵温度和速度对高级醇的生成量有较大关系。若发酵温度高，速度快，则窖内酵母在恶劣条件下，其代谢产物高级醇会增加，在酵母早衰的末期，高级醇会大量增长。若前火过猛，发酵不正常，在缺氧条件下，一部分蛋白质被微生物分解产生甲硫醇、硫化氢等物质，使酒味冲辣带臭。高级醇含量过多，会使酒苦、涩、辣味增大。

（2）入窖温度控制的原则

①发酵正常的首要条件，既考虑酒香味，也兼顾抑制杂味和提高出酒率。

②根据气温、地温、入窖淀粉浓度、操作茬次、季节的变化严格控制入窖温度。

③实践经验证明坚持低温入窖。有利于控制低温缓慢发酵提高出酒率，有利于抑制生酸菌繁殖，产酒正常，有利于控制高级醇，醛类生成提高酒质，有利于醇甜物质生成。

（3）控制低温缓慢发酵

①适当提高制曲温度，使用高温曲；把曲粉粉碎度适当放粗，并合理控制用曲量。在正常情况下，使用高温曲比使用中温曲的发酵速度慢1~2倍。

②量水要用高温，一般温度在90℃以上。

③使用适量的填充料。在保证粮醅疏松的前提下，尽量减少填充料用量，不使淀粉颗粒之间含水量和含氧量过多。同时，适当踩窖，排除多余空气也是控制缓慢发酵的有效措施。

④控制酸度。入窖酸度1.4~2.0有利于发酵，最适酸度1.5~1.8。酸度高发酵困难，酸度低发酵过猛。

⑤适当控制入窖粮糟淀粉含量，尤其是在夏季更应该控制。

⑥回酒发酵。在入窖粮粉适当洒入少量低度酒，不仅可以缓慢发酵，而且可以提高酒质。

2. 入池水分

①有使酒质柔软醇甜作用。发酵过程的快慢对酒质有很大影响，发酵猛，酒质暴辣苦味大；发酵缓慢，酒质醇甜。在发酵过程中，苦味物质是在发酵温度较高、升温较猛情况下产生，甜味物质是在低温缓慢发酵情况下产生的，故而热水浆所产的酒绵柔醇甜。

②有利于入池前的降酸作用。饭醅中的酸有两种：挥发性酸，不挥发酸。鼓风冷却降温降酸主要是降低挥发性酸含量。而有些可溶性酸，虽不易挥发，但在早期蒸发中也能带出。挥发性酸的挥发性与温度有关，温度高挥发比较快，温度低挥发比较慢。加浆操作在出甑结束后立即进行，有利于浆水渗入饭醅内；加冷水浆后饭醅温度急剧下降，不利于降酸，加热水浆对于饭醅温度降低幅度小，有利于酸度的下降。

③保证发酵用水，使酒醅有充足的水分，以供微生物生长、代谢所需。从而保证发酵的正常进行。

④调节窖内温度。水分蒸发时需要热量，从而降低窖内温度，以利微生物在适当的温度条件下进行繁殖、代谢。

⑤降低了入窖酒醅的淀粉浓度，有利于酵母菌的发酵作用。

⑥促进酒醅的新陈代谢。由于除去了酒醅中的部分黄水，添加了新鲜水分，故促进了酒醅的吐故纳新，增强了酒醅的活力。

水大对发酵不利，水小对发酵也不利，这两者在生产中情况如何？

在水大的情况下虽然发酵较快，温升快，但由于水有良好传热作用，水分偏大情况下，酒醅不会变质。水分偏小时，传热作用差，热量不易散失，池口内升温也快，在较高窖温、酒醅缺水的情况下，酒醅易产生焦化，醅色较深，而且焦化物质阻碍今后发酵作用，严重情况如不采取退醅办法势必在短期内生产不能好转。在生产工作中，由于浆水掌握不稳定造成生产的变化，我们必须及时纠正。不及时纠正，继续犯错误，危害越来越大，以致到无法解决程度只能挑窖、重新升窖。如果在纠正过程中从一个极端走向另一个极端，生产一直不能翻身，生产质量将一直处于落后状况，好的生产者应该是保持生产的稳定，使生产的质量一直处于最好状况。

3. 入窖酸度

酸是形成浓香型白酒香味成分的前躯物质，是各种酯类的主要组成部分，酸本身也是酒中呈味的主要物质。所以酒醅中的酸度不够时，所产酒不浓香，味单调；但酸度过高又会抑制有益微生物（主要是酵母菌）的生长繁殖，因而不产酒或少产酒。因此，我们必须正确地认识酸在酿造浓香型白酒中正反两个方面的作用，从而有效地利用它，使它更好地为生产服务。

（1）酸的作用

①酸有利于糊化和糖化作用。酸有把淀粉、纤维等水解成糖（葡萄糖）的能力。

②酒醅中适当的酸，可以抑制部分有害杂菌的生长繁殖，而不影响酵母菌的发酵能力，叫作"以酸防酸"。

③提供有益微生物的营养和生成酒中有益的香味物质。

④酯化作用。酸是酯的前躯物质，有酸才能有酯，没有酸就没有酯，有什么样的酸才能有什么样的酯，所以酒中酯的来源离不开酸。酸和酯构成了浓香型白酒的主要香和味。

（2）正常入窖酒醅的适宜酸度范围

①入窖酒醅的适宜酸度范围为 1.4~2.0。

②出窖酒醅的适宜酸度范围为 2.8~4.0。

酸度不宜过大。因为酵母菌具有一定的耐酸能力，而且在发酵过程中还要生酸，所以入窖酸。

4. 入窖淀粉浓度

入窖淀粉是指在生产时投入的淀粉，它是生产不可缺少的原料。淀粉在配料操作中还起到如下的作用。

①降低酒醅酸度和水分作用。酒醅经加入原料淀粉配料后，可降低水分10%左右，降低酸度1/6左右。

②提供发酵转化时所需要的温度（这是促使饭醅在窖内升温的主要来源）和微生物所需的营养成分。在正常的兼气性发酵条件下，每消耗1%的淀粉可使酒醅升温 1.6~1.8℃。

③促进酒醅内正常的新陈代谢。

（四）发酵期间窖内温度的变化

1. 前发酵期

封窖时起到最高温度时间止，一般 3~8 天，缓慢升温，进入主发酵期（稳定期）。冬季入窖温度低时，封窖后 8~12 天才达最高温度。入窖温度与最高温度在此期间一般相差 14~18℃，要把酒醅发透，而糖分变化最快一天，低温入窖要三天可达到最高糖分。

2. 稳定期

最高温度要维持 15~20 天，品温一直保持 30~34℃，夏天可达 36℃以上。中挺稳定期品温越高，时间越长，生酸幅度也越大，所以不宜时间过长。糖生成量与酵母生存需糖量，基本平衡，酵母开始衰亡，此期间内酒精含量、酸度、淀粉变化不大，细菌生长占优势。

3. 酯化期

从酒精含量下降开始（封窖后 25~30 天）直到开窖，此间酵母衰亡，主要细菌作用，品温开始下降，直至 25~26℃（夏季 30~32℃），期间酸度上升明显，酸和醇酯化，养醅老化过程，促进产生较多芳香成分，延长发酵期，提高酒质，就是在这段时间。

（五）发酵过程中物质变化

1. 酸度及 pH 变化

随产酸菌代谢，有机酸积累，醅中酸度缓慢上升，由于发酵酒醅具有缓冲能力，pH 变化微小，这有利于酵母发酵和酶反应。但如果入窖温度高、酸度高、淀粉含量高、发酵升温快，酸度会很高；如稻壳用量大、晾茬时间过长、滴窖时间短、窖内黄水多、窖皮发生裂口、环境不卫生等都会导致酸度很高。要控制升温幅度和生酸幅度，争取将发酵最高品温控制在 33℃以下。根据经验数据，最高品温若再上升 1℃，则酸度也约升 1°。因生酸损失淀粉 4.5%，将降低原料出酒率 3.68%（60%，体积分数）。酒醅发酵主要成分变化如表 5-3 所示。

表 5-3 酒醅发酵主要成分变化表

天数	项目						
	品温/℃	水分/%	淀粉/%	还原糖/%	酸度	pH	含酒量/（%，体积分数）
入窖	27	54.3	16.15	—	1.9	3.8	—
封窖	29	55.4	14.89	1.49	2.0	3.8	0.40
1	32	55.6	14.86	2.82	2.0	3.8	1.07
3	36	59.9	10.33	0.68	2.2	3.8	3.74
5	37.5	61.0	9.28	0.52	2.2	3.8	4.10
8	37	61.0	8.61	0.36	2.2	3.8	4.76
15	34.5	62.5	7.57	0.42	2.4	3.7	4.62
20	33.5	64.1	7.05	0.24	2.6	3.7	4.61
30	32	64.1	6.90	0.24	2.9	3.6	4.65
40	30.5	64.1	6.62	0.22	3.2	3.4	4.44

2. 水分变化

发酵初期酵母通过有氧呼吸将糖分彻底分解成二氧化碳和水，此后随着酵母发酵糖的过程中，α-磷酸甘油酸在烯醇化酶催化下脱去一分子水生成磷酸烯醇丙酮酸，因此发酵酒醅水分有所增加，一般发酵后粮醅水分可增加 5%~10%。

3. 淀粉和还原糖变化

淀粉和还原糖的变化是窖内发酵主线，最终生成乙醇。大曲中 α-淀粉酶液化淀粉，糖化型淀粉酶进一步作用生成葡萄糖，麦芽糖酶将麦芽糖也分解成葡萄糖。在入窖后 5 天淀粉含量下降很快，一般减少 4%~6%，发酵温度也达到最高，以后随温度下降淀粉水解速度减慢，后期淀粉含量下降 2%~3%。根据经验测算，每消耗 1% 淀粉，固态发酵一般品温升高约 2℃。

还原糖变化是随淀粉含量迅速下降而猛升，但因酵母繁殖和发酵进行将糖大量消耗，酒醅中糖积累并不明显，变化很微小。

4. 酒精含量变化

由于大曲的边糖化边发酵的发酵特征，酒醅中没有大量的糖，所以发酵缓慢进行，一般发酵 20 天左右，酒精含量才达到最高。在后期由于酯化作用消耗部分酒精生成酯类，因此在发酵后期，尽管糖化发酵作用继续进行，但酒精含量升高甚微或略有下降。

5. 己酸乙酯的生成条件

适宜的入窖酸度、淀粉、水分温度、稻壳用量是己酸乙酯生成的保证。一般说较大的酸度生成己酸乙酯多，入窖酸度 1.8 左右比入窖酸度 1.0 左右可增加己酸乙酯含量 30~50 mg/100 mL，同样淀粉含量高生成的己酸乙酯也多些，有厂试验，入窖淀粉 18%~20% 的酒比入窖淀粉 15% 左右的酒可增加含量 10~30 mg/100 mL，入窖水分 57% 以上窖子己酸乙酯生成受影响，酒味会稍淡。入窖温度超过 25℃，己酸乙酯含量虽增加但杂味也大，出酒率明显下降，全面衡量后 17~18℃ 入窖为宜，发酵最高品温 33~34℃；稻壳用量大，酒醅太糙，保不住黄水，发酵不正常，己酸乙酯生成也少。

6. 酵母数量的变化

酵母数量于发酵初期随着发酵温度的升高而逐渐增加，一般在 8~10 天达到最大值，然后随着发酵的进行稍有下降，到酯化期或生酸期后期，酵母开始衰老死亡，数量开始下降。

（六）发酵过程中微生物的消长

浓香型大曲酒最为普遍，以它为例，对酒醅微生物消长规律作探索很有必要（以 45 天发酵为例）。

参与浓香型大曲酒发酵过程的微生物类别和数量很多，以大曲残留的微生物为最主要来源，它对酒醅发酵起到直接的影响作用，"做好酒，用好曲"是人们长期生产实践的科学总结。窖外环境中的微生物也是酒醅微生物的来源，也能积极参与酒醅的发酵过程。

由于各厂长期采用较为稳定的生产工艺，在发酵过程中，酵母、霉菌和细菌都形成了各自的特有的区系消长规律。虽然会受到季节、气温、配料不同的影响，某些微生物菌种在数量上可能会有所变化，但总的消长趋势基本上保持一致。此外，酒醅微生物的一系列变化也能反映到代谢产物的变化方面。

酒醅中三大类微生物的消长情况大体如下。

1. 霉菌

霉菌由于封窖缺乏氧而数量骤减，以后又略有回升，到中、后期基本保持平衡。入窖时霉菌种类也较杂，封窖后多数为米黄曲霉和部分黑根霉，后期有少量犁头霉出现。一般夏季气温高，霉菌数量也有所增多。

2. 酵母菌

入窖酒醅的酵母数量基本上维持 10^4 个/g 左右，一般春季发酵第 3 天达 10^5 个/g，第 7 天达最高，10^9 个/g 左右，以后逐渐减少，到第 20 天后基本平衡。夏季发酵时酵母在第 5 天就达到最高值。此外，入窖时酵母种类较多，而且在数量上差距不明显，但入窖第 3 天直到中后期，酿酒酵母在数量上占绝对优势，后期，汉逊酵母与酿酒酵母的数量大致相当。

3. 细菌

细菌的数量在整个发酵过程中起伏较小，但在夏季高温时，酒醅中乳酸菌数量增加较多，其生长趋势与酒醅酸度的升高是一致的。春季气温低时，乳酸菌数量变化较小。

酒醅微生物的消长变化与酒醅的发酵阶段密切相关，微生物数量在发酵初期增殖最快（尤其是酵母菌），到达高峰后，缓慢降落。这与酒醅的特殊生态环境是分不开的，特别与酸度、溶氧、温度和酒度的关系最为密切。应该指出，各地酒醅微生物的消长情况是有差异的。

（七）微生物消长引起的酒醅理化反应

在微生物消长过程中，酒醅的温度、水分、酸度、淀粉、还原糖、酒度等也随之发生变化。

1. 温度

由于微生物的呼吸生长繁殖及酵母菌的酒精发酵，窖内酒醅品温逐步上升，入窖第 11~16 天会达到最高，比入窖温度高 9~10℃。

2. 水分

酒醅水分是略有升高的，一般上升 3%~5%。

3. 酸度

酒醅酸度的变化，低温入窖时表现得缓慢而均匀，在主发酵期结束后才较快地上升，出窖最高为 3.0 以上；而夏季气温高时，入窖后就以较快的速度上升，在主发酵期间也平均以每天 0.1 的速度上升，以后的变化与春季一致，出窖酒醅酸度高达 3.6 左右，这主要是乳酸菌增殖而引起的。

4. 淀粉

入窖 3 天内，淀粉含量下降较为迅速，因为这时糖化酶开始作用，而酵母菌还处于迟缓期。当酵母进入发酵期后，糖化与发酵处于平衡，淀粉的下降和酒精形成也达到平稳。

5. 还原糖和酒度

春、夏季酒醅还原糖数量均在第 3 天达到最高值，但以后的变化两季差异较大。春季发酵，酒醅的糖度在第 3 天后先较缓地下降，在第 7~11 天陡然下降，以后又较缓慢下降，到第 16 天后则趋于平稳。伴随着糖度的变化，酒度在入窖第 3~7 天缓慢上升，第 7~11 天迅猛上升，以后又转入缓慢上升，第 16 天后，则趋于平稳。

夏季气温较高，发酵时，酒醅的糖度在第 3 天迅速下降，第 7~16 天缓慢下降，第 16 天后趋于平稳。酒度伴随糖度而变化，第 3~7 天酒度迅速上升，以后缓慢上升，第 16 天后趋于平稳。可见夏季主发酵提早到入窖后第 3~7 天进行。

在诸多微生物类群中，酿酒酵母是主要的产酒微生物，在较低气温时，一般入窖后酵母密度在第 7 天达最高值，而主醛期滞后到第 7~11 天，酒度才迅速增加。这又反过来抑制了酵母的生长繁殖，使酵母生长趋于平稳，活细胞数开始减少。在发酵前期，酿酒酵母占优势，主要产酒，中、后期汉逊酵母比例增高，使后期产香。发酵前期，酵母占优势，中期酵母、细菌数量相当，发酵后期，细菌数量比例有明显升高。可见厌氧性细菌在发酵后期起着一定的作用，这与窖泥中的己酸菌等产香微生物都有密切关系。

浓香型大曲酒发酵体系的特征说明出酒率的关键是酵母菌为主体的前期好氧发酵能否建立，质量的关键是能否形成酵母菌、己酸菌、丁酸菌、乳酸菌、醋酸菌五菌并行发酵，可通过配料来控制发酵条件，如降低入窖酸度、使用强化大曲、培养维护好人工老窖等措施达到实现目的。

第三节　黄酒

黄酒是世界三大酿造酒（黄酒、葡萄酒和啤酒）之一，也是中华民族的传统特产，享有"国酒"之美誉。

黄酒除做饮用外，还可做烹调菜肴的调味料，不但可以去腥，而且可以增进菜肴鲜美风味。另外，黄酒还可作药用，是中药中的辅佐料或"药引子"，并能配制成多种药酒。

黄酒因其色泽黄亮而得名，又称老酒、料酒、陈酒，是以大米、黍米和玉米等谷物为主要原料，以酒药、麦曲、麸曲、米曲及酒母等为糖化发酵剂酿制而成的低酒精度饮料酒，酒精含量为 12%~18%。

酒药，又称小曲、白药、酒饼，是我国独特的酿酒用糖化发酵剂，也是有选择性地分离、培养和保藏优良微生物菌种的独特方法。关于酒曲的最早文字可能就是周朝著作《书经·说命篇》中的"若作酒醴，尔惟曲蘖"。其中的"曲"和"蘖"分别就是指酒曲和发芽的谷物。可见我国早在 3000 多年前已能使用麦芽、谷芽制成蘖，作为糖化发酵剂酿醴，使用谷物发霉制成曲，把糖化和酒精发酵结合起来作为糖化发酵剂酿酒了。

根据糖分含量，黄酒分为干型黄酒（含糖量<1.00 g/100 mL）、半干型黄酒（含糖量 1.00~3.00 g/100 mL）、半甜型黄酒（含糖量 3.00~10.00 g/100 mL）、甜型黄酒（含糖量 10.00~20.00 g/100 mL）四类。绍兴酒的四个名品，即元红酒、加饭酒、善酿酒、香雪酒就分别为这四类黄酒的典型代表。

黄酒生产主要原料是大米和酿造用水，辅料是制曲用的小麦。在一些地区，也有用玉米、黍米等作酿酒原料的。

一、原料大米的预处理

（一）米的精白

糙米的糠层含有较多的蛋白质、脂肪，会给黄酒带来异味，降低成品酒的质量；糠层的存在，妨碍大米的吸水膨胀，米饭难以蒸透，影响糖化发酵；糠层所含的丰富营养会促使微生物旺盛发酵，品温难以控制，容易引起生酸菌的繁殖而使酒醪的酸度升高。

对糙米或精白度不足的原料，精白提高后相对提高了大米淀粉的含量，并可加快淀粉吸水，容易糊化等。但精白度也要适当，精白度过大不但使米粒容易破碎，蛋白质等大量减少，也对酵母生长不利。此外，若酿造用水的硬度较高时，米的精白度也应适当降低。

（二）洗米浸米

洗米与浸米同时进行。浸米后大米吸水膨胀以利蒸煮。在传统摊饭法酿制黄酒的过程中，浸米的酸浆水是发酵生产中的重要配料之一。浸米时间长达 16~20 天，由于米和水中的微生物作用，这些水溶性物质被转变或分解为乳酸、肌醇和磷酸等。抽取浸米的酸浆水作配料，在黄酒发酵一开始就形成一定的酸度，可抑制杂菌的生长繁殖，保证酵母的正常发酵；酸浆水中的氨基酸、维生素可提供给酵母利用；多种有机酸带入酒醪，可改善酒的风味。目前的新工艺黄酒生产不需要浆水配料，常用乳酸调节发酵醪的 pH 值，浸米时间大为缩短，常在 24~48 h 完成。淋饭生产黄酒，浸米时间仅几小时或十几小时。

（三）蒸饭

蒸饭可达到淀粉糊化、原料灭菌和怪杂味挥发的目的。黄酒酿造采用整粒米饭发酵，是典型的边糖化边发酵工艺，发酵时的醪液浓度高，呈半固态，流动性差。为了有利于酵母的增殖和发酵，使发酵彻底，同时又有利于压榨滤酒，在操作时特别要注意保持饭粒的完整。

对米饭的要求是"外硬内软，内无白心，疏松不糊，透而不烂，均匀一致"。

（四）米饭的冷却

1. 淋饭法

在制作淋饭酒、喂饭酒、甜型黄酒及淋饭酒母时，使用淋饭冷却。此法用清洁的冷水从米饭上面淋下，以降低品温，如果饭粒表面被冷水淋后品温过低，还可接取淋饭流出的部分温水（40~50℃）进行回淋，使品温回升。

淋后米饭应沥干余水，否则根霉繁殖速度减慢，糖化发酵力变差，酿窝浆液混浊。

2. 摊饭法

将蒸熟的热饭摊放在洁净的竹簟或磨光的水泥地面上，依靠风吹使饭温降至符合发酵要求。摊饭冷却，速度较慢，易感染杂菌和出现淀粉老化现象，尤其是含直链淀粉多的米原料，不宜采用摊饭冷却，否则淀粉老化严重，出酒率低。一般摊饭冷却温度为 50~80℃。

二、糖化发酵剂的制备

黄酒发酵是在霉菌、酵母菌及细菌等多种微生物的共同参与下完成的。

麦曲、米曲中的曲霉菌，在黄酒酿造中起糖化作用。一般以黄曲霉为主，适当添加少量黑曲霉或食品级糖化酶。黄曲霉纯菌种有 3800、苏 - 16 等，黑曲霉菌种有 3758、AS3.4309 等。

根霉菌是酒药中的主要糖化菌。其糖化力强，几乎使淀粉全部水解生成葡萄糖，还能分泌乳酸、琥珀酸和延胡索酸等有机酸，降低培养基的 pH，抑制产酸菌的侵袭，并使黄酒口味鲜美丰满。黄酒常用的根霉菌纯菌种主要有 Q303、3.851、3.852、3.866、3.867、3.868 等。

传统法黄酒酿造中使用的酒药中含有许多酵母，有些起发酵酒精的作用，有些起产生黄酒特有香味物质的作用。新工艺黄酒使用的是 AS2.1392、M-82、AY 系列黄酒优良纯种酵母菌。

黄酒发酵如果条件控制不当和消毒不严格等，会造成有害细菌的大量繁殖，导致黄酒发酵醪的酸败。常见的有害微生物主要有醋酸菌、乳酸菌和枯草芽孢杆菌。

（一）麦曲

麦曲是指在破碎的小麦上培养繁殖糖化菌而制成的黄酒糖化剂，主要是淀粉酶和蛋白酶；同时在制曲过程中，形成各种代谢产物产生的色泽、香味等，赋予黄酒以独特的风味。

传统的麦曲（草包曲、挂曲、块曲）系自然培养的生麦曲，是轧碎的小麦加水制成（可拌入少量优质陈曲作为母种）块状，（或包上稻草）自然发酵制成。

散曲主要有纯种生麦曲、爆麦曲、熟麦曲等，常采用纯种培养而成。

1. 自然培养麦曲

绍兴麦曲（踏曲），又称闹箱曲，是块曲的代表。一般在农历 8~9 月制作，此时正当桂花盛开之季，故习惯上把这时生产的麦曲称为"桂花曲"。用量为原料糯米的 1/6，对酒的风味影响极大，故用料要求严格。它不但有一些糖化菌及酵母，本身也是糖化剂，是发酵原料及香气成分的来源之一。踏曲制备工艺流程如下。

小麦 → 过筛轧碎 → 加水拌曲(20%) → 踏曲成型 → 入室堆曲 → 保温培养 → 通风干燥 → 成品

2. 纯种培养麦曲

纯种麦曲是指把经过纯种培养的黄曲霉（或米曲霉）接种在小麦上，在人工控制的条件下进行扩大培养制成的。常用生产菌种为 3800 或苏-16 等。

纯种麦曲多数采用装箱厚层通风制曲法，按原料处理方法的不同可分为纯种生麦曲、熟麦曲和爆麦曲。其制造工艺过程如下。

原菌 → 试管培养 → 三角瓶培养 → 帘子曲培养 → 麦曲厚层通风培养

（二）酒药（小曲）

酒药又称小曲、酒饼、白药。酒药作为黄酒生产的糖化发酵剂，具有糖化发酵力强、用量小、制作简单、贮存使用方便等优点，主要用于生产淋饭酒母或淋饭法酿制甜黄酒。

目前，酒药的制造方法有传统法和纯种法两种。传统法酒药是用新鲜早籼糙米粉和辣蓼草为原料，自然发酵而成的（接母种）。经分离研究，酒药中主要含根霉、毛霉、酵母及少量的细菌和梨头霉等微生物。纯种法主要采用纯根霉和纯酵母分别在麸皮或米粉上培养，然后混合使用。

1. 白药（蓼曲）

传统法酒药有白药（蓼曲）和药曲之分。在白药（蓼曲）生产中添加各种中药制成的酒药，即为药曲。中药的加入可能提供了酿酒微生物所需的营养，或能抑制杂菌的繁殖，使发酵正常并带来特殊的香味，但大多数中药对酿酒微生物具有不同程度的抑制作用，故不应盲目添加。白药（蓼曲）制备工艺流程如下。

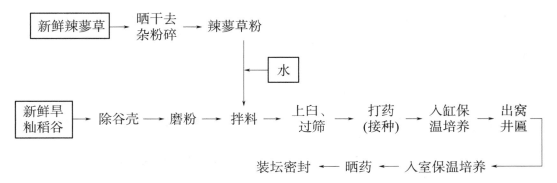

2. 纯种小曲

传统的酒药是根霉、酵母和其他微生物的混合体，能边糖化边发酵。而纯种根霉菌主要起到糖化作用，产酒精能力不够，为此还要培养酵母，然后混合使用，才能满足浓醪发酵的需要。

纯种小曲是采用人工培养纯种根霉菌和酵母菌制成的。用它来生产黄酒，成品酒具有酸度低、口味清爽而一致的特点。出酒率比传统酒药提高5%~10%。其制备工艺流程如下。

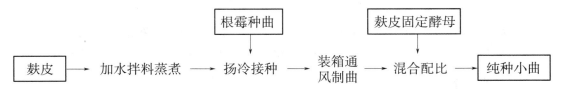

（三）酒母

制备酒母主要是培养大量健壮成熟的酵母菌。黄酒酒母的种类可分两大类：一是用酒药通过淋饭酒醅自然繁殖培养酵母菌，这种酒母称为淋饭酒母；二是由试管菌种开始，逐步扩大培养，这种酒母称为纯种酒母。

1. 淋饭酒母

淋饭酒母俗称"酒娘"，作为酿造摊饭酒的发酵剂。淋饭酒母因将蒸熟的米饭用冷水淋冷的操作而得名。

制作淋饭酒母，一般在淋饭酒生产以前20~30天开始。酿成的淋饭酒醅，挑选质量上乘的作为酒母，其余的掺入淋饭酒主发酵结束时的酒醪中，以增强和维持后发酵的能力。其工艺流程如下。

淋饭酒母还可直接酿成淋饭酒，作为商品出售，俗称快酒，又名新酒，但风味比较单调。

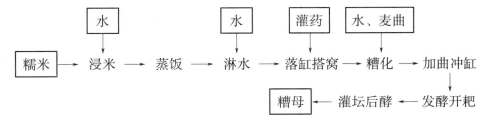

2. 纯种酒母

目前纯种酒母有两种制备方法：一是仿照黄酒生产方式的速酿双边发酵酒母，因制造时间比淋饭酒母短，又称速酿酒母；二是高温糖化酒母，是采用 55~60℃ 高温糖化，糖化完毕经高温杀菌，使醪液中野生酵母和酸败菌死亡，这样可以提高酒母的纯度，减少黄酒酸败因素，目前为较多的黄酒厂所采用。

（四）酶制剂及黄酒活性干酵母

应用于黄酒生产的酶制剂主要是糖化酶、液化酶等，它能替代部分麦曲，减少用曲量，增强糖化能力，提高出酒率和黄酒质量。

黄酒活性干酵母（Y-ADY）是选用优良黄酒酵母菌为菌种培养而成的。活性干酵母必须先经复水活化后才能使用。

三、黄酒发酵

黄酒发酵的主要特点如下。

①开放式发酵。黄酒发酵是不专门进行灭菌的开放式发酵。

②边糖化边发酵。在黄酒酿造过程中，淀粉糖化和酒精发酵是同时进行的。

③高浓度发酵。酒醅中的大米与水之比为 1:2 左右，是所有酿酒中浓度最高的。

④低温长时间发酵。产生香味物质，必须经过长时间的低温后发酵。

由于在高浓度下进行低温长时间的边糖化边发酵，并且酒醅中酵母的浓度高达 6 亿~8 亿个/mL 以及其他因素的影响，形成了发酵液为 16% 左右的高酒精含量，是所有酿造酒中最高的。

（一）黄酒的传统发酵

1. 淋饭法

淋饭法工艺流程如下。

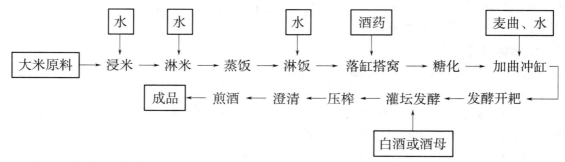

淋饭法操作与淋饭酒母相同，参见本节淋饭酒母部分内容。

2. 摊饭法

绍兴元红酒是干型黄酒中具有典型代表性的摊饭酒。摊饭酒，又称"大饭酒"，即是正式酿制的绍兴酒。因采用将蒸熟的米饭倾倒在竹箪上摊冷的操作方法，故称"摊饭法"制酒。因颇占场地，速度又慢，现改为用鼓风机吹冷的方法，加快了生产进度。

摊饭酒的前后发酵时间达 90 天左右，在各类黄酒生产中是发酵期最长的一种，所以口味醇厚，质量上乘。摊饭法工艺流程如下。

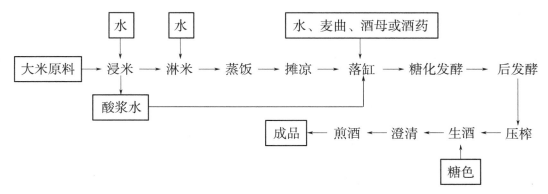

3. 喂饭法

喂饭法发酵是将酿酒原料分成几批，第一批先做成酒母，在培养成熟阶段，陆续分批加入新原料，扩大培养，使发酵继续进行的一种酿酒方法。喂饭法工艺流程如下。

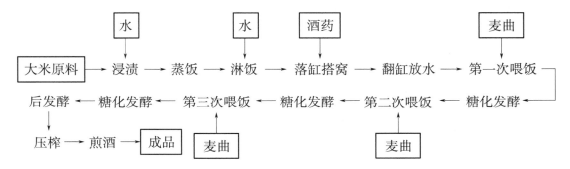

（二）黄酒的现代大罐发酵

传统的黄酒原料是糯米及粟米，通过改革米饭的蒸煮方法，实现了用粳米和籼米代替糯米的目的，并改发酵缸（坛）为大罐。米饭的蒸煮逐步由柴灶转变为由锅炉蒸汽供热。已采用洗米机、淋饭机，蒸饭设备改成机械化蒸饭机（立式和卧式），原料米的输送实现了机械化，大罐发酵工艺流程如下。

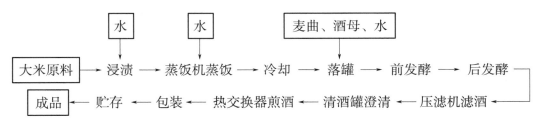

在大罐中加入麦曲、纯种酵母和水，前发酵 3～5 天。当温度达到 33℃时进行开耙冷却，使最终品温在 15～20℃。后发酵在室温 13～18℃条件下，静止 20 天左右。

大罐发酵是利用醪液自动翻动来代替传统的人工开耙。当米饭、麦曲、酒母和水混匀落罐后，由于酵母呼吸产生的 CO_2 的上升力，使上部物料显得干厚而下部物料含水较多，经 5～10 h 糖化酵母繁殖，酵母细胞浓度上升到 3 亿～5 亿个/mL，发酵作用首先在厌氧条件较好的底部旺盛起来。由于底部物料开始糖化发酵早，醪液较早变稀，流动性较好，酵母产生的 CO_2 有上浮冲力作用，因此低部醪液较早开始翻腾。随着发酵时间的推移，酒醪翻腾的范围逐步向上，落罐后 10～14 h，酒醪上部的醪盖被冲破，整个醪液全部自动翻腾，这时醇液品温正好达到传统发酵的头耙温度 33~35℃。以后醪液一直处于翻腾状态，一直到主发酵结束，醪层越厚，CO_2 越集中，产生的拖带力越大，翻腾越剧烈。原料大米浸渍度的高低、蒸饭熟度、糖化剂的酶活性和落罐工艺条件等多种因素也会影响自动开耙的难易程度。

（三）发酵过程中的物质变化

在黄酒发酵过程中，酵母代谢除产生酒精之外，还有琥珀酸等有机酸生成。蛋白质经发酵酒醪发酵水解形成肽和氨基酸等一系列含氮化合物。酒醪中氨基酸达到 18 种之多，其中被酵母同化，合成菌体蛋白质，同时形成高级醇，其余部分留在酒液中。黄酒中含氮的 2/3 是氨基酸，其余 1/3 是多肽和低肽，它们对黄酒的浓厚感和香醇性影响较大。

在发酵过程中，脂肪大多被微生物的脂肪酶分解成甘油和脂肪酸。甘油赋予黄酒甜味和黏厚感。脂肪酸与醇结合形成酯。酯和高级醇等都能形成黄酒特有的芳香。

在发酵过程中，酵母代谢产生的氨甲酰化合物和乙醇可生成氨基甲酸乙酯：

$$R \cdot CO \cdot NH_2 + C_2H_5OH \longrightarrow HN_2 \overset{\overset{\text{O}}{\|}}{-}C-O-C_2H_5 + R \cdot H$$

氨甲酰化合物　　乙醇　　　　　　　　氨基甲酸乙酯

氨基甲酸乙酯是一种具有致癌作用的物质。它已引起国际酿酒界的关注，在酒类生产中开始对它的含量加以严格地限制，如日本清酒规定中其含量不得超过 0.1 mg /L；黄酒 T 的 S 甲酰化合物主要是尿素。降低黄酒中氨基甲酸乙酯的合成的措施有：

①削弱酵母精转氨酶的活力，阻止精氨酸转化成鸟氨酸和尿素。

②利用脲酶分解酵母产生的尿素。

③选育产菌能力差的黄酒酵母。

④控制黄酒灭菌温度和缩短贮存时间。

（四）发酵后处理

经过较长时间的后发酵，黄酒酒醪酒精体积分数升高 2%~4%，并生成多种代谢产物，使酒质更趋完美协调，但酒液和固体糟粕仍混在一起，必须及时把固体和液体加以压榨分离，之后还要进行澄清、煎酒（加热灭菌）、包装、贮存等一系列操作，才成为黄酒成品。

酒醪发酵成熟后进行过滤和压榨。压滤流出的酒液称为生酒，应集中到澄清池内让其自然沉淀数天，或添加澄清剂，加速其澄清速度。为了防止酒液在发酵时出现混散及酸败现象，澄清温度要低，澄清时间要短，一般在 3 天左右。大部分固形物被除去，但某些颗粒极小，质量较轻的悬浮粒子还存在，可采用硅藻土粗滤和纸板精滤来加快酒液的澄清。

煎酒操作是把澄清后的生酒加热煮沸片刻，以便于储存保管，其目的是：

①加热杀菌，破坏残存酶的活性。

②基本上固定酒的成分，防止成品酒的酸败变质。

③加速黄酒的成熟，除去生酒杂味，改善酒质。

④促进高分子蛋白质和其他肢体物质凝固，使黄酒色泽清亮，提高黄酒的稳定性。煎酒温度与煎酒时间和酒精含量等有关，一般在 85℃ 左右。煎酒过程中，酒精的挥发损失为

0.3%~0.6%，挥发出的酒精蒸气经收集，冷凝成液体，称为"酒汗"。酒汗可用于酒的勾兑或甜性黄酒的配料。

灭菌后的黄酒应趁热灌装，入坛储存。酒坛良好的透气性，对黄酒的老熟极其有利。灌装前要做好酒坛的清洗灭菌，检查是否渗漏。灌装后，立即扎紧封口，以便在酒液上方形成 一个酒气饱和层，使酒气冷凝液回到酒液里，造成一个缺氧、接近真空的保护空间。

新灌装的酒中，分子排列紊乱，酒精分子活度较大，很不稳定，其口感粗糙，香气不足，缺乏协调，必须经过储存，促使黄酒老熟，这一储存过程称为"陈酿"。经储存，黄酒的色香味等都会发生变化，酒体变得醇香、绵软，口味协调。黄酒储存时，酒液中的尿素和乙醇继续反应，生成有害的氨基甲酸乙酯。成品酒的尿素含量越多，储存温度越高，储存时间越长，则形成的氨基甲酸乙酯越多。所以要根据酒的种类、储酒条件、温度变化，掌握适宜的储存期，保证黄酒色香味的改善，防止有害成分生成过多。普通黄酒要求陈酿1年，名优黄酒要求陈酿3~5年。

四、几种典型的黄酒发酵工艺要点

（一）干型黄酒

干型黄酒（元红酒）含糖质量浓度在 1.0 g/100 mL（以葡萄糖计）以下，酒的浸出物较少，口味比较淡薄。绍兴元红酒是干型黄酒中具有典型代表性的摊饭酒。

其发酵工艺操作已在本章黄酒的传统发酵部分介绍。

（二）半干型黄酒

半干型黄酒（加饭酒）含糖量在 1.0~3.0 g/100 mL，绍兴加饭酒是半干型黄酒的代表。加饭酒，顾名思义，是在配料中增加了饭量，实际上是一种浓醪发酵酒，采用摊饭法酿制而成，比干型的元红酒更为醇厚。其工艺流程如下。

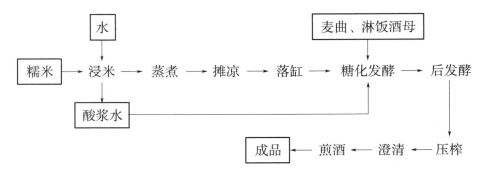

（三）半甜型黄酒

半甜型黄酒（善酿酒）的糖分在 3.0~10.0 g/100 mL。绍兴善酿酒是半甜型黄酒的代表，是用元红酒代水酿制而成的酒中之酒。以酒代水使得发酵一开始就有较高的酒精含量对酵母形成一定的抑制作用，使酒醪发酵不彻底，从而残留较高的糖分和其他成分，再加配入芬芳浓郁的陈酒，形成绍兴善酿酒特有的芳香，酒度适中而味甘甜的特点。

善酿酒是采用摊饭法酿制而成的，其酿酒操作与元红酒基本相同，不同之处是落缸时以陈元红酒代水酿制。

（四）甜型黄酒

甜型黄酒（香雪酒）的糖分在 10.0 g/100 mL 以上，一般采用淋饭法酿制，即在饭料中拌入糖化发酵剂，当糖化发酵达到一定程度时，加入酒精体积分数为 40%～50% 的白酒，抑制酵母菌的发酵作用，以保持酒醅中有较高的含糖量。具有代表性的品种有绍兴的香雪酒、福建省的沉缸酒、江苏丹阳和江西九江的封缸酒等产品。

香雪酒是用白酒代水酿制而成的，酒醅经陈酿后，既无白酒的辣味，又有绍兴酒特有的浓郁芳香，上口香甜醇厚。其工艺流程如下。

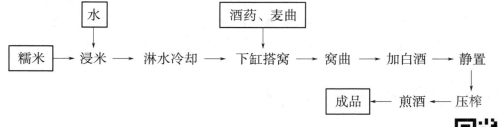

第四节　啤酒

啤酒是以大麦制成的麦芽、大米或其他谷物、酒花等为原辅料，经糖化和发酵制成的一种含有二氧化碳、低酒精度的饮料。公元前 18 世纪，古巴比伦已有关于啤酒的详细记载。13 世纪，德国使用啤酒花作苦味剂。在中国古代，也有类似于啤酒的酒精饮料，即所谓的蘖法酿醴（依靠谷物发芽糖化酿酒），目前啤酒生产几乎遍及世界各国，是产量最大的酒。

通常根据生产所用的原麦汁浓度及产品的酒精含量对啤酒进行分类。低、中和高浓度啤酒的原麦汁浓度分别为 2.5%～9.0%、11.0%～14.0% 和 14.0%～22.0%；酒精含量分别为 0.8%～2.5%、3.2%～4.2% 和 4.2%～5.5%。

此外，根据啤酒色泽可分为淡色、浓色和黑色啤酒；根据杀菌方法可分为纯生啤酒、鲜啤酒和熟啤酒；根据啤酒酵母性质可分为上面发酵啤酒和下面发酵啤酒。还有一些特殊啤酒，如小麦啤酒、果味啤酒、佐餐啤酒、粉末啤酒、无醇（低醇）啤酒、干啤酒、冰啤酒、低热量啤酒、营养啤酒和酸啤酒等。

啤酒生产过程大致可分为麦芽制造和啤酒酿造（包括麦芽汁制造、啤酒发酵、啤酒过滤灌装三个主要过程）两大部分。

一、啤酒酿造原辅料

酿造啤酒的原料为大麦、酿造用水、酒花、酵母、辅料（玉米、大米、大麦、小麦、淀粉、糖浆和糖类物质等）和添加剂（酶制剂、酸、无机盐和各种啤酒稳定剂等）。

（一）大麦

大麦是啤酒生产的主要原料。生产中先将大麦制成麦芽，再用来酿造啤酒。根据大麦籽粒生长的形态，可分为六棱大麦、四棱大麦和二棱大麦。其中二棱大麦的麦穗上只有两行籽粒，籽粒皮薄、大小均匀、饱满整齐，淀粉含量较高，蛋白质含量适当，是生产啤酒的最好原料。

淀粉是大麦中主要的化学成分，贮藏在胚乳细胞，含量占其干物质的65%～85%。大麦中蛋白质含量的高低，对大麦发芽、糖化、发酵及成品酒的泡沫、风味、稳定性都有很大影响。啤酒酿造用大麦一般要求蛋白质含量为9%～12%。近年来，由于淀粉质辅料使用比例增加，利用蛋白质含量较高的大麦酿制啤酒也成为现实。多酚类物质主要存在于皮壳中，其含量占大麦干物质的0.1%～0.3%。大麦中的酚类物质含量虽少，但对啤酒的色泽、泡沫、稳定性影响很大。大分子酚（如花色苷、儿茶酸等）经过缩合反应和氧化反应后，具有单宁性质，易和蛋白质起交联作用而沉淀出来。

啤酒原料大麦要求麦粒有光泽，有新鲜麦香味，籽粒饱满，均匀整齐，皮薄，色浅，无病虫害和霉变，发芽率高。

（二）酒花

啤酒花简称酒花，又称忽布、蛇麻花或蛇麻草等。酒花能够赋予啤酒特有的苦味和香味。酒花与麦汁共沸时可促进蛋白质凝固，有利于麦汁澄清，增强啤酒的非生物稳定性和泡沫持续性。酒花能抑制乳酸菌生长，增加啤酒的防腐能力和风味稳定性。酒花分为香型酒花、兼型酒花和苦型酒花等类型。香型酒花品质最优。酒花的有效成分为酒花油、酒花苦味物质和多酚类物质。

酒花中含有0.5%～2.0%的酒花油。其组成成分很复杂。酒花油易于挥发，容易氧化。酒花油不易溶于水和麦汁，大部分酒花油在麦汁煮沸或热、冷凝固物分离过程中被分离出去。尽管酒花油在啤酒中保存下来的很少，但却是啤酒中酒花香味的主要来源。

啤酒的苦味和防腐能力主要是由酒花中的苦味物质 α-酸和 β-酸提供的。α-酸本身具有苦味和防腐能力，微溶于沸水中，在加热、稀碱或光照等条件下易发生异构化形成异 α-酸。异 α-酸具有强烈的苦味，防腐能力也高于 α-酸，是啤酒苦味的主要来源，且苦味更柔和。α-酸在麦汁中的溶解度不大，需要长时间煮沸才能生成水溶性异 α-酸。β-酸溶解度小，有一定的抑制革兰氏阳性菌和革兰氏阴性菌的能力，但苦味和防腐能力不如 α-酸。

酒花中含有4%～10%的多酚类物质，主要是花色苷、花青素和单宁等，其中花色苷占80%。酒花中的多酚含量比大麦中多酚含量要高得多，是影响啤酒风味和引起啤酒混浊的主要成分。酒花中的多酚在麦汁煮沸时有沉淀蛋白质的作用，但这种沉淀作用在麦汁冷却、发酵甚至过滤装瓶后仍在继续进行，从而会导致啤酒混浊。因此酒花多酚对啤酒既有有利的一面，也有不利的一面，需要在生产中很好地控制。

传统的啤酒酿造工艺是将新鲜酒花干燥后制成全酒花添加入麦汁中。由于全酒花不易保育、运输体积大、使用不方便且酒花利用率不高，现已改为使用颗粒酒花、酒花浸膏、异构化酒花浸膏和酒花油等酒花制品。

（三）啤酒酿造辅料

原则上凡富含淀粉的谷物都可以作为辅料，但添加辅料后不应造成过滤困难，不影响酵母的发酵和产品卫生指标，不能带入异味，不影响啤酒的风味。常用的辅助原料有大米、小麦、糖类和淀粉水解糖浆。

使用辅助原料代替部分麦芽的目的是：以价廉而富含淀粉的谷物为麦芽辅助原料，可降低原料成本和酿酒粮耗；使用糖类或糖浆为辅料，可以节省糖化设备的容量，同时可以调节麦汁中糖的比例，提高啤酒发酵度；使用辅助原料（如大米）可以降低麦汁中蛋白质和多酚类物质的含量，降低啤酒色度，改善啤酒风味和非生物稳定性；使用部分辅助原料（如小麦）可以增加啤酒中糖蛋白的含量，改进啤酒的泡沫性能。

（四）啤酒酿造用水

啤酒生产用水包括加工水及洗涤冷却水两大部分。加工用水中投料水、洗槽水、啤酒水直接参与啤酒酿造，是啤酒的重要原料之一，习惯上称为酿造用水。洗酵母水、啤酒过滤用水等也或多或少地会进入啤酒。成品啤酒中水的含量最大，俗称啤酒的"血液"。酿造用水直接进入啤酒，是啤酒中最重要的成分之一。水中所含钙盐、镁盐的浓度称为水的硬度。通过水的残余碱度（RA）可以预测水中碳酸氢盐、钙硬、镁硬对麦芽汁和啤酒的影响程度，残余碱度是衡量水质的一项重要指标。

加酸可将碳酸盐硬度转变为非碳酸盐硬度，使水的残余碱度降低，降低麦芽汁的 pH 值，使糖化操作能够顺利进行。加石膏可以消除 HCO_3^-、CO_3^{2-} 的碱度，消除磷酸氢二钾的碱性，起到调整水中钙离子浓度的作用。水处理方法有机械过滤、活性炭过滤、砂滤、加酸法、煮沸法、添加石膏法、离子交换法、电渗析法、紫外线消毒法等。

二、麦芽制造（制麦）

大麦在人工控制的外界条件下发芽和干燥的过程，称为"制麦"。发芽后制得的新鲜麦芽叫绿麦芽，经干燥和焙焦后的麦芽称为干麦芽。

麦芽制造的主要目的如下。

①大麦发芽后生成各种酶，作为制造麦芽汁的催化剂。大麦胚乳中的淀粉、蛋白质在酶的作用下，达到适度溶解。

②通过干燥和焙焦除去麦芽中多余的水分和绿麦芽的生腥味，产生干麦芽特有的色、香、味，以便保藏和运输。

大麦籽粒具备发芽能力是大麦发芽的内因，但适宜的外部条件也是必不可少的，其中大麦含水量、温度、氧气的供给和二氧化碳的排除是大麦发芽的外因四要素。麦芽制造的工艺流程如下。

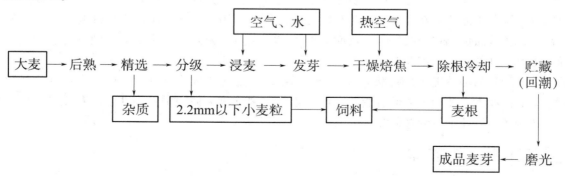

（一） 大麦的后熟

新收获的大麦有休眠期，种皮的透水性、透气性均较差，发芽率低，只有经过一段时间的后熟期才能达到真正的发芽率，一般后熟期需要 6~8 周。由于后熟期种皮的性能受温度、水分、氧气等外界因素的影响而发生改变，大麦的发芽率得到提高。

（二） 大麦的清选和分级

原料大麦含有各种有害杂质，如尘土、砂石、铁屑、麻绳、杂谷及破粒大麦等，均会有害于制麦工艺，直接影响麦芽的质量和啤酒的风味，并直接影响制麦设备的安全运转，在投料前需处理。

粗选的目的是除去各种杂质和铁屑。精选的目的是除掉与麦粒腹径大小相同的杂质，包括荞麦、野豌豆、草籽和半粒麦等。

大麦的分级是把粗精选后的大麦，按腹径大小用分级筛分级。分级的目的是得到颗粒整齐的大麦，从而为浸渍均匀、发芽整齐和获得粗细均匀的麦芽粉创造条件。

大麦精选率是指原大麦中选出的可用于制麦的精选大麦质量与原大麦质量百分比。对二棱大麦，指麦粒腹径在 2.2 mm 以上的精选大麦。

大麦整齐度是指分级大麦中同一规格范围麦粒所占的质量分数。整齐度高的大麦有利于浸渍，发芽均匀。

（三） 浸麦

浸麦的目的如下：使大麦吸收充足的水分，达到发芽的要求，国内最流行的浸麦度为 45%~46%，而欧美有些厂家浸麦度为 42%~45% 时即转入发芽箱，并在发芽箱适当喷水；在水浸的同时，洗涤除去麦粒表面的灰尘、杂质和微生物；在浸麦水中适当添加石灰乳、Na_2CO_3、NaOH、KOH、甲醛中任何一种化学药物，加速麦皮中酚类、谷皮酸等有害物质的浸出，促进发芽并适当提高浸出物。

1. 大麦的水敏性

水敏性是部分大麦的一种特殊生理现象。水敏性大麦吸收水分到某一程度时，发芽即受到抑制；再稍增加吸水量，发芽率反而下降。

具有水敏性的大麦发芽率低于正常大麦。遇有水敏性的大麦要采取以下措施破坏其水敏性：一是浸麦时加过氧化氢（0.1%），或添加氧化性物质；二是分离皮壳、果皮和种皮；三是浸麦度在 32%~35% 时，进行长时间空气休止；四是将大麦加热至 40%~50%，保持 1~2 周。

2. 浸麦方法

浸麦的方法很多，常用的方法有间歇浸麦法、喷雾（淋）浸麦法等。

间歇浸麦法（浸水断水交替法）是大麦每浸渍一定时间后就断水，使麦粒接触空气，浸水和断水交替进行，直至达到要求的浸麦度为止。常采用浸二断六、浸四断四、浸六断六、浸三断九等方法。在可能的条件下，浸水和断水期间均通风供氧，并延长断水时间。

喷雾（淋）浸麦法是在浸麦断水期间，用水雾对麦粒进行淋洗，因此比间歇浸麦法更为有效。其特点是耗水量减少，供氧充足，发芽速度快。

（四）大麦发芽

大麦发芽的目的如下：一是激活原有的酶，大麦中含有少量的酶，通过发芽使其激活；二是生成新酶，麦芽中绝大部分酶是在发芽过程中产生的；三是半纤维素、蛋白质和淀粉等大分子适度分解，同时胚乳的结构也发生改变。

经过发芽的大麦，所含酶量和种类大量增加。发芽的主要条件是：种子含水量、发芽温度和激素。发芽开始，胚部的叶芽和根芽开始发育，同时释放出多种赤霉酸（GA），并向糊粉层分泌，由此诱发出一系列水解酶的形成。故赤霉酸是促进水解酶形成的主要因素（图5-4）。

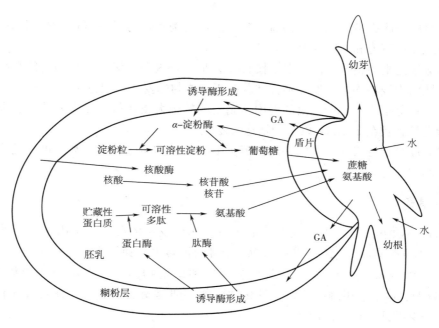

图5-4 大麦发芽

浸渍大麦达到要求的浸麦度后，即进入发芽阶段。实际上大麦的萌发在浸麦期间开始，只不过浸麦条件并不完全适合发芽，特别是不能均匀通风、及时降温和全排除 CO_2。

发芽的基本工艺条件，主要是使麦粒具备足够的水分、适当的温度和适量的新鲜空气发芽后期，还要保持相当数量的二氧化碳气体，以便控制呼吸强度来保证发芽质量。发芽时主要控制发芽水分、发芽温度、发芽时间和通风情况。

发芽操作结束得到的麦芽称为绿麦芽。对发芽的质量主要从两方面来判断：一是物质的转化，主要表现在根芽、叶芽的生长及胚乳的溶解上；二是物质的消耗，要求在合理的物质转化条件下，尽量减少物质的消耗。绿麦芽要求新鲜、松软、无霉烂；手指搓捻呈粉状；发芽率在90%以上；叶芽长度为麦粒长度的2/3~3/4。

（五）干燥焙焦

干燥焙焦是指用热空气强制通风进行干燥和焙焦的过程。干燥焙焦的目的如下。

①除去绿麦芽的多余水分，便于贮藏。绿麦芽水分含量为41%~46%，通过干燥焙焦水

分含量降至 2%~5%，终止酶的作用，使麦芽生长和胚乳连续溶解停止。

②除去绿麦芽的生腥味，使麦芽产生特有的色、香、味。

③使麦根易于脱落。麦根有苦涩味，且吸湿性强，不利于麦芽贮藏，并且容易使啤酒混浊。

目前，普遍采用的干燥设备是间接加热的单层高效干燥炉，水平式（单层、双层）干燥炉及垂直式干燥炉等。麦芽干燥的具体操作基本上可分为如下 3 个阶段。

1. 表面自由水干燥（萎凋）阶段

经过强烈通风，将麦芽水分从 43%~46% 降至 23% 左右，排出的水分为表面水分，无阻力，空气温度控制在 50~60℃，并适当调节空气流量，使排放空气的相对湿度稳定地维持在 90%~95%。

2. 内部水分干燥（烘干）阶段

当麦芽水分降至 23% 左右后，麦粒内部水分扩散至表面的速率开始限制水分的蒸发速率，水分的排除速率下降，排放空气的相对湿度也降低，此时应降低空气流量和适当提高干燥温度，直至麦芽水分降至 12% 左右。

3. 结合水干燥（焙焦）阶段

当麦芽水分降至 12% 左右后，麦粒中水分全部为结合水，空气温度要进一步提高，空气流量要进一步降低，并适当回风。淡色麦芽麦层温度升至 82~85℃，深色麦芽麦层温度升至 95~105℃，并在此阶段焙焦 2~2.5 h，使淡色麦芽水分降低至 4%~5%，浓色麦芽水分降至 1.5%~2.5%。

（六）干麦芽的后处理

干麦芽后处理包括干燥麦芽的除根冷却、贮藏（回潮）及商业性麦芽的磨光。干麦芽后处理的目的如下。

①出炉麦芽必须在 24 h 之内除根，因为麦根吸湿性很强，否则将影响去除效果和麦芽的贮藏。

②麦根中含有 43% 左右的蛋白质，具有苦味，而且色泽很深，会影响啤酒的口味、色泽及啤酒的非生物稳定性。

③必须尽快冷却，以防酶的破坏，致使色度上升和香味变坏。

④经过磨光，除去麦芽表面的水锈或灰尘，提高麦芽的外观质量。新干燥的麦芽需要经储藏一个月以上，才能用于酿造。在贮存过程中麦芽的淀粉酶和蛋白酶的活力都有所提高，有利于糖化。

三、麦芽汁的制备（糖化）

糖化是指麦芽和辅料粉碎加水混合后，在一定条件下，利用生芽本身所含有的酶（或外加酶制剂）将麦芽和辅料中的不溶性大分子物质（淀粉、蛋白质、半纤维素等）分解成可溶性的小分子物质（如糖类、糊精、氨基酸、肽类等）。由此制得的溶液称为麦芽汁。其工艺流程如下。

麦芽汁中溶解于水的干物质称为浸出物，麦芽汁中的浸出物在原料中所有干物质所占的比例称为浸出率。

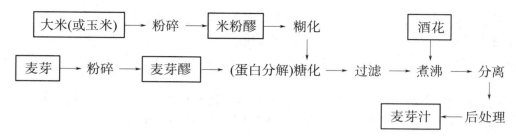

糖化的目的就是要将原料（包括麦芽和辅料）中可溶性物质尽可能多地萃取出来，并且创造有利于各种酶的作用条件，使很多不溶性物质在酶的作用下变成可溶性物质而溶解出来，制成符合要求的麦芽汁。

（一） 原辅料粉碎

粉碎的目的如下。

①增加原料的内容物与水的接触面积，使淀粉颗粒很快吸水软化、膨胀以致溶解。

②使麦芽可溶性物质容易浸出。麦芽中的可溶性物质粉碎前被表皮包裹不易浸出，粉碎后增加了与水和酶的接触面积而易于溶解。

③促进难溶解性的物质溶解。麦芽中没有被溶解的物质及辅料中的大部分难溶解的物质，必须经过酶的作用或热处理才能变成易于溶解的。粉碎可增大与水、酶的接触面积，使难溶性物质变成可溶性物质。

麦芽可粉碎成谷皮、粗粒、细粒、粗粉、细粉五部分，一般要求粗粒与细粒（包括细粉）的比例大于 1：2.5。粉碎的要求是麦芽皮壳应破而不碎，胚乳适当地细，并注意提高粗细粉粒的均匀性。粉碎时皮壳太碎，因麦皮中含有苦味物质、色素、单宁等有害物质，会使啤酒色泽加深，口味变差；过碎还会造成过滤困难，影响麦芽汁收得率。但是颗粒太粗，又会影响滤出麦芽汁的清亮度。

辅料（如大米）应粉碎得越细越好，以增加浸出物的收得率。

（二） 糖化时主要物质的变化

原料麦芽的水浸出物仅占 17% 左右，绝大部分为不溶性和难溶性物质，如麦芽淀粉、蛋白质、β-葡聚糖等。非发芽谷物原料的可溶性物质更少。经过糖化过程的酶促分解和热力作用，麦芽的无水浸出率提高到 75%~80%，大米的无水浸出率提高到 90% 以上。

1. 淀粉的分解

麦芽淀粉和大麦淀粉的性质基本一致，只是麦芽淀粉颗粒在发芽过程中，因受酶的作用，其周边蛋白质层和细胞壁的半纤维素物质已逐步分解，部分淀粉也受到分解，麦芽中淀粉质量分数比大麦减少 4%~6%，淀粉结构变化使支链淀粉含量有所减少，直链淀粉含量稍有增加，比大麦淀粉更容易接受酶的作用而分解。

淀粉的分解分为糊化、液化、糖化三个阶段。大米或玉米作为麦芽的辅料，主要是提供淀粉，为了促进糊化、液化，防止糊化后出现糊锅现象，必须在辅料中加入 15%~20% 麦芽或 α-淀粉酶（6~8 U/g 原料），使其在 55℃ 起就开始糊化、液化，还可缩短操作时间。

淀粉不可全部分解为可发酵性糖，而应保持一部分不发酵和难发酵的低级糊精，可发酵性糖与非发酵性糖的比例必须根据啤酒的品种维持一定的数值。对于浓色啤酒，糖与非糖之比一般控制在 1：（0.5~0.7），浅色啤酒控制在 1：（0.23~0.35）。

2. 蛋白质的分解

糖化时蛋白质的分解称为蛋白质休止，分解的温度称为休止温度，分解的时间称为休止时间。

糖化时蛋白质的分解既影响啤酒泡沫的多少、泡沫的持久性、啤酒的风味和色泽，又影响酵母的营养和啤酒的稳定性。麦芽汁总可溶性氮，对全麦芽啤酒一般要求达到 900~1000 mg/L，对添加辅料并且有较长贮酒期的啤酒要求为 700~800 mg/L，而对淡爽型啤酒应达到 600~700 mg/L，如果低于 550 mg/L，酿成的啤酒就显得淡薄。

3. β-葡聚糖的分解

麦芽中的 β-葡聚糖是胚乳细胞壁和胚乳细胞之间的支撑和骨架物质。在 35~50℃时，麦芽中的高分子葡聚糖溶出，提高醪液的黏度。尤其是溶解不良的麦芽，β-葡聚糖的残存高，麦芽醪过滤困难，麦芽汁黏度大。因此，糖化时要创造条件，通过麦芽中内 β-1,4-葡聚糖酶和内 β-1,3-葡聚糖酶的作用，促进 β-葡聚糖分解，使 β-葡聚糖降解为糊精和低分子葡聚糖。

4. 有机磷酸盐的分解

麦芽所含的磷酸盐酶在糖化时继续分解有机磷酸盐，游离出磷酸及酸性磷酸盐。麦芽中可溶性酸及其盐类溶出，构成糖化醪的原始酸度，改善醪液缓冲性，有益于各种酶的作用。以后由于微生物的作用，产生了乳酸，蛋白质分解产生氨基酸、琥珀酸、草酸等，均会使滴定酸度增加，pH 值下降。

5. 多酚类物质的变化

多酚类物质与高分子蛋白质配位化合，形成单宁—蛋白质的复合物，影响啤酒的非生物稳定性；多酚物质的酶促氧化聚合，又会产生涩味、刺激味，导致啤酒口味失去原有的协调性，使之变得单调、粗涩淡薄，影响啤酒的风味稳定性。因此，采用适当的糖化操作和麦芽汁煮沸，使蛋白质和多酚物质沉淀下来。

（三）影响糖化效果的主要因素

糖化过程是一项非常复杂的生化反应过程。糖化的要求是麦芽汁的浸出物收得率要高，浸出物的组成及其比例符合产品的要求，而且要尽量减少生产费用，降低成本。

糖化过程中的各种酶主要来自麦芽，有时为了补充酶活力的不足，也外加 α-淀粉酶、葡萄糖淀粉酶（糖化酶）、支链淀粉酶、β-葡聚糖酶和蛋白酶等酶制剂。麦芽中的酶系统对整个糖化过程起决定作用，而酶活性主要与温度、时间和 pH 值有关，因此糖化工艺条件选择的依据就是影响酶作用效果的这三个因素。

1. 糖化温度

各种酶在不同温度下的作用效应见表 5-4。

表 5-4　各种酶在不同温度下的作用效应

温度/℃	效应
35~37	浸出各种酶，提高酶活力
40~45	有机磷酸盐分解，β-葡聚糖分解，蛋白质分解，R-酶对支链淀粉的解支作用

温度/℃	效应
45~52	蛋白质分解形成多量的低分子含氮物质，β-葡聚糖继续分解，R-酶和界限糊精酶对支链淀粉的解支作用，有机磷酸盐分解
50	有利于甲醛氮的形成
55	有利于内肽酶作用，形成大量的可溶性氮，内β-葡聚糖酶和氨肽酶等逐渐失活
53~62	有利于β-淀粉酶作用，形成大量麦芽糖
63~65	蛋白酶的分解能力下降，β-淀粉酶的作用最强，形成最多的麦芽糖
65~67	有利于α-淀粉酶的作用，β-淀粉酶的作用减弱，糊精生成量相对增加，麦芽糖生成量相对减少，界限糊精酶失去活力
70	α-淀粉酶的最适温度，生成大量短链糊精，β-淀粉酶、内肽酶和磷酸酯酶等失活
70~75	α-淀粉酶的反应速度加快，形成大量糊精，可发酵性糖的生成减少
76~78	α-淀粉酶等耐高温的酶仍起作用，浸出率开始降低
80~85	α-淀粉酶开始失活
85~100	麦芽中的酶基本都被破坏

2. 糖化 pH 值

淀粉酶作用最适 pH 值随温度的变化而变化（表 5-5）。

表 5-5 不同温度下 α-淀粉酶和 β-淀粉酶作用的最适 pH 值

项 目	温度/℃						
	20	40	50	55	60	65	70
α-淀粉酶	—	4.6~4.8	4.7~4.9	4.9~5.1	5.1~5.4	5.4~5.8	5.8~6.0
β-淀粉酶	4.4~4.6	4.5~4.7	4.5~4.7	4.8~5.0	5.0~5.2	5.2~5.4	5.0~5.5

由表 5-2 可知，对于啤酒的糖化，一般在 63~70℃，α-淀粉酶和 β-淀粉酶的最适 pH 值较宽，可以在 pH 5.2~5.8 波动，影响不大。

对蛋白质分解条件而言，pH 值比温度更重要。通常通过调节麦芽醪 pH 值至 5.2~5.4 来得到合适的麦芽汁组分。对残余碱度较高的酿造水应加石膏、酸等处理，也可添加 1%~5% 的乳酸麦芽。

3. 糖化醪浓度

糖化醪浓度增加导致黏度变大，影响酶对基质的渗透作用，从而降低淀粉的水解速率，可发酵性糖含量也会降低，也会抑制酶对淀粉的作用，降低浸出物收率，糖化时间延长。所以糖化醪的质量分数以 14%~18% 为宜，超过 20% 时糖化速率受到显著影响。所以在生产上酿制浅色啤酒物料加水比一般为 1:（4~5）；酿制浓色啤酒的物料加水比为 1:（3~4）。

4. 糖化时间

糖化时间是指糖化醪从 63℃ 起，到由碘液检查证明糖化完全的这一段时间。在麦芽质量良好的正常操作条件下，醪液达 65℃，约 15 min 即可糖化完全，麦芽汁过滤也很顺利。若麦芽质量一般，约 30 min 糖化完全，麦芽汁过滤尚不困难。如果麦芽质量低劣，酶活力很差，在 1 h 内还不能糖化完全的，麦芽汁过滤困难，则应掺用质量良好的麦芽或采取添加酶制剂等措施。

（四）糖化方法

糖化设备有糊化锅、糖化锅、过滤槽、煮沸锅等。糊化锅主要用于辅料的液化与糊化，并对糊化醪和部分糖化醪液进行煮沸。糖化锅用来浸渍麦芽并进行蛋白质分解和混合醪液糖化。

麦芽和辅料的糖化方法很多，主要可分为两大类，即浸出糖化法和煮出糖化法。

浸出糖化法是纯粹利用麦芽中酶的生化作用，不断加热或冷却调节醪的温度，浸出麦芽中可溶性物质。它要求麦芽质量必须优良，只适合全麦芽酿制上面发酵啤酒和低浓度发酵啤酒。由于麦芽醪不经煮沸，如果使用的麦芽质量太差，即使延长糖化时间，也难达到理想的糖化效果。添加谷物辅料的下面发酵啤酒，一般不采用此法。

煮出糖化法是将糖化醪液的一部分，分批加热到沸点，然后与其余未煮沸的醪液混合，使全部醪液温度分阶段升高到不同酶分解所需要的温度，最后达到糖化终了温度。根据醪液的煮沸次数，煮出糖化法可分为一次、二次和三次煮出糖化法，以及快速煮出法等。

1. 一次煮出糖化法

使用溶解良好的麦芽，采用一次煮出糖化法，蛋白分解温度适当高一些，时间可适当控制短一些，其工艺流程见图 5-5。

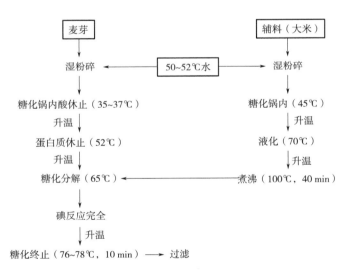

图 5-5　一次煮出糖化法工艺流程

2. 二次煮出糖化法

使用溶解一般的麦芽，采用二次煮出糖化法，蛋白分解温度可稍低，延长蛋白分解和糖化时间。其工艺流程见图 5-6。

3. 外加酶制剂糖化法

使用溶解较差、酶活力低的麦芽，或谷物辅料用量较大，可采用外加酶制剂糖化法以弥

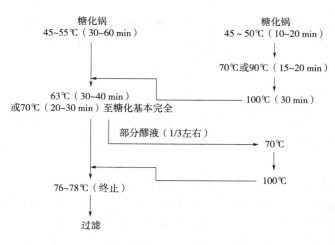

图5-6 二次煮出糖化法工艺流程

补麦芽酶活力的不足。

外加酶制剂糖化法是指麦芽用量小于50%，使用部分大麦（占25%～50%）和大米或玉米（25%）双辅料，并添加适量酶制剂制备麦芽汁的方法，此法可以大幅度降低原料成本，生产的啤酒质量与正常啤酒相近，其糖化工艺流程见图5-7。

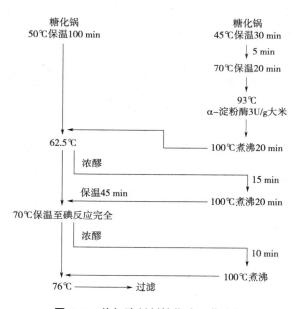

图5-7 外加酶制剂糖化法工艺流程

（五）麦芽汁的过滤

麦芽醪的过滤要求是迅速、较彻底地分离出可溶性浸出物，减少有害于啤酒风味的麦壳多酚、色素、苦味物质等，获得澄清透明的麦汁。麦芽醪的过滤包括如下3个过程。

①残留在糖化醪仅剩的耐热性的α-淀粉酶，将少量的高分子糊精进一步液化，使之全部转变成无色糊精和糖类，提高原料浸出获得率。

②从麦芽醪中分离出"头道麦汁"。

③用热水洗涤麦糟，洗出吸附于麦糟的可溶性浸出物，得到"二滤、三滤麦汁"。

过滤槽法是目前国内啤酒厂大多使用的方法，过滤效果较好。过滤槽的主要构件为滤板，滤板与槽底之间有一定的空间用于收集麦芽汁，槽底开有许多滤孔，麦芽汁导管连接在滤孔上将麦芽汁引导出来。过滤槽的中心轴上装有可以旋转、升降的耕槽机，用来疏松过滤层。过滤槽内还装有可随耕槽机旋转的喷水管，用来喷洒洗槽热水。

将糖化好的醪液泵入过滤槽，静置 10 min，回流 10~15 min，使麦糟形成过滤层，至麦芽汁清亮透明，开始过滤到煮沸锅，此过滤麦芽汁为头道麦芽汁。将麦糟滤层边加热（76~78℃）边连续加入 78℃热水，使残糖含量在 1% 以下，过滤洗槽结束。

影响麦芽汁过滤速度及质量的因素有以下几点：麦芽汁黏度、滤层厚度、滤层阻力、过滤压力、洗槽用水量。

头道麦芽汁滤出后，用水将残留在麦糟中的糖液洗出所用的水称为洗槽用水。洗槽用水量主要根据糖化用水量来确定，这部分水约为煮沸前麦芽汁量与头道麦芽汁量之差，其对麦芽汁收得率有较大的影响。制造淡色啤酒，糖化醪液浓度较稀，洗槽用水量较少；制造浓色啤酒，糖化醪液较浓，相应地洗槽用水量大。

洗槽用水温度为 75~80℃，残糖质量分数控制在 1.0%~1.5%。酿造高档啤酒，应适当提高残糖质量分数，在 1.5% 以上，以保证啤酒的高质量。混合麦芽汁浓度，应低于最终麦芽汁质量分数（1.5%~2.5%）。过分洗槽，会延长煮沸时间，对麦芽汁质量会产生不利影响，而且也是不经济的。

（六）麦芽汁的煮沸和酒花的添加

麦芽汁煮沸的目的有：蒸发水分、浓缩麦芽汁；钝化全部酶和麦芽汁杀菌；溶出酒花的有效成分；蛋白质变性和絮凝；降低麦芽汁的 pH 值；还原物质的形成；挥发出不良气味。

1. 常压煮沸

国内啤酒厂普遍采用蒸汽常压煮沸法。它是在麦芽汁的容量盖过加热层后开始加热，使麦芽汁温度保持在 80℃ 左右，待麦糟洗涤结束后，即加大蒸汽量，使麦芽汁达到沸腾。同时测量麦芽汁的容量和浓度，计算煮沸后麦芽汁产量。

煮沸时间随麦芽汁浓度及煮沸强度而定，一般为 70~90 min。麦芽汁在煮沸过程中，必须始终保持强烈对流状态，使蛋白质凝固得更多些。同时须检查麦芽汁蛋白质凝固情况，尤其在酒花加入后，可用清洁的玻璃杯取样向亮处检查，必须凝固良好，有絮状凝固物，麦芽汁清亮透明，当在预定时间达到产量后即可停气，并测量麦芽汁浓度。

2. 低压煮沸

压力小于 1×10^4 Pa（100~120℃）的加压煮沸，称为低压煮沸。常用的低压煮沸设备是在煮沸锅内安装加热器或用锅外热交换器与煮沸锅结合起来。

先常压预煮沸，再低压煮沸。预煮沸和强烈后煮沸阶段是必需的，以便蒸发和除去挥发性异味物质，对除去挥发性物质来说，强烈的后煮沸阶段比预煮沸阶段更加有效，内加热煮沸具体操作如下。

煮沸温度为 102~110℃。第一次酒花加入后开放煮沸 10 min，排出挥发物质，然后将锅密闭，使温度在 15 min 内升至 104~110℃煮沸 15~25 min，之后在 10~15 min 降至大气压力，第二次加入酒花，总煮沸时间为 60~70 min。此法可加速蛋白质的凝固和酒花的异构化，有利于二甲基硫及其前体物质的降低。

低压煮沸，煮沸时间比传统方法可缩短近 1/3，麦芽汁色度比较浅，麦芽汁中的氨基酸和维生素破坏得少，麦芽汁的色度、可凝固氮、DMS 等有明显降低，延长了保质期，可提高设备的利用率，煮沸时不产生泡沫，也不需要搅拌，并可节能 50% 以上。

低压煮沸由于煮沸温度较高，如果煮沸时间过长容易产生热损伤。不同的煮沸温度、相同的处理时间与常规煮沸相比较可以看出，低压煮沸的麦芽汁苦味值都高于常压煮沸。麦芽汁的热损伤造成异味并导致啤酒容易老化，破坏泡沫性能。

3. 酒花的添加

添加酒花的目的如下。

（1）赋予啤酒特有的香味

酒花中的酒花油和酒花树脂在煮沸过程中经过复杂的变化及不良挥发成分的蒸发，可赋予啤酒特有的香味。

（2）赋予啤酒爽快的苦味

酒花中 α-酸经异构化形成的异 α-酸和 β-酸氧化后的产物，均是苦味甚爽的物质。认真掌握工艺条件，可赋予啤酒理想的苦味。

（3）增加啤酒的防腐能力

酒花中的 α-酸和 β-酸具有防腐灭菌作用。

（4）提高啤酒的非生物稳定性

单宁、花色苷等多酚物质与麦芽汁中蛋白质形成复合物而沉淀出来，提高了啤酒的非生物稳定性。

（5）防止煮沸时串沫

酒花在麦汁煮沸时，苦味物质一部分被溶解而进入麦汁，并在煮沸中不断变化；一部分被变性絮凝的蛋白质吸附，在热凝固物分离后将被除去；另一部分未从酒花中萃取出来，残留在酒花槽中。绝大多数酒花精油随水蒸气蒸发而被挥发，煮沸时间越长，挥发越多。因此，优质酒花一般在最后添加，使酒花中的香味成分能较多地保留在麦汁中。

酒花的添加量应依据酒花的质量（含 α-酸的量）、消费者的嗜好习惯、啤酒的品种、浓度等不同而不同。一般浅色啤酒要突出清香及爽口的苦味，应多加些，如比尔森啤酒酒花加量为 0.4%~0.5%；浓色啤酒要突出麦芽香，可少加些，如慕尼黑啤酒酒花用量为 0.18%~0.20%。

我国浅色啤酒酒花用量较低，如 12°P 浅色啤酒酒花用量为 0.15%~0.20%。近年来消费者饮酒喜欢淡爽型、超爽型、干啤、超干啤及味香的啤酒，所以酒花添加量在下降。不少企业已下降到 0.06%~0.1%。

酒花一般分三次或四次添加，要掌握"先次后好，先陈后新，先苦后香，先少后多"的原则。

（七）酒花糟及热凝固物的分离

热凝固物又称煮沸凝固物或粗凝固物。热凝固物的分离大多采用回旋沉淀槽法（也有少数采用离心机或硅藻土过滤机法）。它是利用旋转麦芽汁产生的离心力进行凝固物分离的。

（八）麦芽汁的后处理

麦芽汁的后处理包括麦芽汁冷却、冷凝固物的析出分离及麦芽汁的充氧。其目的如下：降低麦芽汁温度，使之达到适合酵母发酵的温度 6~7℃；使麦芽汁吸收一定量的氧气，以利于酵母的生长增殖；析出和分离麦芽汁中的冷、热凝固物，改善发酵条件和提高啤酒质量。

四、啤酒发酵

（一）啤酒酵母的种类

1. 上面啤酒酵母和下面啤酒酵母

由于酵母细胞壁外层的不同化学结构，使一些酵母具有疏水表面，发酵时随着二氧化碳和泡沫漂浮于液面上，发酵终了形成酵母泡盖，经长时间放置，只有少量酵母沉淀，此类酵母为上面啤酒酵母。

另一些酵母具有亲水表面，在发酵时，悬浮在发酵液内，发酵结束时，酵母很快凝集成块并沉淀在池底，此类酵母为下面啤酒酵母。

2. 凝集性酵母和粉末性酵母

啤酒酵母的絮凝特性是重要的生产特性，它会影响酵母回收再利用于发酵的可能，影响发酵速率和发酵度，影响啤酒过滤方法的选择，乃至影响到啤酒风味。

大多数下面酵母为凝集性酵母，用这种酵母发酵时，由于大量酵母沉淀，发酵度低，发酵澄清快，此类酵母蛋白酶含量较少，不易分解蛋白质。

发酵结束时，仍长期悬浮在发酵液中，很难下沉的酵母称为粉末酵母。用此类酵母发酵，发酵液澄清慢，但发酵度高，对蛋白质分解能力强，适用于发酵降糖慢的麦芽汁。

对啤酒酵母的基本要求是：发酵力高，凝聚力强，沉降缓慢而彻底，繁殖能力适当，生理性能稳定，酿制出的啤酒风味好。我国和世界上多数国家使用的都是下面酵母。典型的下面发酵酵母是卡尔斯伯酵母。

（二）啤酒酵母扩大培养

1. 实验室扩大培养阶段

斜面菌种→活化（25℃，3~4 天）→10 mL 液体试管（25℃，24~36 h）→100 mL 培养瓶（25℃，24 h）→1 L 培养瓶（20℃，24~36 h）→5 L 培养瓶（18~16℃，24~36 h）→25 L 卡氏罐（16~14℃，36~48 h）

2. 生产现场扩大培养阶段

25 L 卡氏罐→250 L 汉生罐（12~14℃，2~3 天）→1500 L 培养罐（10~12℃，3 天）→100 L 繁殖罐（9~11℃，3 天）→20 m³ 发酵罐（8~9℃，7~8 天）→0 代酵母

（三）酵母的回收保存

1. 发酵罐的酵母回收

第一次扩大培养得到的酵母，称为 0 代酵母。经过车间生产周转过来的第一次沉淀酵母，称为第一代酵母。在正确回收、洗涤和正常发酵条件下，酵母使用一般为 5~8 代。

2. 汉生罐的酵母留种

发酵罐的回收酵母使用代数过多，生产性能就会下降。啤酒厂一般采用汉生罐留种，重

新进行纯种扩大培养。其操作要点如下。

①汉生罐无论是否需要扩大，每月要更换一次麦芽汁。

②每次更新麦芽汁前，汉生罐应预先通过手动搅拌或压缩空气搅拌，使已经沉淀的酵母被均匀搅拌成乳浊液，搅拌和通风必须足够打碎结实的凝聚状酵母，然后按罐实际容积放走85%～90%酵母悬浮液，留下10%～15%，再补充新的麦芽汁。如果留种量过大，虽然发酵时间可缩短，但补充新麦芽汁后，新生酵母细胞会偏少，酵母容易衰老。

③作为留种汉生罐培养，应注意培养时间，切勿使培养过头，否则在低温饲养酵母时，由于营养缺乏，会加速酵母的衰老。

传统生产中酵母接种量一般用每百升麦芽汁添加粥状酵母泥的体积来表示。由于酵母泥的稀稠度、酵母代数等的不同，造成接种量不准确。因此，酵母接种量改用接种酵母后麦芽汁中酵母细胞数来表示。接种到发酵罐的酵母能否很快混合均匀同样很重要，它不但影响发酵时间，而且会影响发酵副产物的生成量，一般采用边加麦芽汁边加酵母的方法效果较好。

（四）啤酒主要风味物质的形成

啤酒发酵期间，除生成乙醇和 CO_2 外，还产生少量的代谢副产物，如双乙酰（连二酮类）、醛类、高级醇、酯、有机酸、含硫化合物等。这些物质虽然含量少，但由于阈值小，对啤酒风味的影响很大。双乙酰、醛类和含硫化合物是造成啤酒不成熟的主要原因。

1. 双乙酰

连二酮类是双乙酰和2，3-戊二酮的总称，其中对啤酒风味起主要作用的是双乙酰。双乙酰的味阈值为 $0.1～0.15\ mg/L$，超过味阈值啤酒会呈馊饭味，发酵前期其含量很高，后期会逐步降低，因此在发酵过程中把双乙酰的含量作为啤酒成熟度的重要指标。

双乙酰的生成途径有三个。

①酵母合成缬氨酸时，由 α-乙酰乳酸的非酶分解形成（图5-8）。

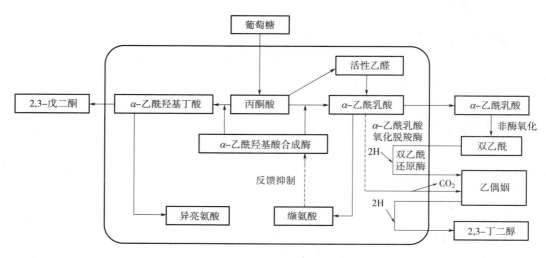

图5-8 双乙酰的合成和分解

②直接由乙酰辅酶A和活性乙醛缩合而成。

③发酵过程中污染的链球菌等杂菌代谢产生。其中第一个途径产生双乙酰的数量最多，

在酵母代谢合成缬氨酸的过程中，一部分中间产物 α-乙酰乳酸会排出酵母细胞外，进行非酶氧化脱羧反应形成双乙酰。双乙酰可以被酵母吸收，在酵母细胞内经双乙酰还原酶还原为乙偶姻，再进一步还原为 2，3-丁二醇（对啤酒的正常风味不造成影响）。而非酶氧化形成双乙酰的速度远远低于双乙酰的酶促还原速度。

为保证啤酒风味的纯正，防止双乙酰含量过高，可采取如下措施。

①提高麦汁中氨基氮含量，这样可通过反馈作用，抑制从丙酮酸合成缬氨酸的支路代谢作用，从而避免过量的双乙酰前驱体 α-乙酰乳酸的形成。

②加速 α-乙酰乳酸的分解速度，可通过提高发酵温度和降低麦汁 pH 值来实现。

③选用还原双乙酰能力强的酵母菌种。

④增加酵母菌种用量，这样双乙酰形成快，降解也快。

⑤降低成品酒的含氧量，防止装瓶后 α-乙酰乳酸氧化为双乙酰。

⑥加强工艺卫生的管理，防止污染杂菌。

⑦在发酵液中添加 α-乙酰乳酸脱羧酶，乙酰乳酸脱羧酶可将 α-乙酰乳酸直接分解成乙偶姻，进而转化成 2，3-丁二醇，使双乙酰在啤酒中的含量大大降低，缩短发酵周期，从而保证啤酒的风味质量。

2. 醇、酯、酸和醛类

高级醇是啤酒的重要风味物质，含量适当能使酒体丰满，香气协调，并有刺激性。但含量过高，会出现高级醇味及后苦味，容易使人饮后出现头晕、头疼等"上头"现象。高级醇对人体有毒害和麻醉作用，其在人体内的代谢速度比乙醇慢，其毒害和麻醉力比乙醇强。啤酒中的高级醇质量浓度应在 80~100 mg/L，优质酒应在 95 mg/L 以下。

酯类是通过酯酰辅酶 A 与醇缩合而形成的。酯是传统啤酒香味的主要组成成分，啤酒含有适量的酯，香味才丰满协调，酯含量过高，会使啤酒有不愉快的异香味。近代啤酒酯含量有升高的趋势，有些酒乙酸乙酯的含量超过阈值，有淡雅的果香，形成特殊的风味。一般小麦啤酒要求有明显的酯香味。

酸类不构成啤酒的香味，是主要的呈味物质。啤酒含有适量的酸则有爽口的感觉，缺少酸类，则显得呆滞、不爽口。过量的酸会使啤酒口感粗糙、不柔和、不协调。麦芽汁中总酸质量浓度为 1.4~1.5 mg/100 mL。啤酒发酵时会产生有机酸（丙酮酸、α-酮戊二酸、乳酸、琥珀酸、脂肪酸等）。

醛类（主要是乙醛）对啤酒风味影响很大，当乙醛在啤酒中的质量浓度>25 mg/L 时，就会有强烈的刺激性和辛辣感，及腐败性气味、麦皮味等。

3. 硫化物

挥发性硫化物对啤酒风味有重大影响，这些成分主要有硫化氢、二甲基硫、甲基和乙基硫醇、二氧化硫等。其中硫化氢、二甲基硫对啤酒风味的影响最大。啤酒中的挥发性硫化氢大都是在发酵过程中形成的。啤酒中的硫化氢应控制在 0~10 μg/L 的范围内；啤酒中二甲基硫浓度超过 100 μg/L 时，啤酒就会出现硫黄臭味。

（五）发酵工艺条件

传统啤酒发酵是在安装冷藏室内的发酵槽中进行的，设备体积仅在 5~30 m^3，啤酒生产规模小，生产周期长。每批定型麦芽汁经过添加酵母、前发酵、主发酵和后发酵（后熟）、贮酒阶段。一般主发酵在密闭或敞口的主发酵槽中进行，后发酵在密闭的卧式发酵罐内进行。

现代大型发酵罐从冷藏室走向室外，目前啤酒生产几乎全部采用大罐发酵法。大罐发酵又分为一罐法和两罐法。一罐法的主发酵和后发酵（后熟）在同一罐中完成；两罐法的主发酵和后发酵则分别在两个罐中进行。大罐发酵主要工艺参数如下。

1. 麦芽汁成分

麦芽汁组成适宜，能满足酵母生长、繁殖和发酵的需要。

α-氨基氮是酵母在繁殖期的重要营养物质，麦芽汁中 α-氨基氮达到一定质量浓度（150 mg/L 以上）就会减少酵母通过糖类合成的氨基酸量，从而降低双乙酰的前体物质——α-乙酰乳酸的生成量，同时有利于酵母的繁殖。当 α-氨基氮含量不足时，酵母细胞数峰值提前 20~24 h。α-氨基氮含量还与发酵过程中双乙酰峰值有关。

麦芽汁中还原糖的含量对酵母的影响也很大，当还原糖质量浓度小于 9.5 g/100 mL 时，发酵将明显减慢，酵母沉降早，残糖高，双乙酰还原速度慢。

2. 满罐时间和酵母接种量

从第一批麦芽汁进罐到最后一批麦芽汁进罐所需时间称为满罐时间。满罐时间长，酵母增殖量大，产生代谢副产物 α-乙酰乳酸多，双乙酰峰值高，一般在 12~24 h，最好在 20 h 以内。

酵母接种量一般根据酵母性能、代数、衰老情况、产品类型等决定。接种量大小由添加酵母后的酵母数确定。发酵开始时：$10\times10^6 \sim 20\times10^6$ 个/mL；发酵旺盛时：$6\times10^6 \sim 7\times10^7$ 个/mL；排酵母后：$6\times10^6 \sim 8\times10^6$ 个/mL；0℃左右贮酒时：$1.5\times10^6 \sim 3.5\times10^6$ 个/mL。

3. 发酵温度

啤酒发酵采用变温发酵。为保证啤酒口味的纯正、减少杂菌的污染，啤酒发酵一般采用低温发酵。上面啤酒发酵温度为 18~22℃，下面发酵温度为 7~15℃。发酵期间，发酵温度可分为起始温度（也称满罐温度）、最高温度（也称发酵温度）、还原双乙酰温度和贮酒温度。

啤酒旺盛发酵时的温度称为发酵最高温度，一般下面发酵中根据发酵温度高低分成 3 类：低温发酵（接种温度 6~7.5℃，发酵温度 7~9℃）、中温发酵（接种温度 8~9℃，发酵温度 10~12℃）、高温发酵（接种温度 9~10℃，发酵温度 13~15℃）。在生产淡爽型啤酒中，采用较高发酵温度（10~12℃）效果较好。而双乙酰还原温度可以低于、高于或等于发酵温度，为缩短发酵周期，多数采用双乙酰还原温度高于或等于发酵温度。一般啤酒副产物的形成主要在酵母增殖阶段。为保证啤酒纯正口味的需要，满罐温度和发酵温度不宜过高。

双乙酰还原温度是指旺盛发酵结束后啤酒后熟阶段（主要是消除双乙酰）时的温度，一般双乙酰还原温度高于或等于发酵温度，这样既能保证啤酒质量又利于缩短发酵周期。发酵温度提高，发酵周期缩短，但代谢副产物量增加，将影响啤酒风味且容易染菌；双乙酰还原温度增加，啤酒后熟时间缩短，但容易染菌又不利于酵母沉淀和啤酒澄清。温度低，发酵周期延长。

4. 罐压

啤酒中 CO_2 的含量与罐压和温度有关。发酵时，一般最高罐压控制在 0.07~0.08 MPa。

采用带压发酵，酵母增殖量较少，代谢副产物形成量少，主要原因是由于二氧化碳浓度的增高抑制了酵母的增殖。

因此，在提高发酵温度缩短发酵时间的同时，应相应提高罐压（加压发酵），减少由于升温所造成的代谢副产物过多的现象，防止产生过量的高级醇、酯类，同时有利于双乙酰的还原，并可以保证酒中二氧化碳的含量。

5. 发酵度和发酵周期

发酵度可分为低发酵度、中发酵度、高发酵度和超高发酵度。一般淡色啤酒：低发酵度，真正发酵度48%~56%；中发酵度，真正发酵度59%~63%；高发酵度，真正发酵度65%以上；超高发酵度（干啤酒），真正发酵度75%以上。目前国内比较流行发酵度较高的淡爽型啤酒。

发酵周期由产品类型、质量要求、酵母性能、接种量、发酵温度、季节等确定，一般12~20天。通常，夏季普通啤酒发酵周期较短，优质啤酒发酵周期较长，淡季发酵周期适当延长。

双乙酰含量是衡量啤酒是否成熟的重要指标，应避免出现双乙酰超标情况。

（六）一罐法发酵的工艺操作

一罐法发酵工艺曲线如图5-9所示。

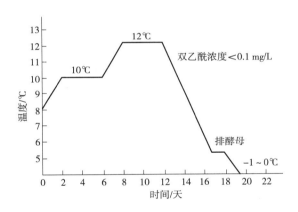

图5-9　一罐法发酵工艺曲线

1. 接种

选择发酵中降糖正常、双乙酰还原快、微生物指标合格的发酵罐酵母作为种子，采用罐对罐的方式进行串种。接种量以满罐后酵母数在1.2×10^7~1.5×10^7个/mL为准。

2. 满罐时间

正常情况下，要求满罐时间不超过24 h，扩培时可根据起发情况而定。满罐后每隔1天排放一次冷凝固物，共排3次。

3. 主发酵

温度10℃，普通酒（10±0.5）℃，优质酒（9±0.5）℃，旺季可以升高0.5℃。当外观糖度降至3.8%~4.2%时可封罐升压。发酵罐压力控制在0.10~0.15 MPa。

4. 双乙酰还原

主发酵结束后，关闭冷溶剂升温至12℃进行双乙酰还原。双乙酰质量浓度降至0.10 mg/L

以下时，开始降温。

5. 降温

双乙酰还原结束后降温，24 h 内使温度由 12℃降至 5℃，停留 1 天进行酵母回收。旺季或酵母不够用时可在主发酵结束后直接回收酵母。

6. 贮酒

回收酵母后，锥形罐继续降温，24 h 内使温度降至 -1.5 ~ -1℃，并在此温度下贮酒。贮酒时间：淡季 7 天以上，旺季 3 天以上。

（七）高浓酿造后稀释工艺

传统浅色下面发酵啤酒的原麦芽汁浓度，习惯上在 14°P 以下。20 世纪 70 年代美、加等国啤酒厂推出"高浓酿造后稀释工艺"，即采用高浓度麦芽汁（15°P 以上）糖化和发酵，啤酒成熟以后，在过滤前用饱和 CO_2 的无菌水稀释成传统浓度（8~12°P）的成品啤酒。它可在不增加或少增加生产设备的条件下，提高产量 20%~40%，并且提高了设备利用率，降低了生产成本。

五、啤酒的过滤包装

（一）啤酒过滤

啤酒过滤的目的就是除去酒中悬浮的固体微粒，改善啤酒外观，使啤酒澄清透明，富有光泽。有些方法能去除多酚物质和蛋白质，提高啤酒的胶体稳定性；有些能除去细菌（无菌过滤），提高啤酒的生物稳定性。对过滤的要求为：过滤能力大、质量好、酒和 CO_2 的损失小、不易污染、不吸氧、不影响啤酒风味等。为了使啤酒澄清透明成为商品，啤酒在 -1℃ 下进行澄清过滤。

啤酒过滤澄清原理主要是通过过滤介质的阻挡作用（或截留作用）、深度效应（介质空隙网罗作用）和静电吸附作用等，使啤酒中存在的微生物、冷凝固物等大颗粒固形物被分离出来，而使啤酒澄清透亮。

啤酒经过过滤会发生色度降低、苦味物质减少、二氧化碳质量分数下降、含氧量增加和浓度变化等现象。

常用过滤方法有棉饼过滤法、硅藻土过滤法、离心分离法、板式过滤法和微孔薄膜过滤法等。其中棉饼过滤法是最古老的过滤方法，目前已被淘汰，使用最普遍的是硅藻土过滤法。

（二）啤酒的包装

过滤好的啤酒从清酒罐分别装入瓶、罐或桶中。一般把经过巴氏灭菌处理的啤酒称为熟啤酒，把未经巴氏灭菌的啤酒称为鲜啤酒。若不经过巴氏灭菌，但经过无菌过滤等处理的啤酒则称为纯生啤酒。

1. 对包装容器的要求

①能承受一定的压力。包装熟啤酒的容器应承受 1.76 MPa 以上的压力，包装生啤酒的容器应承受 0.294 MPa 以上的压力。

②便于密封。

③能耐一定的酸度，不能含有与啤酒发生反应的碱性物质。

④一般具有较强的遮光性，避免光对啤酒质量的影响。一般选择绿色、棕色玻璃瓶或塑料容器，或采用金属容器。若采用四氢异构化酒花浸膏代替全酒花或颗粒酒花，也可使用无色玻璃瓶包装。

2. 包装过程的操作要求

①包装过程中必须尽可能减少接触氧，啤酒吸入极少量的氧也会对啤酒质量带来很大影响，包装过程中吸氧量不要超过 0.02~0.04 mg/L。

②尽量减少啤酒中二氧化碳的损失，以保证啤酒较好的杀口力和泡沫性能。

③严格无菌操作，防止啤酒污染，确保啤酒符合卫生要求。

第五节　葡萄酒

葡萄酒是将葡萄果实经破碎、压榨取汁、发酵或者浸泡等工艺酿制而成的。它具有较高的营养价值，是最健康、最卫生的酒精饮料。葡萄酒是世界上最早的酿造酒之一，其产量目前仅次于啤酒，列第二位。

葡萄酒按颜色分为白葡萄酒、红葡萄酒和桃红葡萄酒；按含糖量分为干葡萄酒（含糖量 <4 g/L）、半干葡萄酒（含糖量 4~12 g/L）、半甜葡萄酒（含糖量 12~50 g/L）和甜葡萄酒（含糖量>50 g/L）。

此外，按葡萄酒是否含二氧化碳分为静酒（不含有自身发酵或人工添加 CO_2 的葡萄酒叫静酒）和起泡酒（所含 CO_2 是用葡萄酒加糖再发酵产生的，如香槟酒）。按酿造方法分为天然葡萄酒（完全采用葡萄原料进行发酵，发酵过程中不添加糖分和酒精）、加强葡萄酒（发酵成原酒后用添加白兰地或脱臭酒精的方法来提高酒精含量，叫加强干葡萄酒；既加白兰地或酒精，又加糖以提高酒精含量和糖度的叫加强甜葡萄酒）、加香葡萄酒（采用葡萄原酒浸泡芳香植物，再经调配制成）、葡萄蒸馏酒（采用优良品种葡萄原酒蒸馏，或发酵后经压榨的葡萄皮渣蒸馏，或由葡萄浆经葡萄汁分离机分离得到的皮渣加糖水发酵后蒸馏而得，一般再经调配的叫白兰地，不经调配的叫葡萄烧酒）。

一、葡萄汁制备

葡萄分为白葡萄和红葡萄两种。其中的糖分由果糖和葡萄糖组成；酸度主要来自酒石酸和苹果酸，还有少量的柠檬酸。果胶在葡萄中的含量因品种而异。少量果胶的存在能使酒柔和。过多则对酒的稳定性有不良影响；无机盐主要是钾、钠、铁和镁等与酒石酸及苹果酸形成的各种盐类。

葡萄酒质量的好坏，主要取决于葡萄原料的质量。全世界有超过 8000 种可以酿酒的葡萄品种，但可以酿制上好葡萄酒的葡萄品种只有 50 种左右，这些葡萄多种植在北纬 33°~50°和南纬 23°~40°，平均生长温度在 14~15℃。

葡萄品种、栽培环境条件和酿造技术是决定葡萄酒品质的三大要素，缺一不可。如制佐餐红葡萄酒和白葡萄酒、香槟酒和白兰地的葡萄含糖量为 15%~22%，含酸量 6.0~12 g/L，出汁率高，有清香味；对制红葡萄酒的品种则要求色泽浓艳、制酒精含量高或含糖量高的葡萄品种，含糖量高达 22%~36%，含酸量 4.0~7.0 g/L，香味浓。

（一）SO$_2$在葡萄酒生产中的应用

在葡萄汁保存、葡萄酒酿制及制酒用具的消毒杀菌过程中，需添加SO$_2$或其他产生SO$_2$的化学添加物，如无水亚硫酸、偏重亚硫酸钾等。

SO$_2$的作用如下。

1. 杀菌防腐作用

它能抑制各种微生物的活动。葡萄酒酵母抗SO$_2$能力较强（250 mg/L），适量加入SO$_2$，可达到抑制杂菌生长且不影响葡萄酒酵母正常生长和发酵的目的。

2. 抗氧化作用

能抑制葡萄中的多酚氧化酶活性，阻止氧化混浊，防止葡萄汁过早褐变。

3. 增酸作用

SO$_2$生成的亚硫酸氧化成硫酸，与苹果酸及酒石酸的钾、钙等盐类作用，使酸游离，增加了不挥发酸的含量。

4. 澄清作用

可延缓葡萄汁的发酵，使葡萄汁充分澄清。

5. 溶解作用

SO$_2$生成亚硫酸，有利于果皮成分包括色素、酒石、无机盐等成分的溶解，对葡萄汁和葡萄酒色泽有很好的保护作用。

SO$_2$在葡萄汁或葡萄酒中用量要视添加目的而定，同时还要考虑葡萄品种、葡萄汁及酒的成分（如糖分、pH值等）、品温，以及发酵菌种的活力等因素。我国规定允许成品酒中总二氧化硫含量为250 mg/L，游离二氧化硫含量为50 mg/L。SO$_2$含量过高，会使葡萄酒产生如腐蛋般的难闻气味。人体饮用后会引起急性中毒，严重的还可能引起水肿、窒息、昏迷。

（二）葡萄的破碎与除梗

葡萄包括果实与果梗两个不同的部分。其中果实占94%～96%，果梗占4%～6%。

葡萄果实包括3部分，它们的质量分数如下：果皮6%～12%、果核（籽）2%～5%、果肉（浆液）83%～92%。

果皮含有单宁，多种色素及芳香物质，这些成分对酿制红葡萄酒很重要。大多数葡萄，色素只存在于果皮中，往往因品种不同而形成各种色调。白葡萄有青、黄、金黄、淡黄、或接近无色；红葡萄有淡红、鲜红、深红、宝石红等；紫葡萄有淡紫、紫红、紫黑等色泽。果皮尚含芳香成分，它赋予葡萄酒特有的果香味。不同品种香味不一样。

果肉和果汁是葡萄的主要成分，其中水分65%～80%、还原糖15%～30%、其他成分（酸、含氮物、果胶质）5%～6%。

果梗含大量水分、木质素、树脂、无机盐、单宁。和果实相反，只含少量糖和有机酸。葡萄酒带梗发酵，弊多利少，因果梗富含单宁、苦味树脂及鞣酸等物质。所以常使酒产生过重的涩味。果梗的存在也使果汁水分增加3%～4%。当制造白葡萄酒或浅红葡萄酒时，带梗压榨，可使果汁易于流出和挤压，但不论哪一种葡萄，都不带梗发酵。

酿造葡萄酒对葡萄的含糖量有一定的要求，必须根据产品的要求，采摘达到工艺成熟度的葡萄。把不同品种、不同质量的葡萄分别存放。葡萄的分选工作最好在田间进行，即采摘时分品种、分质量存放。葡萄进厂后再次进行分选。

不论酿制红葡萄酒或白葡萄酒，都须先将葡萄去梗。在红葡萄酒的酿造过程中，葡萄破碎后，应尽快地除去葡萄梗，除梗晚会给酒带来一种青梗味。生产白葡萄酒时，葡萄破碎后立即压榨，果梗在压榨中还可充当果汁的流道，使葡萄汁易与果浆分离。

（三）果汁的分离与压榨

1. 果汁分离

葡萄破碎后立即与皮渣分离，能够缩短葡萄汁与空气接触时间，降低氧化程度，皮中的色素、单宁等物质溶出量少。自流汁中果肉含量少，蛋白质含量低，单宁、色素含量低。黏度低、色泽浅、透明度高、不利酿酒的成分少，适合酿制高档葡萄酒。

2. 压榨

在白葡萄酒生产中，葡萄浆提取自流汁后，还须经过压榨使葡萄中的葡萄汁充分地提取出来，提高葡萄的利用率。在红葡萄酒酿造过程中，通过压榨从发酵的葡萄浆中分离前发酵酒。在葡萄汁或葡萄酒的压榨时，应根据生产规模、产品特点选择适宜的压榨方法和设备。

（四）葡萄汁的改良

葡萄汁的改良主要是糖度、酸度的调整，使酿成的酒成分接近。

1. 糖度的调整

成熟的红葡萄在不加糖时，酿成的初酒液酒精度一般为 7%~10%。通常添加蔗糖或浓缩葡萄汁。若制高度酒，加糖量要多，但由于酵母不耐高浓度糖液，所以应分次加糖。

2. 酸度的调整

一般情况下不需要降低酸度，因为酸度稍高对发酵有好处。在贮存过程中，酸度会自然降低 30%~40%，主要以酒石酸盐析出。若酸度过高，可添加 $CaCO_3$ 降酸。若酸度低，生产红葡萄酒一般添加酒石酸，生产白葡萄酒一般添加柠檬酸。一般调整酸度到 6 g/L，即 pH 3.3~3.5。

二、葡萄酒发酵机制

（一）酵母菌与酒精发酵（AF）

1. 葡萄酒酵母的来源

葡萄酒酵母的来源有天然野生酵母及选育改良的酵母。葡萄成熟时，在葡萄皮、果柄及果梗上，生长有大量天然酵母，当葡萄被破碎、压榨后，酵母进入葡萄汁中，进行发酵。此酵母为天然酵母或野生酵母。为保证发酵的顺利进行，获得优质的葡萄酒，可从天然酵母中选育优良的纯种酵母并进行改良。

优良的葡萄酒酵母应具备以下特点：除葡萄本身的果香外，酵母也应产生良好的果香与酒香；能将葡萄汁中所含糖完全降解，残糖在 4 g/L 以下；具有较高的对二氧化硫的抵抗力，具有较高的发酵能力，可使酒精含量达到 16% 以上；具有较好的凝聚力和较快的沉降速度；能在低温（15℃）或酒液适宜温度下发酵，以保持果香和新鲜清爽的口味。目前，国内使用的优良葡萄酒酵母菌种有：中国食品发酵工业研究院选育的 1450 号及 1203 号酵母；AM-1 号活性干酵母；张裕酿酒公司的 39 号酵母；北京夜光杯葡萄酒厂的 8567 号酵母；长城葡萄酒公司使用的法国 SAF-OENOS 活性干酵母；青岛葡萄酒厂使用的加拿大 LALLE-MAND 公司的活性干酵母。

2. 葡萄酒发酵的酒母制备

酒母即用于酒精发酵的酵母菌种子培养液。制备葡萄酒发酵的酒母常用以下几种方法。

（1）天然酵母的扩大培养

利用自然发酵方式酿造葡萄酒时，每年酿酒季节的第一罐醪液起天然酵母的扩大培养作用，可以在以后的发酵中作为酒母添加。

（2）纯种酵母的扩大培养

保藏的斜面试管菌种经麦芽汁斜面试管活化，再经液体试管、三角瓶、卡氏罐、酒母罐等数次扩大培养制成酒母，每次扩大倍数为 10~20 倍。

（3）葡萄酒活性干酵母的应用

葡萄酒活性干酵母复水活化后直接作为酒母添加，也可扩大培养后再使用。

3. 葡萄酒酒精发酵及主要副产物

（1）酒精和甘油

实际上，在发酵开始时，酒精发酵和甘油发酵同时进行，而且甘油发酵占优势。以后酒精发酵逐渐加强并占绝对优势，而甘油发酵减弱，但并不完全停止。葡萄酒中甘油的含量还受酵母菌种、基质中的糖和 SO_2 含量等因素的影响。基质中糖的含量高，SO_2 含量高，则葡萄酒甘油含量高。

甘油具甜味，可使葡萄酒味圆润。在葡萄酒中，甘油含量为 6~10 mg/L。

（2）乙醛

在葡萄酒中乙醛的含量为 0.02~0.06 mg/L，有时可达 0.3 mg/L。乙醛可与 SO_2 结合形成稳定的亚硫酸乙醛，这种物质不影响葡萄酒质量，而游离的乙醛则使葡萄酒具氧化味，可用 SO_2 处理，使这种味消失。

（3）有机酸

醋酸是构成葡萄酒挥发酸的主要物质。在正常发酵情况下，醋酸在酒精中的含量为 0.2~0.3 g/L。它是由乙醛经氧化作用而形成的。葡萄酒中醋酸含量过高，就会具酸味。琥珀酸主要来源于酒精发酵和苹果酸—乳酸发酵，在葡萄酒中，其含量一般低于 1 g/L。此外，还产生甲酸、延胡索酸、丙酸、醋酸酐和 3-羟丁酮等。

（4）高级醇和酯类

葡萄酒中含有有机酸和醇类，而有机酸和醇可以发生酯化反应，是葡萄酒芳香的主要来源之一。一般可把葡萄酒的香气分为三大类：第一大类是果香，它是葡萄浆果本身的香气，又叫一类香气；第二大类是在发酵过程中形成的香气，称为酒香（发酵香），又叫二类香气；第三大类是葡萄酒在陈酿过程中形成的香气，称为陈酒香，又叫三类香气。

葡萄酒中的高级醇有异丙醇、异戊醇等，主要是由氨基酸形成的。在葡萄酒中的含量很低。是构成葡萄酒二类香气的主要物质。葡萄酒中的生化酯类是在发酵过程中形成的，其中最主要的为醋酸乙酯。

葡萄酒中的色泽主要来自葡萄中的花色苷。发酵过程中产生的酒精和 CO_2 均对花色苷有促溶作用。单宁也有增加色泽的作用。所以，发酵后的酒液色泽会加深。

4. 影响酵母菌生长和酒精发酵的因素

酵母菌生长发育和繁殖所需的条件也正是发酵所需的条件。因为只有在酵母菌出芽繁殖的条件下，酒精发酵才能进行，而发酵停止就是酵母菌停止生长和死亡的信号。

（1）温度

酵母菌的活动最适温度为 20~30℃。当温度达到 20℃ 时，酵母菌的繁殖速度加快，在 30℃ 时达到最大值。而当温度继续升高达到 35℃ 时，其繁殖速度迅速下降，酵母菌呈疲劳状态，酒精发酵有停止的危险。在 20~30℃ 的温度范围内，发酵速度（即糖的转化）随着温度的提高而加快。但是，发酵速度越快，停止发酵越早，酵母菌的疲劳现象出现越早。

当发酵温度达到一定值时，酵母菌不再繁殖并且死亡，这一温度称为发酵临界温度。由于发酵临界温度受许多因素的影响。如通风、基质的含糖量、酵母菌的种类及其营养条件。在一般情况下，发酵危险温度区为 32~35℃。应尽量避免温度进入危险区，而不能在温度进入危险区区以后才开始降温，因为这时酵母菌的活动能力和繁殖能力已经降低。

因此，如要获得高酒度的葡萄酒，必须将发酵温度控制在足够低的水平上。红葡萄酒发酵最佳温度为 26~30℃，白葡萄酒和桃红葡萄酒发酵最佳温度为 18~20℃。

（2）通风

在进行酒精发酵以前，对葡萄的处理（破碎、除核、运送及对白葡萄汁的澄清等）保证了部分氧的溶解。在生产中常用倒罐的方式来保证酵母菌对氧的需要。

（3）酸度

酵母菌在中性或微酸性条件下发酵能力最强。在 pH 值很低的条件下酵母菌活动生成挥发酸或停止活动。酸度低并不利于酵母菌的活动，但却能抑制其他微生物的繁殖。

（4）SO_2

发酵液中少量 SO_2 的存在，可抑制或淘汰杂菌，保证酵母发挥主导作用。SO_2 量达到 100 mg/L 以上，对酵母的生长与发酵有明显的抑制作用；SO_2 量达 1 g/L 以上可杀死酵母，发酵停止。

（二）苹果酸—乳酸发酵机理

苹果酸—乳酸发酵（MLF）是红葡萄酒在酒精发酵结束后进行的二次发酵，即在乳酸菌的作用下，将苹果酸分解成乳酸和二氧化碳的过程。MLF 对于干红葡萄酒很重要，使葡萄酒中的口感生硬、酸性较强的苹果酸变成比较柔和、酸性较弱的乳酸。酸度降低，香气加浓。加速红葡萄酒成熟，提高其感官质量和稳定性。若含酸量较低，则不需进行苹果酸—乳酸发酵。干白葡萄酒要求口感清爽，因此，不进行苹果酸—乳酸发酵。

引起 MLF 的乳酸细菌分属于明串珠菌属、乳杆菌属、片球菌属和链球菌属。明串珠菌属的酒明串珠菌能耐较低的 pH、较高的 SO_2 和酒精，是 MLF 的主要启动者和完成者。苹果酸—乳酸发酵对葡萄酒质量的影响如下。

1. 降酸作用

在较寒冷地区，葡萄酒的总酸尤其是苹果酸的含量可能很高。苹果酸—乳酸发酵就成为理想的降酸方法。苹果酸—乳酸发酵是乳酸菌以 L-苹果酸为底物。在苹果酸—乳酸酶催化下转变成 L-乳酸和 CO_2 的过程。二元酸向一元酸的转化使葡萄酒总酸下降，酸涩感降低。酸降幅度取决于葡萄酒中苹果酸的含量及其与酒石酸的比例。通常，苹果酸—乳酸发酵可使总酸下降 1~3 g/L。

2. 增加细菌学稳定性

苹果酸和酒石酸是葡萄酒中两大固定酸。与酒石酸相比，苹果酸为生理代谢活跃物质，易被微生物分解利用，在葡萄酒酿造学上，被认为是一种起关键作用的酸。通常的化学降酸只能除去酒石酸，较大幅度的化学降酸对葡萄酒口感的影响非常显著，甚至超过了总酸本身对葡萄酒质量的影响。而葡萄酒进行苹果酸—乳酸发酵可使苹果酸分解，苹果酸—乳酸发酵完成后，经过抑菌、除菌处理，使葡萄酒细菌学稳定性增加，从而可以避免在贮存过程中和装瓶后可能发生的二次发酵。

3. 风味修饰

苹果酸—乳酸发酵另一个重要作用就是对葡萄酒风味的影响。例如乳酸菌能分解酒中的柠檬酸生成醋酸、双乙酰及其衍生物（乙偶姻、2，3-丁二醇）等风味物质。乳酸菌的代谢活动改变了葡萄酒中醛类、酯类、氨基酸、其他有机酸和维生素等微量成分的浓度及呈香物质的含量。这些物质的含量如果在阈值内，对酒的风味有修饰作用，并有利于葡萄酒风味复杂性的形成；但超过了阈值，就可能使葡萄酒产生泡菜味、奶油味、奶酪味、干果味等异味。其中，双乙酰对葡萄酒的风味影响很大，当其含量小于 4 mg/L 时对风味有修饰作用，而高浓度的双乙酰则表现出明显的奶油味。苹果酸—乳酸发酵后、有些脂肪酸和酯的含量也发生变化，其中醋酸乙酯和丁二酸二乙酯的含量增加。

4. 降低色度

在苹果酸—乳酸发酵过程中，由于葡萄酒总酸下降（1~3 g），引起葡萄酒的 pH 值上升（约 0.3 个单位），这导致葡萄酒由紫红色向蓝色转变。此外，乳酸菌利用了与 SO_2 结合的物质（α-酮戊二酸、丙酮酸等酮酸），释放出游离 SO_2，后者与花色苷结合，也能降低酒的色密度，在有些情况下苹果酸—乳酸发酵后，色密度能下降 30% 左右。因此，苹果酸—乳酸发酵可以使葡萄酒的颜色变得老熟。

苹果酸—乳酸发酵的控制方法如下。

（1）MLF 的自然诱导

提供适宜的环境条件，MLF 可以自然发生。但是，自发的 MLF 是难以预测的。由于酒精发酵后的葡萄酒中可能还存在乳酸菌的噬菌体，它们可能延迟或抑制 MLF，使得 MLF 在触发上难以保证。腐败菌在进行 MLF 的同时，也产生异香与异味，导致葡萄酒病害的可能性。

（2）MLF 的人工接种诱导

生产上常利用优良乳酸菌种经人工培养后添加到葡萄酒中，以克服自然发酵不稳定、难控制等问题。根据不同的地域条件和原料品质选择适宜的菌种进行 MLF，成为葡萄酒厂酿制优质葡萄酒的关键。

（3）MLF 的抑制

MLF 并不总是对改进葡萄酒的品质有益处，有时即使用理想的乳酸菌发酵，也难免会产生一些不愉快的气味。一般来说，如果希望获得口味清爽，果香味浓，尽早上市的白葡萄酒，则应防止这一发酵的进行。为此，可以采取以下抑制措施：保持葡萄酒的 pH 值在 3.2 以下；使酒精度达 14% 以上；低温贮存；把总 SO_2 浓度调至 50 mg/L 以上，尽早倒酒和澄清；减少葡萄皮的浸渍时间；巴氏灭菌和滤菌板过滤；添加化学抑制剂、细菌素或溶菌酶等。

三、葡萄酒酿造工艺

（一）红葡萄酒酿造工艺

红葡萄酒是由红葡萄连皮和籽一起发酵的。红葡萄先去梗压榨，然后放入容器进行酒精发酵，浸渍也在同步进行，香味、丹宁及其他色素等物质逐渐溶入葡萄酒中。

我国酿造红葡萄酒主要以干红葡萄酒为原酒，然后按标准调配、勾兑成半干、半甜、甜型葡萄酒，生产干红葡萄酒应选用适宜酿造干红葡萄酒的单宁含量低、糖含量高的优良酿造葡萄作为生产原料。

葡萄入厂后，经破碎去梗，带渣进行发酵，发酵一段时间后，分离出皮渣（蒸馏后所得的酒可作为白兰地的生产原料），葡萄酒继续发酵一段时间，调整成分后转入后发酵，得到若干红葡萄酒，再经陈酿、调配、澄清处理，除菌和包装后便可得到干红葡萄酒的成品。其生产工艺流程如图 5-10 所示。

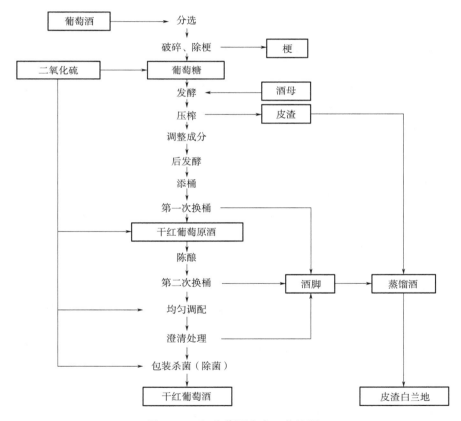

图 5-10　红葡萄酒生产工艺流程

1. 原料的处理

葡萄完全成熟后进行采摘，并在较短的时间内运到葡萄加工车间、经分选剔除青粒、烂粒葡萄后送去破碎。发酵 2~3 天即可进行压榨除去果渣；在发酵温度比较低的条件下，果渣可以在发酵葡萄醪中停留 5 天左右，再行压榨除去果渣。破碎去梗后的带渣葡萄浆，用送浆泵送到已经用硫黄熏过的发酵桶或池中，进行前发酵（主发酵）。

2. 前发酵

葡萄酒前发酵主要目的是进行酒精发酵、浸提色素物质及芳香物质。

葡萄皮、葡萄汁进入发酵池后，因葡萄皮相对密度比葡萄汁小，发酵时产生二氧化碳，葡萄皮、渣往往浮在葡萄汁表面，形成很厚的盖子（生产中称"酒盖"或"皮盖"）。这种盖子与空气直接接触，容易感染有害杂菌，败坏葡萄酒的质量。在生产中需将皮盖压入醪中，以便充分浸渍皮渣上的色素及香气物质，这一过程叫压盖。

压盖的方式有两种：一种是人工压盖，用木棍搅拌，将皮渣压入汁中，也可用泵将汁从发酵池底部抽出，喷淋到皮盖上，其循环时间视发酵池容积而定；另一种是在发酵池四周制作卡口，装上压板，压板的位置恰好使皮盖浸于葡萄汁中。

发酵温度是影响红葡萄酒色素物质含量和色度值大小的主要因素。红葡萄酒发酵温度一般控制在 $25 \sim 30 \,^{\circ}\mathrm{C}$。进入主发酵期，必须采取措施控制发酵温度。控制方法有外循环冷却法、循环倒池法和池内蛇形管冷却法。

为防止细菌繁殖，二氧化硫应在葡萄破碎后、发酵醪产生大量酒精以前添加。酒母一般在葡萄醪加 SO_2 $4 \sim 8$ h 后再加入，以减少游离 SO_2 对酵母的影响。酒母的用量视情况而定，一般控制在 $1\% \sim 10\%$（自然发酵工艺不需此步骤）。

红葡萄酒发酵时进行葡萄汁的循环是必要的，循环可起到以下作用：增加葡萄酒的色素物质含量；降低葡萄汁的温度；可使葡萄汁与空气接触，增强酵母的活力；葡萄浆与空气接触，可促使酯类物质的氧化，使之与蛋白质结合成沉淀，加速酒的澄清。

3. 出池与压榨

当残糖降至 5 g/L 以下，发酵液面只有少量二氧化碳气泡，皮盖已经下沉，液面较平静，发酵液温度接近室温，并伴有明显的酒香时表明主发酵已经结束，可以出池。一般主发酵时间为 $4 \sim 6$ 天，出池时先将自流原酒由排汁口放出，放净后打开入孔清理皮渣进行压榨。

皮渣的压榨靠使用专用设备压榨机来进行。压榨出的酒进入后发酵，皮渣可蒸馏制作皮渣白兰地，也可另做处理。

4. 后发酵

（1）后发酵的主要目的

①残糖的继续发酵　前发酵结束后，原酒中还残留 $3 \sim 5$ g/L 的糖分，这些糖分在酵母的作用下继续转化成酒精和二氧化碳。

②澄清作用　前发酵得到的原酒中还残留部分酵母，在后发酵期间发酵残留糖分，后发酵结束后，酵母自溶或随温度降低形成沉淀。残留在原酒中的果肉、果渣随时间的延长自行沉降，形成酒脚。

③陈酿作用　原酒在后发酵过程中进行缓慢的氧化还原作用，促使醇酸酯化，使酒的口味变得柔和，风味更趋完善。

④降酸作用　某些红葡萄酒在压榨分离后，需诱发苹果酸—乳酸发酵，对降酸及改善口味有很大好处。

（2）后发酵的工艺管理要点

①补加 SO_2　前发酵结束后压榨得到的原酒需补加 SO_2，添加量（以游离 SO_2 计）为 $30 \sim 50$ mg/L。

②控制温度　原酒进入后发酵容器后，品温一般控制在 18～25℃。若品温高于 25℃，不利于酒的澄清，并给杂菌繁殖创造条件。

③隔绝空气　后发酵的原酒应避免接触空气，工艺上称为厌氧发酵。其隔氧措施一般为封口安装水封或酒精封。

④卫生管理　由于前发酵液中含有残糖、氨基酸等营养物成分，易感染杂菌，影响酒的质量，搞好卫生是后发酵重要的管理内容。

正常后发酵时间为 3～5 天，但可持续一个月左右。

（二）干白葡萄酒酿造工艺

白葡萄酒由红皮白肉或白色的葡萄酿成，压榨后的果汁需要立即与果皮和籽分离，只使用葡萄汁发酵。葡萄汁的含酸量要比一般葡萄汁高些，含糖量在 20%～21% 较为理想。

葡萄入厂后，先进行分选，破碎后立即压榨，迅速使果汁与皮渣分离，尽量减少皮渣中色素等物质的溶出。当酿造高档优质干白葡萄酒时，多选用自流葡萄汁作为酿酒原料，其工艺流程如图 5-11 所示。

1. 果汁分离

白葡萄酒与红葡萄酒的前加工工艺不同。白葡萄酒加工采用先压榨后发酵工艺，而红葡萄酒加工要先发酵后压榨。白葡萄经破碎（压榨）或果汁分离，果汁单独进行发酵。果汁分离是白葡萄酒的重要工艺，其分离方法有如下几种：螺旋式连续压榨机分离果汁、气囊式压榨机分离果汁、果汁分离机分离果汁、双压板（单压板）压榨机分离果汁。

果汁分离时应注意葡萄汁与皮渣分离速度要快，缩短葡萄汁的氧化时间。果汁分离后，需立即进行二氧化硫处理，以防果汁氧化。

2. 果汁澄清

果汁澄清的目的是在发酵前将果汁中的杂质尽量减少到最低含量，以避免葡萄汁中的杂质因参与发酵而产生不良成分，给酒带来异味。采用适量的二氧化硫来澄清葡萄汁，其方法操作简便，效果较好。果胶酶可以软化果肉组织中的果胶质，使之分解成半乳糖醛酸和果胶酸，使葡萄汁的黏度下降，原来存在于葡萄汁中的固形物失去依托而沉降下来，以增强澄清效果，同时也可加快过滤速度，提高出汁率。还可用皂土澄清法和离心澄清法。

3. 发酵

白葡萄酒的发酵通常采用控温发酵，发酵温度一般控制在 16～22℃ 为宜，最佳温度 18～22℃，主发酵期一般为 15 天左右。

主发酵结束后残糖降低至 5 g/L 以下，即可转入后发酵。后发酵温度一般控制在 15℃ 以下。在缓慢的后发酵中，葡萄酒香和味的形成更为完善，残糖继续下降至 2 g/L 以下。后发酵约持续一个月。

白葡萄酒中的酚类化合物很容易被氧化，使酒的颜色变深，甚至造成酒的氧化味。防止氧化的措施有：发酵阶段严格控制温度，避免酒液接触空气；添加 0.02%～0.03% 皂化以减少氧化物质和降低氧化酶的活性；在发酵前往内充入 N_2 或 CO_2 等；避免酒液与硅、铜等金属工具及设备接触。

四、葡萄酒的贮存与后处理

新鲜葡萄汁（浆）经发酵而制得的葡萄酒称为原酒，经过一段时间的贮存，使各种风味

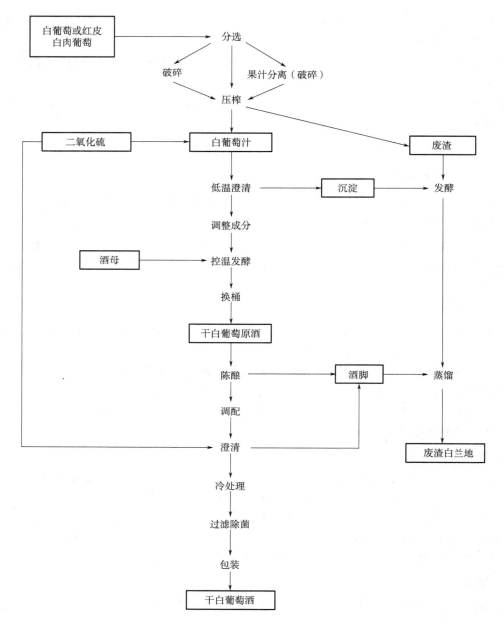

图 5-11　干白葡萄酒生产工艺流程

物质要达到和谐平衡，酒石酸钾、酒石酸钙（俗称酒石）、单宁和蛋白质在满桶、换桶、下沉和过滤等工艺过程中形成沉淀而析出或分离，达到澄清的目的。

（一）葡萄酒陈酿的化学反应

1. 酯化作用

酯化反应的速度与温度成正比。因此，葡萄酒在贮存过程中，温度越高，酯的含量就越高，在超过某种温度时，葡萄酒本身就要变质。在适当的温度下将葡萄酒加热，可以增加酯的含量，从而改变葡萄酒的风味，这就是葡萄酒进行热处理的根据。

2. 氧化还原

醇香的形成是随着陈酿的进行，果香、酒香的浓度下降，醇香产生并变浓，由果香转变而来。最浓郁的还原醇香是在氧化还原电位降至最低时达到的。醇香形成需要的条件：源于葡萄的果香或其前体物质；还原条件，如密封、SO_2、温度、微量铜等；装瓶前适当氧化，产生一些还原性物质，利于瓶内的还原作用。

由于木桶的微透气性（控制性氧化）和木桶特殊成分（香气和口感），因而传统的葡萄酒生产国家及美、澳几乎所有的红葡萄酒和85%的霞多丽（一种白葡萄酒）均经木桶陈酿。酒泥可以抑制氧化反应，橡木桶使白葡萄酒带酒泥陈酿成为可能。酒泥中有重要的甘露蛋白（酵母活细胞释放或自溶），能改善感官品质，提高稳定性（蛋白、酒石、多酚），与芳香物质互作，使香气更持久，使高单宁的葡萄酒柔和。现代陈酿常采用钢罐+橡木片+微氧（micro-oxygen，MO）技术。

单宁色素除了氧化和形成复合物外，还能够与蛋白质、多糖聚合，花色素苷还能与酒石酸形成复合物，导致酒石酸沉淀。

（二）贮存条件与操作

贮酒一般需在低温下进行，老式葡萄酒厂贮存过程在传统的地下酒窖中进行，近代随着冷却技术的发展，葡萄酒厂的贮存已向地上和露天贮存方式发展。贮存容器通常有三种形式，即橡木桶、水泥池和金属罐。除高档红葡萄酒及某些特种酒外，不锈钢罐及露天大罐正取代橡木桶和水泥池。

葡萄酒的贮存期要合理，一般白葡萄原酒1~3年，干白葡萄酒6~10个月，红葡萄酒2~4年，有些特色酒可长时间贮存，一般为5~10年。贮酒室应达到以下四个条件。

1. 温度

一般以8~18℃为佳，干葡萄酒10~15℃，白葡萄酒8~11℃，红葡萄酒12~15℃，甜葡萄酒16~18℃，山葡萄酒8~15℃。

2. 湿度

以饱和状态为宜（85%~90%）。

3. 通风

室内有通风设施，保持室内空气新鲜。

4. 卫生

室内保持清洁。葡萄酒在贮存期间常常要换桶、满桶。

所谓换桶就是将酒从一个容器换入另一个容器的操作，也称倒酒。其目的一是分离酒脚，去除桶底的酵母、酒石等沉淀物质，并使桶中的酒质混合均一；二是使酒接触空气，溶解适量的氧，促进酵母最终发酵的结束；此外由于酒被二氧化碳饱和，换桶可使过量的挥发性物质挥发逸出及添加亚硫酸溶液调节酒中二氧化硫的含量（100~150 mg/L）。换桶的次数取决于葡萄酒的品种、葡萄酒的内在质量和成分。干白葡萄酒换桶必须与空气隔绝，以防止氧化，保持酒的原果香，一般采用二氧化碳或氮气填充保护措施。

满桶是为了避免菌膜及醋酸菌的生长，必须随时使贮酒桶内的葡萄酒装满，不让它的表面与空气接触，也称添桶。贮酒桶表面产生空隙的原因为：温度降低，葡萄酒容积收缩；溶解在酒中的二氧化碳逸出；温度的升高产生蒸发使酒逸出等。添桶的葡萄酒应选择同品种、同酒龄、同质量的健康酒,或用老酒添往新酒。添酒后调整二氧化硫,添酒的次数:第一次倒酒后一般冬季每周 1 次,高温时每周 2 次;第二次倒酒后,每月添酒 1~2 次。

葡萄酒在贮存期要保持卫生,定期杀菌。贮存期要不定期对葡萄酒进行常规检验,发现不正常现象及时处理。

(三) 葡萄酒的瓶贮

葡萄酒的瓶贮指葡萄酒装瓶后至出厂的一段过程,瓶贮的机理如下。

①葡萄酒在瓶中陈酿,是在无氧状态即还原状态下进行的。据测定,酒在装瓶几个月后,其氧化还原电位达到最低值,而葡萄酒的香味物质只有在低电位下形成,并且香味物质只在还原型时才有愉快的香味,所以经过瓶贮的葡萄酒显示出特有风格。

②葡萄酒在装瓶时带入的氧消耗后促进香味形成。软木塞的密封防止酒的氧化。

③瓶贮时酒应卧放,并定期旋转,使酒浸泡软木塞,起到类似于橡木桶的作用,改善陈酒的风味。

瓶贮期因酒的品种不同、酒质要求不同而异,最少 4~6 个月。某些高档名贵葡萄酒瓶贮时间可达 1~2 年。

葡萄酒是一种随时间而不停变化的产品,这些变化包括葡萄酒的颜色、澄清度、香气、口感等,葡萄酒在正常储存的条件下其质量随着时间的推移会先升后降,从而构成了葡萄酒的"生命曲线"。所以,葡萄酒并非越陈越好。

第六节　发酵豆制品

一、酱油酿造

酱油是以植物蛋白和碳水化合物为主要原料,经过微生物酶的作用,发酵水解生成多种氨基酸及碳水化合物,并以此为基础再经过复杂的生物化学变化,形成具有特殊色泽、香气、滋味和体态的调味液。中国是世界上最早酿造酱油的国家,明代《本草纲目》、南朝梁代《名医别录》、唐代《食疗本草》、宋代《日华子本草》都有酱油的记载。

(一) 酱油的分类及生产原料

1. 酱油的分类

(1) 按加工方法分类

①酿造酱油。以大豆和/或脱脂大豆、小麦和/或麸皮为原料,经微生物发酵制成的具有特殊色、香、味的液体调味品。

②配制酱油。以酿造酱油为主体,与酸水解植物蛋白调味液、食品添加剂等配制而成的液体调味品。

(2) 按发酵方法分类

以成曲拌水的多少分为稀醪发酵法、固态发酵法、固稀发酵法。

以拌盐水浓度分为高盐发酵法、低盐发酵法、无盐发酵法。

以成曲的种类分为单菌种制曲、多菌种制曲、液体曲发酵。

2. 酱油的生产原料

酱油生产中主要原料有蛋白质原料、淀粉质原料、食盐、水；辅助原料有增色剂、助鲜剂、香辛料、防腐剂等。

（1）蛋白质原料

微生物利用新陈代谢过程中产生的蛋白酶可以将原料中的蛋白质水解成多肽、氨基酸，这是酱油鲜味的主要来源。部分氨基酸发生进一步反应，从而产生香气、色素。

大豆蛋白质含量高达 35%~40%，而且组成氨基酸种类全面，含 8 种必需氨基酸，在酿造酱油过程中可产生浓厚的鲜味。

脱脂大豆是利用萃取和压榨提取油脂后的副产品，脂肪极少。

提油后的饼粕，如葵花籽经压榨提取油脂后的饼状物质，饼蛋白质含量在 40%，无特殊气味，适于作为酱油原料。

（2）淀粉质原料

酱油酿造中所用的淀粉质原料有小麦、麸皮、面粉、碎米、高粱、玉米、薯干等，主要提供碳水化合物和酱油中 1/4 氮素。麸皮和小麦是主要的淀粉质原料。

炒熟后小麦的香气，构成酱油的特殊香气成分。小麦中的碳水化合物（无氮浸出物），除主要含有 70% 左右淀粉外，还存在 2%~4% 的蔗糖、葡萄糖、果糖等，2%~3% 糊精类。

麸皮含有丰富的多聚糖，易于制曲，含有的残糖和氨基酸类物质进行反应，形成酱油的色泽，麸皮中的木质素经过酵母发酵后生成 4-乙基愈创木酚，是酱油香气主要成分之一。麸皮中还含有大量的维生素及钙、铁等无机元素，可以促进米曲霉的生长繁殖和分泌酶。

（3）食盐

食盐是酱油酿造的重要原料之一，能使酱油具有适当的咸味，并具有杀菌防腐作用，可以使发酵在一定程度上减少杂菌的污染。大豆蛋白质在盐水溶液中溶解度增加，使成品中的含氮量增加，提高了原料的利用率。低浓度的盐对于耐盐性酵母的生长有激活作用。只有在盐存在条件下，耐盐酵母和非产膜酵母才能起到酒精发酵的作用。

（4）水

水是酱油的主要成分之一，又是物料和酶的溶解剂，每生产 1 吨酱油需要 6~7 吨水。水质影响酱油质量，一般使用饮用水，应符合 GB 5749—2022 规定。

（5）辅助原料

焦糖色素是常用的增色剂，水溶性好，着色能力强，可赋予酱油特有的红褐色。酱油中所使用的焦糖色素必须具有耐盐性，否则极易出现沉淀。

谷氨酸钠和核苷酸盐是助鲜剂俗称味精，在碱性条件下，生成二钠盐而鲜味消失；在 pH 5 以下的酸性条件下，加热发生吡咯酮化，变成焦谷氨酸，使鲜味下降。

核苷酸盐一般用量为 0.01%~0.03%。为防止米曲霉分泌的磷酸单脂酶分解，必须将酱油在 95℃ 以上灭菌 20 min 后加入。谷氨酸钠和核苷酸盐混合后加入效果更佳。

在酱油中添加有机酸酯类和乙醇，能起到防腐作用。添加酯类物质可增加酱油的香气，提高成品的质量，添加的酯类有乳酸乙酯、琥珀酸乙酯、柠檬酸乙酯、丙二酸二乙酯等。

香辛料成分可以为成品提供特殊香气；抑制产膜酵母的繁殖与代谢，提高产品的风味和感官质量。在酱油中允许加入的香辛料有甘草、肉桂、白芷、陈皮、丁香、砂仁、高良姜等。

（二）酱油生产中微生物学和生物化学

1. 酱油生产中的微生物学

酱油风味的来源于酿造过程微生物一系列生化反应。与原料发酵成熟的快慢、成品颜色的浓淡及味道的鲜美有直接关系的微生物是米曲霉和酱油曲霉，与风味有直接关系的微生物是酵母菌和乳酸菌。

（1）米曲霉和酱油曲霉

对酱油酿造用曲霉菌株总的要求是：蛋白酶及糖化酶活力强，生长繁殖快，对杂菌抵抗力强，发酵后具有酱油固有的香气而不产生异味，不产生黄曲霉毒素。米曲霉是好氧微生物，制曲时应通入空气，排除二氧化碳，既满足米曲霉的好氧要求，又抑制厌氧菌的繁殖。酱油曲霉（Aspergillus sojae）分生孢子表面有小突起，孢子柄表面平滑。米曲霉的 α-淀粉酶较高，酱油曲霉的多聚半乳糖醛酸酶较高。

（2）酵母菌

酱醪分离出的酵母有 7 个属，32 个种。其中与酱油质量关系最密切的是鲁氏酵母。在发酵温度过高的情况下，由于酵母菌失去活性而影响酱油香气成分的形成。为了提高酱油的风味，有的工厂在酱醪发酵后期，人工添加鲁氏酵母和球拟酵母。

（3）乳酸菌

酱油乳酸菌是生长在酱醅这一特定环境中的特殊乳酸菌，代表性的是嗜热片球菌、酱油四联球菌、植质乳杆菌。

酱醪发酵过程中，由于乳酸菌的发酵作用，降低了发酵醪 pH 值至 5 左右，能促进鲁氏酵母繁殖。乳酸菌和酵母菌联合作用，赋予酱油特殊的香气。乳酸菌数为酵母菌数的 10 倍时，效果最好。

2. 酱油发酵过程中的生物化学变化

酱油生产的发酵过程，是利用米曲霉、酵母菌和细菌所分泌的各种酶的生理作用，在适宜的条件下，使原料中的物质进行一系列复杂的生物化学变化，从而组成酱油所特有的色、香、味、体。

（1）蛋白质的水解

原料中的蛋白质经米曲霉等微生物分泌的蛋白酶和肽酶的作用而分解成蛋白胨、多肽、二肽等中间产物，最终生成各种氨基酸。其中有些氨基酸如谷氨酸、天冬氨酸等有鲜味，是酱油鲜味的重要成分，而酪氨酸、色氨酸和苯丙氨酸氧化后可生成黑色素，是酱油色素的来源之一。

（2）淀粉的分解

原料中的淀粉经米曲霉等微生物产生的液化型淀粉酶和糖化型淀粉酶作用后，生成糊精、麦芽糖，最终生成葡萄糖。葡萄糖经酵母菌、乳酸菌等微生物发酵，又可产生多种低分子物质（如乙醇、乙醛、乙酸、乳酸等），这些物质既是酱油中的成分，又可与其他物质作用生成色素、酯类等香气成分。

（3）脂肪的分解

原料中少量的脂肪可经微生物产生的脂肪酶水解成甘油和脂肪酸。脂肪酸又通过各种氧化作用生成各种短链脂肪酸。这些短链脂肪酸是构成酱油中酯类的原料来源之一。

（4）纤维素的分解

有些微生物可产生纤维素酶，纤维素酶可将原料中的纤维素水解为可溶性的纤维素二糖和 β-葡萄糖，并进一步生成其他低分子物质或高分子物质，如与氨基酸作用生成色素。

（5）酱油中色、香、味、体等物质的生成机理

①酱油色素的产生。酱油色素形成的主要途径是氨基—羟基反应，即美拉德反应，是一种非酶褐变反应。原料中的淀粉经曲霉淀粉酶水解为葡萄糖后随即葡萄糖的第二个碳原子的羟基与酱醪中的氨基置换，产生复杂的化学反应，最终生成类黑素。酱色形成的另一途径是酶褐变反应，酶褐变反应形成色素能力比美拉德反应要弱得多。

酱油色素的形成与原料的配比、制曲时的温度、发酵醪的水分、发酵温度以及生酱油加热的温度等有密切关系。

②酱油香气的产生。酱油香气是评判酱油质量的首要指标，其组成与原料品种、原料配比、发酵工艺有关。香气成分的来源有的从原料成分中带来，有的由微生物发酵作用生成及由化学反应生成。酱油香气主要是通过后期发酵形成的，由糖分、酒精、有机酸、酯类、羰基化合物及褐变产物等组成。酱油中香气的主要成分是酱油中的挥发性组分，其成分十分复杂，它是由数百种化学物质组成的。

③酱油呈味物质的产生。酱油的味觉是咸而鲜，稍带甜味，且有醇和的酸味而不苦。其成分中包括咸、鲜、甜、酸、苦五味。

酱油鲜味来源由米曲霉分泌的蛋白酶、肽酶及谷氨酰胺酶的作用后水解生成氨基酸，其中以谷氨酸含量最多，鲜味浓厚，赋予酱油特殊的调味作用。其次，糖代谢时，在转氨酶的作用下也能产生谷氨酸，增加了酱油的鲜味。

酱油的甜味主要来源于淀粉质水解的糖，包括葡萄糖、麦芽糖、半乳糖及部分呈甜味的氨基酸（如甘氨酸、丙氨酸、苏氨酸、丝氨酸、脯氨酸等）。

酱油的酸味主要来源于有机酸，如乳酸、琥珀酸、醋酸等，且酸味是否柔和决定于酱油的有机酸与其他固形物之间的比例。

酱油不应有明显的苦味，但微量的苦味物质能给酱油以醇厚感。酱油中呈苦味的物质主要有亮氨酸、酪氨酸、蛋氨酸、精氨酸等氨基酸类。

酱油咸味的唯一来源是食盐的成分氯化钠。酱油的咸味比较柔和，这是由于酱油中含有大量的有机酸、氨基酸、糖等呈味物质。

3. 生产工艺

酱油酿造工艺一般分为原料处理、制曲、发酵、浸提与消毒五个阶段，整个流程如下所示。其中，制曲包括种曲和成曲。

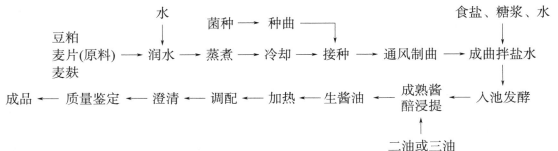

（1）种曲

酱油酿造所用的种曲是曲霉孢子经斜面试管、三角瓶逐级扩大培养得到的用来接种于制曲原料上而得到的培养物。优良的种曲能使曲霉充分繁殖，不仅决定酱油曲的质量，而且影响酱醪的成熟速度和成品的质量。

①种曲的分类。

根据菌种种类的多少：分为单菌种制曲、多菌种制曲（强化种曲）。单菌株种曲是目前大多数厂家采用的方法，工艺条件容易控制、操作简单、劳动强度小。多菌种制作种曲是在米曲霉中再加入一些其他微生物，如黑曲霉、酵母菌、乳酸菌、绿色木霉等，但工艺复杂，制备种曲条件不易控制，要防止菌种之间的交叉污染。

②种曲制作过程。

曲室内可用硫甲醛熏蒸法灭菌，每立方米空间用硫黄 25 g 或用甲醛 10 mL。

豆粕先粉碎过 3.5 目筛子，堆积吸水 1 h，装入蒸锅（0.1 MPa）蒸煮 30 min，迅速冷却。打碎料块、过筛。过筛后再加入剩余 30%～35% 的无菌冷水搅拌，熟料含水 50%～54%。

把曲料迅速移至种曲室的操作台，翻拌、摊冷、上盖灭菌纱布，当曲料品温下降到 38℃（夏）至 40℃（冬）时，就可以加入料重的 0.1% 的三角瓶种曲。三角瓶种曲加入前要加入少量灭菌的干麸皮，拌和均匀后，摊在全部曲料上，装盘。每盘装料 0.25 kg 左右，厚度为1.2 cm，上盖灭菌干纱布，移入种曲培养室保温。当培养 6 h 左右时，米曲霉孢子开始发芽、繁殖，上层曲盘品温上升至 35～36℃，倒盘调节上、下层曲盘的品温。培养 16 h 以后，品温升至 33～35℃，曲料上有白色菌丝出现，并有结块现象，应进行第一次搓曲。用手将曲块轻轻搓碎，尽量使其松散，获得充足的氧气，此时曲盘上要盖上无菌湿纱布，防止曲料中的水分蒸发。搓曲后把曲盘进行品字形堆形，室温应控制在 28～30℃，用灭菌的筷子把曲料划成2 cm×2 cm 的方块，或把曲料进行翻曲。翻曲后仍盖上湿布，曲盘仍以品字形堆放，以利于降温、供氧。品温不可超过 40℃，否则会严重影响米曲霉的繁殖和孢子的形成。室内的湿度应保持在 100%，室温应为 25～28℃，再经过 8～10 h，菌丝上有黄绿色孢子出现，去掉布帘，继续培养 1 天，作为孢子后熟，使米曲霉孢子繁殖良好，全部达到黄绿色，72 h 种曲成熟。

③种曲质量检测。

a. 外观检测：孢子旺盛，呈新鲜的黄绿色，具有种曲特有的曲香，无夹心，无根霉（灰黑绒毛）、无青霉及其他异色。

b. 孢子数测定：通过镜检每克种曲孢子数一般为 25 亿～30 亿个（湿基计）。

c. 发芽率测定：必要时需要测定孢子发芽率。测定方法采用悬滴培养法，观察米曲霉发芽及生长。新鲜种曲要求孢子发芽率在 90% 以上。

如果发现种曲不正常，孢子发芽率低或发芽缓慢，则此批种曲不应作为生产用种曲。

（2）制曲

制曲是种曲的扩大培养过程，此过程微生物完成了各种酶分泌、积累。成曲质量直接影响原料利用率、成品风味。分为大曲制曲、厚层通风制曲、圆盘制曲、液体曲等方式。

①酱油曲及生产方式。

a. 大曲制曲：大曲又称天然曲，是由曲料（小麦和大豆）加水混合后，利用环境中的微生物繁殖而获得的成曲。大曲的制作受温度限制，一般在春末夏初制作的效果较佳，不能常年生产。由于发酵期长，现在采用的较少，只在某些传统产品生产和纯种制曲有困难的偏僻地区使用。

b. 厚层通风制曲：将原料置于曲池（曲箱）内，厚度一般为 20~30 cm，利用风机供给氧气，调节温湿度，促进米曲霉在较厚的曲料上生长繁殖和积累酶类的过程即为厚层通风制曲，具有占地面积小、温度容易控制、供氧量充足等优点，广泛用于酱油中。

c. 圆盘制曲机制曲：自动调节温度和湿度，机械化、自动化程度较高，是最近应用比较广泛的制曲方法。微生物在整个培养过程中，始终处于一个密闭的环境里，人与物料不直接接触，只要通过观察窗进行控制即可完成工作，改善了生产环境、避免了人为的污染。

d. 液体曲：采用液体培养基加入米曲霉后进行培养的一种方法，适合于管道化生产和自动化生产，但菌种单一，制作的成品风味欠佳、色泽浅，是有待于提高的一种制曲方法。

②酱油厚层通风制曲的配料与工艺流程。

原料配比：豆饼或豆粕 60 kg、麸皮 40 kg、水 69~78 kg（按豆饼量的 115%~130%）。

制曲工艺流程如下：

③制曲原料的处理。制曲原料的处理是酱油生产过程中的一个重要阶段，处理是否得当直接影响制曲的难易、曲的质量、酱醪的成熟、出油的多少、酱油的质量及原料利用率等。

a. 粉碎：原料越细表面积越大，曲霉的繁殖接触面也越大，原料利用率提高。但原料过细，辅料比例小，润水时易结块，制曲时通风不畅，发酵酱醪发黏。

b. 润水：豆粕或细碎豆饼如用大量水浸泡，就会将其中的成分浸出而损失。因此加水时设法使其均匀而完全被固体料吸收的过程称为润水，润水需要一定的时间。

c. 加水量：我国北方地区采用厚层通风制曲。加水量要充分考虑原料含水量、性质、配比、气候季节与地区的不同、蒸料的方法、操作中水分散发情况、曲箱内装料数量、曲室保温与通风情况等。一般冬天曲料水分为 45%~47%，春秋为 47%~49%，夏天为 49%~51%。

d. 加水与润水的方法：为了缩短原料豆粕或豆饼润水时间，现在大多加入温水或热水。目前使用的方法主要有三种：第一种是将豆粕及麸皮送入螺旋输送机内，边加水边搅拌，促使其均匀地吸收水分；第二种是直接利用旋转式加压蒸锅，即将豆粕及麸皮装入锅内后，边回转蒸锅边喷水入锅内，使曲料得到润水；第三种是豆粕及麸皮在投料及吸料时尽可能混合均匀，再在螺旋输送机内，边输送边加水，使湿料在下锅时含水量已比较均匀，湿料进入旋转式加压蒸锅后，在蒸锅回转的条件下，再润水半小时，使水分尽可能分布均匀及渗入料粒内部。

e. 蒸料：未经变性的蛋白质不能为酶所分解，蒸料的目的主要使豆粕（或豆饼）及麸皮内的蛋白质完成适度变性，即成为酶容易作用的状态。同时，经过蒸煮一部分蛋白质变成可溶性蛋白或氨基酸；淀粉吸水、糊化形成可溶性淀粉和糖分，这些都是米曲霉繁殖最合适的营养物和容易被酶所分解。另外，蒸料过程中能将附着在原料上的杂菌杀灭，使米曲霉能正常生长发育和繁殖。

④冷却。原料经高温蒸煮后，要进行冷却到适宜温度接种，冷却的时间越短越好。迅速

冷却可以防止曲料冷却时由于长时间高温引起蛋白质的二次变性，影响酶的分解，也能减少在冷却过程中的杂菌污染。

（3）酱油制曲工艺（厚层通风制曲）

厚层通风制曲就是将曲料置于曲箱或曲池内，其厚度增至30 cm左右，利用通风机供给空气及调节温度，促使米曲霉迅速生长繁殖。

通风制曲的操作方法，归纳为"一熟、二大、三低、四均匀"。

①一熟。要求原料蒸得熟，不夹生，使蛋白质达到适度变性及淀粉质全部糊化的程度，可被米曲霉吸收，生长繁殖，适于酶类的分解。

②二大。大水、大风。

曲料水分大，在制得好曲的前提下，成曲霉活力高。熟料水分要求在45%~51%。

通风制曲料层厚达30 cm左右，米曲霉生长时，需要足够空气，繁殖旺盛期又产生大量的热量。因此必须要通入大量的风和一定的风压，才能够透过料层维持到适宜于米曲霉繁殖最适宜的温度范围之内。

③三低。装池料温低，制曲品温低，进风风温低。

a. 装池料温低：熟料装池后，通入冷风或热风将料温调整至32℃左右，此温度是米曲霉孢子最适的发芽温度，可迅速发芽生长，从而抑制其他杂菌的繁殖。

b. 制曲品温低：低温制曲能增强酶的活力，同时能控制杂菌繁殖，因此制曲品温要求控制在30~35℃，最适品温为33℃。

c. 进风风温低：为了保证在较低的温度下制曲，通入的风温要低些。进入的风温一般在30℃左右。风温、风湿可通过空调箱进行调节。

④四均匀。原料混合及润水均匀，接种均匀，装池疏松均匀，料层厚薄均匀。

（4）成曲质量的鉴定

①感官鉴定。

a. 外观：优良的成曲外观呈块状，用手捏曲疏松；内部白色菌丝茂盛，并密密地着生嫩黄绿色的孢子，但由于原料及配比的不同，色泽也稍有各异；成曲应无黑色或褐色的夹心。

b. 香气：优良的成曲应具有正常的浓厚曲香，不带有酸味、豆豉臭、氨臭或其他异味。

②理化鉴定：测定水分、蛋白酶活力。

4. 酱油发酵

发酵是酿造酱油过程中极为重要的一个工艺环节，直接影响酱油的质量与原料的利用率。考虑出油率或原料利用率温度采用以先中（40~50℃）后高（50~55℃）型的工艺最好，而考虑酱油的色泽以高温型最好。低温发酵（35~36℃）盐水浓度要提高，否则容易引起酱醅酸败。我国大部分地区多采用先高后低及先中后高型，这有利于提高原料利用率，但这种发酵酱醅浓度很高，酵母菌和乳酸菌的发酵作用受到抑制，影响酱油的香气和风味。常见工艺如下：

（1）低盐固态发酵法

低盐固态发酵是以脱脂大豆及麦麸为原料，经蒸煮、曲霉菌制曲后与11~13°Bé盐水混合成固态酱醅，经微生物分泌的酶分解，形成酱油色、香、味、体的过程。

```
            食盐、水 ── 溶解
                        │
                        ↓
成曲 ── 拌入发酵容器 ── 酱醅保温发酵 ── 成熟酱醅
```

（2）淋浇法发酵

淋浇法就是将发酵池假底的酱汁，用水泵抽取回浇于酱醅表面的方法。淋浇法发酵是低盐固态发酵方法的一种。它改变了厚层发酵法中酱醅中的酶不易浸出、品温上升快、不易控制等不足之处。淋浇一般采用自循环淋浇以减少酱汁中的热量损失。

利用淋浇还能根据不同发酵时期调节食盐的含量，使酶促反应迅速进行，对发酵的进行可以人为地加以控制。淋浇还能根据发酵的不同阶段添加不同的营养物质如糖盐水，可促进酱油的后熟并提高成品的含糖量，给增加酱油的香气成分提供了充分的基质。

（3）高盐稀态发酵法

高盐稀态发酵法是指成曲中加入大量、高浓度的盐水，使酱醪呈流动状态进行的发酵方法。高盐稀态发酵酱油具有酯香气足、色泽浅的特点，有利于机械化和自动化生产，如在发酵罐发酵 3 个月左右，高盐稀态发酵工艺为：

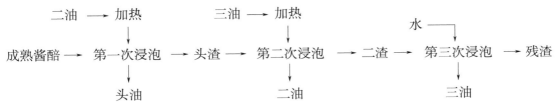

5. 酱油的提取

酱醅成熟后利用浸出方法提取酱油的工艺简称浸出法，它包括浸取、洗涤和过滤三个主要过程：浸取是将酱醅所含的可溶性有效成分渗透到浸出液中的过程；洗涤将浸取后还残留在酱醅颗粒表面及颗粒与颗粒之间所夹带的浸出液用水洗涤加以回收；滤油是将浸出液、洗涤液与固体酱醅（渣）分离的过程。浸出法工艺流程如下：

（1）浸泡。酱醅成熟后，即可加入二油。二油应先加热至 70～80℃，利用水泵直接加入。加入二油时，在酱醅的表层须垫一块竹帘，以防酱层被冲散影响滤油。二油用量应根据生产酱油的品种、蛋白质总量及出品率等来决定。热二油加入完毕后，发酵容器仍须盖严，防止散热。经过 2 h，酱醅慢慢地上浮，然后逐步散开，属于正常。如果酱醅整块上浮后，一直不散开，或者在滤油时，发酵容器底部有黏块者，表示发酵不良，滤油会受到一定影响。浸泡时间一般在 20 h 左右。浸泡期间，品温不宜低于 55℃，一般在 60℃ 以上。

（2）滤油。浸泡时间达到后，生头油可从浸淋容器的底部放出，流入酱油池中。池内预先置备滤网，将每批所需的食盐置于滤网中，流出的头油通过盐层而逐渐降盐溶解。待头油放完后（不宜放得太干），关闭阀门，再加入 70～80℃ 的三油，浸泡 8～12 h，滤出二油（备下批浸泡用）。再加入热水（为防止出渣时太热，也可加入自来水），浸泡 2 h 左右，滤出三油，用于下批套二油。

（3）出渣。滤油结束，发酵容器内剩余的滤渣用人工或机械出渣，输送至酱渣场上存放，供作饲料。机械出渣一般用平胶带输送机，出渣完毕，清洗发酵容器，检查假底上的竹帘或篾席是否损坏，四壁是否有漏缝，防止酱醅漏入发酵容器底部堵塞滤油管道而影响滤油。

6. 酱油的杀菌、配制

加热杀菌及配制工艺流程。

助鲜剂、甜味剂、防腐剂

生酱油 → 加热 → 配制 → 澄清 → 质量鉴定 → 各级成品

（1）酱油的加热灭菌

加热可使酱油香气变得醇厚、增加酱油的色泽，并起到澄清酱油的作用。

酱油的加热温度因设备条件及品温要求不同而略有差异，一般间歇式为 65～70℃ 维持 30 min。如果采用连续式热交换器，以出口温度控制在 80℃ 为宜。如果酱油中添加核酸系列调味料，为了破坏酱油中存在核酸分解酶——磷酸单酯酶，则需把加热度提高到 90～95℃ 保持 15～20 min。

（2）成品酱油的配制

因为每批酿造酱油质量会出现差异，故需进行适当的配制。配制是将每批生成的头油和二油按统一的质量标准进行配兑，使成品达到感官指标、理化指标和卫生指标的质量标准。

酱油的理化指标有多项，一般均以氨基酸态氮、全氮和氨基酸生成率来计算。

（3）酱油的澄清

生酱油经过加热灭菌后一些可溶性较差的物质发生"聚结"现象，使酱油成品浑浊。形成酱油沉淀物的原因有很多，如 N 性蛋白质的存在、原料分解不彻底、杂菌污染等。澄清就是把这些沉淀物除去，提高酱油澄清度和产品质量。澄清过程要防止闷热变质，一般要一周。澄清产生的沉淀物，可以进入二次过滤（回淋），也可以作为制醅用水拌曲入重新发酵，每天生产的酱油应注入储藏罐中。贮藏时要防止冷热酱油的混合引起酱油风味变化和变质。

（4）包装

装酱油前，所用容器必须刷洗干净并进行灭菌，防止杂菌污染而引起酱油腐败。要明确出厂日期，以随时检查产品质量和贮藏效果。

（5）酱油贮存、运输

产品应贮存在阴凉、干燥、通风的专用仓库内。

二、腐乳制造

豆腐乳是一种滋味鲜美、风味独特、营养丰富、价格便宜、深受广大人民群众所喜爱的佐餐品。《本草纲目拾遗》记载："腐乳又名菽乳，以豆腐腌过加酒糟或酱制者，味咸甘心。"豆腐乳以江苏的苏州、无锡，浙江的绍兴，以及广东、广西、四川、湖南等地最为著名。

（一）腐乳的分类及生产原料

1. 腐乳的分类

（1）按工艺分类

①腌制腐乳。豆腐坯经灭菌、腌制、添加各种辅料制成的腐乳。发酵动力来源于面曲、红曲和酒类等，由于蛋白酶活力低，后期发酵时间长，产品不够细腻，滋味较差。

②发霉腐乳。在豆腐坯表面进行微生物培养，经腌制并添加各种辅料制成的腐乳。

（2）按发酵微生物分类

①毛霉腐乳。参与腐乳发酵的优势微生物为毛霉，此种腐乳质地细腻且滋味鲜美。但毛霉不耐高温，高温季节培养霉菌易产生脱霉现象。

②根霉腐乳。参与腐乳发酵的优势微生物为根霉，根霉耐高温，是炎热季节生产腐乳的主要微生物。该腐乳质地细腻、滋味鲜美。

③细菌型腐乳。参与腐乳发酵的优势微生物为细菌，北方以藤黄球菌为主，南方以枯草杆菌占优。细菌型腐乳菌种易培养，酶活力高，质地细腻，有特殊风味，但成型性差。

（3）按腐乳产品颜色分类

腐乳产品按颜色分为红腐乳（红曲酿制）、白腐乳（不添加着色剂）、青腐乳（低浓度盐水为汤料）、酱腐乳（酱曲为主要原料）和花色腐乳。

2. 腐乳生产主要原辅料

（1）主料

用于生产腐乳的主要原料是大豆。大豆中的蛋白质和脂肪在微生物分泌的各种酶的作用下，生成游离氨基酸、肽、游离脂肪酸、酯、酮、醛和醚类等风味化合物，形成了腐乳的风味物质，同时也形成了腐乳的质地特性。

（2）辅料

腐乳中主要辅料有食盐、酒类、面曲、红曲、酱曲、凝固剂、香辛料等。

食盐是腐乳咸味的主要来源。

酒类能增加腐乳的酒香成分。

面曲是面粉加水后经发酵（或不发酵）、添加米曲霉制成的辅助原料。

红曲即红曲米，是将红曲霉菌接种于蒸熟的籼米中，经培养而得到的含有红曲色素的食品添加剂。在腐乳中，红曲既提供红色素，又是淀粉酶、酒化酶、蛋白酶的来源之一。

腐乳所用的香辛料有甘草、肉桂、白芷、陈皮、丁香、砂仁、高良姜等。

凝固剂是加快蛋白质形成凝胶的物质，制作腐乳豆腐坯以盐卤为主。

（二）发酵中微生物及生化机制

1. 腐乳生产菌种及特点

腐乳发酵是多种菌混合发酵，生产中常用菌株主要为毛霉菌、根霉、藤黄微球菌等其他菌类。

（1）毛霉菌

毛霉是霉腐乳生产的重要微生物，常用于腐乳发酵的菌种如下：

五通桥毛霉是从四川乐山五通桥竹根滩德昌酱园生产的腐乳坯中分离得到的，是我国腐乳生产应用最多的菌种，最适生长温度为 $10 \sim 25 \, ^{\circ}\mathrm{C}$，低于 $4 \, ^{\circ}\mathrm{C}$ 勉强能生长，高于 $37 \, ^{\circ}\mathrm{C}$ 不能生长。

（2）根霉

根霉的最适生长温度为 $32 \, ^{\circ}\mathrm{C}$，在夏季高温情况下也能生长，打破了季节对生产的限制。

（3）藤黄微球菌

该菌株在豆粉营养盐培养基上生长速度快，易培养，不易退化。在豆腐坯表面形成的菌膜厚，成品成型性好；最适 pH 为 6.6，最适温度为 $33 \, ^{\circ}\mathrm{C}$。

2. 腐乳形成的化学机制

（1）腐乳发酵时的生物化学变化

腐乳发酵是利用豆腐坯上培养的微生物、腌制期间由外界侵入的微生物，以及配料中加入的各种辅料，如红曲的红曲霉、面曲的米曲霉、酒类中的酵母菌等所分泌的各种酶类，在发酵期时产生极其复杂的生物化学变化，在腐乳的整个发酵过程中，蛋白质被水解为游离氨基酸和肽，具有不同滋味的游离氨基酸和肽贡献了腐乳的滋味。淀粉经糖化，其可发酵糖生成酒精、其他醇类及有机酸，同时辅料中的酒类及添加的各种香辛料也共同参与合成复杂的酯类，最后形成腐乳特有的颜色、香气、味道和体态，使成品细腻、柔糯可口。同时大豆中的脂肪被微生物所分泌的脂肪酶所水解生成游离的脂肪酸。在腐乳发酵过程中除去了对人体不利的溶血素和胰蛋白酶抑制物，在微生物的作用下，产生了相当数量的维生素 B_2 和维生素 B_{12}，增加了腐乳的营养素。

（2）腐乳的色、香、味、体及营养

①色。红腐乳表面呈红色；白腐乳表内颜色一致，呈黄白色或金黄色；青腐乳呈豆青色或青灰色；酱色腐乳内外颜色相同，呈棕褐色。

腐乳的颜色由两方面的因素形成：一是添加的辅料决定了腐乳成品的颜色。如红腐乳，在生产过程中添加的含有红曲红色素的红曲；酱腐乳在生产过程中添加了大量的酱曲或酱类，成品的颜色受酱类的影响，也变成了棕褐色。二是在发酵过程中发生生物氧化反应形成的，发酵作用使颜色有较大的改变，因为腐乳原料大豆中含有一种可溶于水的黄酮类色素，在毛霉（或根霉）及细菌的氧化酶作用下，黄酮类色素逐渐被氧化，因而成熟的腐乳呈现黄白色或金黄色。青腐乳的颜色为豆青色或灰青色，这是硫的金属化合物形成的，如豆青色的硫化钠等。

②香。腐乳的香气主要成分是酯类、醇类、醛类、有机酸等。白腐乳的主要香气成分是茴香脑，红腐乳的香气成分主要是酯和醇。腐乳的香气是在发酵后期产生的，香气的形成主要有两个途径，一个是生产所添加的辅料对风味的贡献，另一个是参与发酵的各种微生物协同作用。

③味。腐乳的味道是在发酵后期产生的。味道的形成有两个途径：一是添加的辅料而引入呈味物质的味道，如咸味、甜味、辣味、香辛料味等。二是来自参与发酵的各种微生物的协同作用，如腐乳鲜味主要来源于蛋白质的水解产物，氨基酸的钠盐，其中谷氨酸钠是鲜味的主要成分；另外微生物菌体中的核酸经有关核酸酶水解后，生成的 $5'$-鸟苷酸及 $5'$-肌苷酸也增加了腐乳的鲜味。腐乳中的甜味主要来源于汤汁中的酒酿和面曲，这些淀粉经淀粉酶水解生成的葡萄糖、麦芽糖形成腐乳的甜味。发酵过程中生成的乳酸和琥珀酸会增加一些酸味。在腌制加入的食盐赋予了腐乳的咸味。

④体。腐乳的体表现为两个方面：一是要保持一定的块形；二是在完整的块形里面有细腻、柔糯的质地。在腐乳的前期培养过程中，毛霉生长良好，毛霉菌丝生长均匀，能形成坚韧的菌膜，将豆腐坯完整地包住，在较长的发酵后期中豆腐坯不碎不烂，直至产品成熟，块形保持完好。前期培养产生蛋白酶，在后期发酵时将蛋白质分解成氨基酸。

⑤营养。腐乳是经过多种微生物共同作用生产的发酵性豆制品。腐乳中含有大量水解蛋白质、游离氨基酸，蛋白质消化率可以达到 92% ~ 96%，可与动物蛋白质相媲美。含有的不饱和游离脂肪可以减少脂肪在血管内沉积。腐乳中不含胆固醇，由于大豆蛋白质具有与胆固醇结合将其排出体外的功能，腐乳又是降低胆固醇的功能性食品。腐乳中含有的维生素 B_{12} 仅

次于乳制品中维生素 B_{12} 的含量，维生素 B_2 的含量比豆腐高 6 至 7 倍，还含有促进人体正常发育或维持正常生理机能所必需的钙、磷、铁和锌等矿物质，含量高于一般性食品。

（三）腐乳生产工艺

腐乳的生产过程分为两个阶段：第一个阶段是豆坯的制备，各种腐乳工艺相同；第二个阶段是腐乳的发酵阶段，工艺取决于所生产腐乳产品的种类和类型。

1. 豆腐坯的制备

豆腐坯制作工艺流程如下。

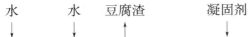

$$大豆 \rightarrow 清选浸泡 \rightarrow 磨浆 \rightarrow 滤浆 \rightarrow 煮浆 \rightarrow 点浆 \rightarrow 养脑 \rightarrow 压榨 \rightarrow 切块 \rightarrow 豆腐坯$$

（1）大豆清选、浸泡

大豆的清选是浸泡的准备工作，其作用是为了除去杂草、石块、铁物和附着的其他杂质，清洗时还要除去霉豆和虫蛀豆。

大豆组织是以胶体的大豆蛋白质为主，浸泡时使大豆组织软化，大豆蛋白质吸水膨胀，体积增长 1.8~2.0 倍，提高了大豆胶体分散程度，有利于蛋白质的萃取，增加水溶性蛋白质的浸出。浸泡时间以夏天 4~5 h，冬季 8~10 h 为佳。浸泡大豆用水量一般以 1：3.5 左右为宜。为了提高大豆中碱溶蛋白质的溶解酸，在大豆浸泡时可以加入 0.2%~0.3% 的碳酸钠。

（2）磨浆

磨浆就是使大豆蛋白质受到摩擦、剪切等机械力的破坏，使大豆蛋白质形成溶胶状态豆乳的过程。

磨浆的粒度要适宜，一般为 1.5 μm。

磨浆的加水量一般为 1：6 左右。

（3）滤浆

滤浆是使大豆蛋白质等可溶物和滤渣分离的过程。常用的离心分离一般采用 4 次洗涤。常用的是锥形离心机，滤布的孔径为 100 目左右。豆浆浓度以 5°Bé 左右为宜，大豆可出豆浆为 1：10 左右。

（4）煮浆

就是把豆浆加热至大豆蛋白质适度变性的过程，提高大豆蛋白质的消化率，降低豆腥味；杀灭豆浆本身存在的以蛋白酶为首的各种酶系。

煮浆工艺条件一般为 100℃、5 min。煮浆过程中，豆浆表面会产生起泡现象，造成溢锅。生产中要采用消泡剂来灭泡，通常消泡剂（如硅有机树脂）用量为十万分之五；脂肪酸甘油酯用量为豆浆的 1%。

（5）点浆

在豆浆中加入适量的凝固剂，将发生热变性的蛋白质表面的电荷和水合膜破坏，使蛋白质分子链状结构相互交连，形成网络状结构，大豆蛋白质由溶胶变为凝胶，制成豆腐脑。点浆操作直接决定着豆腐坯的细腻度和弹性。

在点浆操作中最关键是保证凝固剂与豆浆的混合接触。豆浆灌满装浆容器后，待品温达到 80℃时，先搅拌使豆浆在缸内上下翻动起来后再加卤水，卤水量要先大后小，搅拌也要先快后慢，边搅拌边下卤水，缸内出现 50% 脑花时，搅拌速度要减慢，卤水流量也应该相应减少。脑花量达 80% 时，结束下卤，当脑花游动缓慢并且开始下沉时停止搅拌。在搅拌过程中，动作一定要缓慢，避免剧烈的搅拌，以免使已经形成的凝胶被破坏。

（6）养脑

点浆结束后，蛋白质凝胶网状结构尚不牢固，必须经过一段时间的静止，使大豆球蛋白疏水基团充分暴露在分子表面，疏水性基团倾向于建立稳定的网状结构。点浆以后必须静止 15～20 min，保证热变性后的大豆蛋白质与凝固剂的作用能够继续进行，联结成稳定的空间网络。

（7）压榨

压榨是使豆腐脑内部分散的蛋白质凝胶更好地接近及黏合，使制品内部组织紧密，同时排出豆腐脑内部水分的过程。压榨时的豆腐脑温度应在 65℃以上，压力 15～20 kPa，时间 15～20 min 为宜。

压榨出的豆腐坯要求：薄厚均匀、四角方正、软硬合适、无水泡、无烂心现象、有弹性能折弯。

（8）切块、冷却

压榨后的豆腐送入切块机切块，一般将经过压榨的豆腐切成 4 cm 见方，2 cm 厚的豆坯。刚刚压榨成型的豆腐坯卸榨时品温还在 60℃以上，必须经过冷却之后，再送到切块机进行切块。

2. 霉菌腐乳的发酵

霉菌腐乳的一般生产工艺流程如下。

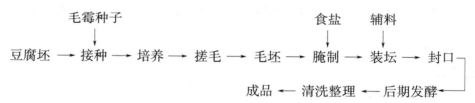

（1）毛霉腐乳发酵

毛霉腐乳发酵分为前期培菌和后期发酵两个阶段。

① 前期培菌：指从豆腐坯接种到毛坯形成过程。豆腐坯接入毛霉经过充分繁殖，在豆腐坯上长满菌丝，形成柔软、细密而坚韧的白色菌膜，同时利用微生物的生长，积累大量的酶类，如蛋白酶、淀粉酶、脂肪酶等的过程。

a. 菌种制备：将固体培养的菌种粉碎，用无菌水稀释后采用喷雾器喷洒在豆腐坯上，采用液体形去培养的菌种，需在含无菌空气的种子罐中培养，技术要求高，设备投入大，效果好。

b. 接种：在接种前豆腐坯的品温必须降至 30℃。如果温度高接种，生产的腐乳食用后会造成胃酸过多的现象。

液体种子要采用喷雾法接种，喷洒时菌液浓度要适当。如菌液量过大，就会增加豆腐坯表面的含水量，增加污染杂菌的机会。菌液量少，易造成接种不均现象。若使用固体菌粉，必须均匀地洒在豆腐坯上，要求六面都要沾上菌粉。

c. 摆坯：将接菌后的豆腐坯码侧面竖立码放在培养屉中的空格里，培养屉的每行间距为 3 cm，以保证豆腐坯之间通风顺畅，调节温度。一般上面的培养屉要倒扣一个培养屉，然后用无毒塑料布或苫布盖严，调节培养室的温湿度，以便保温、保湿，防止豆腐坯风干。

d. 培养：摆好的豆腐坯培养屉要立即送到培养室进行培养。培养室温度要控制在 20~25℃，最高不能超过 28℃，培养室内相对湿度 95%。夏季气温高，必须利用通风降温设备进行降温。为了调节各培养屉中豆腐坯的品温，培养过程中，要进行倒屉。一般 22 h 和 28 h 时进行第一次和第二次倒屉。48 h 左右，要打开培养室门窗。

在前期培菌阶段，应特别注意菌种的适用温度和湿度，如毛霉菌的品温不要超过 30℃，湿度要达到 95% 以上。培菌期间，还要注意检查菌丝生长情况，如出现起黏、有异味等现象，必须立即采取通风降温措施。

e. 搓毛：霉凉透后，将长在豆腐坯表面的菌丝用手搓倒，将块与块之间粘连的菌丝搓断，把豆腐坯一块块分开，促使棉絮状的菌丝将豆腐坯紧紧包住，搓毛后的豆腐坯称为毛坯。

搓完毛的毛坯整齐地码入特制的腌制盒内进行腌制。要求毛坯六个面都长好菌丝并包住豆腐坯，保证正常、不黏、不臭的毛坯。

②后期发酵。后期发酵指毛坯经过腌制后，在微生物及各种辅料的作用下进行后期成熟过程。

a. 腌制：毛坯经搓毛之后，即可加盐进行腌制，制成盐坯。腌坯可降低豆腐坯中的水分，防止后发酵期间杂菌污染、抑制蛋白酶活力，从而保持成品的外形、提供咸味。

腌制用盐量：毛坯 100 kg，用盐 18~20 kg；腌制后的豆腐坯含盐量：腐乳 14%~17%，臭豆腐 11%~14%。腌坯时间一般为 5~12 天。

加盐的方法为先在容器底部撒食盐，再采取分层与逐层增加的方法，即码一层撒一层盐，腌制过程中食盐被溶化后会流向下层，致使下层盐量增大。当上层豆腐坯下面的食盐全部溶化时，可以再延长 1 天打开缸的下放水口，放出咸汤，或把盒内盐汤倒去即成盐坯。

b. 装坛（瓶）与配料：盐坯进入装坛阶段时，要将配好的含有各种风味物质的汤料灌入坛中与豆腐坯进行后期发酵。

盐坯放入汤料盒内，用手转动盐坯，使每块坯子的六面都沾上汤料，再装入坛中。而在瓶子里进行后酵的盐坯，则可以直接装入瓶中，不需六面沾上汤料，但必须保证盐坯基本分开不得粘连，从而保证向瓶内灌汤时六面都能接触汤料，否则成品会有异味影响产品风味。

灌汤时一定要高过盐坯表面 3~5 cm，防止杂菌污染。如果是坛装，灌汤后，有时要撒一层封口盐，或加入少量 50% 封坛白酒。

c. 封口：腐乳按品种配料装入坛内后，擦净坛口，加盖，再封口。封口方法有用纸板盖在坛口后再用食品级塑料布盖严；有的用猪血拌石灰粉，搅拌成糊状，刷在纸上，封口等。

d. 后期发酵：腐乳的后期发酵方法分为天然发酵法和人工保温发酵法。

天然发酵法是利用气温较高的季节，腐乳封坛后即放在通风干燥之处，时间为 3~6 个月。

人工保温发酵法是利用人工控制发酵室的温度，室温一般掌握在 25~30℃，发酵时间为 2~3 个月。

（2）毛霉和根霉混合生产腐乳

根霉耐高温能将毛坯和辅料中的淀粉转变成糖，再转化为酒精，以提高腐乳的风味。毛霉不耐高温但蛋白酶活力较高。将两种菌混合，利于腐乳坯中蛋白质的分解，减少酒的用量，变季节性生产为常年生产。工艺流程如下：

3. 细菌腐乳的发酵

细菌腐乳生产工艺与其他类型腐乳制作方法差异较大，采取了"一蒸、二腌、三培养、四干燥、五香料"的特殊工艺。工艺流程（以藤黄球菌工艺为例）如下。

```
                    食盐    藤黄球菌                        辅料
                     ↓        ↓                            ↓
豆腐坯 → 蒸坯 → 腌坯 → 接种 → 摆坯 → 培养 → 干燥 → 装坛 → 后期发酵 → 成品
```

①蒸坯。豆腐坯入锅蒸，压力 0.1 MPa 蒸 20 min，常压蒸 30 min，出锅后凉坯至 20~30℃。

②腌坯。将凉好的蒸坯，入槽内腌制，腌坯时间为 20 h 左右。盐水腌制浓度为 20°Bé 左右。直接用盐腌制时：毛坯 100 kg，用盐 18~20 kg。腌制 24 h 后用清水冲洗，装入培养盘。

③接种。液体种子采用喷雾法接种，喷洒时菌液浓度要适当。

④摆坯。将接种的豆腐坯侧面竖立码放在培养屉中的空格里，培养屉的每行间距为 2 cm 上面的培养屉要倒扣一个培养屉，以便保温、保湿，防止豆腐坯风干。

⑤培养。培养室温度为 32~35℃，培养时间 5~6 天。培养时每天要倒盘一次，使豆腐坯的品温趋向一致，待腌坯上长满细菌并分泌大量的粉黄色分泌物时即为成熟坯。

⑥干燥。干燥是细菌腐乳的特殊工艺，干燥是降低豆腐坯中的水分，提高成品的成型性；促进蛋白酶分解速度，提高成品品质。成熟坯干燥室温 50~60℃，时间 8~10 h。干燥时要定时开启天窗，排除水蒸气，要倒盘 2~3 次。在豆腐坯干燥时由于美拉德反应和酶褐变反应，颜色由粉黄色变成黑灰色。

⑦装坛。将面曲、红曲、加盐水浸泡，然后加入白酒、香辛料，磨成粥状，即成汤汁。汤液用钢磨磨细后再用胶体磨加工一次，保证腐乳汤的细腻度。

干燥坯入坛，装一层坯，淋一层汤液，坯与坯之间要留有空隙，摆成扇形。磨汤液要高过干燥坯 2.0 cm，每坛上面要加入 50 mL 50%封坛酒，封坛口。

⑧后期发酵。后期发酵指成熟坯经过干燥后，在微生物及各种辅料的作用下进行后期成熟过程，发酵室温 35℃，时间 20 天。

⑨成品。腐乳达到规定发酵时间后，鉴定产品感官指标和理化检验指标都符合标准，即为合格产品。

三、豆豉制品

豆豉的生产源于江西省泰和县，日本人称豆豉为"纳豉"。《本草纲目》中记载：豆豉有开胃增食，消食化滞，发汗解表，降烦平喘，驱风散寒，治水土不服，解山障瘴气等疗效。豆豉是以大豆等为主要原料，利用毛霉、曲霉或者细菌蛋白酶的作用，分解大豆蛋白质达到一定程度时，通过加盐、加酒、干燥等方法，抑制酶的活力，延缓发酵过程而制成的调味品。豆豉保留了大豆原有营养成分，去除了大豆中对人体不利的胰蛋白酶抑制物、凝血素，在发酵时产生一定量的营养物质，容易被人体吸收利用，豆豉中还含有大量的具有溶解血栓作用的尿激酶。

（一）豆豉的分类及原料

1. 豆豉的分类

（1）以微生物种类不同分为毛霉型豆豉、曲霉型豆豉、细菌型豆豉和根霉型豆豉

①毛霉型豆豉。如四川的滁川豆豉、永川豆豉，都是在气温较低（5~10℃）的冬季，利用空气和环境中的毛霉菌进行豆豉的制曲。

②曲霉型豆豉。如广东的阳江豆豉利用空气中的黄曲霉菌进行天然制曲；上海、武汉、江苏等地生产豆豉，人工接种沪酿 3.042 米曲霉进行通风制曲，曲霉菌的培养温度比毛霉菌高，生产时间较长，可一年四季生产，一般制曲温度在 26~35℃。

③细菌型豆豉。如临沂豆豉，以及云南、贵州、四川一带民间制作家常豆豉，将煮熟的黑豆或黄豆盖上稻草或南瓜叶，使细菌在豆表面繁殖，出现黏质物时，即为制曲结束。利用细菌制曲的温度较低。

④根霉型豆豉。如东南亚一带印度尼西亚等国家广泛食用一种"摊拍"，以大豆为原料，利用根霉制曲发酵，培养温度为 28~32℃，发酵温度为 32℃左右。

（2）以原料不同分为黑豆豆豉和黄豆豆豉

如江西豆豉、浏阳豆豉、临沂豆豉、潼川豆豉等，均采用本地优质黑豆生产豆豉；如广东的阳江豆豉，上海、江苏一带的豆豉等，采用黄豆生产豆豉。

（3）以口味不同分为淡豆豉和咸豆豉

淡豆豉发酵时，不加盐腌制，口味较淡，如传统的浏阳豆豉。

咸豆豉是发酵的豆豉在拌料时加入盐水腌制，成品口味较重，大部分豆豉属于这类产品。

（4）以状态不同分为干豆豉和水豆豉

干豆豉是发酵好的豆豉再进行晒干，成品含水量 25%~30%，大部分产品属于干豆豉。

水豆豉是不经过晒干的原湿态豆豉，含水量较大，如山东临沂豆豉。

（5）以添加辅料的主要成分而定，分为酒豉、姜豉、椒豉、茄豉、瓜豉、香豉、酱豉、葱豉、香油豉等。

2. 豆豉生产的原料

生产豆豉的主要原料为黄豆或黑豆。辅料主要包括有：水（大豆浸泡）、白酒（酒精度50%，添加量为 1%~2%）、白砂糖、食盐、食用植物油、味精、蒜、生姜和其他调味料（如红辣椒，以当年采收的干辣椒为佳）。

（二）发酵中的微生物及作用

1. 豆豉发酵中微生物

自然发酵的豆豉中主要的微生物菌群为细菌和霉菌，酵母菌为非主要作用微生物。

（1）霉菌

霉菌是豆豉生产制曲和发酵过程中的主要菌系，制曲阶段的微生物中霉菌占绝对优势，主要包括米曲霉、酱油曲霉、高大毛霉和黑曲霉。

制曲结束后，在发酵原料中添加食盐及调料进行后发酵，由于较高的食盐浓度和缺乏氧气，霉菌的生长受到抑制，数量不多。但在制曲过程中霉菌所产生的蛋白酶、纤维素酶、淀粉酶和脂肪酶等一直作用于后发酵过程中，为后发酵阶段酵母菌和乳酸菌提供营养。

（2）细菌

①芽孢杆菌。细菌型豆豉是利用枯草杆菌在较高温度下，繁殖于蒸熟大豆，借助其较强的蛋白酶生产出风味独特具有特异功能性的食品，其最大特点是产生黏性物质，并可拉丝。

②乳酸菌。在豆豉后发酵过程中，发酵环境为高盐环境，大部分菌体都不能生长。但是由于豆豉的发酵不是纯种发酵，所以会经常混有大量的耐盐细菌。耐盐细菌主要是乳酸菌，

可以产生乳酸和醋酸等有机酸，是豆豉滋味的重要成分。后发酵阶段主要是通过乳酸菌和酵母菌的作用产生风味物质。

（3）酵母菌

由于芽孢杆菌、乳酸菌等菌体的作用，以及霉菌分泌的淀粉酶、蛋白酶的作用，再加上厌氧的环境，促使酵母菌大量生长。但是发酵过程中添加了大量的食盐，因此酵母菌在发酵过程中逐渐减少。

2. 豆豉形成的生化机制

豆豉的生产主要为大豆前处理、制曲、后发酵和成熟阶段。

①大豆前处理阶段。浸泡、蒸煮过程涉及的主要变化为蛋白质变性，可溶性蛋白和糖的溶出，促进微生物对营养物质的吸收。

②制曲阶段。涉及的变化主要是依靠微生物分泌大量的酶，如蛋白酶、淀粉酶、脂肪酶和 β-葡萄糖苷酶等，并利用这些酶分解大分子物质。如蛋白酶将蛋白质水解成氨基酸和多肽，淀粉酶将淀粉水解成单糖等。

③后发酵阶段。通过乳酸菌及酵母菌的作用产生风味物质。后发酵阶段形成游离氨基酸，其中谷氨酸和天门冬氨酸是豆豉中主要的氨基酸成分。

（三）豆豉生产工艺

1. 毛霉豆豉主产

（1）工艺流程

大豆→浸泡→蒸熟→摊凉→制曲→拌料→发酵→成品

（2）工艺概要

①原料选择。以春黑豆、春黄豆为佳，因其皮薄，蛋白质含量高，制成的豆豉色黑、颗粒松散，不易破皮烂粒。大豆贮存时间过长，表皮中单宁及糖苷类物质受酶水解和氧化，增加苦涩味，表皮上的角质蜡状物受酶的作用使油润性变淡，失去光泽。

②浸豆。浸泡使大豆吸收水分，以便蒸煮时蛋白质适度变性、淀粉易于糊化，有利于毛霉菌生长及酶分解。水温 35～40℃，用水量须淹过原料，黄豆浸泡 2 h，黑豆浸泡 5 h，有 90%～95% 豆粒伸皮（膨胀无皱纹），豆粒含水量以 45%～50% 为宜。

③蒸料。大豆必须控制好蒸熟程度。豆粒蒸至豆心均匀，豆肉疏松，不得过生或过熟。标准是：闻到豆香，用手指捏压豆粒，十之七八呈粉碎状，口尝无青豆味，消化率 70% 以上，含水量达 56%～57%。蒸熟度低，发酵后豆豉坚硬，鲜香味差。蒸料过熟，发酵后豆豉易脱皮，肉质糜烂，油润光泽丧失。

④摊凉。常压蒸料出甑后，装入箩筐，自然降温至 30～35℃，进曲房分装簸箕或竹席，厚度黑豆 2～3 cm，黄豆 4～5 cm。加压蒸料，利用绞笼送入通风制曲床（箱），装量厚度 18～20 cm，品温 35℃ 左右。

⑤培菌制曲。毛霉豆豉制曲，目前仍采用自然接种，低温制曲，利用空气中及用具上原有的毛霉，落入豆粒上，促使毛霉生长繁殖，形成复杂的酶系，使豆豉具有特殊风味。

⑥拌料发酵。黑豆曲坯配料：黑豆曲坯 100 kg，食盐 18 kg，白酒 1.0 kg（50°以上），井水 10～15 kg，总量配成 165～170 kg。黄豆曲坯配料：黄豆曲坯 100 kg，食盐 18 kg，白酒 3.0 kg，甜酒 4.0 kg（1 kg）糯米制，冷开水 5～10 kg，总量配成 165～170 kg。

一般控制拌料后豆坯曲中含水量达 45% 左右为宜。

将豆坯曲打散，过筛，按配料比加入食盐及水，拌和均匀，堆积浸润 12 h，然后加入白酒、甜酒等拌匀，装入发酵坛，装满，稍加压紧，曲坯表面加少量白酒；用无毒塑料薄膜捆扎封口、加盖。坛沿加水密封，隔绝空气置于阴凉通风室内，控制室温 20℃ 以上，发酵 8 个月以上。

成熟豆豉，高温杀菌，用纸盒或塑料袋包装出厂。

2. 曲霉豆豉生产

曲霉生产豆豉在湖南、广东较普遍，如湖南浏阳豆豉、广东阳江豆豉等。利用曲霉生产豆豉，产品表皮黑褐油亮，豆肉深褐味鲜。

（1）工艺流程

大豆→浸泡→蒸熟→摊凉→制曲→洗霉→拌料→发酵→晒干→成品

（2）工艺概要

①浸豆。用清水浸泡，浸泡程度以豆粒表面无皱纹，液面不出现泡沫为度，取出沥干水分。

②蒸煮。常压蒸煮，穿气后约维持 1 h，至豆粒基本软熟，用手捏豆粒成粉状即可出甑。加压蒸煮，可用压力 98 kPa 蒸 0.5 h，豆粒熟透，含水量约为 56%。

③制曲。豆粒蒸熟后，待其自然降温至 35℃ 左右，然后入曲房，将豆粒分装簸箕，周边厚度 4 cm，中间厚 2 cm，依靠空气中米曲霉自然接种，室温保持 28℃ 左右。8~10 h 曲霉孢子开始萌发。经 12~18 h，菌丝开始生长，豆粒表面开始出现白色斑点，24 h 品温达到 31℃，豆粒略有结块。44 h 后，菌丝大量生长繁殖，品温升至 35~37℃，菌丝布满豆粒而结块，进行第一次翻曲，打散曲块，并互换簸箕位置，使品温较一致。翻曲后，品温下降至 32℃ 左右，以后品温又上升至 35~38℃，开窗通风，使品温下降至 32℃。接种后，68 h 左右，豆粒又结块，表面开始出现嫩黄绿色孢子，进入产酶高峰期，进行第二次翻曲，保持品温 28~30℃，有利于酶的形成。96 h 左右，孢子呈暗黄绿色，即可出曲。成曲含水量为 21% 左右，豆粒有皱纹，松散，有曲香。

人工接种制曲。豆粒蒸熟后，摊凉至 35.38℃，接入沪酿 3.042 米曲霉种曲，接种量为原料质量的 0.3%~0.4%，也可进行通风制曲。

④洗霉。将成熟豆曲用洗豉机进行清洗，除去豆粒表面的曲霉孢子和菌丝体，保留豆粒内的菌丝体。霉曲分生孢子，味苦带涩，若存留在豆粒表皮上，增加成品苦涩味和霉味。然后用箩筐装好让其自然沥水，6~10 h 豆曲品温明显升高，18 h 后，将升温后的豆曲倒入围桶或在室内堆沤 2~3 天。

⑤样料发酵。豆曲 50 kg，食盐 7 kg，白酒 0.5 kg，辣椒粉 0.5 kg，生姜粉 0.5 kg。拌匀后装入坛内，压实，用薄膜封口，加盖，保温发酵（35℃），10 天可成熟。冬天需 30 天成熟，包装成豆豉产品。

⑥干制：豆豉发酵成熟后，晒干或风干，使含水量 20% 左右，成为干豆豉，便于保存。

3. 细菌豆豉生产

细菌生产豆豉，典型的品种是水豆豉，在四川省甚为普遍。

（1）工艺流程

大豆→浸泡→煮熟→沥干→保温发酵→配料后熟→灭菌→水豆豉

（2）工艺概要

①原料处理。黄豆淘洗去杂，加水浸泡 3~6 h，至豆粒 80% 以上膨胀无皱皮，取出，加

等量水煮熟 30~40 min，以豆粒无生豆味为度。煮熟后过滤，滤水可作配料用。

②保温发酵。煮熟沥干豆粒，摊凉至 40℃ 左右，装入容器中加盖，保温 25℃ 以上，使空气中落入的耐热性微生物繁殖。2~3 天后，小球菌等繁殖，释放出呼吸热，5~6 天后品温升至 5℃ 以上，这时大部分细菌形成荚膜，使成品具有黏液，并产生特殊的气味，及时取出，加配料阻止继续升温，发酵结束。

③拌料后熟。将发酵成熟的豆豉坯与配料拌和均匀、装坛，再按配料定量加入煮豆水，装满密封，室温下保存 1 个月以上成熟。

④灭菌。成熟的水豆豉，加热至 80℃，维持 30 min 杀菌，趁热分装，密封，即为成品。或按水豆豉量，趁热加入 0.08% 的苯甲酸钠，装罐密封，能长期保存。

思考题

①啤酒酿造采用大麦为原料、大米为辅料有什么优点？

②在糖化过程中，几种主要酶类的作用机制是什么？以二次煮出糖化法为例，简述如何控制糖化工艺过程中糖化醪的温度和 pH。

③双乙酰含量对啤酒质量有什么影响？如何控制其含量？

④SO$_2$ 在葡萄酒酿造中的作用是什么？简述酿造葡萄酒过程中 SO$_2$ 的使用方法。

⑤在葡萄酒生产中如何控制苹果酸–乳酸发酵？

⑥红葡萄酒和白葡萄酒的酿造工艺有什么不同？

⑦什么是麦曲？什么是酒药？其主要微生物有哪些？在黄酒酿造中，它们分别起什么作用？

⑧黄酒传统酿造工艺中淋饭法、摊饭法、喂饭法三种生产方式各有何特点？试比较黄酒大罐发酵与传统酿造工艺的优缺点。

⑨什么是淋饭酒母？简述其制作过程。

⑩什么是大曲？什么是小曲？试述大曲、小曲和麸曲三者的异同点。

⑪白酒为什么要进行贮存和勾兑？

⑫白酒降度后会出现什么质量问题，应如何解决？

⑬简述影响酒精大罐发酵的主要因素。

第六章　有机酸发酵

第一节　乳酸发酵与发酵乳制品

乳酸又名 2-羟基丙酸，结构式为 CH_3CH（OH）COOH。根据旋光性不同分为 D-乳酸、DL-乳酸和 L-乳酸，是一种结构简单的羟基羧酸，广泛存在于自然界。L-乳酸是以玉米、大米和薯干等为原料生产出的高附加值产品，广泛应用于食品、饮料、医药、塑料、饲料、农药、日用化工、造纸及电子工业等领域。一般工业用 L-乳酸含量为 50%～80%，食品及医药工业用 L-乳酸的含量为 80%～90%。同时，L-乳酸分子内含有羟基和羧基，能够脱水聚合成聚乳酸产品，制成完全可降解的高分子材料，应用于医药工业和外科手术中。

一、乳酸发酵机理

乳酸发酵是指糖经无氧酵解而生成乳酸的过程，与乙醇发酵同为生物体内两种主要的发酵形式。

（一）同型乳酸发酵途径

同型乳酸发酵中发酵产物绝大多数是乳酸，链球菌、双球菌、小球菌及部分乳酸杆菌均属同型乳酸发酵菌，反应式如下：

$$葡萄糖 \xrightarrow{\text{EMP 途径}} 2\ 丙酮酸 \xrightarrow{\text{乳酸脱氢酶}} 2\ 乳酸+2ATP$$

整个过程既不需要氧气，也不产生任何副产物，理论转化率为 100%，其中，1 分子葡萄糖进行乳酸发酵产生 2 分子 ATP，供细胞维持生命活动之需，但由于发酵过程中微生物还有其他生理活动，因此实际转化率达到 80% 即视为同型乳酸发酵。工业上较好的转化率可达 96%。

（二）异型乳酸发酵途径

异型乳酸发酵产物是指除乳酸以外，还有乙醇、乙酸和二氧化碳等的发酵，明串球菌属及部分乳酸杆菌属于异型乳酸发酵菌，总反应式如下：

$$C_6H_{12}O_6+ADP+Pi \rightarrow CH_3CH（OH）COOH+CH_3CH_2OH+CO_2+ATP$$

异型乳酸发酵不需要 O_2，理论转化率为 50%，异型乳酸发酵过程中，1 分子葡萄糖产生 1 分子 ATP，供菌体维持生命活动之需。

（三）双歧发酵途径

双歧发酵途径由双歧杆菌发酵葡萄糖产生乳酸，有两种酮解酶参与反应，总反应式为：

$$2C_6H_{12}O_6 \rightarrow 2CH_3CH（OH）COOH+3CH_3COOH$$

整个过程不需要 O_2，理论转化率为 50%，反应过程中产生 5 分子 ATP（1 分子葡萄糖产生 2.5 分子 ATP）。

同型乳酸发酵和异型乳酸发酵的生物合成途径不同，但最终都由丙酮酸还原而合成乳酸。同型乳酸发酵和异型乳酸发酵与所分泌的乳酸的构型没有对应关系。两种乳酸发酵可产生 L-乳酸，也可产生 D-乳酸。生成乳酸的构型取决于细胞内的乳酸脱氢酶，如存在 D-乳酸脱氢酶则生成 D-乳酸。目前工业生产用的菌株大多产生 DL-乳酸，其机制和生物学意义均不清楚。可能是因为存在两种脱氢酶，也可能存在乳酸消旋酶或者与细胞透性有关。

二、乳酸发酵工艺流程

（一）预处理和水解

预处理主要是除去原料中的杂质，使淀粉达到最高的纯净度。淀粉在淀粉酶的作用和适宜的条件下，易于水解成葡萄糖、麦芽糖、糊精等单体或低聚物。合理控制水解，尽可能减少副反应发生，是糖化工艺所要控制的关键。

（二）预热

预热可以杀菌，而且由于适当加热，可以使葡萄糖液化，并完全去除淀粉和多聚糖，增加产品的稳定性。预热温度控制在 85~90℃。

（三）均质

均质主要是使原料充分混合均匀，阻止分层，提高葡萄糖的稳定性和稠度，并保证单体均匀分布，从而获得质地细腻、口感良好的产品。均质压力控制在 300~500 kPa。

（四）杀菌

杀菌的目的在于杀灭原料中的杂菌，确保乳破杆菌的正常生长和繁殖，钝化原料中的天然抑制物。杀菌温度一般为 100℃，保温 10 min 即可。

（五）冷却

冷却主要是为接种准备。经过热处理的糖乳需要冷却到一个适宜的接种温度，此温度控制在 50℃ 左右。

（六）接种和发酵

接种是造成糖乳受微生物污染的主要环节之一，因此接种时应严格注意操作卫生，防止细菌、酵母、霉菌、噬菌体及其他有害微生物的污染。按种时应充分搅拌，使发酵菌与原料混合均匀。发酵温度控制在 50℃ 左右，从而为微生物代谢提供最适的温度环境，发酵时间为 24 h，发酵过程中不搅拌。发酵时罐口敞开，让 CO_2 自由逸去。当残糖降到 1 g/L、pH 为 4.2 时即可停止发酵。

（七）冷却

冷却的目的是抑制乳酸菌的生长、降低酶的活性，防止产酸过度，使糖液逐渐凝固，降

低和稳定 CO_2 析出的速度。将发酵乳迅速降温至 15~20℃ 即可。

（八）混合

将经溶解和杀菌的氮源、中和剂与发酵乳进行混合。

（九）分离提纯

由于乳酸在发酵过程中加入碳酸钙，因此，发酵最终的醪液中乳酸与碳酸钙形成乳酸钙，它以水合形式存在。根据这一特性，采取相应的过滤介质和方法，即离子交换脱盐转酸方式进行分离提纯工艺。

应用细菌发酵生产乳酸是古老的发酵技术，除细菌外，霉菌也能生产乳酸，所用菌种为米根霉、小麦曲根霉、薯根霉等根霉属菌株。例如，以葡萄糖为碳源、硫酸铵为氮源，加少量磷酸二氢钾、硫酸镁、硫酸锌等无机盐配合的培养基，进行根霉通气发酵，可获得 8.7% 乳酸钠的发酵液。

三、酸乳发酵

（一）酸乳的定义

发酵乳的定义为，乳或乳制品在特征菌的作用下发酵而成的酸性凝乳状产品。在保质期内，该类产品中的特征菌必须大量存在，并能继续存活和具有活性。

（二）酸乳的分类

按成品的组织状态分类：凝固型酸乳、搅拌型酸乳。按成品口味分类：天然纯酸乳、加糖酸乳、调味酸乳、果料酸乳、复合型酸乳等。按发酵后的加工工艺分类：浓缩酸乳、冷冻酸乳、充气酸乳、酸乳粉。按菌种种类：酸乳、双歧杆菌酸乳、嗜酸乳杆菌酸乳、干酪乳杆菌酸乳。按原料乳中脂肪含量分类：全脂酸乳、部分脱脂酸乳、脱脂酸乳、高脂酸乳。

（三）酸乳生产原料

1. 原料乳

各种动物的乳均可作为生产酸乳的基本原料，但事实上大多数酸乳多以牛乳为原料。近年来，在美国、日本和印度等国家也有以山羊乳、水牛乳等其他哺乳动物的乳汁作为原料乳的酸乳产品。我国的酸乳主要是以牛乳为原料，要求原料乳符合我国现行原料乳标准：一是原料乳中的总菌数控制在 500000 CFU/mL 以下，二是原料乳中不得含有抗生素和其他杀菌剂。

2. 乳粉

根据酸乳生产工艺的要求以及不同地区乳源质量和数量的限制，在酸乳的生产中经常要添加部分乳粉。目前我国尚无酸乳配料用的乳粉标准。

3. 甜味剂

添加甜味剂的主要目的是减少酸味，使其口味更柔和，更易被消费者所接受。酸乳中最广泛使用的甜味剂是蔗糖，要求符合 GB 317 标准。通常蔗糖的使用量不超过 10%。近年来，在运动员营养酸乳中，常加入果糖。还有一些天然甜味剂也应用得越来越多，如果葡糖浆、甜菊糖苷、葡萄糖和阿斯巴甜等。

4. 发酵剂菌种

酸乳中所用的特征菌为嗜热链球菌与保加利亚乳杆菌。乳酸菌在发酵过程中除将部分乳糖转化为乳酸外，其蛋白酶和脂肪酶的作用也产生一些游离的氨基酸和易挥发的脂肪酸等产香物质。因此，上述两种菌株的比例及其他乳酸菌的加入均会直接影响酸乳成品的风味和质地。

5. 果料

干物质含量为 20%~68%，果料加入比例为 6%~10%，国外一般在 15% 以上，果料的 pH 应接近酸乳的 pH，果料具体黏稠度由所用设备和成品特征要求决定，果料的卫生指标应严格加以控制。

（四）酸乳生产工艺

1. 原料预处理

（1）均质

原料配合后进行均质处理，可使原料充分混匀，阻止奶油上浮，保证乳脂肪均匀分布，有利于提高酸乳的稳定性和黏稠度，并使酸乳质地细腻，口感良好。均质压力以 20~25 MPa 为好，温度 60~65℃。

（2）热处理

主要目的是杀灭原料乳中的杂菌，确保乳酸菌的正常生长和繁殖；钝化原料乳中对发酵菌有抑制作用的天然抑制物；使牛乳中的乳清蛋白变性，以达到改善组织状态、提高黏稠度和防止成品乳清析出的目的。通常原料奶经过 90~95℃，5 min 热处理效果最好。

（3）接种

一般生产发酵剂，其产酸活力均为 0.7%~1.0%，接种量 2%~4%。接种是最易造成酸乳污染的环节之一，因此应严格注意操作卫生，防止有害微生物的污染。发酵剂加入后要充分搅拌，使其与原料乳混合均匀。

2. 凝固型酸乳的加工工艺

（1）灌装

可选择玻璃瓶或塑料杯。在装瓶前需对玻璃瓶进行蒸汽灭菌。一次性塑料杯可直接使用。

（2）发酵

用保加利亚乳杆菌与嗜热链球菌的混合发酵剂时，温度保持在 41~42℃，培养时间 2.5~4.0 h（2%~4% 接种量）。灌装后的包装容器放入敞口的箱里，互相之间留有空隙，使培养室的热气和冷却室的冷气能到达每一个容器。箱子堆放在托盘上送进培养室。发酵时避免震动，否则会影响组织状态；发酵温度应恒定，避免忽高忽低；发酵室内温度上下均匀；掌握好发酵时间，防止酸度不够或过度，以及乳清析出。达到凝固状态时即可终止发酵。发酵终点可依据如下条件判断：滴定酸度达到 80°T 以上；pH 低于 4.6（典型的为 4.5）；表面有少量水痕；倾斜酸乳瓶或杯，乳变黏稠。

（3）冷却

发酵好的凝固酸乳应立即移入 0~4℃冷库中，迅速抑制乳酸菌的生长，以免造成酸度升高。在 30 min 内温度应降至 35℃左右，接着在 30~40 min 内将温度降至 18~20℃，最后在冷库内将温度降至 5℃，储存产品。

（4）冷藏后熟

在冷藏期间，酸度仍会有所上升，同时风味成分双乙酰含量会增加，风味物质继续产生，而且多种风味物质相互平衡形成酸乳的特征风味，通常把这个阶段称为后成熟期。试验表明，冷却 24 h，双乙酰含量达到最高，超过 24 h 又会减少。因此，发酵凝固后须在 0~4℃ 出售，一般最大冷藏期为 7~14 天。

3. 搅拌型酸乳的加工工艺

（1）发酵

搅拌型酸乳的发酵是在发酵罐中进行，应控制好发酵罐的温度，避免忽高忽低，上部和下部温度差不要超过 1.5℃。典型的搅拌型酸乳发酵温度为 42~43℃，时间若采用浓缩、冷冻或冻干菌直接加入酸乳培养罐时，发酵时间延长至 4~6 h。

（2）冷却

搅拌型酸乳冷却的目的是快速抑制细菌的生长和酶的活性，以防止发酵过程产酸过度和搅拌时脱水。在酸乳完全凝固（pH 4.2~4.5）时开始冷却，产品的温度应在 30 min 内降至 15~22℃，冷却过程应稳定进行。冷却过快将造成凝块收缩迅速，导致乳清分离；冷却过慢则会造成产品过酸和添加果料的脱色。搅拌型酸乳的冷却可采用片式冷却器、管式冷却器、表面刮板式热交换器、冷却罐等设备。

（3）搅拌

通过机械力破坏凝胶体，使凝胶体的粒子直径达到 0.01~0.40 mm，并使酸乳的硬度和黏度及组织状态发生变化。这是生产搅拌型酸奶的一道重要工序。

机械搅拌使用宽叶片搅拌器，搅拌过程应注意既不可过于激烈，又不可长时间。搅拌时应注意凝胶体的温度、pH 及固体含量等。通常搅拌开始用低速，之后用较快的速度。

搅拌的最适温度为 0~7℃，但要使 40℃ 发酵乳降到 0~7℃ 不太容易，所以开始搅拌时发酵乳的温度以 20~25℃ 为宜。酸乳的搅拌应在凝胶体的 pH 4.7 以下时进行，若在 pH 4.7 以上时搅拌，则因酸乳凝固不完全、黏性不足而影响其质量。

（4）混合、灌装

冷却到 15~22℃ 以后，准备包装。果料和香料可在酸乳从缓冲罐到包装机的输送过程中加入，通过一台可变速的计量泵连续地把这些成分打入酸乳中，经过混合装置混合，保证果料与酸乳彻底混合。果料计量泵与酸乳给料泵是同步运转的。果料也可在发酵罐内用螺旋搅拌浆搅拌混合。

对带固体颗粒的果料或整个浆果进行充分巴氏杀菌时，可以使用刮板式热交换器或带刮板装置的罐。杀菌温度应能钝化所有有活性的微生物，而不影响水果的味道和结构。

（5）冷却、后熟

将灌装好的酸乳于冷库中 0~7℃ 冷藏 24 h 进行后熟，进一步促使芳香物质产生和改善黏稠度。

第二节　柠檬酸发酵

柠檬酸又名枸橼酸，2-羟基丙烷-1，2，3-己三酸，分子式为 $C_6H_8O_7$，为无色、无臭、半透明结晶或白色粉末，易溶于水及酒精。加热可以分解成多种产物，与酸、碱、甘油等发生反应。柠檬酸主要应用于食品工业，因为柠檬酸有温和爽快的酸味，普遍用于各种食品加工；柠檬酸在化学工业上可作化学分析用试剂、络合剂、掩蔽剂、配制缓冲溶液；柠檬酸或柠檬酸盐类作助洗剂，可改变洗涤产品的性能。

一、柠檬酸发酵机理

（一）生产方法简介

目前，柠檬酸生产方法有水果提取法、化学合成法和生物发酵三种。水果提取法是指从橘子、苹果等柠檬酸含量较高的水果中提取，此法提取的成本较高，不利于工业化生产。化学合成法的原料是丙酮、二氯丙酮或乙烯酮，此法工艺复杂，成本高、安全性低。发酵法发酵周期短，产率高，节省劳动力，占地面积小，便于实现自动化和连续化控制，现已成为柠檬酸生产的主要方法。

（二）发酵法生产柠檬酸的反应方程式

$$C_{12}H_{22}O_{11}+H_2O+O_2 \rightarrow 2C_6H_8O_7+4H_2O$$
蔗糖　　　　　　　　柠檬酸

二、工艺过程及主要设备选择

（一）工艺过程

1. 菌种培养

在 4~6°Bé 的麦芽汁内加入 2.0%~3.0% 的琼脂，然后接入黑曲霉菌种，在 30~32℃ 条件下，培养 4 天左右，作为斜面菌种，将麸皮和水以 1:1 的比例掺拌，再加入 10% 的碳酸钙、0.5% 的硫酸铵，拌匀后装入容量为 250 mL 的三角瓶中，在 150 kPa 压力下灭菌 60 min。接入斜面培养的菌种，培养 96~120 h 后即可使用。

2. 原料处理

湿粉渣必须经过压榨脱水，使含水量在 60% 左右；干粉渣含水量低，应按 60% 的比例补足水分，结块的粉渣需粉碎成 2~4 mm 的颗粒，然后加入 2% 碳酸钙和 10%~11% 米糠，掺匀后，堆放 2 h，再进行蒸煮。蒸煮可采用加压蒸料和常压装料两种方式：加压装料最好用旋转式蒸锅，常压装料可用固定式蒸锅或固定式水泥蒸锅。先用扬麸机将蒸煮好的料破碎，再加入含抗污染药品的沸水。

3. 接种、发酵

当料冷却到 37~40℃ 时，接入菌种悬浮液。接种后，送入曲室发酵（此时料温不得低于 27℃）。发酵室要注意消毒，定期用甲醛或硫黄熏蒸，甲醛用量为 10 mL/m³，硫黄为 25 g/m³。

4. 发酵工艺条件的控制

通风。发酵过程中要注意适当通风，因黑曲霉菌是好气性细菌。

控湿。发酵室内的相对湿度应保持在 86%~90%。

控温。整个发酵过程分为三个阶段：第一阶段为前 18 h，室温为 27~30℃，料温为 27~

35℃；第二阶段为 18~60 h，料温为 40~43℃，不能超过 44℃，室温要求在 33℃左右；第三阶段为 60 h 以后，料温为 35~37℃，室温为 30~32℃。

5. 浸取柠檬酸

将曲料放入浸取缸，用 90℃以上的水连级浸泡 5 次，每次浸泡约 1 h。当浸液酸度低于 0.5%时，停止浸泡进行出渣。将浸液倒入搪瓷锅，加温至 95℃以上，保持 10 min 后，停止加热，让其静置沉淀 6 h。

6. 清液中和

将经过沉淀的清液移入中和罐，加温至 60℃后，加入碳酸钙中和，边加边搅拌。柠檬酸与碳酸钙形成难溶性的柠檬酸钙，从发酵液中分离沉淀出来，达到与其他可溶性杂质分离的目的。加完碳酸钙后，升温到 90℃，保持 30 min，待碳酸钙反应完成后，倒入沉淀缸内，抽去残酸，再放入离心机脱水，用 95℃以上的热水洗涤钙盐，以除去其表面附着的杂质和糖分。在这里要重点检查糖分是否洗净（洗净的柠檬酸钙盐最好能迅速进行酸解，不要过久贮放，否则会因发霉变质造成损失），方法是滴一滴 1%~2%高锰酸钾溶液到 20 mL 水中，3 min 不变色即说明糖分已基本洗净。

在清液中和过程中，控制中和的终点很重要，过量的碳酸钙会造成胶体等杂质一起沉淀，不仅影响柠檬酸钙的质量，而且给后续工序造成困难。一般按计算量加入碳酸钙（碳酸钙总量=柠檬酸总量×0.714），当 pH 为 6.5~7.0，滴定残酸为 0.1%~0.2%时即达到终点。若碳酸钙添加过量，则需补加发酵母液。

7. 酸解与脱色

酸解是将柠檬酸钙与硫酸作用，生成柠檬酸与硫酸钙，反应式如下：
$$Ca(C_6H_5O_7)_2+3H_2SO_4\rightarrow 2C_6H_8O_7+3CaSO_4$$

具体操作是把柠檬酸钙用水稀释成糊状，慢慢加入硫酸（一般根据投入碳酸钙的量计算硫酸量，以碳酸钙用量的 92%~95%为宜），在加入计算量的 80%以后，就要开始测定终点。测定方法如下。取甲乙两支试管，甲管吸取 20%硫酸 1 mL，乙管吸收 20%氯化钙 1 mL，分别加入 1 mL 过滤后的酸解液，水浴内加热至沸腾，冷却后观察两管溶液，如果不产生浑浊，则分别加入 1 mL 95%酒精，如甲乙两管仍不产生浑浊，即认为达到终点。甲管有浑浊，说明硫酸含量不足，应再补加一些柠檬酸钙。酸解达到终点后，煮沸 30~45 min，然后放入过滤槽过滤。

在所得清液中，加入活性炭（一般用量为柠檬酸量的 1%~3%，视酸解液的颜色而定）脱色，在 85℃左右保温 30 min，即可过滤。滤瓶用 85℃以上热水洗涤，洗至残酸低于 0.3%~0.5%即可结束，洗水单独贮放，作为下次酸解时的底水使用。

8. 浓缩、结晶

将脱色后过滤所得清液，用减压法浓缩（真空度为 600~740 mmHg，温度为 50~60℃）。柠檬酸液浓缩后，腐蚀性较大，因此多采用搪瓷衬里的浓缩锅，浓缩液的浓度要适当，如浓度过高，会形成粉末状，但浓度过低，会造成晶核少，成品颗粒大，数量少，母液中残留大量未析出的柠檬酸，影响产量。当浓缩达到 36.1~37°Bé 时即可出罐。柠檬酸结晶后，用离心机将母液脱净，然后用冷水洗涤晶体，最后用干燥箱除去晶体表面的水。母液可以再直接进行一次结晶，剩下的母液往往因含大量杂质，不宜做第三次结晶，但可以在酸解液中套用，或用碳酸钙重新中和。干燥箱的温度要控制在 35℃以下，如气温高于 20℃时，可采用常温气流干燥。

（二）主要设备选择

生产过程的主要设备有发酵罐、种母罐、抽滤桶、脱色柱、浓缩锅和结晶锅等。

1. 发酵罐

发酵罐是用来进行微生物发酵的装置，其主体一般用不锈钢板制成的，其容积为一至数百立方米。罐体中有搅拌桨，用于发酵过程中的搅拌。罐体上有控制传感器，用来监测发酵过程中发酵液的 pH、溶解氧及其他指标。

2. 抽滤桶

抽滤桶主要用于化工、医药、石油等行业生产工艺中的真空过滤。它具有质量轻、安装维修方便、操作简单等优点。操作压力为 0.1 MPa，操作温度为 10~100℃。

3. 浓缩锅

浓缩采用外加热自然循环与真空负压蒸发相结合的方式，蒸发速度快，浓缩相对密度可达 1.3，在 50~60℃，79~93 MPa 真空条件下蒸发浓缩，当柠檬酸的相对密度由 1.07 提高到 1.34~1.35 时，浓缩操作即可结束。

三、主要用途及注意事项

（一）主要用途

1. 用于食品

柠檬酸有温和爽快的酸味，普遍用于各种饮料、葡萄酒、糖果、点心、罐头、乳制品等食品的制造。

2. 用于化工、制药和纺织业

柠檬酸在化学上可作化学分析试剂，配制缓冲溶液。采用柠檬酸或柠檬酸盐类作助洗剂，可改善洗涤产品的性能，可以迅速沉淀金属离子，防止污染物重新附着在织物上，保持洗涤必要的碱性，使污垢及灰分散和悬浮。

3. 用于环保

柠檬酸—柠檬酸钠缓冲溶液由于其蒸汽压低、无毒、化学性质稳定、对 SO_2 吸收率高，是极具开发价值的脱硫吸收剂。

4. 用于化妆品

柠檬酸具有加快角质更新的作用，常用于乳液、乳霜、洗发精、美白用品、抗老化用品及青春痘用品等的生产加工中。

5. 用于杀菌

柠檬酸具有杀灭细菌芽孢的作用，可杀灭血液透析机管路中污染的细菌芽孢。

（二）注意事项

1. 食用危险

柠檬酸对人体无直接危害，但它可以促进体内钙的排泄和沉积，如长期食用含高柠檬酸的食品，有可能导致低钙血症，并且会增加患十二指肠癌的概率。胃溃疡、胃酸过多、龋齿和糖尿病患者不宜经常食用柠檬酸。柠檬酸不能加在纯奶里，否则会引起纯奶凝固。

2. 工业危险

柠檬酸可燃，粉体与空气可形成爆炸性混合物，遇明火、高热或与氧化剂接触，有引起燃烧爆炸的危险。

柠檬酸在医药、化学等其他工业中也有一定的作用。柠檬酸铁胺可以用作补血剂；柠檬酸钠可用作输血剂；柠檬酸可制造食品包装用薄膜及无公害洗涤剂。

第三节　醋酸发酵

醋酸发酵可以说起源于食醋发酵，历史几乎与酿酒一样悠久，能生产食醋的原料很多，如葡萄、苹果、麦芽、谷物原料、乳清等天然含糖原料。我国食醋生产的历史非常悠久，现已有多种风味和特色的食醋生产方法，著名的有山西陈醋、镇江香醋、北京熏醋、上海米醋、四川麸醋、江浙玫瑰醋、福建红曲醋等。今天，醋酸是一种重要的工业原料，醋酸能抑制腐败细菌的生长，用醋腌渍蔬菜可以保存鲜味而不腐败，醋酸还可作医用消毒剂。发酵醋液精制后可制成冰醋酸，为化工及制药的重要原料，在印染工业中用途广泛。

一、醋酸的性质

醋酸（CH_3COOH），是无色水状液体，具有刺鼻的特征酸味和灼口味，分子量60.06，与水、乙醇、甘油、乙醚互溶，不溶于 CS_2。纯醋酸本身的导电性较差，但随含水量的增加，导电能力急剧上升。醋酸在工业上的用途很广，因此，人们对它的性质研究较为深入。纯醋酸在 16.6℃ 以下会凝固成冰状，故又称为冰醋酸。

醋酸溶液呈酸性，电离常数为 $1.79×10^{-5}$。醋酸在低浓度时无毒性，食醋中醋酸含量为 3%~5%。纯醋酸或浓醋酸有腐蚀性，对动物的呼吸道、眼睛、食道和胃等有刺激作用。醋酸对小白鼠的半致死量（LD_{50}）为 5 g/kg 体重。

二、醋酸发酵机理

（一）醋酸发酵

醋酸发酵是乙醇在醋酸菌氧化酶的作用下生成醋酸的过程，醋酸的转化是分两步进行的，中间产物是乙醛：

$$CH_3CH_2OH+NAD \xrightarrow{\text{乙醇脱氢酶或乙醇氧化酶}} CH_3CHO+NADH_2$$

$$CH_3CHO+NAD+H_2O \xrightarrow{\text{乙醛脱氢酶}} CH_3COOH+NADH_2$$

过程中产生的 $NADH_2$，通过细胞呼吸链以 O_2 为受氢体生成 H_2O 和 NAD，并放出热量 493.7 kJ/mol 酒精。总之，醋杆菌理论上可以将 1 mol 乙醇转化成 1 mol 醋酸，理论转化率为 130%。

（二）酒精发酵

发酵是酵母菌在厌氧条件下经过菌体内一系列酶的作用，把可发酵性糖转化成酒精和二氧化碳，然后通过细胞膜把产物排除菌体外的过程。参与酒精发酵的酒化酶系包括糖酵解（EMP）途径的各种酶，以及丙酮酸脱羧酶、乙醇脱氢酶。由葡萄糖发酵生成酒精的反应可用下述简式表示：

$$C_6H_{12}O_6 + 2H_3PO_4 + 2ADP \xrightarrow{\text{EMP 途径的酶}} 2CH_3COCOOH + 2NADH_2 + 2ATP$$

$$CH_3COCOOH \xrightarrow{\text{丙酮酸脱羧酶}} CH_3CHO + CO_2$$

$$CH_3CHO \xrightarrow{\text{乙醇脱氢酶}} CH_3CH_2OH$$

净反应：$C_6H_{12}O_6 + 2ADP + 2H_3PO_4 \longrightarrow 2CH_3CH_2OH + 2ATP + 2CO_2$

在酒精发酵中约有 94.8% 的葡萄糖被转化为酒精和二氧化碳，酵母菌的增殖和生成副产物消耗 5.2% 葡萄糖。发酵后除生成酒精和二氧化碳外，每 100 g 葡萄糖还可生成醛类物质 0.01 g，甘油 2.5~3.6 g，高级醇 0.4 g，有机酸 0.5~0.9 g，酯类微量。

三、醋酸发酵微生物

醋酸菌能导致储存葡萄酒的酸败。醋酸菌污染是酿酒行业的普遍问题，因而引起人们的高度重视。随着食醋和醋酸发酵技术的发展，醋酸菌的研究也越来越深入。

醋酸菌具有氧化酒精生成醋酸的能力。按照生理生化特性，可将醋酸菌分为醋酸杆菌属和葡萄糖氧化杆菌属两大类。前者在 39℃ 可以生长，增殖最适温度在 30℃ 以上，主要作用是将酒精氧化为醋酸，在缺少乙醇的醋醪中，会继续把醋酸氧化成二氧化碳和水，也能微弱氧化葡萄糖为葡萄糖酸；后者能在低温下生长，增殖最适温度在 30℃ 以下，主要作用是将葡萄糖氧化为葡萄糖酸，也能微弱氧化酒精成醋酸，但不能继续把醋酸氧化为二氧化碳和水。酿醋用醋菌株，大多属于醋酸杆菌属，仅在老法酿醋醋酸中发现葡萄糖氧化杆菌属的菌株。

1. 醋酸菌的特性

醋酸菌是两端浑圆的杆状菌，单个或呈链状排列，有鞭毛，无芽孢，属革兰氏阴性菌。在高温、高盐浓度或营养不足等不良培养条件下，菌体会伸长，变成线形或棒形、管状膨大等。醋酸菌为好氧菌，必须供给充足的氧气才能进行正常发酵；适宜生长繁殖的温度为 28~33℃，不耐热，在 60℃、10 min 即可死亡。最适生长 pH 6.5~13.5。

醋酸菌最适碳源是葡萄糖、果糖等六碳糖，其次是蔗糖和麦芽糖等。醋酸菌不能直接利用淀粉等多糖类。酒精也是很适宜的碳源，有些醋酸菌还能以甘油、甘露醇等多元醇为碳源。醋酸菌的氮源包括蛋白质水解产物、尿素、硫酸铵等。必需的矿物质有磷、钾、镁 3 种元素。

2. 常用的醋酸菌

（1）AS1.41 醋酸菌

它属于恶臭醋酸杆菌，是我国酿醋常用菌株之一。该菌细胞呈杆状，常呈链细胞大小为（0.3~0.4）μm×（1~2）μm，无运动性，无芽孢。平板培养时菌落隆起，菌落呈灰白色，液体培养时形成菌膜。适宜生长温度为 28~30℃，生成醋酸的最适温度为 28~33℃，最适 pH 3.5~6.0，耐受酒精浓度 8%。最高产醋酸 7%~9%，产葡萄糖酸能力弱，能氧化分解醋酸为二氧化碳和水。

（2）沪酿 1.01 醋酸菌

其是从丹东速酿醋中分离得到的，是我国食醋工厂常用菌种之一。该菌细胞呈杆形，常呈链状排列，菌体无运动性，不形成芽孢。在含酒精的培养液中，常在表面生长，形成菌膜。

在不良条件下，细胞会伸长，变成线状或棒状，有的呈膨大状、分支状。该菌由酒精产醋酸的转化率一般为93%～95%。

（3）恶臭醋酸杆菌

该菌是我国醋厂使用的菌种之一。该菌在液面处形成菌膜，并沿容器壁上升，菌膜下液体不浑浊。一般能产酸6%～8%，有的菌株还能产2%葡萄糖酸，能把醋酸进一步氧化为二氧化碳和水。

（4）攀膜醋酸杆菌

该菌是葡萄酒、葡萄醋酿造中的有害菌，在醋醅中常能被分离出来。最适生长温度31℃，最高生长温度44℃。在液面处形成易破碎的菌膜，菌膜沿容器壁上升得很高，菌膜下液体很浑浊。

（5）其他

还有胶膜醋酸杆菌等。

四、食醋生产工艺

对于生产纯醋酸来说，目前化学合成法的成本较低，所以发酵法并不在工业上广泛用于生产纯醋酸。但是，醋酸发酵一直在工业上被用来生产食醋，而且在实验室规模上，醋酸发酵也一直研究得很多，两者在理论和实践上都有很多共同之处。食醋生产规模的扩大促进了醋酸发酵的理论研究，而理论研究的进展又使食醋工业领域发生了巨大变化。本节对食醋的近代发酵方法和醋酸发酵研究的进展分别予以介绍。

（一）固态发酵法制醋工艺

1. 工艺流程

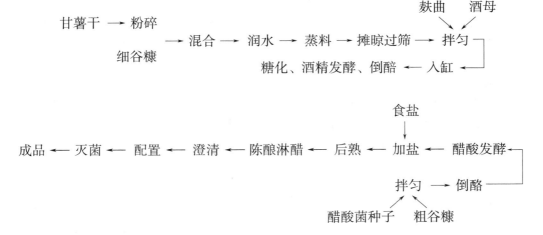

2. 操作要点

（1）原料配比

甘薯干100 kg，细谷糠175 kg，蒸料前加水275 kg，蒸料后加水125 kg，麸曲50 kg，酒母40 kg，粗谷糠50 kg，醋酸菌种子40 kg，食盐7.5～15 kg。

（2）原料处理

甘薯干粉碎成粉，与细谷糠混合均匀，往料中进行第1次加水，随加随翻，使原料均匀吸收水分（润水），润水完毕后进行蒸料，加压蒸料为 150 kPa 蒸汽压，时间 40 min。熟料取出后，过筛消除团粒，冷却。

（3）添加麸曲及酒母

熟料要求夏季降温至 30~33℃，冬季降温至 40℃以下后，进行第 2 次加水。翻拌均匀后摊平，将细碎的麸曲铺于面层，再将搅匀的酒母均匀撒上，然后拌匀，装入缸内，一般每缸装 16 kg，醋醅含水量以 60%~62% 为宜，醅温在 24~28℃。

（4）淀粉糖化及酒精发酵

醋醅入缸后，缸口盖上草盖。密温保持在 28℃左右。当醅温上升至 38℃时，进行倒醅。倒醅方法是每 10~20 个缸留出 1 个空缸，将已升温的醅移入空缸内，再将下一缸醅移入新空出的缸内，依次把所有醅倒一遍后，继续发酵。经过 5~8 h，醅温又上升至 38~39℃，再倒醅 1 次。此后，正常醅的温度在 38~40℃，每天倒醅 1 次，2 天后醅温逐渐降低。第 5 天，醅温降至 33~35℃，表明糖化及酒精发酵已完成，此时，醅的酒精含量可达到 8% 左右。

（5）醋酸发酵

酒精发酵结束后，每缸拌入粗谷糠 10 kg、醋酸菌种子 8 kg，加入粗谷糠及醋酸菌种子 2~3 天后醅温升高，控制醅温在 39~41℃，不得超过 42℃。通过倒醅控制醅温并使空气流通。一般每天倒醅 1 次，经 12 天左右，醅温开始下降，当醋酸含量达到 7% 以上，醅温下降至 38℃以下时，醋酸发酵结束，应及时加入食盐。

（6）加盐

一般每缸醋醅夏季加盐 3 kg，冬季加盐 1.5 kg，拌匀，再放置 2 天。

（7）淋醋

淋醋是用水将成熟醋醅中的有用成分溶解出来，得到醋液。淋醋采用淋缸三套循环法：甲组淋缸放入成熟醋醅，用乙组淋缸淋出的酸倒入甲组缸内浸泡 20~24 h，淋下的称为头醋；乙组缸内的醋渣是淋过头醋的头渣，用丙组缸淋下的三醋放入乙组缸内浸泡，淋下的是二醋；丙组淋缸的醋渣是淋二醋的二渣，用清水放入丙组缸内，淋出的就是三醋，淋出三醋后的醋渣残酸仅 1%。

（8）陈酿

陈酿是醋酸发酵后为改善食醋风味进行的储存、后熟过程。有两种方法：一种是醋醅陈酿，将加盐后熟固态醋醅压实，上盖食盐一层，并用泥土和盐卤调成泥浆密封缸面，放置 20~30 d；另一种是醋液陈酿，将成品食醋封存在坛内，储存 30~60 天。通过陈酿可增加食醋香味。

（9）灭菌及配制

成品头醋进入澄清沉淀，得澄清醋液，调整其浓度、成分，使其符合标准。除现销产品及高档醋外，一般要加入 0.1% 苯甲酸钠防腐剂。生醋加热至 80℃以上进行灭菌，灭菌后包装即得成品。用这种酸醋工艺，一般每 100 kg 甘薯粉能产含 5% 醋酸的食醋 700 kg。

（二）酶法通风回流制醋工艺

一般固态发酵法酿醋，自醋醅入缸后需要及时多次倒醅，以达到散热和通气的目的。采用人工倒醅方法劳动强度大，效率低。酶法液化通风回流新工艺，是利用自然通风和醋汁回流代替倒醅。本法的特点是：

用 α-淀粉酶制剂将原料淀粉液化后，再加麸曲糖化，提高了原料利用率。采用液态酒精发酵，固态醋酸发酵的发酵工艺。醋酸发酵池近底处设假底，假底下的池壁上开设通风洞，让空气自然进入，利用固态醋的疏松度，使醋酸菌得到足够的氧，全部醋酸都能均匀发酵。利用假底下积存的温度较低的醋汁，定时回流喷淋在醋醅上，以降低醅温，调节发酵温度，保证发酵在适当温度下进行。

1. 工艺流程

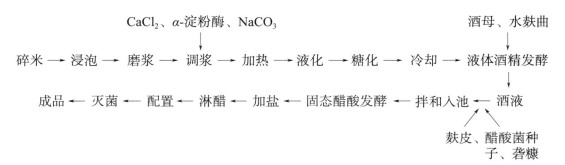

2. 主要设备

液化及糖化桶。用钢板制成的网柱形桶，内有搅拌器、冷却管、蒸汽管。调浆、液化、糖化三道工序都可以在桶内进行。

醋酸发酵池。醋酸发酵池高 2.45 m、直径 4 m、容积为 30 m²，内壁砌有耐酸瓷砖的网柱形水泥池。在距底 5~20 cm 处置有假底，把池分为上下两层，假底上面装醋醅，假底下面存留醋汁。在假底下面的池壁上设有直径 10 cm 的通风洞 12 个。回流醋汁用泵打入池上部开有小孔的喷淋管，利用液压喷出醋汁使喷管旋转，把回流波均匀淋洗在醋醅上。

3. 操作方法

（1）原料配比

一个发酵池的原料用量为：碎米 1200 kg，麸皮 1400 kg，砻糠 1650 kg，水 3250 kg，食盐 100 kg，酒母 500 kg，醋酸菌种子 200 kg，麸曲 60 kg，α-淀粉酶 3.9 kg，氯化钙 2.4 kg，碳酸钠 1.2 kg。

（2）水磨和调浆

碎米用水浸泡使米粒充分膨胀，将米与水按 1：1.5 比例送入磨粉机，磨成 70 目以上细度粉浆，送入调浆桶，用碳酸钠调 pH 至 6.2~6.4，再加入氯化钙和 α-淀粉酶，充分搅拌。

（3）液化与糖化

上述浆料加热升温至 85~92℃，保持 10~15 min，用碘液检测显棕黄色表示已达到液化终点，然后升温至 100℃，保持 10 min，达到灭菌和使酶失活的目的。将液化醪冷却至 63℃，加入麸曲，糖化 3 h，糖化完毕，冷却到 27℃，糖化醪泵入酒精发酵罐。

（4）酒精发酵

糖化醪 3000 kg 泵入发酵罐后，再加水 3250 kg，调节 pH 4.2~4.4，接入酒母 500 kg。控制醪液温度 33℃ 左右，发酵周期 64 h 左右，酒醪的酒精含量达到 8.5% 左右。

（5）醋酸发酵

①进池。将酒醪、麸皮、砻糠和醋酸菌种子用制醅机充分混合，装入醋酸发酵池内。

②松醅。面层醋醅的醋酸菌繁殖快，升温也快，24 h 可升到 40℃，而中层醋醅温度较低，所以要进行 1 次松醅，将上面和中间的醋醅尽可能疏松均匀，使温度一致。

③回流。松醅后醅温升至 40℃ 以上即可进行醋汁回流，使醅温降低。醋酸发酵温度，前期控制在 42~44℃，后期控制在 36~38℃，如果温度升高过快，除醋汁回流降温外，还可将通风洞全部或部分塞住，从而加以控制。一般，当醋酸发酵 20~25 天时，醋醅方能成熟。

（6）加盐

醋酸发酵结束，为避免醋酸被氧化分解成 CO_2 和 H_2O，应及时加入食盐以抑制醋酸菌氧化作用。方法是将食盐置于醋醅面层，用醋汁回流溶解食盐使其渗入醋醅中。

（7）淋醋

淋醋仍在醋酸发酵池内进行。把二醋浇淋在成熟醋醅面层，从池底收集头醋，当流出的醋汁醋酸含量降到 5 g/100 mL 时停止。以上淋出的头醋可配制成品。头醋收集完毕，再在醋面层浇入三醋，下面收集到的是二醋。最后在醅面加水，下面收集三醋。二醋和三醋供下批淋醋循环使用。

（8）灭菌及配制

方法与一般固态发酵制醋相同。

4. 酶法液化通风回流制醋的优点

比一般固态发酵制醋出醋率提高 16%。比采用煮料的旧工艺能耗明显下降。除出渣还用人工外，实现了管道化、机械化生产，降低了劳动强度，节约了劳动力。

（三）液体深层发酵法制醋工艺

液体深层发酵法制醋是利用发酵罐通过液体深层发酵生产食醋的方法，通常是将淀粉质原料经液化、糖化后先制成酒醪或酒液，然后在发酵罐里完成醋酸发酵。液体深层发酵法制醋具有机械化程度高、操作卫生条件好、原料利用率较高（65%~70%）、生产周期缩短（为 7 天），产品质量稳定等优点，缺点是醋的风味较差。本法自 20 世纪 70 年代起在我国应用于生产，目前用此法生产食醋的工厂已达 80 余家，国外则更为普遍。

1. 工艺流程

$CaCl_2$、α-淀粉酶、$NaCO_3$ 　　　　麸曲　酒母　　　醋酸菌种子

大米 → 浸泡 → 磨浆 → 调浆 → 液化 → 糖化 → 酒精发酵 → 液体深层醋酸发酵

成品 ← 配制 ← 灭菌 ← 压滤

2. 主要设备

淀粉质原料液化、糖化和酒精发酵所用的设备与酶法液化回流制醋的设备相同。醋酸发酵多采用自吸式发酵罐。自吸式发酵罐的优点是：由于省却了空压机和空气净化系统，因此投资少，使用时不仅能耗可降低 20%，而且进气后形成的气泡少、溶氧多，能很好地满足醋酸菌对溶解氧的要求。

自吸式发酵罐进气的原理是：搅拌器空腔中的转子叶轮在液体中高速旋转，在离心力作

用下液体被甩向边缘，使转子中心形成负压。由于转子空腔由管道与大气相通，因此空气被不断吸入并被甩向叶轮外缘，在叶轮周围形成强烈的气液混合流，在发酵液中被分裂成细微的气泡，并在湍流下混合翻腾，扩散到整个发酵液中，完成提供溶解氧和对发酵液搅拌的作用。发酵罐需采用耐酸材料制成。

3. 操作方法

（1）原料液化和糖化

①大米浸泡后磨浆，粉浆浓度为 18~20°Bé。接着，粉浆入液化、糖化桶中，并升温至 30℃。

②加入为原料质量 0.2% $CaCl_2$ 和 0.1%~0.2% Na_2CO_3，调整粉浆 pH 6.2~6.4，此时，开始升温至 50℃，并按 60~80 U/g 原料加入细菌 α-淀粉酶制剂。

③搅匀后继续升温至 85~90℃，在此温度下维持 15 min 之后，再升温至 100℃ 并维持 20 min。

④将醪液迅速冷却至 63~65℃，加入原料量 10% 麸曲或按 1 g 淀粉加入 100 U 糖化酶制剂，糖化 1.0~1.5 h。

（2）酒精发酵

①将糖化醪泵入酒精发酵罐中，加水使糖化醪浓度为 8.5°Bé，并使醪液降温至 32℃。

②向罐中接入醪液量 10% 酒母，并添加酵母量 2% 乳酸菌液及 20% 生香酵母，进行共同酒精发酵，发酵时间为 3~5 天。适量乳酸菌与酵母菌共同发酵，对酵母产酒精影响不大。当乳酸含量在 0.9% 以下时，还会有一定的促进作用。有的场合，如在酒精发酵后期，需再接入乙酸菌共同发酵。多菌种共同发酵可使酒醪中的不挥发性酸、香味成分增加，是改善深层发酵醋风味的有效措施。酒精发酵结束时，酒精含量为 6%~7%。

（3）醋酸发酵

①将空罐用清水洗净，用蒸汽在 150 kPa 下灭菌 30 min，管道同样用蒸汽灭菌。

②将酒醪泵入发酵罐中，当醪液淹没自吸式发酵罐转子时，再启动进行自吸通风搅拌，装液量为 70% 罐容积。

③接入醋酸菌种子液 10%（体积分数）。

④发酵条件：料液酸度 2%，温度 33~35℃，发酵通风比为 1:（0.08~0.1），发酵时间为 40~60 h。

⑤当酒精被耗完，醋酸量不再增加时，发酵结束。

⑥升温至 80℃，维持 10 min，灭菌。

（4）醋酸发酵液后处理

为了改善液体深层发酵醋的风味，可用熏醅增香、增色，方法是：用固态发酵醋酿制成熏醅，再用深层发酵的醋液浸泡熏醅，淋出的醋液香味和色泽可以增加。另外，增加陈酿时间也是提高深层发酵醋质量的方法之一，即将醋液储存于不锈钢罐或陶瓷罐中 2~3 个月，长时间的储存可使醋中酯类物质增多。醋液再经澄清或压滤，加入炒米色和 0.1% 苯甲酸钠防腐剂，符合质量标准后即为成品。

另外，为克服深层发酵醋风味较差的缺点，在主料中可适当添加小麦粉、豆饼粉等含蛋白质丰富的原料或在进行醋酸发酵前添加蛋白质水解醪，以增加风味成分的前体物。

第四节　其他有机酸发酵

一、衣康酸

（一）衣康酸简介

衣康酸是一五碳二羧酸，是不饱和二元有机酸，相对分子质量130.084，分子式$C_5H_6O_4$。衣康酸又称为亚甲基丁二酸、分解乌头酸、亚甲基琥珀酸。

用途：衣康酸聚合物添加少量天然物质可制成高效除臭剂；用于金属、混凝土涂料，易于着色受自然条件影响；用于油漆添加剂可提高油漆品质；用于地毯上浆可使合成纤维地毯经久耐用；用作汽车、电器、冷库涂料，具有黏着力强、色泽美观且抗恶劣气候等优点；用于食品包装材料，以减少包装物表面细菌污染；衣康酸制成酯类可用于油漆、弱酸性离子交换树脂、润滑油添加剂、黏结剂和增塑剂、粉压塑料及密封胶。衣康酸衍生物可用作医药、化妆品试剂、润滑剂、增稠剂、除草剂及改善丝毛织物性能。

（二）衣康酸生产工艺

衣康酸生产法包括柠檬酸合成法、顺酐合成法、发酵法等。下面以发酵法为例介绍其生产工艺。

以蔗糖为原料的衣康酸发酵工艺：

1. 培养基

种子培养基（g/L）：蔗糖80.0，硝酸铵3.5，七水硫酸镁1.0，磷酸二氢钾0.6，玉米浆3 mL，调节pH 3.5，直接蒸汽120℃灭菌150 min。

发酵培养基（g/L）：蔗糖100.0，硝酸铵3.0，七水硫酸镁4.0，磷酸二氢钾0.2，玉米浆2 mL，其他无机盐，调节pH 4.5~5.0，用蒸汽95~100℃灭菌不少于20 min。

2. 工艺条件对发酵的影响

温度：土曲霉对温度极为敏感，温度控制不当不但会影响衣康酸的积累，而且还会导致杂酸的生成。土曲霉孢子培养温度以（33±1）℃最佳；一、二级种子培养温度以（34±1）℃为宜，虽然温度升高有利于加速孢子的萌发及菌丝的生长、缩短培养时间，但也容易引起菌体过早衰老，因此一般不宜采用较高温度培养种子。发酵最适温度为（35±1）℃。

pH：深层发酵中，pH对最终衣康酸的产量起着十分重要的作用。pH小于1.8时，土曲霉几乎不能生长和产酸；pH大于4.5时，菌丝形成较大菌丝球，有时直径可达5~6 mm，同时几乎不产酸。因此，在菌体生长高峰期应维持pH在3.0左右，以获得最大生长速率；一旦进入产酸期，应控制pH在2.1~2.3范围内。

接种量：一级种子保证培养液内孢子数以10^8~10^9个/mL为宜，二级种子接菌丝悬浮液12%~14%。

通气与搅拌：在生产中如果通气不足会严重影响产酸速率及转化率；若通气过量，不但造成能源浪费，而且会引起大量泡沫，甚至达到无法控制的程度，同时也会影响衣康酸的积累及转化率。

菌体生长量：菌体总量对发酵影响极大。生长正常时，菌体量大，转化率显著降低，衣康酸积累少；菌体量过少也会出现同样的结果。菌体干重以 1.10~1.40 g/100 mL 为宜。

3. 培养基组成对发酵的影响

蔗糖浓度：糖浓度增加不但要增加发酵时间，同时转化率也会随之下降，故最适蔗糖浓度为 9.5~10 g/100 mL。

氮源：无机氮源以硫酸铵最好，使用尿素时，往往只长菌丝不产酸，因此，一般用硝酸铵较好，用量 0.3~0.4 g/100 mL。辅助氮源用玉米浆，一般以 0.2% 为宜。

镁盐：硫酸镁的加入是必不可少的，一般以 0.4 g/100 mL 为宜。它不仅是营养盐，也是产酸促进剂。

磷酸盐：磷酸盐对菌体生长量的控制起着十分关键的作用，一般以 0.02 g/100 mL 的磷酸二氢钾为宜。

其他盐类：NaCl 能刺激菌体的生长，以 0.3 g/100 mL 为宜。微量的铁可以促进产酸，一般以 0.015 g/100 mL 的硫酸亚铁为宜。

消泡剂：在灭菌前，培养液中须加入 0.01%（体积分数）的消泡剂。常用消泡剂有植物油、泡敌、十八烷醇等。

4. 发酵终止的判断

发酵终止的判断对提高发酵生产能力、缩短发酵周期有重要意义。在发酵过程中，产物的单位产率是变化的。一般产物的形成是在生长高峰期后开始，随后进入产酸高峰期，此阶段维持时间越长，发酵生产能力也越高。因此，为提高发酵生产能力、降低成本，必须做好发酵终止的判断。在衣康酸发酵生产中，当罐温度逐渐自然上升，表明进入发酵产酸高峰期，这段时间维持 20~30 h，然后温度就开始下降，这时发酵液颜色开始变深，残余还原糖少于 0.5 g/100 mL、产酸很慢或停止时，必须立即终止发酵、放罐，否则酸浓度反而会下降。

（三）衣康酸提取工艺

1. 发酵醪的处理

发酵醪中含有菌体、蛋白质等胶体性物质，为了对后续工序有利和提高得率，在过滤前必须进行加热处理。一般加热温度为 70~75℃ 维持 15 min，可以杀死菌体，防止衣康酸被分解代谢，使蛋白质等胶体物质凝固变性，有利于过滤；同时使菌体中的衣康酸释放出来，以提高收率。

2. 脱色过滤

脱色是衣康酸生产中的一个重要环节，是保证衣康酸质量的关键。发酵滤液中的色素及蛋白质需要脱去；一次衣康酸晶体是一种浅褐色的物质，色泽深，杂质含量多，也必须进行精制脱色，才能保证生产出外观合格的产品。

3. 阳离子交换

主要是利用 732 强酸性阳离子交换树脂来除去液体中的金属离子，达到净化液体的目的，最终使产品质量得以提高。

4. 浓缩

在常温水溶液（或滤液）中，衣康酸浓度低，容易被微生物分解，所以应立即浓缩，不宜停留时间过长。在浓缩过程中，温度不能过高，若在高温下长时间加热，衣康酸会发生部分分解或可能被破坏而变性；同时，残留在溶液中的其他有机物在高温下也易分解，使浓缩液色泽加深，黏度增加造成结晶困难，从而影响产品质量。

衣康酸发酵滤液在浓缩过程中会产生大量泡沫，上浮的泡沫易造成跑料。此时可打开阀门破坏真空既可稳定，也可加入消泡剂。

5. 结晶及分离

浓缩液达到要求浓度后，放入结晶罐，随即在夹套通入冷水进行冷却并开搅拌，当温度不再下降时，必须用10℃以下的冷冻水降温。控制温度在40℃以下结晶。对成品进行离心分离时，要随时检查铁离子的含量，以便控制洗水量。既要洗净晶体表面吸附的杂质，又要减少晶体溶解量。

二、酒石酸

（一）酒石酸简介

酒石酸，即2，3-二羟基丁二酸，结构简式 HOOCCH（OH）CH（OH）COOH，是一种 α-羧酸，存在于多种植物中，如葡萄和罗望子，也是葡萄酒中主要的有机酸之一。作为食品中添加的抗氧化剂，可以使食物具有酸味。酒石酸最大的用途是饮料添加剂，也是药物工业原料。

天然酒石酸是 L-酒石酸，广泛存在于水果中，尤其是葡萄，是最廉价的光活性酒石酸，常被称为"天然酒石酸"。工业上，L-酒石酸来源仍然是天然产物，D-酒石酸在天然产物中很罕见。D-酒石酸为无色透明结晶或白色结晶粉末，无臭，味极酸，相对密度1.7598。熔点168~170℃。易溶于水，溶于甲醇、乙醇，微溶于乙醚，不溶于氯仿。等量的 L-酒石酸与 D-酒石酸混合得外消旋酒石酸或 DL-酒石酸。工业上生产量最大的是 DL-型酒石酸，是通过双氧水与马来酸酐作用后水解制得，南非是主要的生产国。DL-型酒石酸为无色透明细粒晶体，无臭味，极酸，相对密度1.697，溶于水和乙醇，微溶于乙醚，不溶于甲苯，在空气中稳定。

（二）酒石酸生产工艺

酒石酸的生产方法有多种，但目前研究最多、最具工业生产前景的方法是以化学合成的前体为底物，发酵生产 L-酒石酸的方法。通常都是该法中的微生物在弱碱性的条件下发酵转化，是将顺式环氧琥珀酸制备成的相应二钠盐作为前体，再进行微生物转化生成 L-酒石酸。

过去，D-酒石酸的生产方法主要是采用化学拆分法，将 DL-酒石酸拆分为 D-酒石酸和 L-酒石酸，或者利用特殊微生物将 DL-酒石酸中的 L(+)-酒石酸耗竭而得。目前，采用顺式环氧琥珀酸水解酶的生物转化法是 D-酒石酸生产技术的发展方向，其原理是以顺丁烯二酸酐为原料加水得到顺丁烯二酸溶液，再以钨酸或钨酸盐为催化剂使顺丁烯二酸与过氧化氢反应制得顺式环氧琥珀酸，利用特定微生物的顺式环氧琥珀酸水解酶将顺式环氧琥珀酸水解为 D-酒石酸。

（三）酒石酸生产新技术

新技术的方向在于提高微生物发酵转化的转化率，微生物的固定化研究对其有重要意义，找到一种具有较高酶活性回收率和操作稳定性的固定化方法是提高酒石酸生产效率的有效途径。

三、葡萄糖酸

（一）葡萄糖酸的性质及应用

1. 葡萄糖酸的理化性质

D-葡萄糖酸分子式为 $C_6H_{12}O_7$，相对分子质量为 196.16，其中 C 占 36.74%，H 占 6.17%，O 占 57.10%。结晶 D-葡萄糖酸的熔点为 131℃，口感微酸性，易溶于水，微溶于醇，不溶于乙醚和其他有机溶剂。由于制备固体 D-葡萄糖酸结晶较困难，因此商品 D-葡萄糖酸通常是以 50%葡萄糖酸溶液出售。结晶品多用于科研工作。其溶液通常为琥珀色，微酸臭味，可在不锈钢桶中储存。

在液体的葡萄糖酸溶液中，一部分葡萄糖酸转型为葡萄糖酸-γ-内酯和 D-葡萄糖酸-δ-内酯，它们之间处于一种平衡状态，随着温度和葡萄糖酸的浓度不同，它们之间所占比例也不同。在 30℃ 以下时葡萄糖酸占主要；30~70℃ 时，葡萄糖酸-δ-内酯占主要；70℃ 以上时，葡萄糖酸-γ-内酯为主要。因此，工业上利用葡萄糖酸的这一特性，控制葡萄糖酸的浓度，在不同温度下结晶，用一种葡萄糖酸，可以生产出三种不同结晶产品。

2. 用途

葡萄糖酸是有机酸，在人体内可以代谢成为丙酮酸而进入 TCA 循环，因此葡萄糖酸是安全、可靠的。在医疗和食品工业上的用途很广。在食品工业中，传统的洗瓶方法都是先用 5% NaOH 溶液浸泡，硬水中的钙镁离子形成的氢氧化物附着在瓶上很难漂清，NaOH 本身的漂洗也要大量的水。如果在上述碱液中加入少许葡萄糖酸，则无上述麻烦。现在无论在手工或机械洗瓶中，葡萄糖酸钠都已被广泛应用。

葡萄糖酸-δ-内酯是一种作用柔和的酸化剂，它主要用于食品工业。例如可作为焙烤食品添加剂（掺入发酵粉能使面团迅速发酵）和香肠添加剂。葡萄糖酸-δ-内酯在水中能缓冲转变成葡萄糖酸，所以很适合用作大豆蛋白的凝固剂，生产所谓的内酯豆腐。这种豆腐如能包住较多的水（达 93%~95%），只要用量适当，可以做成不析水的豆腐。

（二）葡萄糖酸发酵微生物

能发酵葡萄糖产生葡萄糖酸的微生物极多，除了曲霉和醋酸菌（葡萄糖酸杆菌）外，很多和青霉（尤其是产黄青霉）和假单胞菌（如卵状假单胞菌、荧光假单胞菌等）都可产生葡萄糖酸，但用于工业生产上的只有醋酸菌和黑曲霉，且最有竞争力的是黑曲霉。

（三）葡萄糖酸发酵工艺

1. 黑曲霉葡萄糖酸钠发酵工艺

（1）培养基的配制

葡萄糖酸发酵采用的糖浓度很高，采用一次性投料法时，糖浓度为 240~3000 g/L。原来用工业葡萄糖或淀粉水解糖。发酵培养基组成如下：葡萄糖（水解糖）250 g，玉米浆 4 g，磷酸氢铵 0.4 g，磷酸二氢钾 0.2 g，尿素 0.1 g，硫酸镁 0.2 g，硫酸调 pH 至 4.5。可采用连续或间歇灭菌方式。为了提高灭菌效果，用硫酸调节 pH 至 4.5。灭菌后冷却至 34℃，送入发酵罐，并用 NaOH 调 pH 至 6.5。

（2）发酵过程的控制

发酵培养基制备好后，接入 10%（体积分数）经过预培养的菌丝悬浮液，以后的发酵可以采用回收的菌丝体接种。开动搅拌器进行通风培养，在接种预培养菌丝液的情况下，一般有 3~5 h 的迟滞期，此时葡萄糖氧化酶活力还在继续增长，耗氧速率低于旺盛发酵期，因此开始的通气量和搅拌转速可以较低，然后逐渐升高。

在旺盛发酵期内，需要大量供氧，因此葡萄糖酸钠发酵动力消耗很大。发酵过程中，要自动流加 50% NaOH 溶液，使发酵液 pH 维持在 6.0~6.5，此操作由 pH 电极配合自动控制系统来实现。发酵温度 32~34℃，整个发酵过程约需 20 h，而回用菌丝的发酵约需 18 h。当残糖降至 1 g/L 时，发酵结束。

菌体的分离有快速分离法和慢速分离法。快速分离法有离心法和过滤法。为了回收菌丝体，分离时要尽量避免污染。慢速分离可以采用沉降法。具体操作是发酵结束后，停止通气和搅拌，静止 30 min，让菌体沉降。但这种方法沉降不完全，回用菌丝体时连同菌体转接的发酵液很多，占原体积的 15%~20%。

（3）影响发酵的因素

①接种物与接种量。在发酵开始时，必须采用经过预培养的菌丝液接种。接种量以生产罐体积的 10% 为好。接种量过少，迟滞期长。

②营养物浓度。发酵液中营养物的存在会增加培养液黏度，降低溶氧效率，使泡沫增多，从而会降低罐体积利用率和增加消泡剂用量，也会使产品提取困难。因此，发酵终点的确定，不仅要考虑残糖，还要考虑酶活力。一般以残糖量 1 g/L 作为一个参考数据。

③消泡剂。豆油和猪脂油消泡效果很好，但损害发酵酶系统，相比之下，十八醇用于消泡更合适。

2. 黑曲霉葡萄糖酸钙发酵工艺

生产上采用的典型发酵培养基组成为：葡萄糖（水解糖）110~150 g，磷酸氢铵 0.4 g，磷酸二氢钾 0.2 g，硫酸镁 0.2 g，碳酸钙 26 g（单独灭菌）。

发酵在通气搅拌式发酵罐内进行，培养基配制好后于 90℃ 灭菌 20~30 min，冷却到 30℃，接种菌丝悬浮液，也可接种回收菌丝体。起动搅拌和通气，30℃ 发酵。$CaCO_3$ 粉浆单独灭菌后，根据产酸速率的快慢流加到发酵罐内，以维持 pH 3.5 以上。分批添加 $CaCO_3$，避免一次加入使体系中固相物太多，增加搅拌动力消耗和降低溶氧效率。为了避免葡萄糖酸钙出现沉淀，只能进行部分中和。$CaCO_3$ 的添加量只能占全部中和量的 2/3，因此这种发酵生产的只是酸盐混合液。

3. 细菌发酵工艺

自从 1929 年 May 等用霉菌试验成功生产葡萄糖酸以来，细菌的生产方法就逐渐被取代。用葡萄糖醋杆菌或其他醋酸菌，在深底木槽中用含 15% 葡萄糖的培养基，温度 30~34℃，通气搅拌培养 48~60 h，转化率可达 90%~95%。发酵时可以不控制 pH。

思考题

①乳酸发酵途径有哪三种？

②乳酸发酵的一般工艺流程有哪些？

③简述搅拌型酸乳的加工工艺。

④简述柠檬酸发酵的工艺过程。

⑤醋酸发酵的菌种选择一般有哪些？简述食醋生产工艺。

⑥分析温度和 pH 对衣康酸发酵的影响。

⑦简述黑曲霉制备葡萄糖酸钠的发酵工艺。

第七章　氨基酸与核苷酸发酵

第一节　氨基酸发酵

一、概述

氨基酸是蛋白质的组成单位，每个氨基酸分子都有一个氨基和一个羧基。它是生命有机体的重要组成部分，是生命机体营养、生存和发展极为重要的物质。它在生命体内物质代谢调控、信息传递方面起着重要作用。在各种氨基酸中，谷氨酸的产量最大，赖氨酸次之。氨基酸的生产方法包括从天然物质中提取、化学合成法、微生物发酵法及酶催化法等，其中以微生物发酵法和酶催化法生产为主。

目前，氨基酸在药品、食品、饲料、化工等领域具有广泛应用。氨基酸的生产始于1820年蛋白质的水解，1850年用化学法合成了氨基酸。直至1957年，日本用发酵法生产谷氨酸获得了成功。利用微生物发酵法制造的第一个产品是谷氨酸。1956年，日本协和发酵公司分离选育出一种新的细菌——谷氨酸棒杆菌，该菌能同化利用葡萄糖，可在发酵液中直接积累谷氨酸，并于1957年正式工业化发酵生产味精。发酵法生产谷氨酸的成功，是现代化发酵工业的重大创举，也是氨基酸生产中的重大革新，推动了其他氨基酸发酵研究和生产的发展。发酵法是利用微生物具有能够合成其自身需要各种氨基酸的能力，通过对菌株的诱变处理，选育出各种缺陷型及抗性的变异菌株。目前世界上大多数氨基酸是以发酵法生产，如谷氨酸、赖氨酸、苏氨酸、色氨酸和苯丙氨酸等20多种氨基酸都可用发酵法生产。

我国氨基酸的最早生产应用是在1922年用酸水解法生产味精，到1965年成功发酵法生产味精，使发酵法生产氨基酸成为主流。我国的氨基酸产业虽然起步晚，但是发展速度很快，目前我国已成为氨基酸生产和消费大国。2012年，我国氨基酸产量超过330万吨，其中谷氨酸及其盐产量达240万吨，占世界总产量的70%以上。目前需要提高科技创新能力，降低能耗，提高资源利用率，坚持发展循环经济，发展绿色经济，走集约化经营之路，实现由"产业大国"到"产业强国"的转变。

二、谷氨酸

在食品工业中，L-谷氨酸单钠一水化合物，俗称味精。具有强烈的肉类鲜味，常作为鲜味剂使用。

（一）菌种

1. 种类

谷氨酸生产菌种主要是棒状杆菌属、短杆菌属、小杆菌属和节杆菌属等，这四个菌属在细菌的分类系统中彼此接近。国内早期的生产菌种有黄色短杆菌 T6-13、北京棒杆菌 AS1.299、钝齿棒杆菌 B9、钝齿棒杆菌 AS1.542 等（表 7-1）。

目前，国内各味精厂所使用的谷氨酸生产菌主要有：天津短杆菌 T6-13 及其突变菌株 TG-961、FM-415、CMTC6282、TG863 等菌株；钝齿棒杆菌 AS1.542 及其突变菌株 B9、B9-17-36、F-263 等菌株；北京棒杆菌 AS1.299 及其突变菌株 7338、D110、WTH-1 等菌株。

表 7-1　不同类型的谷氨酸生产菌株

菌属	菌种
棒状杆菌属	谷氨酸棒杆菌 北京棒杆菌 钝齿棒杆菌 美棒杆菌 力士棒杆菌
短杆菌属	叉开短杆菌 产氨短杆菌 黄色短杆菌 乳糖发酵短杆菌 硫殖短杆菌
小杆菌属	嗜氨小杆菌
节杆菌属	球形杆菌

2. 形态和生理特征

现有的谷氨酸生产菌在形态方面有许多共同的特征。

①细胞的形态呈球形、棒形或短杆形。

②革兰氏阳性，无鞭毛、不能运动，需氧，不形成芽孢。

③生物素缺陷，需以生物素作为生长因子。

④具有一定的谷氨酸生产能力，且不分解利用谷氨酸。

3. 生化特征

现有的谷氨酸生产菌在生理方面有许多共同的特征。

①存在 CO_2 固化酶、苹果酸酶和丙酮酸羧化酶，能够固定 CO_2，从而能够补充三羧酸循环的中间代谢物。同时，为防止丙酮酸被大量消耗生成草酰乙酸，故丙酮酸脱羧酶活性不能过强。

②为了促进 α-酮戊二酸的积累，故 α-酮戊二酸脱氢酶的活性很弱。当存在 NH_4^+ 时，α-酮戊二酸在谷氨酸脱氢酶作用下能够不断生成谷氨酸。

③为了满足合成谷氨酸的需要，需要大量的谷氨酸前体物 α-酮戊二酸。因此，异柠檬酸脱氢酶活力强，而异柠檬酸裂解酶活力较弱。

④谷氨酸脱氢酶活力高，有利于生成谷氨酸。

⑤谷氨酸脱氢酶催化 α-酮戊二酸还原生成谷氨酸时，需要有 $NADPH_2$ 作为供氢体。因此，谷氨酸生产菌经呼吸链氧化 $NADPH_2$ 的能力要求较弱。

⑥菌体本身进一步分解转化和利用谷氨酸的能力较弱，有利于谷氨酸的积累。

（二）谷氨酸生物合成途径

谷氨酸的生物合成途径包括糖酵解途径（EMP 途径）、磷酸己糖途径（HMP 途径）、三羧酸循环途径（TCA 途径）、乙醛酸循环、二氧化碳固定反应（伍德-沃克反应）和还原氨基化反应。

1. 糖酵解途径

葡萄糖在糖酵解途径中转化为丙酮酸，同时伴随着 ATP 和 $NADH_2$ 的生成。丙酮酸在有氧条件下进入三酸循环进一步分解。

2. 磷酸己糖途径

磷酸己糖途径也称单磷酸戊糖途径（HMP 途径）。少量葡萄糖经磷酸己糖途径生成丙酮酸。这一反应过程中可以产生细菌构建细胞所必需的芳香族氨基酸前体物质，像核糖、乙酰 CoA 和 4-磷酸赤藓糖等，这些物质都是细菌构建细胞所必需的。在这一途径中有 6-磷酸果糖、3-磷酸甘油醛和大量的 $NADPH_2$ 生成，前两者可以进入糖酵解途径，进一步生成丙酮酸；后者可以为 α-酮戊二酸还原氨基化提供所必需的供氢体。

3. 三羧酸循环

三羧酸循环是糖有氧降解的主要途径，也是微生物细胞进行物质代谢的枢纽。许多物质的合成和分解也是通过三羧酸循环相互转变和彼此联系，例如脂肪、蛋白质的分解，最终也都可以进入三羧酸循环而被彻底氧化；丙氨酸、天冬氨酸和谷氨酸脱氨后，可分别生成丙酮酸、草酰乙酸和 α-酮戊二酸，这些物质都可以在三羧酸循环中被氧化。

葡萄糖通过糖酵解途径产生的丙酮酸，经三羧酸循环可以生成许多对微生物生长繁殖不可少的代谢中间产物和谷氨酸的前体物质——α-酮戊二酸。例如，循环中放出的 CO_2 可参与嘌呤和嘧啶的合成，乙酰 CoA 是合成脂肪和脂肪酸的起始物质，草酰乙酸和 α-酮戊二酸可转变为蛋白质的组成成分——天门冬氨酸和谷氨酸。三酸循环产生的能量是很高的，远远超过了糖在无氧分解条件下产生的能量。所生成的能量对维持细胞生命活动和细胞合成谷氨酸具有十分重要的意义。

4. 乙醛酸循环

谷氨酸生产菌的 α-酮戊二酸脱氢酶活力很弱。因此，琥珀酸的生成量尚难满足菌体生长的需要。通过乙醛酸循环异柠檬裂解酶的催化作用，使琥珀酸、延胡索酸和苹果酸的量得到补足，这对维持三羧酸循环的正常运转有重要意义。

5. 二氧化碳固定反应

在谷氨酸合成的过程中，不断消耗 α-酮戊二酸，从而导致缺乏草酰乙酸。为了保证三羧酸循环的顺利进行，丙酮酸在苹果酸酶和丙酮酸羧化酶的作用下分别生成苹果酸和草酰乙酸，苹果酸在苹果酸脱氢酶的作用下被氧化生成草酰乙酸，从而补充了草酰乙酸。

6. 还原氨基化反应

α-酮戊二酸在谷氨酸脱氢酶的催化下，发生还原氨基化反应，生成谷氨酸。异柠檬酸脱氢过程中产生的 $NADPH_2$ 为还原氨基化反应提供了必需的氢供体。

（三）谷氨酸发酵生产工艺及调控

1. 发酵培养基

发酵培养基的主要成分有碳源、氮源、无机盐和生长因子等。

（1）碳源

谷氨酸生产菌大多数是以葡萄糖、蔗糖、果糖等单糖和双糖作为碳源，也有少部分以淀粉为碳源。国内谷氨酸生产菌常用的碳源是淀粉水解糖，即淀粉质原料经酸解或酶解后生成淀粉，淀粉在淀粉酶和糖化酶作用下水解为葡萄糖。国外谷氨酸生产菌常用的碳源为糖蜜。

（2）氮源

在谷氨酸的生产过程中，不仅需要大量的 NH_4^+ 作为氮源，而且还有一部分来调节 pH。因此，谷氨酸发酵所需的氮源数量比一般发酵工业高，一般发酵工业的碳氮比为 100:0.2~100:2.0，而谷氨酸发酵的碳氮比为 100:15~100:30。在谷氨酸生产过程中，当碳氮比小于这个值时，菌体会大量积累，谷氨酸积累较少；当碳氮比高于这个值时，菌体的繁殖受到抑制，产生大量的谷氨酰胺。因此，在实际生产中要维持适当的碳氮比，才能产生大量的谷氨酸。

在实际生产过程中，常用的氮源有氨水和尿素。由于一部分氨用于调节 pH，一部分分解而逸出，使实际用量很大，当培养基中糖浓度为 140 g/L、碳氮比 100:32.8 时较合适。碳氮比对谷氨酸发酵影响较大，在发酵的不同阶段，需要控制碳氮比以促进以生长为主的阶段向产酸阶段转化。

氮源有无机氮和有机氮。无机氮如尿素、液氨、氨水、碳酸氢铵、硫酸铵、氯化铵和硝酸铵等。菌体利用无机氮比较迅速，利用有机氮较缓慢。铵盐、尿素、液氨等比硝基氮优越，因为硝基氮需先经过还原才能被利用。一般要根据菌种和发酵特点合理地选择氮源。采用不同的氮源其添加方法不同，如尿素、液氨等可采取流加方法；液氨作用快，对 pH 影响大，应采取连续流加为宜；尿素溶液可分批流加。以硫酸铵等生理酸性盐为氮源时，由于 NH_4^+ 被利用而残留酸根，使 pH 下降，需要在培养基中加入 $CaCO_3$，以自动中和 pH。但是，添加大量 $CaCO_3$ 容易导致染菌，且钙离子对产物提取有影响，一般生产上不采用此法。

（3）无机盐

无机盐是微生物维持生命活动不可缺少的物质，其主要功能如下。

①构成细胞的成分。

②作为酶的组成部分。

③激活或抑制酶的活性。

④调节培养基的渗透压。

⑤调节培养基的 pH。

⑥调节培养基的氧化还原电位。微生物对无机盐的需求量很小，但无机盐对微生物的生长和代谢影响却很大。谷氨酸发酵过程中所需的无机盐离子有磷、硫、镁、钾、钙、铁等。

这些无机盐的用量如表 7-2 所示。

表 7-2　无机盐的种类及用量

无机盐种类	用量
KH_2PO_4	0.05%~0.2%

续表

无机盐种类	用量
K_2HPO_4	0.05%~0.2%
$MgSO_4 \cdot 7H_2O$	0.005%~0.1%
$FeSO_4 \cdot 7H_2O$	0.005%~0.01%
$MnSO_4 \cdot H_2O$	0.0005%~0.005%

（4）生长因子

生物素是谷氨酸生产菌的生长因子，它含量的多少对谷氨酸的生长、繁殖、代谢和谷氨酸的积累有十分密切的关系。在谷氨酸发酵中，生物素的作用主要是影响谷氨酸生产菌细胞膜的通透性，同时也影响菌体的代谢途径。大量合成谷氨酸所需要的生物素浓度比菌体生长的需要量少，即为菌体生长需要的"亚适量"。如果生物素过量，则会大量繁殖菌体，但不产或少产谷氨酸，而会产乳酸或琥珀酸。

谷氨酸生产菌的生长因子除了生物素外，还有其他 B 族维生素，如硫胺素等。另外还有些油酸缺陷型突变株以油酸为生长因子。一般玉米浆、麸皮水解液、糖蜜等都含有一定量的生物素，因此可以作为生物素的来源。

（5）发酵培养基中各种成分的配比

由于菌种、设备和工艺不同，各种原料来源、质量不同，而导致营养成分有所差异。表 7-3 列出了几种不同谷氨酸生产菌对各种营养成分的要求。

表 7-3　不同菌株营养成分的要求

成分	菌株			
	AS1.299	AS1.542	B9	D110
糖/%	12.5	12.5	10	15
玉米浆/%	0.5~0.7	0.5~0.7	—	0.3
$NaHPO_4$/%	0.17	0.17	0.16	0.35
$MgSO_4$/%	0.06~0.07	0.07	0.06	—
初尿素/%	1.8~2.0	1.0	1.0	3.4
流加尿素/%	1~1.2	1.8~2.2	1.8~2.2	—
pH	7.0	7.0	6.8	6.7

2. 发酵条件

谷氨酸发酵中，优良的菌种是谷氨酸高产的前提条件，在此条件下，控制好发酵条件才是谷氨酸高产的必要条件。在发酵过程中，要控制发酵过程中的温度、pH、溶氧及泡沫等条件，使菌体代谢处于有利于积累谷氨酸的状态。

（1）温度对发酵的影响

在谷氨酸的发酵过程中，谷氨酸生产菌的生长繁殖与谷氨酸的合成都是在酶催化下进行的，由于产物不同，因而不同的酶促反应所需要的最适温度也不同。谷氨酸发酵前期（0~12 h）是菌体生长繁殖阶段，此阶段主要是生产菌的繁殖与谷氨酸的生产，控温在 30~32℃；发酵中后期（12 h 以后）菌体生长进入稳定期，菌体增殖变慢，谷氨酸大量合成，控温在 34~37℃。

（2）pH 对发酵的控制

在发酵过程中，发酵液 pH 的变化是微生物代谢情况的综合标志，其变化的根源主要是培养基的成分和配比，以及发酵与条件的控制，它变化的结果则影响整个发酵进程和产物产量。由于谷氨酸脱氢酶和转氨酶在中性或弱碱性条件下活性最高，因而中性或微碱性条件有利于谷氨酸的积累，酸性条件易形成谷氨酰胺和 N-乙酰谷氨酰胺。发酵中后期，氮源不足、pH 下降，需要流加氨水、尿素或液氨以维持发酵液的 pH 在 7.0~7.2。

（3）溶氧的控制

谷氨酸生产菌为兼性好氧微生物，在氧气不足和氧气充足的情况下，均可生长，然而代谢产物有所不同，所以通气溶氧要适当。当通气搅拌不足时，蔗糖进入菌体后经糖酵解途径生产丙酮酸，丙酮酸不完全氧化，会产生大量乳酸和琥珀酸。当通风搅拌充足时，供氢体 $NADPH_2$ 大部分不经呼吸链氧化成水，导致 α-酮戊二酸大量积累，谷氨酸的生成量减少。

通气的作用除供氧之外，还可使菌体与培养基密切结合，保证代谢产物均匀扩散及正压操作。微生物只能利用溶解于培养基中的氧，溶解氧的多少由通气量和搅拌转速决定。除此之外，培养基中的溶解氧还与发酵罐的径高比、液层厚度、搅拌器型式、搅拌叶直径大小、培养基黏度、发酵温度、罐压等有关。在实际生产中，搅拌转速固定不变，通常通过调节通气量来改变供氧水平。

搅拌可提高通气效果，可将空气打成小气泡，增加气、液接触面积，提高溶解氧的水平。谷氨酸发酵过程中，发酵前期以低通气量为宜，亚硫酸盐 K_d 值（体积溶氧系数）为 $4×10^{-7}$ ~ $6×10^{-7}$ mol/（mL·min·MPa），而产酸 K_d 值为 $1.5×10^{-6}$ ~ $1.8×10^{-6}$ mol/（mL·min·MPa）。

发酵罐的大小不同，所需的搅拌转速与通气量也不同。通气量是指每分钟向单位体积发酵液通入空气的体积，单位常用 m^3/（m^3·min），是好氧发酵控制的参数。实际生产中通气量的大小常用通气比来表示，如每分钟向 $1\ m^3$ 的发酵液中通入 $0.1\ m^3$ 的无菌空气，即用 1：0.1 来表示。表 7-4 是发酵罐大小、搅拌转速与通气量的关系。

表 7-4 搅拌转速与通气量

项目	发酵罐容积/m^3		
	10	20	30
搅拌转速/（r·min）	160	140	110
通气量	1：（0.16~0.17）	1：0.15	1：0.12

综上所述，通气与搅拌对谷氨酸发酵大有影响。通气搅拌过量时，糖耗慢，pH 趋碱性，前期菌体生长缓慢，后期氧化剧烈，α-酮酸增产，谷氨酸减产；通气搅拌不足时，糖耗加快，pH 易趋酸性，尿素随加随耗，菌体大量生长繁殖，乳酸增产，谷氨酸减产。因此，为了获得谷氨酸发酵的高产，通气搅拌必须配合适当，才能使发酵产酸正常进行。

（4）泡沫控制

在发酵过程中，由于通气、搅拌、新陈代谢及产生的 CO_2 等，会使发酵液产生大量的泡沫。泡沫过多，不仅使氧在扩散过程受阻，影响菌体的呼吸代谢，而且容易造成逃料并增加杂菌污染的机会，因此要对泡沫的产生加以控制。

生产上为了控制泡沫，除了在发酵罐上加机械消泡器外，还可在发酵时加化学消泡剂。

作为化学消泡剂应该具有较强的消泡作用，对发酵过程安全无害，消泡作用迅速，用量少，效率高，价格低廉，取材方便，不影响菌体的生长和代谢，不影响产物的提取。目前谷氨酸发酵常用的消泡剂有花生油、豆油、菜油、玉米油、棉子油、泡敌（聚环氧丙烷甘油）及硅酮等。天然油脂类的消泡剂用量较大，一般为发酵液的 0.1%~0.2%（体积分数），泡敌的用量为 0.02%~0.03%（体积分数）。

消泡剂的用量要适当，加入过多，会使发酵液中的菌体凝聚结团，并妨碍氧的扩散，还会给谷氨酸的提取分离带来困难。

发酵时间不同，谷氨酸生产菌对糖浓度的要求也不一样，一般低糖发酵（12.5%）整个发酵过程为 36~38 h，中糖发酵（14%）为 45 h。

谷氨酸生产菌能够在菌体外大量积累谷氨酸，由于菌体的代谢调节处于异常状态，只有具有特异性生理特征的菌体才能大量积累谷氨酸，这样的菌体对环境条件是敏感的。也就是说谷氨酸发酵是建立在容易变动的代谢平衡上的，是受多种发酵条件支配的，因此控制最适的环境条件是提高发酵产率的重要条件。在谷氨酸发酵中，应根据菌种特性，控制好生物素含量、磷含量、NH_4^+含量、pH、氧传递速率、排气中 CO_2 和 O_2 含量、氧化还原电位，以及温度等，从而控制好菌体增殖与产物形成，能量代谢与产物合成，副产物与主产物合成的关系，使产物最大限度地利用糖合成主产物。为了实现发酵过程工艺条件最佳化，可采用电子计算机进行资料收集、数据解析、程序控制。收集准确的数据，如搅拌转速、装液量、冷却水入口温度和流量、通气量、发酵温度、pH、溶解氧、氧化还原电位等，还可准确地取样。控制操作者要进行检测和及时处理比增殖速度、比产物形成速度、比营养吸收速度、氧的消耗速度等数据，使操作条件最佳化。

（四）谷氨酸提取及味精制造的工艺

将谷氨酸生产菌在发酵过程中积累的 L-谷氨酸从发酵液中提取出来，再进一步中和、除铁、脱色、加工精制成谷氨酸单钠盐（俗称味精）的过程，称为谷氨酸提炼，生产上谷氨酸的提炼又可分为提取与精制两个阶段。

由糖质原料转化为谷氨酸的发酵过程是一个复杂的生物化学反应过程，发酵结束后，发酵液中不仅有发酵目的产物谷氨酸，而且有菌体、残糖、色素、胶体物质及其他发酵副产物。要想从发酵液中将目的产物谷氨酸提取出来，必须首先了解谷氨酸和发酵液的性质特征，然后利用谷氨酸和杂质之间的物理、化学性质差异，采用适当的提取方法和工艺，除去杂质，分离提纯谷氨酸。

生产上选择谷氨酸提取工艺的原则：工艺简单，操作方便；所用原材料价格低廉，来源丰富；提取收率高，产品纯度高；劳动强度小；设备简单，造价低。在提取过程中，还要注意尽量不造成或减少对环境的污染。

1. 谷氨酸发酵液的性质

谷氨酸发酵属于细菌发酵，培养基的主要成分是葡萄糖、铵离子和磷酸盐等，因此发酵液较稀薄、不黏稠。在谷氨酸发酵过程中，谷氨酸生产菌将糖质原料转化为谷氨酸和其他代谢产物。发酵结束放罐时，发酵液中除了含有目的产物谷氨酸外，还有菌体、培养基的残留物及其他代谢产物等。从外观上看，发酵结束时整个发酵液呈浅黄色浆状，表面浮有少许泡沫，发酵液温度一般为 34~36℃，pH 为 6.5~7.5。发酵液中主要成分和含量取决于发酵条件的控制和生产菌种的类型。一般发酵液中的主要成分有以下几种。

①谷氨酸：发酵液中所含的谷氨酸为L-型，一般以谷氨酸铵盐的形式存在，含量一般在10%左右。

②无机盐：发酵液中含有的无机盐主要是K^+、Na^+、NH_4^+、Mg^{2+}、Ca^{2+}、Fe^{2+}、Cl^-、SO_4^{2-}、PO_4^{3-}等，此外发酵液中还有残糖、色素等成分。其中NH_4^+的含量占发酵液的0.6%~0.8%，残糖的含量占发酵液的1%以下。

③菌体和培养基残留物：大量菌体、蛋白质等固形物质悬浮在发酵液中，其中湿菌体占发酵液的8%左右。此外，在发酵过程中用于消泡的花生油、豆油或合成消泡剂等也留在发酵液中。

④发酵副产物：发酵液中还有一些含量很少的发酵副产物存在，如有机酸类主要有乳酸、α-酮戊二酸、琥珀酸等，氨基酸类有天冬氨酸、丙氨酸、脯氨酸、异亮氨酸、亮氨酸、甘氨酸、组氨酸和谷氨酰胺等。各种氨基酸的含量均小于1%。

此外，发酵液中还含有核酸类物质及其降解产物，以腺嘌呤和尿嘧啶较为常见。其中腺嘌呤在发酵液中占0.02%~0.05%，而尿嘧啶在发酵液中占0.01%~0.03%。

2. 提取谷氨酸的方法

一般采用等电点法、离子交换法、盐酸盐法、锌盐法、电渗析法、溶剂抽提法以及上述几种方法结合的方式来提取发酵液中的谷氨酸，其中等电点法和离子交换法较为普遍。

目前，国内从发酵液中提取谷氨酸普遍采用等电点和离子交换相结合的方法。首先，利用等电点法使大部分谷氨酸结晶。其次，对等电点法处理后的母液采用离子交换法浓缩其中的谷氨酸，此时谷氨酸为阳离子，洗脱高浓度馏分再返回"等电"罐进行结晶回收。这一工艺的最大缺点是，在结晶和离子交换法过程中使用大量的硫酸调节发酵液和母液的pH值，易造成环境污染，且提取谷氨酸后生产的废液化学需氧量很高，硫酸根和氨态氮的含量很高，用常规方法较难处理。等电点法提取工艺流程如图7-1所示。

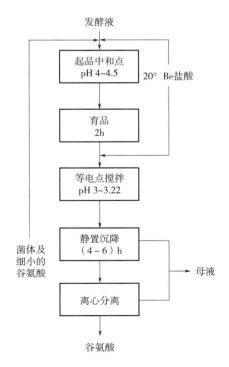

图7-1　等电点法提取工艺流程图

谷氨酸发酵液的 pH 值在 6.8~7.2 时，谷氨酸主要以阴离子形式存在，因此可以采用阴离子交换树脂直接从发酵液中提取谷氨酸。离子交换法提取工艺流程图见图 7-2。

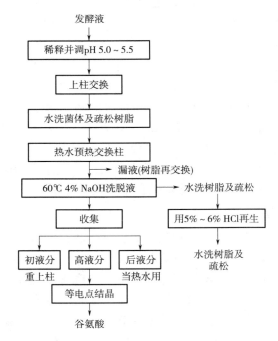

图 7-2　离子交换法提取工艺流程图

采用等电点—离子交换法的提取工艺，发酵液的谷氨酸总收率可达 90%~93%。

3. 味精制造工艺

味精是 L-谷氨酸单钠，带有一个分子的结晶水。从发酵液中提取得到的谷氨酸仅仅是味精生产中的半成品。谷氨酸盐与适量的碱进行中和反应，生成谷氨酸一钠，其溶液经过脱色、除铁、除去部分杂质，最后通过减压浓缩、结晶及分离，得到较纯的谷氨酸一钠的晶体，不仅酸味消失，而且有很强的鲜味（阈值为 0.03%）。谷氨酸一钠的商品名称就是味精或味素。

从谷氨酸发酵液中提取出的谷氨酸制成味精的工艺过程：谷氨酸加水溶解，用碳酸钠或氢氧化钠中和经脱色，除 Fe^{2+}、Ca^{2+}、Mg^{2+} 等离子，再经蒸发浓缩、结晶、分离、干燥、筛选等单元操作，得到高纯度的晶体或粉体味精，这个生产过程统称为精制。精制得到的味精称散味精或原粉，经过包装则成为商品味精。

（五）影响谷氨酸产量的关键因素及控制

谷氨酸发酵的一个重要特点是生物素对谷氨酸积累有显著影响，只有在生物素限量下，谷氨酸才能大量分泌。关于生物素对 L-谷氨酸生物合成途径的影响，经大量研究证明，生物素主要影响糖酵解速率，而不是 EMP 与 HMP 的比率。以前有人认为，菌体生长期以 EMP 途径为主，产酸期等以 HMP 途径为主，现在看来这种观点是错误的。

据日本的研究结果，生物素充足时，HMP 途径所占的比例是 38%，生物素亚适量时为 26%，确认了生物素对由糖开始到丙酮酸为止的糖降解途径的比率并没有显著的影响。

在生物素充足条件下，丙酮酸以后的氧化活性虽然也有提高，但由于糖降解速度显著提高，打破了糖降解速度与丙酮酸氧化速度之间的平衡，丙酮酸趋于生成乳酸的反应，因而生成乳酸。

对丙酮酸以下的代谢，生物素有更大的影响，能左右碳水化合物是否完全氧化，与谷氨酸生物合成收率有密切的关系。在生物素缺乏时，葡萄糖氧化力降低，特别是醋酸、琥珀酸的氧化力显著减弱。并发现在生物素缺乏的菌体内，NAD 及 $NADH_2$ 含量减少到 $1/4 \sim 1/2$。NAD 水平降低的结果可间接地引起 C_4 二羧酸氧化力下降。

乙醛酸循环的关键酶异柠檬酸裂解酶受葡萄糖、琥珀酸阻遏，为醋酸所诱导。以葡萄糖为碳源发酵生产谷氨酸时，通过控制生物素亚适量（$2 \sim 5$ μg/L），几乎没有异柠檬酸裂解酶的活性。原因大概是丙酮酸氧化力下降，醋酸的生成速度慢，所以为醋酸所诱导形成的异柠檬酸裂解酶就很少。再者，由于该酶受琥珀酸阻遏，在生物素亚适量条件下，因琥珀酸氧化力降低而积累的琥珀酸就会反馈抑制该酶活性，并阻遏该酶的生成。

乙醛酸循环基本上是封闭的，代谢流向沿异柠檬酸→α-酮戊二酸→L-谷氨酸的方向高效率地移动。若以醋酸为原料发酵谷氨酸，由于存在大量醋酸，就会迅速诱导形成异柠檬酸裂解酶，经乙醛酸循环供给 C_4 二羧酸，进而生物合成谷氨酸。

据报道，有的谷氨酸产生菌，在限量生物素的葡萄糖培养基中仍残存有异柠檬酸裂解酶活性，但 C_4 二羧酸，特别是苹果酸和草酰乙酸的分解力很弱，也能积累谷氨酸，不过收率会相应地降低。

从氮代谢的角度来看，谷氨酸产生菌在发酵培养基中几乎没有谷氨酸分解能力，也没有 α-酮戊二酸分解能力。为了合成充足的菌体蛋白质，必须有各种氨基酸、蛋白质、核酸的合成及供给足够的能量，在生物素充足的条件下，随异柠檬酸裂解酶的活力增大，通过乙醛酸循环供给能量，进行蛋白质合成。在生物素缺乏条件下，通过乙醛酸循环的供能降低，使蛋白质合成受到控制。图 7-3 表示在不同生物素缺乏条件下，异柠檬酸的代谢途径。

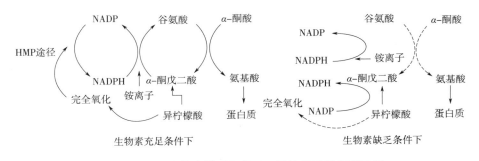

图 7-3　不同生物素缺乏条件下，异柠檬酸的代谢途径

由图 7-3 可知，在生物素缺乏的条件下，异柠檬酸通过氧化还原共轭反应生成谷氨酸。生成的谷氨酸向其他氨基酸的转换微弱。相反，在生物素充足条件下，完全氧化系统加强，生成的谷氨酸在转氨酶的催化作用下，又转成其他氨基酸，蛋白质合成加强。总之，在生物素限量下，几乎没有异柠檬酸裂解酶，琥珀酸氧化力弱，苹果酸和草酰乙酸的脱羧反应停滞，同时又由于完全氧化降低的结果，使三磷酸腺苷（ATP）的形成减少，导致蛋白质的合成活动停滞，在铵离子存在下，生成、积累谷氨酸。反之，倾向于完全氧化，琥珀酸氧化力增强，丙酮酸氧化力加强，乙醛酸循环比例增大，草酰乙酸、苹果酸脱羧，蛋白质合成增强，谷氨

酸减少。

（六）细胞膜通透性的调节

由于三羧酸循环介于合成与分解之间，谷氨酸比天冬氨酸优先合成，谷氨酸合成过剩时，就会反馈控制谷氨酸脱氢酶（GDH），使从草酰乙酸开始的生物合成转向天冬氨酸。当天冬氨酸的生物合成过量时，就会反馈控制为磷酸烯醇丙酮酸羧化酶所催化的反应，停止草酰乙酸的生成。所以，在正常情况下，谷氨酸并不积累。假若能设法改变细胞膜的通透性，使细胞膜有利于谷氨酸的渗透，终产物谷氨酸不断地排出细胞，这样，通过不断除出终产物的方法，使细胞内的谷氨酸终产物不能积累到引起反馈调节的浓度，谷氨酸就会在细胞内继续不断地被优先合成。

在谷氨酸发酵中，控制谷氨酸产生菌对谷氨酸渗透的因子中，以生物素、油酸、表面活性剂、青霉素、甘油 5 个因子最为重要。

前面介绍了生物素对谷氨酸生物合成途径的影响，但是生物素更本质的作用是影响细胞膜通透性。在低浓度生物素下，细胞膜能使谷氨酸渗透到培养基中，当过量生物素存在时，由于细胞内有大量的磷脂质，谷氨酸不能渗出，细胞内蛋白质组成则不受生物素影响。例如，通过限量供应生物素、在生物素过量时添加脂肪酸类似物或添加青霉素等方法，影响细菌细胞膜或细胞壁的生物合成，改变细胞膜通透性，使终产物谷氨酸不断地透过细胞膜，分泌到发酵培养基中，积累谷氨酸。生物素作为催化脂肪酸生物合成最初反应的关键酶——乙酰 CoA 化酶的辅酶，参与了脂肪酸的合成，再由脂肪酸形成细菌的磷脂。生物素对脂肪酸的合成有促进作用，为了形成有利于谷氨酸向外渗透的细胞膜，必须要适量控制生物素。首先是生物素的添加浓度问题，而生物素的添加使菌体内保持一定量的生物素，也应当加以严密规定。

生物素最初被认为是谷氨酸发酵的关键物质，后来发现可由油酸代替。菌体内生物素的水平高时，添加聚氧乙烯乙二醇的棕榈酸（C_{18}）、十七烷酸（C_{17}）、硬脂酸（C_{16}）等的饱和脂肪酸酯类或饱和脂肪酸，则可使大量谷氨酸排出于菌体外。即在饱和脂肪酸存在时，生物素丰富的细胞，也能在胞外积累谷氨酸。

表面活性剂、高级饱和脂肪酸的作用，并不在于它的表面效果，而是在不饱和脂肪酸的合成过程中，作为抗代谢物具有抑制作用，对生物素有拮抗作用，由于饱和脂肪酸对脂肪酸生物合成的生物素具有拮抗作用，可拮抗脂肪酸的生物合成。因此在饱和脂肪酸存在的条件下，因油酸合成量减少，导致磷脂合成不定，磷脂的形成减少，导致形成了磷脂不足的不完全的细胞膜，进而提高了细胞膜对谷氨酸的渗透性。

谷氨酸渗透的控制因子可大致分为两种类型：一是生物素、表面活性剂、高级饱和脂肪酸、油酸、甘油及其衍生物的作用。二是青霉素的作用。在培养过程中，若添加青霉素、头孢霉素 C 等抗菌素，可解除生物素过剩的影响，使谷氨酸生成。1971 年用人工诱变法获得的抗青霉素突变株，又将谷氨酸的产率提高到 8.4%。添加青霉素的时间是影响产酸的关键，如果加得太早，会抑制菌体生长，不能获得足够的菌体量，加得太迟，菌体已充分增殖，形成完整的细胞壁，青霉素不起作用。必须要在增殖过程的适当时期添加，并且必须在添加后进行一定的增殖。一般应考虑在接种后菌体开始进入对数生长期时加入，添加青霉素的时间与浓度，因菌种、接种量、培养基、发酵条件而异。发酵过程中还要根据菌体形态、产酸、OD 等变化情况，确定是否需要补加青霉素，以及补加的时间与浓度。

　　加入青霉素后，在菌体量倍增的期间形成谷氨酸产生力高的酶系，使新增殖的细胞没有充足的细胞壁合成，菌体形态急剧变化，多呈现伸涨、膨润的菌型，完成从谷氨酸非积累型细胞向谷氨酸积累型细胞的转变，此转移期间是非常重要的。如果在加入青霉素后，再加入抑制蛋白质合成的氯霉素，尽管抑制增殖，但是向谷氨酸积累型细胞的转变却是微弱的，不能形成谷氨酸产生力高的酶系，也就不产谷氨酸。青霉素的作用机制与控制生物素、控制油酸或添加表面活性剂及控制甘油的机制均不同，添加青霉素是抑制细菌细胞壁的后期合成，对细胞壁糖肽生物合成系统起作用。主要机制是抑制糖肽转肽酶，因为青霉素的结构和糖肽的 $D-\alpha-$末端结构类似，因而它能取代合成糖肽的底物而和酶的活性中心结合。因此，如有青霉素存在，则在糖肽合成的最后一步，转肽酶把青霉素误认为五肽最末端的两个氨基酸而与之结合，结果五肽末端的丙氨酸未被转肽酶移去，甘氨酸一头无法与它前面一个丙氨酸相接，因此交联不能形成，网状结构不能连接，糖肽合成就不能完成。于是菌体内尿二磷和 $N-$乙酰基胞壁酸便大量堆积。青霉素与转肽酶相结合，形成了青霉素的酶。结果形成不完全的细胞壁和不完全的细胞膜。细胞膜的主要功能之一，是起一种选择性的渗透膜屏障作用，使营养物质如氨基酸、核苷酸及无机盐等能从外界渗入菌体，而不使菌体内物质向外漏出。但细胞膜本质很脆弱，并不能挡住菌体内很高的渗透压，维持这一内渗压则是细胞壁的作用。添加青霉素后，使细胞壁的生物合成受阻，细胞壁失去了保护细胞膜的性能，又由于膜内外渗透压差引起的二次膜的变化，而使细胞膜受到机械损伤，失去渗透障碍物，遂使谷氨酸排出。同时，还发现细胞膜组成成分磷脂和细胞壁组成成分 $N-$乙酰葡糖胺向外分泌于培养基中。由于磷脂的分泌，细胞膜的渗透障碍物被破坏。总之，添加青霉素，使细菌细胞壁、细胞膜的合成受到损伤，从而引起细胞内的谷氨酸向外泄漏。

　　使用生物素过量的糖质原料发酵生产谷氨酸时，通过添加表面活性剂、高级饱和脂肪酸、也同样能清除渗透障碍物，而使谷氨酸发酵正常进行，但没有发现像添加青霉素那样的菌型变化。值得注意的是无论是添加青霉素，或是添加表面活性剂（如吐温 60），或是添加饱和脂肪酸，都必须要控制好药剂的添加时间，要在药剂加入之后，在这些药剂的作用下再次进行菌的分裂增殖，完成谷氨酸非积累型细胞向谷氨酸积累型细胞的转变。假若对生物素充足条件下的生长菌的休止细胞添加青霉素、表面活性剂、饱和脂肪酸，都不会发生这种转变。

　　在谷氨酸发酵中，限量生物素或生物素过量时添加表面活性剂、高级饱和脂肪酸等药剂，或使用油酸缺陷型限量油酸及使用甘油缺陷型限量甘油的作用，都必须要在菌体的倍增期间，完成谷氨酸非积累型细胞向谷氨酸积累型细胞的转变，都是抑制增殖的效果，同时由化学变化除去渗透障碍物。它们的作用主要是影响脂肪酸的生物合成、磷脂的生物合成，以便控制细胞内磷脂含量，形成磷脂不足的不完全的细胞膜，从而引起细胞膜的渗透性变化，使谷氨酸向外漏出。

　　为了稳定产酸，克服因发酵培养基中某些营养不易控制（如生物素的含量）而造成的影响，在谷氨酸发酵中也可采取"强制控制"的方法，如"高生物素、高吐温"或"高生物素、高青霉素"的方法。即在发酵培养基中预先配加一定量（过剩）的纯生物素，会大大削弱发酵培养基中生物素含量变化的影响，同时高生物素、大接种量能促进菌体迅速增殖。再在菌体倍增的早期加入相对高一些的吐温量或青霉素量，以充分形成新的产酸型细胞。固定其他条件，寻找最佳控制条件，达到稳产高产的目的。

（七）温度敏感型的突变株

　　为了选育在高温、高生物素条件下高产谷氨酸的优良生产菌株，由乳糖发酵短杆菌 2256

菌株诱变选育出一批对温度敏感的突变株，在基本培养基上 30℃ 培养时，生长良好，若在 37℃ 培养时，不能生长或仅微弱生长，并发现其中 20 株温度敏感性突变株，在生长的适当阶段把发酵温度从 30℃ 转换为 37℃ 以后，能在富有生物素的培养基中生产谷氨酸，而野生型的乳糖发酵短杆菌 2256 菌株在同样的培养条件下却根本不产谷氨酸。

一株代表性的温度敏感性突变株 ts-88，能在含 33 μg/L 生物素、含糖 3.6% 的甜菜糖蜜发酵培养基中，谷氨酸产量达 19.1 g/L，对糖转化率大于 55%，已达到现有的生产水平。使用 ts-88 菌株发酵生产谷氨酸，在发酵期间只需控制好温度转换（如在适当的生长期把发酵温度由 30℃ 提高到 40℃），不需任何化学控制（如添加表面活性剂、抗生素等），就能在富有生物素的培养基中高产谷氨酸，具有工艺简单、易于控制、可节约冷却水等优点。

谷氨酸的发酵机制表明，谷氨酸发酵的关键在于培养期间细菌细胞膜结构与功能上的特异性变化，也就是说只有通过特殊的方法，使谷氨酸产生菌处于异常的生理状态，由谷氨酸非积累型细胞充分转变成谷氨酸积累型细胞时，才能积累谷氨酸。已知方法如下。

①使用生物素缺陷型菌株时，限制发酵培养基中的生物素浓度。

②在富含生物素的培养基中，添加表面活性剂如吐温 60 等，或添加抗生素（如青霉素）等。

③使用营养缺陷型菌株时，限量供应与细胞膜结构有关的相应物质（如甘油、油酸）。

这些方法都是控制发酵培养基中的化学成分，从这个意义上讲，可以把这些方法归类为谷氨酸发酵的化学控制方法的范畴。另外，利用温度敏感性突变株进行谷氨酸发酵时，由于仅控制温度就能实现谷氨酸生产，所以可以把这种新工艺叫作物理控制方法。

利用温度敏感性突变株进行谷氨酸发酵时，在生长的哪一阶段转换温度是影响产酸的关键。必须要控制好温度转换的时间（由 30℃ 提高到 40℃ 的时间），并且要在温度转换之后进行适度的剩余生长。每个菌株都有其自己的温度转换的最适时间，并且因接种量、培养基组成和发酵条件而异。温度转换对谷氨酸生产性的影响表明，为了在富有生物素的培养基中高产谷氨酸，在温度转移之后，必须进行适度地剩余生长，完成从谷氨酸非积累型细胞向谷氨酸积累型细胞的转变。剩余生长太多，意味着细胞未能进行有效的生理学变化，剩余生长太少，意味着细胞没有机会完成这种转变，这可能是由于剧烈的不利条件损害了整体细胞活性。

三、天冬氨酸族氨基酸

目前发酵法生产的氨基酸有 20 多种，其中赖氨酸、苏氨酸是从天冬氨酸衍生而来的人体必需氨基酸，两者均为重要的营养强化剂，已工业化生产。由于谷物食物中的赖氨酸含量很低，且在加工过程中易被破坏而缺乏，故被称为第一限制性氨基酸；苏氨酸有促进生长发育和提高免疫功能的作用。

（一）合成与调控

天冬氨酸族氨基酸包括天冬氨酸、天冬酰胺、蛋氨酸、苏氨酸、赖氨酸和异亮氨酸。

1. 赖氨酸的发酵

赖氨酸生产最早是从水解大豆蛋白开始的，1952 年日本味之素公司用水解大豆蛋白等的方法第一次成功地进行了赖氨酸商品化生产，并开始大量出售 L-赖氨酸。

1952 年日本中山等人以谷氨酸棒杆菌为出发菌株，经诱变获得了赖氨酸生产菌，并将其用于生产。至今为止，所用的赖氨酸生产菌多数为谷氨酸生产菌的变异株，其赖氨酸合成途径都是经过 DAP（二氨基庚二酸）途径，在此途径中关键酶——天冬氨酸激酶受赖氨酸和苏氨酸的协同反馈抑制，即只有在苏氨酸和赖氨酸同时存在时，才能对天冬氨酸激酶起到抑制作用。故选育高丝氨酸营养缺陷型的菌株使苏氨酸和赖氨酸对天冬氨酸激酶的协同反馈抑制，这样赖氨酸就会大量积累下来。

实践证明，高丝氨酸缺陷型菌株积累的赖氨酸比苏氨酸缺陷型多 1 倍左右。除上述营养缺陷型突变株能积累赖氨酸外，抗赖氨酸结构类似物［AEC，即 S-（3-氨基乙基）-L-半胱氨酸］的变异株也能大量积累赖氨酸，甚至比单纯的营养缺陷型突变株积累的赖氨酸还要多。

在赖氨酸生产菌育种上，我国取得较大进展。刘汉森等以赖氨酸生产菌 37102 为出发菌株，经 NTG（亚硝基狐）诱变处理得到一突变株 M1083。摇瓶产酸率平均为 5.35%~6.39%，最高可达 7.5%；复旦大学生物系以谷氨酸高产菌株 FM84-415 为出发菌株经诱变得突变株 FML8412，摇瓶产赖氨酸 6.43%，对糖转化率为 44.9%。目前，我国科研工作者已把生物技术应用于赖氨酸发酵的研究。如复旦大学用原生质体融合技术将一种赖氨酸生产菌黄色短杆菌 F11-519-10（发酵周期长，产赖氨酸高，生长缓慢，工业生产易污染）与另一株谷氨酸生产菌乳糖发酵短杆菌 XQ5121-7（生长速度快）进行融合，获得融合菌株（杂合子）——高产赖氨酸菌株 Y5-94-10，与其相同产酸水平下比较，葡萄糖转化率比亲株（F11-519-10）提高 8%，发酵周期缩短 11%。目前国内还有人尝试了用固定化生产赖氨酸，这对我国氨基酸生产具有一定现实意义。

2. L-天冬氨酸发酵

L-天冬氨酸是生产甜味肽的主要原料。它的生产方法有直接发酵法、酶法和固定化细胞连续生产法三种。

（1）发酵生产法

1982 年，Shiilo 等利用黄色短杆菌的柠檬酸合成酶缺损变异株，在含 3.6% 葡萄糖的营养培养基中，30℃ 振荡培养 48 h，获得 10.6 g/L 的天冬氨酸。

1986 年，日本三菱石油化学公司汤川英明等，以黄色短杆菌 MJ-233 为出发菌株，用紫外线诱变后，再用含有 1.0% 的 α-氨基正酪酸的培养基进行选择培养后，获得耐 α-氨基正酪酸的 AB-41 变异株。AB-41 变异株以延胡索酸为底物生产 L-天冬氨酸的产量较亲本菌株大大提高。例如，在 50 mL 水中加入延胡索酸 10 g，用氨水调整 pH 至 10.0，再加水至 100 mL 后，加湿菌体 10 g 于此反应液中，在 30℃ 搅拌培养 3 d，结果生成 L-天冬氨酸为 3.2 g，而亲株为 1.1 g。收集的菌体可以连续使用 7 次，活力不下降。

（2）酶法和固定化细胞连续生产法

大肠杆菌、嗜热脂肪芽孢杆菌、α-氨基正酪酸耐性的短杆菌等，均含有天冬氨酸酶，可由延胡索酸生产天冬氨酸。

1982 年，日本田边制药公司将大肠杆菌 ATCC11303 的变异株菌体用卡拉胶固定化后，连续生产 L-天冬氨酸，生产力显著提高。此外，还有用聚亚胺酯包埋大肠杆菌，由延胡索酸生产 L-天冬氨酸。

酶法由延胡索酸生产 L-天冬氨酸初始是采用大肠杆菌，但其细胞壁较脆弱，必须将菌体固定化。据日本三菱石油化学公司报道，黄色短杆菌因其具有坚硬的细胞壁，可以不用固定化方法，而改用菌体再循环法，由延胡索酸生产 L-天冬氨酸，节约了菌体固定化所需的费用，降低了 L-天冬氨酸的生产成本，估计年产量为 1000 t。

（3）天冬氨酸高产菌应具备的生化特征

天冬氨酸高产菌应具备的生化特征：天冬氨酸激酶丧失；谷氨酸脱氢酶活力微弱；丙酮酸氨化酶活力微弱或丧失；二氧化碳固定反应强；柠檬酸合成前活力弱；草酰乙酸氨基化反应强。

3. 苏氨酸发酵

苏氨酸也是一种必需氨基酸，它最早是从血纤维蛋白中分离到的，它的生产长期以来一直依赖于动植物蛋白质的水解提取，发酵法生产是 20 世纪逐渐得到发展。

苏氨酸的代谢控制比赖氨酸略为复杂，苏氨酸发酵不仅要解除终产物对关键酶天冬氨酸激酶的反馈调节，还需要解除终产物对关键酶高丝氨酸脱氢酶的反馈调节。故现在使用苏氨酸发酵菌，均采用了具有多重标记的 DAP⁻，met⁻，lys⁻，DAP⁻（二氨基庚二酸营养缺陷型），met⁻（蛋氨酸营养缺陷型），lys⁻（赖氨酸营养缺陷型）缺陷型菌株。为了进一步提高苏氨酸的产量，人们还常选育具有苏氨酸结构类似物抗性（如抗 α-氨基-β-羟基戊酸，简写为 AHVr）的菌株，则能够从遗传学上解除苏氨酸对高丝氨酸脱氢酶的反馈调节，使苏氨酸大量积累。

通常苏氨酸高产菌应具备以下生化特征：二氧化碳固定反应能力强；天冬氨酸合成能力强；天冬氨酸激酶活力强；高丝氨酸脱氢酶活力强；二氢吡啶-2，6-二羧酸合成酶活力微弱或丧失；琥珀酰高丝氨酸转琥珀酰酶活力微弱或丧失；谷氨酸脱氢酶活力弱；苏氨酸脱氨酶活力微弱或丧失。

江南大学以乳糖发酵短杆菌 XQ5121 为出发菌株经诱变，获得 1 株 L-苏氨酸生产菌 ZT01 菌株（AHVʳ、AECʳ、SAMᵍ），在培养条件适当时可积累苏氨酸 16 mg/mL。但我国苏氨酸工业化生产尚属空白，国外苏氨酸不仅早已工业化生产，而且生产菌的产酸率提高也很快，如前苏联采用遗传工程技术改造苏氨酸生产菌（大肠杆菌突变株），使产酸率从原来的 30 g/L 提高到 60 g/L。

4. 蛋氨酸发酵

从蛋氨酸的生物合成及代谢调节机制分析，蛋氨酸高产菌应具备以下生化特征：二氧化碳固定反应强；天冬氨酸合成能力强；天冬氨酸激酶活力强；高丝氨酸脱氢酶活力强；二氢吡啶-2，6-二羧酸合成酶活力微弱或丧失；高丝氨酸激酶活力微弱或丧失；谷氨酸脱氢酶活力弱；O-琥珀酰高丝氨酸转琥珀酰酶活力强；S-腺蛋氨酸（SAM）合成酶丧失。

5. L-缬氨酸发酵

L-缬氨酸于 1901 年从酪朊蛋白中发现，属于分支链氨基酸，是人体必需氨基酸之一，具有多种生理功能，主要用于食品、调味剂、动物饲料和化妆品的制造，以及复合氨基酸输液、合成多肽药物和食品抗氧化剂的配制等，尤其是在医学研究和治疗中的作用日益受到重视。它在血脑屏障、肝昏迷、慢性肝硬化及肾功能衰竭的治疗，加快外科创伤愈合，先天性代谢缺陷病的膳食治疗，败血症及术后糖尿病患者的治疗，加快外科创伤愈合，肿瘤患者的营养支持治疗中应用广泛。随着其研究的不断深入，应用范围也将进一步扩大。因此，L-缬氨酸的生产具有非常广泛的应用前景。

目前，L-缬氨酸的生产方法有提取法、合成法、发酵法等。利用微生物发酵法生产 L-缬氨酸，具有原料成本低、反应条件温和及易实现大规模生产等优点，是一种非常经济的生产方法。

（1）添加前体物发酵法

又称微生物转化法，该方法以葡萄糖作为发酵碳源、能源，再添加特异的前体物质，即氨基酸生物合成途径中的一些合适中间代谢产物，以避免氨基酸生物合成途径中的反馈调节作用，经微生物作用将其有效转化为目的氨基酸。由于其前体物质（如丙酮酸等）稀少或价格昂贵，目前已很少采用此法生产 L-缬氨酸。

（2）直接发酵法

直接发酵法主要借助微生物具有合成自身所需氨基酸的能力，通过对特定微生物的诱变处理，选育出营养缺陷型及氨基酸结构类似物抗性突变株，以解除代谢调节中的反馈抑制和反馈阻遏作用，从而达到过量积累某种氨基酸的目的。目前，世界上 L-缬氨酸均采用直接发酵法生产。国外曾对发酵法所用 L-缬氨酸优良生产菌的诱变育种和代谢调控做了一些研究，而国内尚处于研究与小规模生产阶段，菌株产酸水平不高，生产水平和产量远不能满足市场需求。因此，以微生物发酵法生产 L-缬氨酸的研究具有重要的意义。

L-缬氨酸生产菌多为肠杆菌科细菌。生物合成途径：

$$葡萄糖→丙酮酸→乙酰乳酸→\alpha-酮戊二酸→L-缬氨酸$$

在该途径中，丙酮酸生成乙酰乳酸的反应决定 L-缬氨酸的生成速度，而产 L-缬氨酸能力高的菌株，催化这一反应的酶活性强。据报道，用异亮氨酸或亮氨酸缺陷型菌株在限制异亮氨酸浓度的情况下，可生成大量 L-缬氨酸。中国科学院微生物研究所用硫酸二乙酯处理谷氨酸棒杆菌 AS1.299 时，获得一株异亮氨酸不严格缺陷型，在 10% 葡萄糖培养基中，30℃ 发酵 43 h，L-缬氨酸产量达 26.8 mg/mL，对糖转化率为 26%。

（二）氨基酸的生产

1. 影响因素

天冬氨酸族氨基酸发酵要防止生产菌的回复突变，在溶氧、温度、pH 等条件的控制方面与谷氨酸类似，不同点在于以下两点。

（1）生物素

胞内谷氨酸的积累将反馈抑制谷氨酸脱氢酶，使代谢转向合成天冬氨酸，因此天冬氨酸族氨基酸发酵要求细胞膜合成完整，防止谷氨酸从胞内渗透到胞外。另外，由于生物素是丙酮酸羧化酶的辅酶，有利于丙酮酸的羧化反应，因此，天冬氨酸族氨基酸发酵要求生物素过量。

（2）营养缺陷型营养物

由于某些营养缺陷型营养物，如赖氨酸，既是苏氨酸营养缺陷型的营养物，也是关键酶天冬氨酸激酶的反馈抑制剂，因此，营养缺陷型营养物的添加要控制在亚适量。

2. 下游加工过程

赖氨酸和苏氨酸的下游提取一般先经过离心或过滤除去菌体，再经离子交换、浓缩和结晶等过程获得产品。

除去菌体的发酵液先经盐酸或硫酸调至酸性，过离子交换柱后，用碱洗脱，洗脱液再经浓缩、盐酸中和、结晶，得赖氨酸或赖氨酸—盐酸。赖氨酸发酵液也可不经除菌体，直接经喷雾干燥并造粒制得成品，仅有一步操作过程，产品为赖氨酸硫酸或盐酸盐。

第二节　核苷酸发酵

核苷酸和核苷是构成核酸 DNA 和 RNA 的基本结构成分，也是能量载体、辅酶因子和维生素的组成成分。

肌苷酸、鸟苷酸、肌苷和鸟苷广泛应用于食品和医药工业。在食品工业中，肌苷酸、鸟苷酸和味精混合作为鲜味剂使用。在香菇、沙丁鱼干、松鱼干等食物中的鲜味成分主要是肌苷酸、鸟苷酸。肌苷和鸟苷作为临床药物，均有抗氧化、营养神经的作用，肌苷还有强心和免疫调节作用。

一、核苷酸的化学结构与性质

核酸作为基因载体的 DNA 和蛋白质合成中心的 RNA，它们都是由许多碱基、糖、磷酸三种成分构成的基本结构，有规律地排列聚合而成。构成核酸的碱基—糖—磷酸基本结构叫核苷酸，脱去磷酸后的碱基称为核苷。DNA 和 RNA 的组分有以下两点不同。

①DNA 的碱基为腺嘌呤、鸟嘌呤、胸腺嘧啶和胞嘧啶，RNA 为腺嘌呤、鸟嘌呤、尿嘧啶和胞嘧啶。

②DNA 的糖为脱氧核糖，RNA 为核糖。在碱基中，腺嘌呤和鸟嘌呤是嘧啶衍生物。此外，次黄嘌呤、黄嘌呤等嘌呤碱虽不存在于核酸中，却是核酸生物合成的重要中间体。碱基为鸟嘌呤、次黄嘌呤、黄嘌呤的核苷酸分别称为鸟苷酸、肌苷酸、黄苷酸。磷酸键的位置在核糖碳上，称为 5′-核苷酸，在 3 位碳上称为 3′-核苷酸。

呈鲜味的是鸟苷酸、肌苷酸、黄苷酸那样的 5′-核苷酸，其化学结构必须为对位羟基、5′位磷酸基、2′位氢或羟基。

核苷酸呈鲜味的重要特点是它们作为单品无鲜味，当与谷氨酸钠混合时其鲜味远大于各单品的鲜味之和，这种现象称为鲜味剂的协同效应。例如，在普通味精中添加 2% 的肌苷酸，它的鲜度相当于 100% 味精的 35 倍，同时抑制酸味和苦味。而 5′-鸟苷酸、5′-肌苷酸与味精三者混合使用时，它们的协同作用更大，并具有将动植物鲜味融于一体的效果。

核苷酸对甜味有增效作用，对咸、酸、苦味有消除作用，对肉味有增效作用，对腥味、焦味有去除作用。

目前工业化生产核酸的方法有两种：酶解法和发酵法。其中，酶解法包括 RNA 酶解法和菌体自溶法；发酵法包括发酵转化法（或称二步法）和直接发酵法。

二、核苷酸的生产工艺

（一）生物合成途径

肌苷酸（IMP）的生物合成途径也称 Denovo 途径，是从枯草芽孢杆菌代谢中研究得出的：葡萄糖经 HMP 途径生成 5′-磷酸核糖后，从 5′-磷酸核糖开始合成肌苷酸要经过 11 步酶促反应。肌苷酸是嘌呤核苷酸生物合成的中心，从它开始分出两条环行路线：一条经过黄苷酸（XMP）合成鸟苷酸，再经过鸟苷酸还原酶的作用生成肌苷酸；另一条经过腺苷酸琥珀酸（SAMP）合成腺苷酸（AMP），再经过腺苷酸脱氨酶的作用生成肌苷酸（IMP）（见图 7-4）。

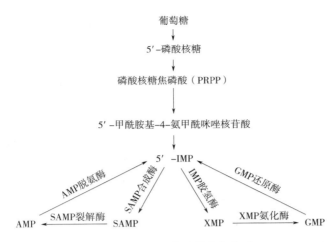

图 7-4 嘌呤核苷酸的生物合成

（二）嘌呤核酸合成的代谢调控

嘌呤核苷酸生物合成的最初反应是在谷氨酰胺的参与下，由磷酸核糖焦磷酸（PRPP）生成 5-磷酸核糖胺（PRA）的反应。该反应由 PRPP 转酰胺酶催化，该酶受腺苷酸（AMP）、鸟苷酸（GMP）及 ATP 的反馈抑制，同时也受 IMP 和 GMP 的阻遏。鸟苷酸还反馈抑制由肌苷酸生成黄苷酸（XMP）的肌苷酸脱氢酶。不仅如此，腺苷酸、鸟苷酸又对合成它们自身的大部分酶有阻遏作用（图 7-5）。

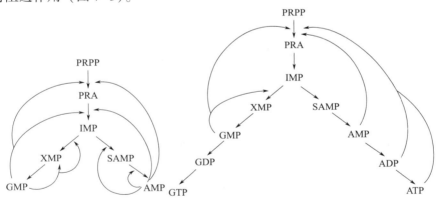

图 7-5 嘌呤核苷酸合成的代谢调控

两类抑制剂与 PRPP 转酰胺酶的不同部位结合，显示出抑制作用。嘌呤核苷酸可分为如 GMP、IMP 等的 6-嘌呤核苷酸及如 ADP、AMP 等的 6-氨基嘌呤核苷酸两种类型。当同时添加多种而又属同类型的嘌呤核苷酸时，它们的抑制作用绝不会超过各同类核酸单独添加时的作用，但是，如果添加两种不同类型的嘌呤核苷酸（如 GMP+AMP 或 IMP+ADP），它们就会起到协同抑制的作用，这种现象可理解为两类抑制物质是分别在酶的不同变构部位上与酶结合而显示出抑制作用。既然 GMP 和 AMP 一起能阻遏 PRPP 转酰胺酶的形成，那么当腺嘌呤和鸟嘌呤两者都过量存在时，就有可能阻遏该酶合成。如果限制腺嘌呤和鸟嘌呤的添加量，不使它们过剩，就可避免对该酶的阻遏作用。

IMP 脱氢酶受 GMP 的反馈抑制与阻遏，GMP 还原酶受 ATP 的反馈抑制，SAMP 合成酶受 AMP 的反馈抑制，AMP 脱氨酶受 GTP 的反馈抑制。GTP 是 SAMP 合成 AMP 反应的供能体，ATP 是 XMP 合成 GMP 反应的供能体，我们可以通过适当方法来改变代谢流向，达到积累某一代谢产物的目的。例如：当提高细胞中的 GMP 水平时，从 IMP 开始的代谢流就移向 GMP→GDP→GTP，结果由 GTP 供能的 SAMP→AMP 反应变得活跃，这样 IMP 自动转向合成 AMP。反之，当将细胞内的 AMP 水平提高时，AMP→ADP→ATP 的代谢流变得活跃，结果促进了由 ATP 供能的 XMP 合成 GMP 的反应，这样，IMP 开始的代谢流就自动转向合成 GMP。

另外，核苷酸的代谢也与组氨酸的生物合成有关。5′-甲酰胺基-4-氨甲酰咪唑核苷酸（FAICAR）→IMP→AMP→磷酸核糖腺三磷（PRATP）→5-氨基咪唑-4-甲酰胺核酸（AICAR）形成 1 个循环，其中 PRATP 也可经甘油磷酸生成组氨酸，循环 1 次可生成 1 分子的组氨酸，而组氨酸又对 ATP→PRATP 的反应有反馈抑制作用，所以当培养基中有过量的组氨酸存在时，AMP 就不再走 AMP→ATP→PRATP→AICAR→IMP 的途径。因此，在生产 IMP 的培养基中不能有过量的组氨酸存在。

（三）发酵法生产肌苷

肌苷是我国用发酵法生产产量最大的一种核酸类产品，年产量呈现逐年递增趋势。肌苷能直接透过细胞膜进入人体细胞，使处于低能缺氧下的细胞恢复正常代谢，并能活化丙酮酸氧化酶，参与人体蛋白质合成。临床上肌苷适用于各种急慢性肝脏疾病、急慢性心脏疾病、白细胞或血小板减少症、中心性视网膜炎和视神经萎缩等症状。

发酵法生产肌苷的菌株是枯草芽孢杆菌的突变株，它的主要遗传标记是腺嘌呤缺陷型，也有进一步增加维生素 B_1、组氨酸缺陷型以及抗 8-杂氮鸟嘌呤、抗 6-巯基嘌呤标记后，使产量大幅度提高。

1. 发酵工艺流程

斜面种子→种子罐培养→发酵→发酵液调 pH→阳离子交换树脂吸附→水洗→上活性炭柱→碱洗脱→一次浓缩→过滤→二次浓缩→冷却结晶→抽滤→干燥→粗品肌苷→炭粉精制→肌苷成品

2. 肌苷发酵

肌苷是使用腺嘌呤缺陷型为亲株的突变株，通过液体深层发酵而获得的发酵产物。

（1）斜面培养

斜面及平板培养基：葡萄糖 1%，蛋白胨 0.4%，酵母膏 1%，牛肉膏 1.4%，琼脂 2%；pH 7.0；0.1 MPa 灭菌 20 min。从保藏斜面中提取一菌环菌苔移入斜面或平板，培养 48 h，放入 0~4℃冰箱备用。肌苷生产菌常有回复突变发生，使部分菌种遗传标记丧失，发酵产量下降。菌种通常 3 个月进行一次菌种分纯，从而稳定产量。

（2）一级种子培养

培养基：葡萄糖 2%，蛋白胨 1%，酵母膏 1.5%，玉米浆 0.5%，氯化钠 0.25%，尿素 0.2%；pH 7.0；0.1 MPa 灭菌 20 min。培养条件：挑取一菌环斜面种子至液体种子培养基中，在 32℃振荡培养 7~8 h，OD 值为 0.8~0.85 时，可转接二级种子。

（3）二级种子培养

培养基：淀粉水解糖 2%，玉米浆 0.5%，酵母粉 2%，氯化钠 0.25%，尿素 0.2%；pH 7.0。培养温度 32~34℃，搅拌转数 160~180 r/min，通气比 1：0.2，培养 7~8 h。

（4）发酵培养基：淀粉水解糖 10%，酵母粉 1.5%，硫酸镁 0.1%，硫酸铵 0.5%，磷酸氢二钾 0.5%，氯化钙 0.1%，尿素 0.25%；pH 7.0；0.1 MPa 灭菌 20 min。培养温度 34～36℃，10 m³ 发酵罐通气比 1∶0.2，搅拌转速 160～180 r/min。

（5）提取

发酵液用硫酸或盐酸调 pH 2.5，带菌体上 732# 阳离子交换树脂柱，肌苷被吸附。然后用无离子水洗脱，经 769# 活性炭柱吸附脱盐，用碱液洗脱，放冷结晶，滤干，重新在水中加热，溶解，炭粉脱色，重结晶后得到产品。

（四）肌苷酸和鸟苷酸发酵

日本是最早将核苷酸作为助鲜剂用于食品调味的，20 世纪 60 年代后期，日本已成为核苷酸类物质的最大生产国，年产量已达数千吨，我国核苷酸类助鲜剂的生产始于 20 世纪 60 年代中期，经过 20 多年的探索与研究，已有很大进步，以年平均 4% 的速度增长，年产量达 50 t 以上，呈味核苷酸通常指肌苷酸、鸟苷酸和黄苷酸，但因黄苷酸鲜味较低，目前国内外只生产前两种，以肌苷酸产量最大，工艺也较成熟。

1. 肌苷酸发酵

肌苷酸由核糖、磷酸和次黄嘌呤组成，其中磷酸结合在核酸的第 5 位羟基上。肌苷酸为白色结晶粉末状或颗粒状，味鲜，无臭，易溶于水，在乙醇或其他有机溶剂中溶解度极小。发酵法得到的是肌苷酸钠盐。

由微生物发酵生产肌苷酸，一般来说，核苷和碱基容易透过细胞膜，而核苷酸却难以透过细胞膜，因此直接发酵法生产肌苷酸是比较困难的，只有在它的合成途径中解除微生物自身的反馈调节和改变核苷酸对细胞膜的渗透性，在发酵液中积累肌苷酸才成为可能。

（1）肌苷酸的生产方法

一般，生产肌苷酸的方法有：

①利用微生物直接发酵生产肌苷酸（一步法）。

②利用微生物发酵先生产肌苷，然后用化学法或酶法进行磷酸化（二步法）。

③添加前体物次黄嘌呤，经半合成途径合成肌苷酸（半合成法）。

④先发酵生产腺苷或腺苷酸，然后用化学法或酶法生产肌苷酸。

（2）肌苷酸的生产工艺

下面介绍以直接发酵法生产肌苷酸的生产工艺。

①肌酸生产菌的选育。能产肌苷酸的菌株有短小芽孢杆菌、产氨短杆菌、枯草芽孢杆菌、谷氨酸棒杆菌、某种链霉菌等。但目前使用最多的是产氨短杆菌。

肌苷酸生产菌在 Mn^{2+} 限量的条件下（20 μg/L 以下），菌体会产生膨胀异常的形态，并积累肌苷酸，因此，认为细胞膜对肌苷酸存在着透过性障碍，肌苷酸生产菌的选育过程也是改善菌体细胞膜对肌苷酸透过性障碍的过程。首先，从土壤或实验室保存菌株中选择可能产生核苷酸的产氨短杆菌或谷氨酸生产菌作为出发菌株，将它们诱变成腺嘌呤缺陷型变异株，该菌株可在 Mn^{2+} 存在的限制培养基中积累肌苷酸。然后，将上述变异株诱变成对 Mn^{2+} 浓度不敏感性突变株，即膜通透性变异株，再经诱变，加上鸟嘌呤或黄嘌呤缺陷型标记，使细胞膜通透性进一步改善。因此，要得到一株肌苷酸产量高的菌株，需要经过很多次诱变，逐步改善膜通透性。据日本报道，以产氨短杆菌 Ky3554 为出发菌株，经多次诱变处理和筛选，最后获得一株腺嘌呤和鸟嘌呤双重缺陷并对 Mn^{2+} 不敏感的变异株 Ky13313，产肌苷酸 18～20 g/L（发酵时间 72 h，中途流加尿素：第 1 次约在 20 h，第 2 次约在 40 h）。诱变的手段，一般还是采用常规的紫外线照射、硫酸二乙酯或亚硝基胍（NTG）处理等，挑选以腺嘌呤缺陷型为主要遗传标记的变异株。例如，据国内报道，利用谷氨酸生产菌 2305 作为出发菌株，该菌原本就具有腺嘌呤缺陷，经过 2 次紫外线诱变处理，获得腺嘌呤（ade⁻）、甲硫氨酸（met⁻）双重缺陷菌株，再经 2 次硫酸二乙酯诱变处理，最后获得四重缺陷型（ade⁻+met⁻+his⁻+Nicot⁻）的 IMP 生产菌 265。利用谷氨酸生产菌降解核苷酸酶活性很弱这一特点，产肌苷酸 4~6 g/L。国内产酸水平较高的是采用产氨短杆菌，如以美国菌种保藏委员会提供的产氨短杆菌 ATCC19183 为出发菌株，经 NTG 诱变处理，获得腺嘌呤缺陷型变异株，产肌苷酸 2 g/L，再经紫外线和 NTG 复合处理，获得腺嘌呤和维生素 B₁ 双重缺陷型突变株，产肌苷酸为 4~5 g/L。最后，通过发酵条件改进、添加表面活性剂等方法使产量达到 8~9 g/L。在此基础之上，又一次经 NTG 和硫酸二乙酯复合处理，获得对溶菌酶和硫酸卡那霉素敏感的高产肌苷酸菌株，产量达 11~12 g/L。

②直接发酵法生产肌酸。直接发酵法也称一步发酵法。采用的菌株是经过多次诱变筛选的具有多重抗性标记的突变株。

培养基的选择：肌苷酸发酵，除了具有必需的碳源和氮源供菌体生长繁殖外，还有以下要求：

a. 必须添加核酸类物质，例如，目前所用的菌株都是腺嘌呤缺陷型，因此都需要在培养时加入适量的腺嘌呤。一般场合使用的是酵母膏或酵母水解液，添加量为 0.5%左右。

b. 为了有利于菌体生长和产酸，要添加较高浓度的磷盐和较高浓度的镁盐，用量各为 1%左右。

c. 添加组氨酸、赖氨酸、高丝氨酸、甘氨酸及丙氨酸的混合物对发酵有促进作用。生产上一般用 2%左右的玉米浆。由于玉米浆中含有生物素，所以它的用量也应当是亚适量的，需经试验来确定添加量。

d. 为了积累肌苷酸，Mn^{2+}、Zn^{2+}、Fe^{3+} 及 Ca^{2+} 是必需的。

e. B 族维生素对部分菌株是必需的。

在上述要求中，腺嘌呤和 Mn^{2+} 的添加量是直接发酵肌苷酸的重要调控因子。若限制 Mn^{2+} 的添加量，在培养后期就会出现异常形态的细胞。例如，细胞呈伸长、膨润或不规则形。由于改变了细胞膜的通透性，使合成的肌酸能分泌于细胞外，排除了相应的代谢抑制和阻遏作用，结果细胞内的肌酸继续合成，并不断漏出胞外，以达到积累肌苷酸的目的。可以认为，Mn^{2+} 与细胞膜或细胞壁的生物合成有直接关系，但它又不同于谷氨酸发酵中生物素亚适量的作用机制。在谷氨酸发酵中，生物素是催化脂肪酸生物合成的初始酶——乙酰 CoA 羧化酶的辅酶，参与脂肪酸的生物合成，从而间接地影响细胞膜的磷脂合成，控制细胞膜渗透性。而在肌苷酸发酵中，生物素添加量的限制，仅影响菌体的生长。肌苷酸是在生物素充足、腺嘌呤适量时才积累。另外，在 Mn^{2+} 浓度限量时，细胞的脂肪酸含量反而增加。而在谷氨酸发酵中，生物素亚适量会导致细胞内脂肪酸含量减少，从而影响了细胞膜的通透性。

③发酵条件。除了上述培养基配方外，发酵条件的控制也是直接发酵的关键。

a. 接种量控制：接种量一般为 2%~5%。接种量较大，是为了缩短发酵周期，保持代谢旺盛。

b. 温度控制：温度为 30~40℃，各种菌株温度控制有一定的差异。在最适温度下，可保持正常发酵。较高或较低温度下发酵，轻则延长周期，重则副生长次嘌呤，造成肌苷酸产率明显下降。这可能是由于肌苷酸分解酶的活性被温度激活。

c. pH 控制：一般控制在 pH 6.3~6.7。偏酸性发酵，有利于长菌、产酸。可通过流加氨水、液氨或尿素等方式加以控制。

d. 通气量控制：肌苷酸发酵属一般性的好氧发酵，例如 20 m³ 发酵罐，130 r/min 的转速，通气比为 1:0.12~1:0.15。

在工业生产中，利用产氨短杆菌突变株直接发酵生产肌苷酸，要把 Mn^{2+} 水平控制在 10~20 μg/L 的浓度之间有一定难度。为了解决这个问题，除了选育对 Mn^{2+} 有抗性的突变株外，还可在发酵期间添加某些抗生素或表面活性剂，以解除过量 Mn^{2+} 的影响。常用的有链霉素、环丝氨酸、丝裂霉素 C 及青霉素等抗生素，或聚氧化乙烯硬脂酰胺、羟乙基咪唑系物质等表面活性剂。添加的浓度和添加的时间根据试验结果确定。

④肌苷酸的提取。

a. 离子交换树脂法：发酵液加活性白土 15 g/L，压滤除菌体，清液中加入 1.5 倍体积的 0.1 mol/L HCl 进行酸化。将酸化液上 732#（H⁺型）阳离子交换树脂柱。上柱液体积大约为湿树脂体积的 6 倍。含肌苷酸的流出液用 NaOH 溶液调 pH 至 8.5~9.5，再上 717#（OH⁻型）阴离子交换树脂柱。上柱体积为湿树脂体积的 6 倍，90% 肌苷酸被吸附。先用水洗柱，再用 0.05 mol/L HCl 洗至流出液 pH 为 3.5，接着调换含 0.05 mol/L HCl 的 0.05 mol/L NaCl 混合液进行洗脱。洗脱液用 40% NaOH 调 pH 至 7.5，直接加热浓缩或减压浓缩 15~20 倍。冷却后加入 2 倍体积的 95%（体积分数）乙醇，冷藏，析出肌苷酸粗品。肌苷酸粗品加水溶解，加乙醇放冷库结晶，过滤，晶体用 30%（体积分数）乙醇洗 2~3 次。烘干，制得肌苷酸粗品。整个提取收率为 55%~60%。

b. 活性炭吸附法：将发酵液加热至 45~50℃，缓慢加入盐酸，酸化至 pH 3~4，再加入活性白土 15 g/L，压滤。压滤液经过 H⁺型酚醛树脂脱色。脱色液用 80 目 769#活性炭柱吸附，吸附肌苷酸能力约为 3 g/100 L。先用 80~90℃ 热水洗柱，再用 0.1 mol/L 的 NaOH 溶液进行洗脱。洗脱液用盐酸调 pH 至 7~8，减压浓缩至肌苷酸含量为 8%。将浓缩液酸化 pH 至 3，再一次经酚醛树脂脱色。脱色液用碱中和 pH 至 7 后加入 2 倍体积的乙醇，冷藏，结晶，得粗品。

精制工艺同上法。整个提取收率为 40%~50%。

以上两种提取方法的收率较低，但由于活性炭吸附法成本低、排放污染少，所以生产上主要采用该法。

2. 鸟苷酸发酵

鸟苷酸又名 5′-单磷酸鸟苷，由鸟嘌呤、核糖和磷酸三部分组成，磷酸结合在核糖的 5′ 羟基上。分子式为 $C_{10}H_{12}N_5O_8P$。

鸟苷酸为白色晶体或粉末，溶于冷水和碱溶液中，在冷的酸性溶液中缓慢分解。

鸟苷酸是嘌呤核苷酸生物合成的终产物，在菌体内如果超过一定浓度，就会引起反馈调节，使磷酸核糖焦磷酸转酰胺酶、肌苷酸脱氢酶及鸟苷酸合成酶等受到抑制，结果鸟苷酸的自身合成受阻。由于微生物中还普遍存在着催化鸟苷酸、鸟苷、鸟嘌呤降解的酶系，因此直接发酵生产鸟苷酸非常困难。但是，生物合成途径的中间产物 5-氨基-4（N-琥珀基）一代氨基甲酰咪唑核苷 [AICAR（S）] 和黄苷等积累不会引起反馈调节，因此，可以期望利用切断它们进一步转化的营养缺陷型突变株来大量积累这些物质。另外，鸟苷的溶解度很低，在发酵液中容易析出，也就相对地减弱了反馈调节的强度，这就使积累鸟苷成为可能。因此，制造鸟苷酸的方法除了核酸分解法外，还有以下 4 种方法。

①生物合成与化学合成并用法，即利用微生物发酵生产鸟AICAR（S），然后经过化学合成制成鸟苷酸。

②利用细菌发酵生产鸟苷，然后用酶法或化学合成法将鸟苷再磷酸化得到鸟苷酸。

③直接发酵法生产鸟苷酸。

④利用黄苷酸或黄苷生产菌与能将黄苷酸或黄苷转化为鸟苷酸的菌株混合培养法，即双菌混合发酵法。

目前，用于工业化生产的，一般还是采用前两种方法，尤其是第二种方法，即由鸟苷磷酸化制成鸟苷酸。因为直接发酵法生产鸟苷酸的产酸率不高，一般仅为 $5\sim6$ mg/mL，所以至今未被用于工业化生产。

国际上对鸟苷酸的研究和生产始于 20 世纪 60 年代。最先由日本科学家发现鸟苷酸具有强烈的鲜味，然后着手研究微生物发酵生产鸟苷酸的方法。在 $70\sim80$ 年代，已经从枯草芽孢杆菌、微黄短杆菌、铜绿假单胞菌中选育出一批直接发酵法生产鸟苷酸的菌株，但产率都不高。改用发酵法生产鸟苷，再经磷酸化生成鸟苷酸，鸟苷产率为 $20\sim25$ mg/mL。

我国鸟苷酸生产起步较晚，至今采用核酸降解法或微生物发酵和磷酸化的二步法，产量不高。苏州味精厂曾筛选到一株积累鸟苷 4.9 mg/mL 的菌株，黑龙江微生物所选育到的鸟苷生产菌株，产鸟苷 3.8 mg/mL。1993 年，由上海工业微生物所选育得到一株枯草芽孢杆菌 2066，产鸟苷 16 g/L，25 t 发酵罐试生产达到 10 g/L。与酶解酵母核酸生产鸟苷酸的方法相比，二步法因为受鸟苷酸产率不高的限制，其生产成本要高于酶法。

（1）鸟苷、鸟苷酸的生产菌

①鸟苷生产菌。枯草芽孢杆菌、产氨短杆菌、微黄短杆菌、铜绿假单胞菌等都能产鸟苷。因为对枯草芽孢杆菌在代谢途径、调节机制等方面进行过非常深入的研究，所以较多地采用以枯草芽孢杆菌作为选育高产菌株的出发菌株。

从鸟苷的生物合成途径及其调节机制来看，作为鸟苷高产菌株，应具备以下条件。

a. 丧失腺苷酸琥珀酸合成酶活性，切断肌苷酸到腺苷酸的通路，使生成的肌苷酸不转化为腺苷酸而全部转向合成鸟苷酸。与此同时，鸟苷酸还原酶活性的丧失，使鸟苷酸转化为肌苷酸的反应受阻，生成的鸟苷酸不再变为肌苷酸。

b. 核苷酸酶或核苷磷酸化酶等鸟苷分解酶的活性微弱。

c. 解除鸟苷酸对磷酸核糖焦磷酸转酰胺酶、肌苷酸脱氢酶及鸟苷酸合成酶等的反馈抑制与阻遏。

d. 由肌苷酸脱氢酶、鸟苷酸合成酶所催化的反应，应该比核苷酸酶所催化的反应优先进行，以此来抑制肌苷的产生，实现高效率地积累鸟苷。

目前，国内外的鸟苷生产菌都是按上述要求加以诱变而获得的。例如：日本味之素公司选育的鸟苷产率为 $16\sim20$ g/L 的枯草芽孢杆菌鸟苷生产菌株，有 5 个遗传标记：腺嘌呤缺陷型、抗 8-杂氮鸟嘌呤、抗磺胺胍、抗狭霉素 C、抗德夸菌素。该菌株具有鸟苷酸对肌苷脱氢酶的反馈抑制已被解除和鸟苷酸还原酶活力丧失等特性。上海工业微生物所选有的一株鸟苷生产菌株具有腺嘌呤缺陷和组氨酸缺陷的双重遗传标记，采用发酵过程中分批补料的方法，鸟苷产率达到 15 g/L。

②鸟苷酸生产菌。直接发酵生产鸟苷酸的菌株，其鸟苷酸生物合成调节系统已被解除，表现如下：鸟苷酸对肌苷酸脱氢酶的终产物抑制作用不存在；由于鸟苷酸和肌苷酸同样难于从细胞膜内渗出，因此在解除终产物的反馈抑制的同时应设法改善细胞膜透性，尽可能降低

鸟苷酸在细胞内的浓度；生成的鸟苷酸不被转化。日本学者从自然界筛选到铜绿假单胞菌、枯草芽孢杆菌及微黄短杆菌产鸟苷的野生菌株，能积累 2.7~4.0 mg/mL 的鸟苷酸。对多重缺陷型的产氨酸杆菌、谷氨酸棒杆菌或放线菌来说，在起始发酵液中或发酵过程中添加抗生素、二恶烷等，能明显提高鸟苷酸产率。

（2）鸟苷发酵条件

①培养基。鸟苷发酵的培养基组成，除碳源、氮源和无机盐等基本成分外，如果使用的是营养缺陷型菌株，那么必须在培养基中再添加菌株所必需的营养物质，其添加量必须通过预试验确定。

a. 碳源：通常用作碳源的主要是葡萄糖或麦芽糖，用量一般为 10%~12%。初始糖浓度不宜太高，否则对鸟苷的生成有抑制作用。例如，上海工业微生物所试验发现：在 2066 号菌株发酵过程中，分批补糖能提高鸟苷的产率，而且在补糖总量限定的前提下，分批流加的次数越多，也就是每次补加的糖量越少，鸟苷总的生成量越多，与总投入糖量相同的一次性发酵相比，显然采用低初糖、后补糖的方法，其鸟苷对糖的转化率要高出许多。

b. 氮源：一般使用（NH_4）$_2SO_4$，或 NH_4Cl 作为氮源，初始培养基中用量在 2% 左右。在发酵过程中流加氨水来控制 pH 和补充氮源，也有以大豆蛋白水解液等有机氮源替代无机氮源加入初始培养基中的。

c. 无机盐：培养基中主要添加的无机盐包括磷盐、镁盐、铁盐和锰盐，这些都是微生物生长所必需的离子。

d. 嘌呤前体物：除上述成分外，在鸟苷发酵培养基中还应该加入嘌呤的前体物，例如 L-谷氨酸钠等氨基酸。

e. 营养缺陷型菌株的营养物质：例如腺嘌呤缺陷型菌株需添加腺嘌呤，也可用含各种嘌呤的酵母粉或酵母膏等代替。营养物质的使用量必须为亚适量，添加量过大会导致生物合成途径中反馈抑制的发生；过少则造成菌体生长不足，结果鸟苷产量下降。

为了改善膜渗透性，还必须控制生物素的亚适量，用量在 6~10 μg/L。

②发酵条件。

a. 投料量和接种量：一般投料量为罐体积的 60%~80%。如果采用补料工艺，则投料量可减少至 60%。接种量为 9%~10%。

b. 温度控制：0~24 h 温度为 36℃，24 h 后温度控制在 36.5~37.5℃。

c. pH 控制：发酵的起始 pH 为 6.8，发酵初期 pH 会略有下降（pH 降至 6.1），随着 pH 的回升和鸟苷开始积累，发酵 10 h 后用氨水控制 pH 在 6.4~6.5，在临近发酵结束时，pH 会突然上升，超过 6.6 即放罐。

d. 罐压与通气比：罐压控制在 0.05~0.10 MPa。通气比按二级风量控制，例如，0~24 h 为 1:0.2，24 h 为 1:0.35（2.5 t 发酵罐）

在整个发酵过程中，初始 12 h 内，鸟苷的生成极少，在其后的 12 h，鸟苷生成率猛增，之后生成率又放慢，在临近结束前 12 h，鸟苷生成率又有所增长。这种发酵后期鸟苷生成量增多的现象可能与后期菌体细胞自溶有关，细胞内的鸟苷进入发酵液，从而使鸟苷的生成量显著增加。这可以通过镜检后期发酵液很少有完整的活菌存在，以及平板培养很少有菌落出现得到证实。发酵周期一般为 48 h 左右。

③鸟苷的分离提取。

a. 鸟苷分离提取的工艺流程：

灭菌后发酵液→除菌体→一次结晶→过滤→鸟苷粗品→脱色→过滤→二次结晶→过滤→鸟苷→烘干→磨粉、包装→成品

b. 具体操作技术要领：在发酵液中加入絮凝剂，如壳聚糖等，添加量为 1 g/L，搅拌均匀后升温至 90~95℃，以提高鸟苷的溶解度，趁热进板框压滤机，得滤液。为减少压滤时鸟苷的损失，用沸水将滤饼洗一次，合并滤液。将收集到的滤液在结晶罐中冷却析晶，得到鸟苷粗品。按鸟苷粗品∶水∶粉末活性炭＝10∶200∶1 的比例，将三者投入脱色罐，升温至90℃并维持 1 h，其间需不断搅拌，以提高除杂、脱色的效果。将上述 90℃的活性炭液进板框压滤机，得滤液。滤饼经沸水洗涤后，洗液与滤液合并。滤液进冷却罐，在 10℃以下析晶，得鸟苷精品。鸟苷精品置于 80℃下干燥 12 h 左右。将干燥的鸟苷精品磨粉，过 40 目筛，包装。

上述提取工艺的总收率一般在 65%以上，其中板框压滤机除菌体和第一次结晶的单项收率较低。

思考题

①试述氨基酸行业当前的生产现状及其主要生产方法。

②谷氨酸发酵生产常用的原料有哪些？说明原料的处理方法。

③试述谷氨酸发酵主要菌株的种类、特性。

④结合代谢控制发酵的知识，说明代谢控制发酵在谷氨酸发酵中的具体应用。

⑤谷氨酸发酵生产涉及的代谢途径有哪些？举例说明。

⑥谷氨酸发酵生产工艺条件的控制要素有哪些？

⑦查阅资料阐述味精加工的主要程序。

⑧赖氨酸发酵生产过程中野生型谷氨酸棒杆菌为何不能大量累积赖氨酸？

⑨请设计获得抗氨基酸结构类似物（AEC）谷氨酸生产菌株的实验步骤。

⑩试述天冬氨酸发酵生产中生产用菌株的特征。

第八章 微生物制剂的发酵生产

第一节 发酵法生产酶制剂

一、淀粉酶

淀粉酶是水解淀粉（包括糖原、糊精）中糖苷键的一类酶的统称，广泛存在于动植物和微生物中。它是研究较多、生产最早、产量最大和应用最广的一类酶，特别是 20 世纪 60 年代以来，由于淀粉酶在食品工业中的大规模应用，其需求量与日俱增，几乎占整个酶制剂总产量的 50% 以上。根据对淀粉的作用方式不同，淀粉酶可分为四种主要类型，即 α-淀粉酶、β-淀粉酶、葡萄糖淀粉酶和异淀粉酶。此外，还有一些应用不是很广、生产量不大的淀粉酶，如环状糊精生成酶，G4、G6 生成酶，以及 α-葡萄糖苷酶等。

（一）α-淀粉酶

α-淀粉酶能水解淀粉产生糊精、麦芽糖、低聚糖和葡萄糖等，其产物的还原性末端葡萄糖残基碳原子为 α 构型，故称 α-淀粉酶。

1. α-淀粉酶的性质和特点

（1）pH 与酶活性的关系

α-淀粉酶通常在 pH 5.5~8.0 稳定，pH 4.0 以下易失活，酶活性的最适 pH 5.0~6.0，但不同来源的酶其最适 pH 值差别很大。黑曲霉 α-淀粉酶耐酸性强，黑曲霉 α-淀粉酶的最适 pH 为 4.0，在 pH 2.5、40℃处理 30 min 尚不失活；然而在 pH 7.0 时，55℃处理 15 min，活性几乎全部丧失。米曲霉则相反，其 α-淀粉酶经过 pH 7.0、55℃处理 15 min，活力几乎没有损失，而在 pH 2.5 处理则完全丧失。曲霉 α-淀粉酶可分为耐酸和非耐酸两种类型。耐酸的 α-淀粉酶最适 pH 为 4.0 左右，在 pH 2.5~6.5 稳定；非耐酸的 α-淀粉酶最适 pH 为 6.5 左右，在 pH 5.5~9.5 稳定。枯草杆菌 α-淀粉酶作用的最适 pH 为 5.0~7.0。嗜碱细菌中存在着最适 pH 为 4.0~11.0 的 α-淀粉酶。嗜碱性芽孢杆菌 NRRLB3881 α-淀粉酶的最适 pH 为 9.2~10.5，嗜碱性假单胞杆菌 α-淀粉酶的最适 pH 为 10.0。

（2）温度与酶活性的关系

温度对酶活性有很大的影响。温度升高，酶的反应速度增加，但温度过高，能引起大部分酶的变性失活，反应速度下降。纯化的 α-淀粉酶在 50℃以上容易失活，但是有大量 Ca^{2+} 存在或淀粉的水解产物糊精存在时，酶对热的稳定性会增加。

枯草杆菌 α-淀粉酶在 65℃比较稳定可以作为中温淀粉酶；嗜热脂肪芽孢杆菌经 85℃处理 20 min，尚残存酶活 70%；有的嗜热芽孢杆菌的 α-淀粉酶在 110℃仍能液化淀粉；凝结芽孢杆菌的 α-淀粉酶在 Ca^{2+} 存在下，90℃时的半衰期长达 90 min；地衣芽孢杆菌的 α-淀粉酶

其热稳定性不依赖 Ca^{2+}，而黑曲霉、拟内孢霉等所产生的 α-淀粉酶耐热性较低，后者产生的酶在 40℃时就极不稳定。

（3）金属离子与酶活性的关系

α-淀粉酶是一种金属酶，每分子酶含有一个 Ca^{2+}，Ca^{2+} 可使酶分子保持相当稳定的活性构象，从而可以维持酶的最大活性及热稳定性。Ca^{2+} 和酶的结合牢度依次是：霉菌>细菌>哺乳动物>植物。Ca^{2+} 对麦芽产生的 α-淀粉酶的保护作用最明显。除 Ca^{2+} 外，其他金属离子如 Mg^{2+}、Ba^{2+} 等也可以提高酶的热稳定性。另外，枯草芽孢杆菌液化型淀粉酶也受 Na^+、Cl^- 影响，在 NaCl 与 Ca^{2+} 同时存在时更能耐热。由于淀粉中所含的 Ca^{2+} 已经足够，所以在使用时可不必再另外添加 Ca^{2+}。

（4）α-淀粉酶灭酶的方式

α-淀粉酶是一种热稳定性高、耐酸性较好的淀粉水解酶，淀粉酶灭酶的目的是要及时终止淀粉的液化反应，控制淀粉液化的水解程度及 DE 值。灭酶的方式通常有两种，即加热灭酶和加酸灭酶。选择何种灭酶方式，要根据生产的产品、酶制剂的性质、具体的工艺和设备情况决定，通过反复试验，确定效果来确定。对于中温淀粉酶而言，升高温度至 90℃以上或把 pH 调至 6.0 以下均能达到迅速降低酶活的效果。

2. α-淀粉酶对底物的水解作用

（1）α-淀粉酶的水解方式

淀粉的水解可用酸或淀粉酶作为催化剂。酶水解具有专一性强、反应条件温和、设备简单、副反应极少等优点，而酸水解没有专一性，同时可以水解 α-1，3 键、α-1，4 键、α-1，6 键等。另外，淀粉通过水解反应生成的葡萄糖，受酸和热的作用，一部分又发生复合反应和分解反应，影响葡萄糖的产率，增加糖化液精制的困难。α-淀粉酶对于直链淀粉的作用，第一步是将直链淀粉任意地迅速降解成小分子糊精、麦芽糖和麦芽三糖；第二步缓慢地将第一步生成的低聚糖水解为葡萄糖和麦芽糖。由于 α-淀粉酶不能切开支链淀粉分支点的 α-1，6 键，也不能切开 α-1，6 键附近的 α-1，4 键，但能越过分支点而切开内部的 α-1，4 键，因此水解产物中除了含葡萄糖、麦芽糖以外，还残留一系列具有 α-1，6 键和含 4 个或更多葡萄糖残基的带 α-1，6 键的低聚糖。

（2）α-淀粉酶的水解极限

当 α-淀粉酶作用于淀粉时，随着反应的进行，溶液黏度逐渐下降而还原力逐渐增加。由于底物浓度减少，产物浓度增加，酶可能部分失活，导致反应速度降低，直至还原力不再增加，此时的水解率称为水解极限。不同来源的 α-淀粉酶，水解极限各不相同，一般 α-淀粉酶水解率为 40%～50%，但黑曲霉的水解率可达 95%～100%，拟内孢霉 α-淀粉酶水解率达 90%，其产物均是葡萄糖。枯草杆菌糖化型 α-淀粉酶作用于可溶性淀粉时，水解率达 70% 以上，而淀粉液化芽孢杆菌所产液化型 α-淀粉酶的水解率只有 30%。假定直链淀粉被彻底水解，即水解极限为 100%，则生成 13 份葡萄糖及 87 份麦芽糖；而当具有 4% 分支的支链淀粉被彻底水解，则生成 73 份麦芽糖、19 份葡萄糖和 8 份异麦芽糖。

3. α-淀粉酶的来源

α-淀粉酶可由微生物发酵产生，也可从植物和动物中提取。目前，工业生产上都以微生物发酵法进行大规模生产。主要的 α-淀粉酶生产菌种有细菌和曲霉，尤其是枯草杆菌为大多数工厂所采用。生产上有实用价值的产生菌有：枯草杆菌、地衣杆菌、嗜热脂肪芽孢杆菌、凝聚芽孢杆菌、嗜碱芽孢杆菌、米曲霉、黑曲霉、拟内孢霉等。

不同菌株所产生的 α-淀粉酶在耐热、耐酸碱、耐盐等方面各有差异。对于最适反应温度在 60℃ 以上的命名为中温型 α-淀粉酶；最适反应温度在 90℃ 以上的命名为高温型 α-淀粉酶。最适反应 pH 为 5.0 的为酸性 α-淀粉酶；最适反应 pH 为 9.0 的为碱性 α-淀粉酶。

4. α-淀粉酶的生产工艺

霉菌 α-淀粉酶通常采用固体曲法进行生产，而细菌 α-淀粉酶则主要以液体深层发酵为主。固体培养法使用麸皮作为主要原料，并适量添加米糠或豆饼的碱水浸出液来提供氮源补充。在培养枯草杆菌时，经过杀菌后，培养基的初始 pH 值应在 6.3~6.4 之间。通过适当添加米糠，可以保持初始 pH 值在 6.0~6.5 之间，从而提高产酶的稳定性。在处理原料时，适宜的洒水比例为 1∶1.2。生产 α-淀粉酶的最适温度范围相对较窄，整个培养过程中的温度变化不应超过 7~8℃。对于最适温度为 37℃ 的枯草杆菌，当培养温度超过 45℃ 时，产酶能力会下降。

液体培养常使用多种原料，如麸皮、玉米粉、豆饼粉、米糠和玉米浆，并适当添加硫酸铵、氯化铵、磷酸铵等无机氮源，以及少量镁盐、磷酸盐和钙盐。固形物浓度一般在 5%~6%，但有时可高达 15%。为了降低培养液黏度，促进氧气的溶解和菌体的生长，可以添加适量的 α-淀粉酶进行液化，而豆饼碱水浸出液可以替代豆饼。在生产霉菌时，宜采用微酸性培养条件，而对于细菌则适宜中性至微碱性培养。霉菌的培养温度为 32℃，而细菌为 37℃。通气搅拌培养时间通常为 24~48 小时。当酶活性达到高峰时，发酵过程结束，可以通过离心或添加硅藻土作为助滤剂来去除菌体和不溶物。在 Ca^{2+} 存在下进行低温真空浓缩后，加入防腐剂（如松油、麝香草酚、苯甲酸钠等）、稳定剂（如食盐、钙盐、锌盐或山梨醇等）和缓冲剂，最终形成成品。为了提高其耐热性，也可以在成品中添加少量的硼酸盐。这种液体培养的细菌 α-淀粉酶呈暗褐色，带有不愉快的气味，可以在室温下保存数月而不失去活性。

为了制备高活性的 α-淀粉酶并方便储运，可以将发酵液通过硫酸盐析或其他溶剂沉淀的方式制成固态酶制剂。在含有 Ca^{2+} 的条件下，将浓缩的发酵液的 pH 调节到约 6.0 左右，加入约 40% 的硫酸铵，静置沉淀后倾倒大部分上清液，然后加入硅藻土作为助滤剂，将沉淀收集起来，在 40℃ 以下风干。为了加快干燥速度并减少失活，可以在酶泥中添加大量的硫酸钠，然后粉碎并加入淀粉、乳糖、$CaCl_2$ 等作为稳定填充剂，制成成品。如果是用固态麸曲法生产的酶，也可以在浸提前对麸曲进行风干，以减少色素的溶出。如果浸提液中色素过多，可以添加 $CaCl_2$、Na_2HPO_4 形成不溶性沉淀，从而吸附去除色素。如果使用溶剂（如酒精、丙酮等）进行沉淀，为了减少酶的变性，应在低温下（约 15℃）操作，在存在 $CaCl_2$、乳糖、糊精等物质的条件下，将冷却的溶剂加入，使最终浓度达到 70%，然后收集沉淀，用无水酒精进行脱水，最后在 40℃ 以下进行烘干或风干。

某些菌株在合成 α-淀粉酶的同时，也会产生一定比例的蛋白酶。然而，蛋白酶的存在会对使用效果产生影响，并导致 α-淀粉酶在储存过程中失活，缩短其保存期限。蛋白酶的夹杂量越大，失活的程度就越严重。因此，去除蛋白酶非常关键。有几种方法可供选择：首先，在发酵培养基中添加柠檬酸盐以抑制菌株产生蛋白酶；其次，将发酵液加热至 50~65℃ 进行处理，使蛋白酶失活并去除；还可以采用吸附法，使用经膨胀处理的淀粉作为吸附剂，以提高吸附效果。

（二） β-淀粉酶

1. β-淀粉酶的性质和特点

β-淀粉酶对热的稳定性，因酶源不同而有差别。一些植物酶 60~65℃ 很快失活，微生物酶通常在 40~50℃反应为宜。一些植物的 β-淀粉酶作用的最适 pH 为 5.0~6.0，微生物 β-淀粉酶最适 pH 为 6.0~7.0。植物酶的 pH 稳定范围为 5.0~8.0，微生物酶的为 4.0~9.0。Ca^{2+} 对 β-淀粉酶具有降低稳定性的作用，与对 α-淀粉酶提高稳定性的效果相反。可以利用这种差异，在 70℃、pH 6.0~7.0、存在 Ca^{2+} 的条件下，使 β-淀粉酶失活，以实现对 α-淀粉酶的纯化。当 α-淀粉酶和 β-淀粉酶共存时，也可以添加适量的植酸，以选择性抑制 α-淀粉酶的活性，而不影响 β-淀粉酶的活力。植酸对 α-淀粉酶的抑制作用是非竞争性的，但在低酸度条件下，对 α-淀粉酶的抑制作用非常有限。

2. β-淀粉酶对底物的水解作用

β-淀粉酶在作用于淀粉时以一种与 α-淀粉酶不同的方式分解分子中的 α-1，4-葡萄糖苷键。它从非还原性末端开始，按麦芽糖单位依次水解，同时发生麦芽糖的还原性末端 C1 上的羟基结构的转位反应，形成 β-麦芽糖，因此被称为 β-淀粉酶。当该酶作用于直链淀粉时，理论上应将其完全水解为麦芽糖，但由于直链淀粉中存在微量的分支点，因此往往无法完全水解。当该酶作用于支链淀粉时，由于无法水解 α-1，6-葡萄糖苷键，因此在遇到分支点时停止作用，在分支点处残留 1 个或 2 个葡萄糖基，并且不能跨越分支点去水解分支点内部的 α-1，4-葡萄糖苷键。因此，该酶的最终产物是麦芽糖和 β-极限糊精，其中麦芽糖的含量最多为 50%~60%。

由于 β-淀粉酶只能从淀粉的非还原性末端顺序切下麦芽糖，无法在淀粉分子内部发生作用，因此它被称为外断型淀粉酶。当 β-淀粉酶作用于淀粉时，虽然会使淀粉的还原能力逐渐增加，但不能迅速使淀粉分子变小，因此淀粉糊的黏度不容易下降，淀粉的转化为糊精是一个较为缓慢的过程。与碘的反应只会使颜色从深蓝变浅，而不像 α-淀粉酶那样呈现出明显的从蓝色到紫色、红色、橙色，最后变为无色的变化过程。

3. β-淀粉酶的来源

β-淀粉酶常以单独存在或与 α-淀粉酶共存的形式存在。其中，大麦、小麦、甘薯和豆类是 β-淀粉酶的常见来源，且已成功制成结晶形式。

虽然最早的 β-淀粉酶来自于高等植物，但早在 1940 年，人们就发现许多芽孢杆菌属的细菌也具有 β-淀粉酶活性。特别是多黏芽孢杆菌能够产生类似于大麦麦芽抽提物的淀粉酶或淀粉酶系。从微生物的角度来看，微生物的 β-淀粉酶与高等植物的 β-淀粉酶在对淀粉的作用上基本一致，但在耐热性等方面微生物的 β-淀粉酶更具优势，更适用于工业应用。近年来，研究人员发现了许多微生物能够产生 β-淀粉酶，并且对微生物来源的 β-淀粉酶进行了积极的研究，该酶在工业生产中得到了广泛应用。

4. β-淀粉酶的工业生产

商品 β-淀粉酶通常从大豆和麦芽中提取，而细菌 β-淀粉酶的生产规模较小。目前，对产 β-淀粉酶的菌种进行了广泛研究，其中多黏芽孢杆菌、巨大芽孢杆菌、蜡状芽孢杆菌、环状芽孢杆菌和链霉菌等属于芽孢杆菌属的菌种，有望成为微生物 β-淀粉酶的生产菌种。此外，还可以筛选同时具有异淀粉酶和 β-淀粉酶活性的菌种。

（1）植物 β-淀粉酶的提取

植物 β-淀粉酶主要存在于甘薯、麦麸、大麦芽、大豆和萝卜等材料中，不同材料中的 β-淀粉酶含量存在差异。我国产量较高且价格较低的麦麸和甘薯可以作为提取 β-淀粉酶的替代品，用于饴糖制造和啤酒酿造等过程中添加酶。目前，从植物中提取 β-淀粉酶主要采用水提法和油提法两种方法。与水提法相比，油提法（使用甘油）能够缩短提取时间并延长酶的保存期，但成本较高，因此水提法更为常用。

天津工业微生物研究所向甘薯干中加水 2~3 倍，经过磨碎和筛选去除淀粉后收集废水，将废水与相当液量 1/2 的白土作为吸附剂进行搅拌，以实现 β-淀粉酶的回收。这种方法可实现 95% 以上的 β-淀粉酶回收率。随后，吸附物被过滤并在 50℃ 条件下干燥，然后进行粉碎以获得成品。每克成品含有 50000 U 的活力，总收率为 70%~80%。此 β-淀粉酶制品在室温下放置 6~12 个月，酶活损失不超过 20%。该 β-淀粉酶可用于制造饴糖，使用量为 0.4%，糖化时间为 2~3 小时，饴糖中的麦芽糖含量为 40%~50%。

（2）微生物 β-淀粉酶的生产

由于植物 β-淀粉酶的生产成本较高，越来越多的关注开始转向微生物来源的 β-淀粉酶。通过适当的分离方法和合适的培养条件，可以筛选出仅产生 β-淀粉酶而无其他淀粉酶活性（主要指 α-淀粉酶和糖化型淀粉酶）的菌种。

（三）葡萄糖淀粉酶

葡萄糖淀粉酶被广泛应用于淀粉的糖化过程，因此通常被称为糖化酶。该酶在酒精、酿酒、抗生素、氨基酸、有机酸和味精等产业中得到广泛应用，是我国当前生产量最大的酶制剂产品。目前已经开发出多种具有不同特性的糖化酶，例如用于葡萄糖生产的葡萄糖糖化酶，用于高葡萄糖浆生产的高效糖化酶，以及用于白酒和酒精工业的新型液体糖化酶。

1. 葡萄糖淀粉酶的性质

葡萄糖淀粉酶是一种外断型淀粉酶，其底物特异性较低。除了能够切断淀粉分子的非还原末端的 α-1，4-糖苷键外，它还能够切断 α-1，6-糖苷键和 α-1，3-糖苷键，尽管后两种的水解速度较慢，但水解产物均为葡萄糖。

糖化酶是一种糖蛋白，其相对分子质量约为 69000。不同来源的葡萄糖淀粉酶在等电点、氨基酸组成以及最适温度和 pH 值方面存在差异。例如，曲霉的最适温度为 55~60℃，最适 pH 为 3.5~5.0；根霉的最适温度为 50~55℃，最适 pH 为 4.5~5.5；拟内孢霉的最适温度为 50℃，最适 pH 为 4.8~5.0。

糖化酶的活性受温度影响，其适宜温度范围为 40~65℃，大多数葡萄糖淀粉酶在 60℃ 以上变得不稳定，超过 65℃ 后失活速度加快，70℃ 时完全失活。耐热性葡萄糖淀粉酶对淀粉糖浆的生产具有重要价值。已经发现某些黑曲霉等微生物能够产生最适反应温度在 70℃ 以上的葡萄糖淀粉酶，这引起了人们的兴趣。

大部分金属，如铜、银、汞、铝等，对糖化酶具有抑制作用。

当葡萄糖淀粉酶和 α-淀粉酶同时作用于生淀粉时，它们会协同作用，使得淀粉的水解能力增加。然而，煮沸过的淀粉无法与 α-淀粉酶发生协同作用。此外，不同来源的淀粉具有不同的水解能力，米淀粉和玉米淀粉较易被水解，而甘薯淀粉则相对较难。

2. 葡萄糖淀粉酶对底物的水解作用

葡萄糖淀粉酶是一种具有多种水解能力的酶。它能够水解淀粉分子中的 α-1，4 键、α-1，3 键和 α-1，6 键。葡萄糖淀粉酶对于较大分子的低聚糖和淀粉分子的水解速度较快，这些分子呈单链结构。然而，对于较小分子的低聚糖，水解速度较慢，这些分子呈多链结构。酶的水解速度还受到底物分子中下一个键的排列方式的影响。例如，葡萄糖淀粉酶可以容易地水解含有 1 个 α-1，6 键的葡糖糖，但对只含有 1 个 α-1，6 键的异麦芽糖的水解较困难。

对于含有 2 个 $\alpha-1,6$ 键的异麦芽糖基麦芽糖，葡萄糖淀粉酶则完全无法水解。总体而言，含有密集水解分支的糖原相对于淀粉来说更难被葡萄糖淀粉酶水解。

葡萄糖淀粉酶的水解能力在理论上可以将淀粉完全水解为葡萄糖，但实际上不同来源的微生物酶表现出不同的水解能力，分为两大类型，分别是根霉型葡萄糖淀粉酶和黑曲霉型葡萄糖淀粉酶。根霉型葡萄糖淀粉酶和黑曲霉型葡萄糖淀粉酶在对分支底物的水解能力上存在显著差异，尤其是对于 $\beta-$ 极限糊精的水解。根霉葡萄糖淀粉酶可以完全水解 $\beta-$ 极限糊精，而黑曲霉葡萄糖淀粉酶只能水解 40%。通过对残留糊精的分析发现，其中含有较多的磷酸键。如果能够补充磷酸酶，黑曲霉酶也可以将 $\beta-$ 极限糊精完全水解。因此，这两种类型的酶之间的区别在于对磷酸键的水解能力不同。

3. 葡萄糖淀粉酶的来源

许多霉菌有能力产生葡萄糖淀粉酶，而这些酶通常是混合酶。葡萄糖淀粉酶的生产菌株通常同时产生 $\alpha-$ 淀粉酶和少量的葡萄糖苷转移酶（也称为 $\alpha-$ 葡萄糖苷酶或麦芽糖酶），不过这三者的比例会因菌株、培养条件和培养基成分的不同而有所变化。

在工业生产中，葡萄糖淀粉酶通常采用根霉、黑曲霉和拟内孢霉等真菌进行生产。其中，包括雪白根霉、德氏根霉、黑曲霉、泡盛曲霉、海枣曲霉、臭曲霉和红曲霉等变异株，尤其是黑曲霉是最重要的生产菌种。葡萄糖淀粉酶是一种胞外酶，可以从培养液中提取出来。它是目前唯一能够通过大型发酵罐（150 m³）进行大规模、经济实惠生产的酶，因为其培养条件不适合杂菌生长，所以污染杂菌的问题较少。

最初，葡萄糖淀粉酶的工业生产采用了根霉属的固体培养方法，也尝试过液体培养方式或拟内孢霉属的液体培养。然而，这些菌种在培养液中所产生的酶单位相对较少，不适合工业生产的需求。后来，研究人员发展了黑曲霉属的液体深层培养方法，所产生的葡萄糖淀粉酶具有耐酸和耐热的特性，并且培养液中的酶单位较高，因此已经进入了大规模的工业生产阶段。

（四）脱支酶

脱支酶，也称为异淀粉酶，对于支链淀粉、糖原等分支点具有特异性。目前，对脱支酶的分类方法有两种：一种是将水解支链淀粉和糖原中的 $\alpha-1,6$ 键的酶统称为脱支酶，其中包括异淀粉酶和普鲁兰酶；另一种是根据来源的不同，将其分为酵母异淀粉酶、高等植物异淀粉酶和细菌异淀粉酶。脱支酶主要应用于直链淀粉、高麦芽糖浆、麦芽低聚糖、葡萄糖浆等行业的生产过程中。

1. 脱支酶的性质

脱支酶存在多种类型，而不同来源的脱支酶具有不同的性质。金属离子对脱支酶的活性产生不同的影响。其中，Ca^{2+}、Mg^{2+} 和 Mn^{2+} 对脱支酶具有激活效应，而 Hg^+、Zn^{2+}、Cu^{2+}、Fe^{3+}、Al^{3+} 等离子则对其具有强烈的抑制作用。举例来说，当将产气杆菌 10016 菌株的脱支酶与金属络合物 EDTA 进行反应时，酶活性几乎完全丧失；而将地衣芽孢杆菌株的异淀粉酶与 Fe^{3+} 结合，其酶活力只剩下原来的 30%。

2. 脱支酶的来源

脱支酶主要存在于高等植物、酵母菌和细菌中。1931 年，Nakamura 等首次在酵母细胞提取液中发现了这种酶。随后，人们在马铃薯块茎和水稻胚乳中也发现了脱支酶的存在。我国对脱支酶的研究始于 1973 年，并成功筛选出产酶菌株——产气杆菌 10016，通过 3000 升发酵罐的扩大试验，发现酶活性超过 500 U/mL，粗酶收率达到 68% 以上。脱支酶在饴糖生产中应用效果显著，麦芽糖含量普遍提高 5%~16%，而糊精含量有所降低。此外，产品的甜度和熬制温度也有所提高。然而，一般脱支酶要么具有较低的热稳定性（<50℃），要么具有较高的最适 pH（约为 pH 6.0），因此无法与 β-淀粉酶或糖化酶同时使用。

二、蛋白酶

蛋白酶是指水解蛋白质肽键的一类酶的总称，能水解蛋白质和肽链为胨、肽类，最后成为氨基酸。广泛存在于动物、植物和微生物中，但唯有微生物蛋白酶具有生产价值。

大多数微生物蛋白酶是胞外酶，商品蛋白酶制剂是几种酶的混合物，其作用效果比单一酶好。生产蛋白酶分固态与液态两种培养法。工业上生产蛋白酶的微生物除考虑产酶、培养、提取等因素外，还必须考虑菌种是否为致病菌，是否产生其他生理活性物质（如毒素、抗生素、激素、维生素等）。美国规定用于食品和药品的蛋白酶生产菌，都需经 FDA 的批准，并严格限于枯草芽孢杆菌、黑曲霉、米曲霉三种。目前，已做成结晶或得到高度纯化物的蛋白酶达 100 多种，被广泛应用在皮革、毛纺、丝绸、医药、食品、酿造等行业上。

（一）蛋白酶的分类

蛋白酶的分类可以基于不同的原则，例如存在的部位、专一性和结构同源性等特征。其中最常用的分类方法是酶学命名委员会推荐的方法，即根据酶的活性部位和催化机制进行分类。

1. 按照水解方式分类

（1）内肽酶

切开蛋白质分子内部肽键，生成相对分子质量较小的多肽。内肽酶包括动物脏器的蛋白酶、胰蛋白酶，以及从植物中提取的木瓜蛋白酶、无花果蛋白酶、菠萝蛋白酶和微生物蛋白酶等。

（2）外肽酶

从肽链的一端水解肽链，每次水解释放出一个氨基酸。根据水解的位置不同，可分为氨肽酶（从肽链 N-末端依次水解）和羧肽酶（从肽链 C-末端水解）。

（3）酯酶

通常将水解脂肪酯和芳香族酯键的酶统称为酯酶。一些例子包括胰脂肪酶、脂蛋白脂肪酶、组织脂肪酶、乙酰胆碱酯酶和酰基胆碱酯酶。

（4）酰胺酶

水解蛋白质或多肽中的酰胺键的酶。一些例子包括天冬酰胺酶和 L-天冬酰胺酶。

2. 按来源分类

蛋白酶可以分为动物蛋白酶、植物蛋白酶和微生物蛋白酶。微生物蛋白酶包括细菌蛋白酶、霉菌蛋白酶、酵母蛋白酶和放线菌蛋白酶。植物蛋白酶包括木瓜蛋白酶、无花果蛋白酶和菠萝蛋白酶。动物蛋白酶中有胰蛋白酶来自动物胰脏，胃蛋白酶和凝乳酶来自动物胃。

3. 按最适 pH 分类

根据蛋白酶最适作用的 pH 值分类，可以将其分为酸性蛋白酶（pH 2.5~5.0）、碱性蛋白酶（pH 9.0~11.0）和中性蛋白酶（pH 7.0~8.0）。

4. 根据蛋白酶的活性中心和最适 pH 分类

根据蛋白酶的活性中心和最适 pH 值分类，可以将蛋白酶分为丝氨酸蛋白酶、巯基蛋白酶、金属蛋白酶和酸性蛋白酶四种。丝氨酸蛋白酶具有丝氨酸作为活性中心，主要是内肽酶，如胰蛋白酶、糜蛋白酶、弹性蛋白酶、枯草杆菌碱性蛋白酶、凝血酶等。巯基蛋白酶的活性部位含

有一个或多个巯基，受氧化剂、烷化剂和重金属离子的抑制。木瓜蛋白酶、无花果蛋白酶和菠萝蛋白酶等植物蛋白酶以及某些链球菌蛋白酶属于这一类。金属蛋白酶中含有金属离子如 Mg^{2+}、Zn^{2+}、Mn^{2+}、Co^{2+}、Fe^{2+}、Cu^{2+} 等。这些金属离子与酶蛋白牢固结合，但使用金属螯合剂如乙二胺四乙酸（EDTA）、邻菲绕啉（OP）可以将金属离子从酶蛋白中分离出去，导致酶失活。金属蛋白酶包括许多微生物中性蛋白酶、胰羧肽酶 A 和某些氨肽酶。酸性蛋白酶具有两个羧基的活性部位，可以被对溴酚乙酰溴（p-BPB）或重氮试剂抑制。胃蛋白酶、凝乳酶和许多霉菌蛋白酶在酸性 pH 范围内具有活力，属于这一类酶。

蛋白酶对蛋白质的水解能力因蛋白质的特性而异。不同的蛋白质在水解过程中表现出不同的易水解性，这是由于蛋白酶对水解的肽键具有严格的选择性。举例来说，胰蛋白酶首选水解由碱性氨基酸（如精氨酸、赖氨酸等）提供羧基的肽键；枯草杆菌碱性蛋白酶最容易水解的肽键位于切割点的羧基侧，通常是疏水性芳香族氨基酸（如酪氨酸、苯丙氨酸、色氨酸等）；芽孢杆菌中性蛋白酶水解的肽键必须含有疏水性大分子氨基酸（如亮氨酸、异亮氨酸、苯丙氨酸）；而霉菌酸性蛋白酶则优先水解含有赖氨酸提供羧基的肽键。另外，胃蛋白酶要求切割点两侧都含有芳香族氨基酸才能进行水解。

蛋白酶水解蛋白质时，作用部位因肽键种类而异，这种现象叫作蛋白酶的底物专一性。蛋白酶的底物专一性和水解肽键的能力，不仅受切开点一侧或两侧相邻氨基酸残基的影响，有时甚至受间隔了若干单位的氨基酸残基的影响。肽链越长，水解速度越快。例如铜绿假单胞杆菌的碱性蛋白酶，它虽然对水解肽链两头的氨基酸并无严格要求，可是它要求切开点向氨基端的第二个和向羧基端的第二、第三个氨基酸必须是疏水性氨基酸，且水解合成底物的速度随肽链增长而增加。

蛋白酶对蛋白质作用专一性的微小差异，在生物体中所引起的生理功能可能完全不同。例如胰蛋白酶、凝血酶、透明质酸酶，这三者都可以水解由碱性氨基酸羧基所构成的肽键，但作用于血纤维蛋白时，它们所水解的肽键数就有所不同，凝血酶可使血液凝固，而透明质酸酶则有溶血作用，胰蛋白酶水解血纤维蛋白的肽键最多，然而两种作用都很弱。

（二）酸性蛋白酶

1. 酸性蛋白酶性质

酸性蛋白酶广泛存在于霉菌、酵母菌和担子菌中，在细菌中极少发现，其最适 pH 为 2.0~4.0，在 pH 2.0~6.0 范围内稳定。最适温度为 40℃ 左右，一般在 50℃ 以上不稳定，若在 pH 7.0、40℃ 处理 30 min 立即失活。相对分子质量为 30000~40000，等电点低（3.0~5.0）。酸性蛋白酶主要是一种羧基蛋白酶，大多数在其活性中心含有两个天冬氨酸残基。酶蛋白中酸性氨基酸含量高，而碱性氨基酸含量低。例如，胃蛋白酶、多种霉菌酸性蛋白酶（包括青霉菌的蛋白酶）。

2. 酸性蛋白酶生产

（1）生产菌种

商品酸性蛋白酶的生产菌，主要是黑曲霉、黑曲霉大孢子变种、斋藤曲霉、根酶、杜邦青霉和微小毛霉（凝乳酶）等少数菌株，其中以黑曲霉为主。现以黑曲霉酸性蛋白酶为例介绍其生产工艺。

（2）发酵工艺

①发酵培养基。蛋白酶的生产即分解代谢阻遏也受底物的诱导，葡萄糖等容易利用的碳源常可引起分解代谢阻遏，使产酶降低。考虑到成本，通常用麸皮、米糠、大麦粉、玉米粉、淀粉，有时也用麦芽糖为碳氮营养源，再加适量无机盐配成。

②接种量。应适当控制接种量，以免影响菌株产酶的活力。对于宇佐美曲霉537，5%的接种量比10%的接种量更为适宜。

③pH。对于生产酸性蛋白酶的菌株来说，培养基的起始pH对其产量有较大影响。黑曲霉酸性蛋白酶的最适pH为2.5~2.7，但培养基的最适初始pH却以4.5~5.5为佳。不同菌种对起始pH的要求各不相同，如微紫青霉pH为3.0，伊藤曲霉pH为5.0，根霉pH为4.0等。

④温度。黑曲霉正常发酵温度为30℃左右，斋藤曲霉则以35℃为宜。根霉和微紫青霉以25℃为最佳。因酸性蛋白酶对温度变化很敏感，故应根据不同菌种特性对发酵温度进行严格控制。

⑤通风量。液体深层培养中，多数微生物在合成蛋白酶时，需要强烈地通风搅拌。氧是黑曲霉生物合成酸性蛋白酶所必需的。通风量较大对产生酸性蛋白酶有利；通风量不足对黑曲霉菌丝体的生长无明显影响，但对酶产量有严重的影响。尤其在需氧最多的培养前期，即使短暂停止通风搅拌，也会造成产酶量急剧下降。发酵过程中，一般控制通风量0~24 h为1:0.25，24~48 h为1:0.5，48 h至结束为1:1.0。发酵周期为72 h左右。

⑥氧载体。在发酵过程中，向发酵培养基中加入正十二烷、全氟化碳、液态烷烃（为12~16碳直链烷烃混合物）等氧载体，使培养基中氧传递速度加快，产生气泡少，剪切力小，能明显提高菌株产生酸性蛋白酶的量。

（3）提取

酸性蛋白酶的提取是生产的最后一道工艺。提取的方法常用的有盐析法、沉淀结晶法和离子交换法等。

①盐析法。在水提液中，加入无机盐至一定浓度或达到饱和状态，可使某些成分在水中溶解度降低，从而与水溶性大的杂质分离。常作盐析的无机盐有氯化钠、硫酸钠、硫酸镁、硫酸铵等。

将培养物滤去菌体用盐酸调节pH 4.0以下，加入硫酸铵至终浓度55%，静置过夜，倾去上清液，沉淀压滤去母液，于40℃烘干后磨粉，得到工业用的粗酶制剂粉末。盐析工艺收率94%以上，干燥后收率60%以上，每克酶活性为2×10^5 U左右。也可将发酵液滤除菌体后，使用刮板式薄膜蒸发器40℃浓缩3~4倍，可直接作为液体的粗酶制剂商品。医药和啤酒工业用酶，需在盐析后以离子交换树脂脱色处理，然后浓缩并用阳离子树脂脱盐，最后干燥、磨粉，得到淡黄色或乳白色粉末。

②单宁酸沉淀法。单宁酸是一种离子型表面活性剂，能与蛋白质形成复合物而使其沉淀。将发酵液过滤后调节pH 5.5左右，在搅拌下向滤液中加入10%单宁酸，使单宁酸的终浓度为1%左右，静置1 h，离心收集酶与单宁酸的复合物。接着向此复合物中加入10%聚发酵液乙

二醇（相对分子质量 6000）溶液，聚乙二醇用量为原酶液的 0.3%～0.5%。然后不断搅拌，离心去除单宁聚乙二醇聚合物，此工序酶液可以浓缩 10 倍，总收率 90% 以上。最后将浓缩酶液调节 pH 4.5 左右，加入糖用活性炭 3% 脱色，得到浅黄色酶液，此工序酶的回收率为 90%～95%。脱色酶液可在低温下用乙醇沉淀，或用硫酸铵盐析，干燥后制成浅色酶粉，其活性可达 $4×10^5$ U 以上，总收率 70% 以上。

（三）中性蛋白酶

1. 性质和分类

中性蛋白酶是最早被发现并广泛应用于生产的酶，如用于皮革脱毛、软化，畜血蛋白水解，果酒、啤酒和饮料中蛋白质去除以及医药工业等。

大多数微生物中性蛋白酶是金属酶，相对分子质量 35000～40000，等电点 8.0～9.0，一部分酶蛋白总含有一个锌离子，是微生物蛋白酶中最不稳定的酶，很容易自溶，即使在低温冰冻干燥的条件下，也会造成相对分子质量明显减少。

一般中性蛋白酶的热稳定性较差，枯草杆菌中性蛋白酶在 pH 7.0、60℃ 处理 15 min 失活 90%；栖土曲霉 3.942 中性蛋白酶 55℃ 处理 10 min，失活 80% 以上；而放线菌 166 中性蛋白酶的热稳定性更差，只在 35℃ 以下稳定，45℃ 迅速失活。只有少数例外，如热解素在 80℃ 处理 1 h，尚存酶活 50%；有的枯草杆菌中性蛋白酶在 pH 7.0、65℃ 酶活几乎无损失。酶的最适温度取决于反应时间，在反应时间 10～30 min 内，最适温度为 45～50℃。钙离子可以增加酶的稳定性并减少酶自溶，故中性蛋白酶提纯过程的每一步都需有钙离子的存在。

代表性的中性蛋白酶是耐热解蛋白芽孢杆菌所产生的热解素与枯草杆菌的中性蛋白酶。这些酶在 pH 6.0～7.0 稳定，超出此范围则迅速失活。以酪蛋白为底物时，枯草杆菌蛋白酶最适 pH 为 7.0～8.0，热解素最适 pH 是 7.0～9.0，曲霉菌所产酶最适 pH 6.5～7.5。

用合成底物实验表明，中性蛋白酶只水解由亮氨酸、苯丙氨酸、酪氨酸等疏水大分子氨基酸提供氨基的肽键。对不同氨基酸构成的肽键的水解能力，因酶的来源而异，大体是亮氨酸>苯丙氨酸>酪氨酸。

一般中性蛋白酶热稳定性差，生产与使用条件复杂，因而限制了它的工业化生产和应用范围。高温中性蛋白酶不仅具有一般中性蛋白酶的特性，还具有良好的热稳定性，对温度和 pH 的适应范围较广，对人体的皮肤和气管的刺激作用小，弥补了一般中性蛋白酶的不足，简化了生产工艺和酶制剂保藏及使用条件，因而有广阔的应用前景。所以自 20 世纪 70 年代至今，国内外科学家都致力于高温中性蛋白酶的研究与开发，已成为酶学领域研究的热点之一。其研究重点为菌种选育、基因工程菌构建和酶的固定化研究方面。

2. 生产菌种

中性蛋白酶产生菌主要有枯草芽孢杆菌、巨大芽孢杆菌、地曲霉、米曲霉、酱油曲霉和放线菌中灰色链霉菌等，其中以放线菌 166 使用较为普遍，因为以放线菌 166 产生的中性蛋白酶分解蛋白质的能力比一般蛋白酶都要强，使用范围也非常广泛。比如一般蛋白酶对蛋白质的水解率为 10%～40%，水解产物大多为多肽或低肽，而放线菌 166 中性蛋白酶的水解能力可达到 80%，对多数蛋白质具有水解作用。目前已知各种蛋白酶能作用的蛋白质，放线菌蛋白酶均能作用，还可作用于其他蛋白酶不能作用的蛋白质，且可分解至氨基酸。放线菌蛋白酶虽是胞外酶（胞外酶一般仅含内肽酶），但它几乎具有一切内肽酶与外肽酶的性质，因而它比其他蛋白酶应用得更为广泛。

3. 培养基

多数生产中性蛋白酶的微生物还生产淀粉酶，且淀粉酶的出现往往早于蛋白酶。据报道，添加淀粉或葡萄糖等碳水化合物，可明显抑制 α-淀粉酶的分泌。

工业生产用的碳源是葡萄糖、淀粉、饴糖、玉米粉、米糠和麸皮等。主要的氮源是豆饼粉（蛋白质含量 50%）、鱼粉（蛋白质含量 70%~80%）、血粉、酵母（蛋白质 50%~60%）、胨、玉米浆（蛋白质 25%）等。在固体培养栖土曲霉 3.942 时，麸皮原料中加 30%~40% 废曲或酒糟，酶活比对照高 20% 以上，达到 15000 U/g 以上。一般来说，枯草芽孢杆菌深层培养所用培养基浓度比较高，曲霉培养则浓度较低。

使用新鲜原料是稳定蛋白酶生产的一个重要因素，水质也不能忽视。

培养基中添加 Ca^{2+}、Mg^{2+}、Zn^{2+}、Mn^{2+} 是某些菌株生产中性蛋白酶所必需，Ca^{2+} 对酶有明显的保护作用，因此在酶的提纯工作中，每一步都要有钙离子的存在。

（四）碱性蛋白酶

1. 碱性蛋白酶的性质与分类

碱性蛋白酶是一类作用最适 pH 9.0~11.0 范围内的蛋白酶，因其活性中心含有丝氨酸，所以又称为丝氨酸蛋白酶。碱性蛋白酶主要应用于生产加酶洗涤剂，另外，在制革、丝绸、医药、食品、饲料和生物化学试剂等领域也有应用。碱性蛋白酶最早发现于猪胰脏中。广泛存在于细菌、放线菌和真菌中，研究最为广泛和深入的是芽孢杆菌丝氨酸蛋白酶。

多数微生物碱性蛋白酶在 pH 7.0~11.0 范围内有活性。以酪蛋白为底物时的最适 pH 为 9.5~10.5，这种酶除水解肽键外，还具有水解酯键、酰胺键和转酯及转肽的能力。多数微生物碱性蛋白酶不耐热，若在 50~60℃ 加热 15 min，几乎有一半酶的活性下降 50%，只有费氏链霉菌与立德链霉菌等碱性蛋白酶，经 70℃ 处理 30 min，酶活性仅损失 10%~15%。费氏链霉菌碱性蛋白酶 1B 既耐热又耐碱（最适 pH 11.0~11.5）。不少链霉菌碱性蛋白酶即使在 pH 12.0~13.0 仍有活性，可是超过 50℃ 就引起失活。碱土金属，特别是钙对碱性蛋白酶有明显的热稳定作用。碱性蛋白酶的相对分子质量（20000~34000）比中性蛋白酶小，而等电点高（8.0~9.0）。微生物碱性蛋白酶具有强烈的酯酶活性，可水解甲苯磺酰精氨酸甲酯（TAME）和各种对硝基苯基酯，例如，苯酯基甘氨酸对硝基苯酯等。因此能够以此作为底物，在有中性蛋白酶共存下精确地测定碱性蛋白酶。

根据微生物碱性蛋白酶对切开点羧基侧的专一性，分为四类：类似于胰蛋白酶的碱性蛋白酶，对碱性氨基酸例如精氨酸、赖氨酸残基具有专一性；对芳香族或疏水性氨基酸残基有专一性，如枯草杆菌碱性蛋白酶；对小分子脂肪族氨基酸残基有专一性，如黏细胞 α-裂解型蛋白酶，这是一种溶解细菌细胞壁的蛋白酶；对酸性氨基酸残基有专一性，如葡萄球菌碱性蛋白酶。

2. 生产菌种

可产生碱性蛋白酶的菌株很多，但用于生产的菌株主要是芽孢杆菌属的几个种，如地衣芽孢杆菌、解淀粉芽孢杆菌、短小芽孢杆菌，以及嗜碱芽孢杆菌和灰色链霉菌、费氏链霉菌等。丹麦诺维信公司以两株枯草杆菌作为生产菌种，我国也以枯草杆菌变种和地衣芽孢杆菌生产碱性蛋白酶。

三、纤维素酶

1. 纤维素酶的特性

（1）纤维素酶的组成

纤维素是地球上分布最广、蕴藏量最丰富的多糖类物质，也是最廉价的可再生资源。纤维素酶是一类能够将纤维素降解为葡萄糖的多组分酶系的总称，它们协同作用，分解纤维素产生寡糖和纤维二糖，最终水解为葡萄糖。纤维素酶是一种高活性生物催化剂，广泛用于纺织、饲料、酿酒、食品、地质钻井和生物工程等领域。

纤维素酶属于糖苷水解酶，传统上被分为三类组分：内切葡聚糖酶，俗称 Cx 酶，来自真菌的称 EG；外切葡聚糖酶，即纤维二糖水解酶，俗称 C_1 酶，来自真菌的称 CBH；β-葡萄糖苷酶，简称 BG。

纤维素酶降解纤维素，是酶的各组分之间协同作用的结果。目前主要有两种观点：一种观点认为，首先由 EG 在纤维素分子内部的无定形区进行酶切产生新的末端，然后由 CBH 以纤维二糖为单位由末端进行水解，每次切下 1 个纤维二糖分子，最后由 BG 将纤维二糖及短链的纤维寡糖水解为葡萄糖；另一种观点则认为，首先是由 CBH 水解不溶性纤维素生成可溶性的纤维糊精和纤维二糖，然后由 EG 作用于纤维糊精生成纤维二糖，再由 BG 将纤维二糖分解成 2 个葡萄糖。

（2）纤维素酶的性质

纤维素酶是灰白色的无定形粉末或液体，最适作用温度为 40~55℃，最适 pH 为 4.0~6.0，在 40~70℃ 稳定存在，溶于水，几乎不溶于乙醇、乙醚和氯仿等有机溶剂。

2. 纤维素酶的来源

纤维素酶的来源非常广泛，昆虫、软体动物、原生动物、细菌、放线菌和真菌等都能产生纤维素酶。研究较多的是霉菌，其中酶活力较强的菌种为木霉、曲霉、根霉和青霉，特别是里氏木霉、绿色木霉、康氏木霉等较为典型。细菌中酶活力较强的菌种有纤维黏菌属、生孢纤维黏菌属和纤维杆菌属，放线菌中有黑红旋丝放线菌、玫瑰色放线菌、纤维放线菌和白玫瑰放线菌等。

3. 纤维素酶生产工艺

（1）生产菌种

微生物是自然界中产纤维素酶的主要生物体，但细菌所产纤维素酶多为胞内酶，产量较低，在工业上应用较少。真菌产生的纤维素酶多为胞外酶，提取纯化较容易，产酶量较高，且真菌所产纤维素酶的酶系结构较全，酶系中的各种酶相互发生强烈的协同作用，降解纤维素的效率高，是工业生产的主要菌种，如里氏木霉和绿色木霉等是目前公认的较好的纤维素酶生产菌。

（2）固态发酵

固体发酵法又称麸曲培养法，是以秸秆粉、废纸、玉米秸秆粉为主要原料，拌入种曲后，装入盘或帘子上，摊成薄层（厚约 1 cm），在培养室一定温度和湿度（RH 90%~100%）下进行发酵。其主要特点是发酵体系没有游离水存在，微生物是在有足够湿度的固态底物上进行反应，发酵环境接近于自然状态下的微生物生长习性，产生的酶系更全，有利于降解天然纤维素，且投资低、能耗低、产量高、操作简易、回收率高、无泡沫、需控参数少、环境污染小等。但固体发酵法易被杂菌污染，生产的纤维素酶分离纯化较难，且色素不易去除。

固态发酵过程中的温度、湿度、时间、水分、pH 值等因素及其交互作用对发酵有显著影响，对固态发酵而言，温度是首要因素。培养基及培养条件的优化，是降低酶制剂成本、提高酶活、实现其工业化生产的重要措施。一般认为利用真菌进行固态发酵最好将培养基的起始 pH 值调为酸性，这样有利于真菌的生长而抑制细菌的滋生。固态发酵培养基的初始含水量，应视纤维素材料种类不同而异。玉米秸秆培养基适宜的含水量为 1 : (2~2.5)，麦秸培养基适宜的含水量为 1 : (1~1.5)，啤酒糟培养基的含水量为 1 : 1。

（3）液态深层发酵

液态深层发酵又称全面发酵，是将秸秆等原料粉碎、预处理并灭菌后送至具有搅拌桨叶和通气系统的密闭发酵罐内，接入菌种，借助强大的无菌空气或自吸的气流进行充分搅拌，使气、液面积尽量加大而进行发酵。其主要特点是培养条件容易控制，不易染杂菌，生产效率高。液态深层发酵是现代生物技术之一，已成为国内外重要的研究和开发工艺。

4. 酶活测定

纤维素酶的活力测定采用分光光度计法。酶促反应中生成的糖类物质与显色剂发生显色反应，用分光光度计在 500 nm 左右的波长处测定吸光度，换算成还原糖量，计算出酶活力。此方法大大缩短了酶活力测定所需要的时间，而且有较高的精确度，是目前应用最广泛的方法。

四、植酸酶

1. 植酸酶的特性

植酸酶属于磷酸单酯水解酶，是一种特殊的酸性磷酸酶，适合 pH 为 4.0~6.0，对温度的适应性要求较高，一般适宜温度在 46~57℃。超过 60℃时，植酸酶的活性有部分损失；温度达 70℃时，酶活性大部分丧失。经制粒镶嵌成型的植酸酶，最高耐温达 85℃。

2. 植酸酶的作用

植酸酶能将肌醇六磷酸（植酸）分解成为肌醇和磷酸。植酸酶添加到动物性饲料中释放植酸中的磷分，不但能提高食物及饲料对磷的吸收利用率，还可降解植酸蛋白质络合物，减少植酸盐对微量元素的螯合，提高动物对植物蛋白的利用率及其植物饲料的营养价值，同时也减少动物排泄物中有机磷的含量，减少对大自然的污染。

3. 植酸酶的来源

植酸酶广泛存在于动物、植物和微生物中。动物植酸酶主要存在于哺乳动物的小肠及脊椎动物的红细胞和血浆中。同植物和微生物来源的植酸酶相比，人们对动物植酸酶的研究非常少。

来源于微生物的植酸酶作用范围和稳定性较好，易规模化生产，近几年的研究大都集中在来源于微生物的植酸酶。产植酸酶的微生物有丝状真菌、酵母和细菌等。

植物中广泛存在着植酸酶。在种子或花粉发芽时，植酸酶将植酸水解为肌醇和磷酸盐，为种子萌发和幼苗生长提供必要营养。已分离出具有植酸酶活性的有小麦、玉米、大麦、稻、番茄及麸皮等。

4. 植酸酶生产工艺

植酸酶可直接从植物中提取，但由于含量太少，难以生产。通过微生物发酵，获得大量微生物细胞，从中提取植酸酶，是主要的生产方法。

（1）生产菌种

黑曲霉 3.324 菌株，该菌生长发育过程由白色变黄色，然后由黄色变黑褐色，具有抗酸、抗高温、喜潮湿的特性。

（2）发酵工艺条件

曲料接种完毕后装入曲盘内并轻轻摊平，曲料的厚度约 2 cm，曲盘长 45 cm，宽 35 cm，四周边框高 5 cm，底板背面横钉 1 cm 厚的木条 3 根。在可调温曲房里，曲盘先采用直立式堆叠，室温维持在 28~30℃，干温相差 1℃，培养 16 h 左右。当品温达到 32℃时，曲料面层稍有发白结块，并产生一股曲香味（似枣子味）时，进行第 1 次翻曲。翻曲时将曲块用手捏碎并轻轻拌和、摊平，盖上湿纱布一块，使曲料与空气不直接接触。然后将堆叠方式改为十字形堆叠，室温继续维持在 28~30℃，4~6 h 后，当品温上升到 34℃时，进行第 2 次翻曲、拌和、摊平。最后是发酵产酶阶段，室温维持在 28℃，继续发酵 5 天。

（3）植酸酶活力测定

植酸酶活力是指在最适宜条件下，每分钟内从一定浓度的植酸钠溶液中释放 1 μmol 无机磷所需要的酶量为一个酶活力单位（U）。

酶活力测定的原理都是利用酶水解植酸钠形成无机磷，然后测定无机磷的释放量。植酸酶活性的测定方法较多，如钒—钼酸铵法、硫酸亚铁—钼蓝法、维生素 C—钼蓝法、丙酮—磷钼酸铵法等。

①钒—钼酸铵法。该方法是利用植酸酶可以水解植酸磷释放出无机磷的原理，通过加入酸性钼—钒试剂使水解反应停止，同时与水解释放出来的无机磷产生颜色反应，形成黄色的钒钼磷络合物，在 415 nm 波长下测定磷的含量。以标准植酸酶为参照物，间接计算被测样品中植酸酶的含量。

②硫酸亚铁—钼蓝法。该方法利用植酸酶可以水解植酸磷释放无机磷的原理，通过加入盐酸使水解反应停止，然后加入钼酸铵及 $FeSO_4 \cdot 7H_2O$ 的混合液使溶液显色，在 720 nm 波长下测定其吸收值，以标准酶为参照物，间接计算被测样品中植酸酶的含量。

③维生素 C—钼蓝法。该方法是利用植酸酶可以水解植酸磷释放无机磷的原理，通过加入三氯乙酸使反应停止，然后加入钼酸铵与维生素 C 的混合液使溶液显色，在 820 nm 波长下测定吸光度，再以标准磷溶液的吸光度及磷溶液浓度对应的酶活单位建立直线回归方程，最后以待测样品吸光度代入方程，计算出酶活性。

④丙酮—磷钼酸铵法。磷酸盐与过量的钼酸铵在酸性条件下混合后，可慢慢生成黄色磷钼酸铵，加入丙酮后将黄色物质提出来，在 355 nm 波长处测吸光度，灵敏度增加 10 倍。

五、木聚糖酶

1. 木聚糖酶组成

木聚糖是植物半纤维素的主要成分，是一种多聚五碳糖，多以杂多糖形式存在，并与纤维素分子存在着氢键连接和物理混合。木聚糖酶是一类降解木聚糖分子的复杂酶系，组成较复杂，包括 β-木聚糖酶、β-D-木糖苷酶、α-L-呋喃型阿拉伯糖苷酶、乙酰木聚糖酯酶和酚酸酯酶等，其中 β-D-木聚糖酶是降解半纤维素主要的酶，该酶以内切方式作用于木聚糖主链内部的 β-1，4-木糖苷键，使木聚糖降解为短链的低聚木糖，并有少量木糖生成；而 β-D-木糖苷酶则作用于短链的低聚木糖，通过催化低聚木糖的末端来释放木糖残基。

2. 木聚糖酶性质

① 最适 pH。不同生物来源的木聚糖酶所能耐受的 pH 范围一般是 3.0~10.0，一般来说，真菌来源的木聚糖酶 pH 在 4.0~6.0 范围内最有效，而来源于放线菌和细菌的木聚糖酶 pH 则在 5.0~9.0 的更广范围内有效。

② 最适温度。源于细菌和真菌的木聚糖酶的最适作用温度一般在 40~60℃。迄今为止，只发现 20 余种细菌和不足 10 种真菌能产耐热性木聚糖酶。真菌的木聚糖酶的耐热稳定性往往比细菌的要差些。

③ 木聚糖酶活力测定。通常采用还原糖法来测定木聚糖酶的酶活。还原糖法是通过比色法检测酶作用于底物后释放的还原糖量来评价酶的活性。根据测定还原糖的方法不同，可分为 DNS 法和砷钼酸盐法。DNS 法的原理是利用木聚糖酶催化水解木聚糖生成的木糖、木寡糖等还原糖与 DNS 共热，DNS 被还原成棕红色的氨基化合物，在 540 nm 波长处测定氨基化合物溶液的吸光度，根据一定范围内还原糖的量与吸光度呈正比来推算木聚糖酶的活性。这种方法的优点是反应颜色的稳定性好，操作简单。砷钼酸盐法是利用碱性二价铜离子与醛糖反应生成的氧化亚铜，在浓硫酸存在的条件下，砷钼酸盐还原成蓝色化合物，在 750 mm 波长处比色。此方法的优点是在测定酶活时产生的变异小，干扰少，适宜微量测定。但是砷钼酸盐配制时要使用毒物砷酸二氢钠，操作上也比 DNS 法复杂，耗时长。

第二节 活菌制剂

一、活菌制剂一般制备技术

目前，活菌制剂的生产工艺主要有两种，即固体发酵法和液体深层发酵法。

益生菌产品主要有水剂和粉剂两种类型，鉴于运输、使用和储存等方面的需要，干粉产品要优于水剂产品。在干粉制备中，干燥方法直接影响产品中活菌数的含量，对于芽孢类益生菌，由于其对温度的耐受力较高，可以采用喷雾干燥或烘干等方法，对于不耐热的乳酸杆菌等，可以考虑采用真空冷冻干燥或常温干燥法；真空冷冻成本较高，采用吸附转轮除湿干燥技术可以控制在较低温度达到良好的干燥效果并同时保持高的活菌数。针对乳酸菌对环境耐受性差的特点，采用一些保护的方法，如包埋、微胶囊化等，取得了良好的效果，但成本增高。生产活菌制剂的过程一般包括选种、培养、发酵、吸附、干燥、制剂等多个生产环节，过程复杂，目前在实际生产中应用得很少。也有报道在日粮中添加油脂可以在一定程度上保护益生菌免遭制粒的破坏。对于水产饲料，很多人都提倡通过制粒后喷涂途径来添加活菌制剂。固体发酵制备的菌种，需密封防止杂菌感染，运输和保藏都较方便，可以直接投入到饲料中再进行扩大发酵培养，便于生产和运用。

（一）活菌制剂液体发酵工艺流程

1. 发酵工艺简介

发酵是利用微生物的代谢活动，通过生物催化剂（微生物细胞或酶）将有机物质转化成产品的过程；发酵技术是指人们利用微生物的发酵作用，运用一些技术手段控制发酵过程，大规模生产发酵产品的技术。活菌制剂的发酵工艺研究主要包括发酵培养基优化和发酵条件控制两大部分。不同益生菌菌种的最优生长状态对营养、氧气、温度、pH 值等条件有不同的要求；发酵工艺优化除了要寻找培养基中不同种类碳源、氮源、无机盐等的最佳组合外，还要通过流加营养物或酸碱液等手段，改变发酵液的营养和 pH 值状态，调整发酵周期，提高发酵效率。

2. 液体发酵工艺简单流程

活菌制剂产品生产一般采用工业三级发酵流程——液体深层发酵。单一菌种发酵后，根据菌种本身性状及产品应用要求，进行包衣等制剂化后处理，再按不同菌种种类和比例配制成各种系列活菌粉剂产品；液体发酵后无菌灌装生产微生态液体产品。

液体深层发酵法是采用现代发酵技术，将益生菌菌种接种到生物反应器中进行通风培养，其一般工艺流程为：菌种接种培养→种子罐培养→发酵罐发酵培养→排放培养液→收集菌体→加入适量载体和保护剂→干燥→粉碎→过筛→稀释混合→成品包装→质检。液体发酵设备需求高，技术水平要求也较高，且投入大。

3. 固液分离技术

固液分离是指从液体中分离悬浮固体的过程。有多种方法可以将固体与液体分离，包括沉降、过滤、膜过滤、压滤、真空和离心机等。在微生态生产过程中，固液分离技术对于发酵液的浓缩效率至关重要。为了浓缩益生菌发酵液，目前常用的成熟方法是板框压滤，而膜过滤和离心浓缩技术的应用相对不够成熟。

（二）活菌制剂固体发酵工艺流程

1. 固体发酵工艺简介

固体发酵法（Solid State Fermentation，SSF）是指在几乎不存在游离水的条件下微生物利用天然物质作为碳源和能源，把益生菌接种到固体培养基上进行培养的发酵工艺。

2. 固体发酵的发展与特点

（1）固体发酵的发展

固态发酵是人类利用微生物生产产品的一项历史悠久的技术。在我国，固态发酵的历史可以追溯到公元前 3000 年。然而，随着液态深层发酵的大规模发展和固态发酵本身存在的一些缺陷，固态发酵在相当长的一段时间内未能得到充分的重视和发展。近几十年来，随着能源危机和环境问题日益突出，固态发酵技术再次引起人们的关注，并且在研究领域取得了长足的进展。自 20 世纪 90 年代以来，国内外期刊上已经发表了上千篇关于固态发酵的论文。

（2）固体发酵的应用与特点

①固体发酵的应用 目前，固态发酵在多个领域都得到了研究和应用，主要包括以下方面：抗生素和生物活性物质的生产、酶制剂的制备、有机酸的合成以及益生菌制剂的制造等。固态发酵和液态深层发酵是两种完全不同的发酵方式。目前，液态深层发酵技术已经相对成熟，但由于设备投入大、技术要求高，因此在某些领域的应用受到了限制。

②固体发酵的特点 固态发酵制备动物益生菌制剂的研究与应用也越来越广泛，与液态发酵相比，在以下方面具有明显优势：第一，设备简单、投资少、操作方便，原料来源广泛且价格低廉，适用于制备益生菌。第二，可以进行纯种发酵，也可以利用混合菌种或自然微生物共同发酵，充分利用微生物之间的相互作用，减少溶剂使用量。第三，固态发酵制备的益生菌饲料具有提高饲料品质、转化率和降低生产成本的优势，对仔猪的生长、腹泻控制等方

面有良好效果。

（三）微生物共培养

共培养又叫混菌培养和混合培养，也称混合发酵。是在深入研究微生物纯培养基础上的人工"微生物生态工程"。

自然界中微生物群体之间的相互作用包括中立、偏利共生、协作、互惠共生、竞争、拮抗、捕食、寄生等关系。其中偏利共生、协作和互惠共生等正向相互作用的存在促使了混合培养发酵的可能性，激发了人们尝试不同菌株混合培养的想法。通过有机结合多种微生物，可以实现比单一菌株发酵更优越的效果。例如，研究人员对比了纯培养的黑曲霉和黑曲霉与酿酒酵母的共培养物在未经水解的马铃薯淀粉发酵中的表现，发现共培养时淀粉分解活性、淀粉利用率和乙醇产量比纯培养增加了数倍。另一个成功的例子是 20 世纪 90 年代初开发的新型复合微生物制剂。

二、活菌制剂的干燥制备技术

（一）干燥技术简介

干燥是一种去除湿物料中水分或挥发性湿分的过程，以得到含水量或湿度适中的固体产品。水分可分为非结合水和结合水。结合水与物料之间存在物理或化学作用力，蒸发时需要克服这些力，与水分含量有关。非结合水则附着在物料表面和孔隙中，其蒸气压与纯水相同。干燥技术利用热力蒸发作用降低物料水分，中国的现代干燥技术从 20 世纪 50 年代开始逐渐发展。常用的干燥设备包括气流干燥、喷雾干燥、流化床干燥、旋转闪蒸干燥、红外干燥、微波干燥和冷冻干燥等。在益生菌发酵液经固液分离浓缩后，常用的干燥方式包括气流干燥、沸腾干燥、喷雾干燥和冷冻干燥。干燥过程通常分为预热阶段、恒速干燥阶段和降速干燥阶段，同时根据热量供给方式的不同，可分为对流干燥、传导干燥、辐射干燥和介电加热干燥等。

（二）干燥过程原理

1. 预热、恒速干燥阶段

在预热阶段，物料通过吸收热量从干燥介质中进行预热，这个阶段时间较短，物料的水分变化较少。恒速干燥阶段发生在物料表面，水分以蒸汽的形式从物料表面蒸发。这个阶段受到外部条件的控制，比如干燥温度、空气湿度和空气流速。在物料湿度差的作用下，物料内部的水分持续扩散到表面，使得物料表面保持湿润。在这个阶段，物料的水分迁移速率大于干燥介质的干燥速率，因此被称为恒速干燥过程。提高空气流速和干燥温度，或降低空气湿度都可以加快干燥速度。在恒速干燥阶段，物料吸收的热量主要用于水分蒸发，物料的温度变化很小，所除去的水分主要是非结合水分。

2. 降速干燥阶段

降速干燥阶段是干燥过程的后期阶段。随着物料中水分含量的降低，物料内部水分的迁移速度变慢，小于物料表面的气化速度。在降速干燥阶段，干燥过程受到内部条件的影响，如物料的性质、温度和湿含量。由于干燥速率逐渐减小，这个阶段被称为降速干燥阶段。除了用于水分蒸发，热量也会使物料的温度升高，直到接近空气温度。在降速干燥阶段，提高物料温度和减小物料厚度是提高干燥效果的有效方法。相对于恒速干燥阶段,降速干燥阶段的脱水过程更加困难。

(三) 活菌制剂的干燥方法

液态发酵活菌制剂通常使用喷雾干燥、真空低温干燥和冷冻干燥。喷雾干燥成本低、效率高,但菌体存活率低;真空低温干燥简单经济,但制品颗粒状且存活率不高;冷冻干燥存活率高,保藏时间长,但成本高且制备周期长。固态发酵活菌制剂常用流化床干燥或厢式干燥。流化床干燥传热传质效果好、均匀性好且时间短;厢式干燥设备简单,但干燥效果不均匀、时间长、产量少、劳动强度大。

1. 气流干燥

气流干燥是一种将散粒状固体物料悬浮在高速热气流中进行干燥的方法。它适用于处理粒径小、干燥过程主要由表面气化控制的物料。具体操作过程为,湿物料通过加料器不断加入干燥管的下部,在高速热气流的作用下被分散,通过气固并流流动的过程实现热量和质量传递,从而实现物料的干燥。

2. 沸腾干燥

沸腾干燥,也被称为流化床干燥,是一种将颗粒物料堆放在分布板上,通过向床层通入气流使其呈现沸腾状态的干燥方法。在气流速度增大到一定程度时,固体颗粒在床内呈现沸腾状态,这时床层被称为流化床。沸腾干燥主要用于湿粒状物料的干燥,具有干燥效率高、干燥均匀、产量高、适用于同一品种的连续生产、操作方便、占地面积小等优点。然而,与气流干燥类似,沸腾干燥也存在干燥过程不连续的问题,这可能增加了环境中有害菌污染的风险,并且干燥室内清洗困难。

3. 冷冻干燥

冷冻干燥是一种结合冷冻和真空技术的干燥方法。水在冰点以下冻结成冰,然后在高真空下通过升华转变为蒸汽并去除。冷冻干燥可通过在冰箱中冻结含水物料后干燥,或者通过快速真空冷冻直接进行干燥。水蒸汽通过冷凝器去除,升华过程中所需的汽化热量通常通过热辐射提供。冷冻干燥常用于菌种保存,特别适用于乳酸杆菌和双歧杆菌等益生菌的干燥。由于干燥时间长且能耗较大,一般仅用于高附加值但不耐高温的产品干燥。

(1) 冷冻干燥技术的原理

冷冻干燥技术的原理是利用水的相变特性进行干燥。基本原理是水在液态、气态和固态之间的相互转化和共存。在冷冻干燥过程中,首先将物料放入超低温冰箱中进行预冻,使水以固态冰的形式存在于物料中。然后将预冻的物料放入真空冷冻干燥机中,物料处于高真空环境下。在这种条件下,冰直接由固态升华为水蒸气,而不经过液态水的形式。通过这样的过程,可以将水分从物料中去除,从而得到冷冻干燥的样品。干燥过程通常分为两个阶段。升华干燥阶段旨在除去物料中约80%~90%的自由水,而解析干燥阶段则旨在除去约10%左右的吸附水。在升华阶段,冰以水蒸气的形式逸出物料。而在解析阶段,则去除了大约10%左右的吸附水。

(2) 冷冻干燥技术的特点

冷冻干燥技术既有优点也有缺点。

冷冻干燥技术的优点:

①由于在真空且低温条件下进行，因此对食品原有的营养成分及色泽破坏较小。

②食品先放到超低温冰箱中预冻使水分以冰的状态存在，再放到冻干机中在真空泵的作用下使冰直接升华为水蒸气，这样产品原有的固体骨架结构可以得到保留，很好地保留产品原有的形态。

③冻干后得到的产品具有疏松多孔的结构，这样冻干后的产品冲调性较好，容易溶解。

④采用冷冻干燥技术得到的产品脱水彻底，储存期长。

冷冻干燥技术的缺点：

①冷冻干燥技术既包括真空技术也包括冷冻技术，因此冷冻干燥技术制备产品成本很高，不适合工业化大规模生产，只适用于实验室小规模冻干产品的加工。

②冷冻干燥时间长，产品放到冷冻干燥机前要先放到超低温冰箱中预冻，要获得冻干粉耗时比较长，成本比较高。

（3）冷冻干燥技术的实施步骤

冷冻干燥是将富含水的物料，先冷却至其共晶点温度以下，使物料中的大部分水冻结成冰，其余的水分和物料成分形成非晶态（玻璃态）。然后，在真空条件下，对已冻结的物料进行低温下的加热，以使物料中的冰升华，实现升华干燥（一次干燥）。接着，在真空条件下对物料进行升温（如升温到32℃），以除去吸附水，实现解吸干燥（二次干燥）。冻干后的物料，经密封后，可以在室温或4℃下长期保存。目前真空冷冻干燥广泛应用于热敏性药物和生物制品的保存。

冷冻干燥过程一般包括以下几个过程：

①样品准备。通常情况下，除了活性物质和水以外，样品中还必须添加冻干保护剂，以增加冻干样品结构的牢固性、外观的平整性和活性物质的稳定性。

②预冻。预冻是指将样品在低温下冻结，使样品中的自由水全部冻结为冰晶的过程。

③一次干燥。当样品完全冻结后，抽空冻干室，便可以在真空条件下进行一次干燥，此时预冻过程中形成的冰晶通过吸热升华成水蒸气逸出。由于一次干燥过程主要是冰晶升华过程，因此也称升华干燥。

④二次干燥。一次干燥结束后，在样品中还有结合水，为了维持样品的稳定性，延长保存期，必须通过解吸干燥除去部分结合水。由于二次干燥过程主要是结合水解吸脱除过程，因此也称为解吸干燥。

当经过冷冻干燥处理后，产品中的大部分水分被去除，通常可以达到95%～99%的水分去除率。这种脱水后的产品在密封状态下可以长期保存，而无需冷藏或冷冻。这是因为冷冻干燥过程中水分以固态冰的形式升华为水蒸气，从而实现了彻底的脱水。冷冻干燥的另一个优点是可以提高微生物的存活率。由于冷冻干燥在低温下进行，微生物的新陈代谢减缓，从而增加了其存活的可能性。此外，冷冻干燥还可以减少微生物暴露在氧气和湿度等有害条件下的时间，进一步提高了存活率。

（4）冷冻干燥技术的应用

冷冻干燥技术的应用领域非常广泛，在食品和药品领域都有应用。对板栗的加工采用冷冻干燥技术，且市场前景非常广阔；真空冷冻干燥的方法应用于纳米技术领域，如氢氧化铜纳米粉体的制备；在生物制药领域也用到真空冷冻干燥技术；果蔬的加工等也都用到此技术。

4. 喷雾干燥技术

喷雾干燥技术是一种常见的制备粉状物质的方法，例如奶粉和复合活菌制剂。它是一种高效、时间短的干燥技术，在工业界被广泛使用。喷雾干燥通过雾化稀料，在热空气中使水分迅速蒸发，得到干燥的产品。它具有干燥速度快、可以直接得到粉末或颗粒产品、易于控制产品质量等优点。然而，喷雾干燥需要较大的占地面积，能耗较高。此外，一些不耐热的益生菌不能适应高温雾化过程，因此目前主要用于耐温菌种或物料的干燥，如芽孢杆菌。

（1）喷雾干燥技术的特点

喷雾干燥技术是常见的一种干燥技术，喷雾干燥技术既有优点也有缺点。

①喷雾干燥技术的优点。

a. 干燥速度快，时间短。通人的热风温度高，能够使水很快地汽化为水蒸气，水蒸气在短时间内就会蒸发掉，因此干燥速度很快。

b. 干燥温度低，产品质量好。在喷雾干燥的过程中，热空气把自身的热量释放给雾滴，这样空气周围的温度就会降低，使得热空气周围的温度远远高于被干燥的雾滴本身的温度。即使在干燥粉末的表面，温度通常也会低于干燥室空气流的湿球温度。工业上常采用喷雾干燥技术生产粉末状物质，也是因为喷雾干燥技术温度低，对产品质量影响较小，可以在很大程度上保留产品原有的性质。

c. 产品呈松散粉末状态，不需要后期再加工处理。

d. 可以实现大规模生产，适合工业化生产，且操作起来方便。

②喷雾干燥技术的缺点。

a. 干燥塔体积比较大，占地面积大，而且设备造价高，投资大。

b. 耗能、耗电量大。喷雾干燥技术要获得符合质量标准的粉状产品，需要严格控制进风温度及排风温度，耗能比较大。

c. 干燥结束后塔壁上会粘有粉尘，清扫工作量大。

（2）喷雾干燥技术的原理

料液在高压或离心力的作用下，通过雾化器后在干燥塔内喷出，变成雾状。通过雾化器后的料液变成了很多细小的小液滴（直径为 $10 \sim 200~\mu m$），这样就增加了料液与热空气接触的表面积。热风带走水蒸气，从排风口排出。

（3）喷雾干燥过程的分段

喷雾干燥过程主要包括三个阶段：第一阶段是料液的雾化；第二阶段是雾滴与空气的接触；第三阶段是干燥后的产品与空气分离的过程。低温喷雾干燥过程的每个阶段对最终产品的指标都会造成影响，例如热敏性物质对热比较敏感，若物质与热空气接触时间过长，喷雾干燥后得到的产品就会变性，因此喷雾干燥过程的每个阶段都很重要。

（4）喷雾干燥操作过程

喷雾干燥塔在使用前要先对塔进行清洗，防止杂质污染，清洗之后把塔烘干。先打开进风机和固定床风机的开关，接着打开进风加热、固定床加热的开关，当塔内温度达到 $70 \sim 80^{\circ}\mathrm{C}$ 时，把排风机的开关打开。当进风温度过高（高于 $140^{\circ}\mathrm{C}$ 时），可以关几个进风加热的开关，保持进风温度为 $130 \sim 140^{\circ}\mathrm{C}$。当排风温度降到稳定温度时，先喷水试验，观察喷头是否正常，当设备都调整好后，开始进物料。此刻的料液变成无数细微的小液滴，增加了料液的表面积，液滴与鼓入的热风接触，水分瞬间蒸发，液滴被干燥成细小的球形颗粒。

（5）喷雾干燥技术的应用

喷雾干燥技术从古至今已有百年历史，有很多领域都用到喷雾干燥技术，例如：使用喷雾干燥技术制备中药；采用喷雾干燥法制备微球，微球的制备要选取合适的壁材，最后得到灯盏花素给药微球；喷雾干燥技术在食品领域应用得也很多，豆粉的制备、改性食用微晶纤维素粉末的制备、鱼浆蛋白粉的制备、枣粉的制备、干酪粉的制备及荔枝固体饮料的制备等。

早在 20 世纪 50 年代，苏联等国就采用此法生产了酵母菌奶粉，但其工艺较为落后。若喷雾温度较低，设备利用率将大幅度降低；若喷雾温度过高，会造成乳酸菌大幅度死亡，产品质量不够稳定。因而喷雾干燥在实际生产中的应用较少。为了探索热风喷雾干燥法生产干制酸奶发酵剂的技术工艺，有报道认为可以将喷雾干燥塔内的温度控制在 72℃ 左右，菌种保护剂与生产发酵剂的混合比例以 1∶3 为宜，此工艺条件下生产出的发酵剂主要的质量指标可以达到真空冷冻干燥法生产的发酵剂。江萍等研究了不同热风温度及保护剂对乳酸菌粉感官性状、含水量、活菌数、活力及凝乳时间的影响。结果表明，当进风温度为 115℃、塔内温度为 72℃ 时，乳酸菌粉的感官性状、含水量、活菌数、活力及凝乳时间均可达到生产要求，活菌数最高可以达到 $7.6×10^7$ CFU/mL。

（四）活菌制剂冷冻干燥保护剂的制备技术

真空冷冻干燥法制备的发酵剂具有高活菌数、小接种量、便于运输和长时间保存的优点。然而，冷冻干燥过程可能对菌体造成损害，如冰晶刺伤细胞膜、细胞内容物丧失、关键蛋白变性、DNA 损伤等。为了减轻这些损害，可使用冷冻保护剂，如海藻糖、脱脂乳、谷氨酸钠等。综上所述，真空冷冻干燥法是一种方便易用且具有潜力的发酵剂制备方法，但需注意保护菌体免受损害。

1. 活菌制剂常用保护剂

评价活菌制剂产品的好坏可以从两个指标来考量：活菌制剂中的活菌数量和其储藏期的长短。为了获得高质量的活菌制剂，需要在制备过程中选择对益生菌具有保护作用的保护剂。

常用的保护剂可以分为高分子保护剂和低分子保护剂两类：

（1）高分子保护剂：高分子保护剂是指分子量较大的蛋白质、多糖等物质，例如脱脂乳和可溶性淀粉。这些保护剂能在菌体表面形成一层保护层，起到保护作用。例如，脱脂乳是广泛用于制备活菌制剂的保护剂，其中的乳清蛋白会形成一层对细胞具有保护作用的蛋白质膜，防止构成细胞壁的蛋白质被破坏，从而避免细胞内物质泄漏。脱脂乳中还含有少量的乳糖，乳糖也对细胞有保护作用。

（2）低分子保护剂：低分子保护剂包括单糖、双糖和醇类等物质，例如海藻糖、蔗糖、葡萄糖、麦芽糖、山梨醇和甘油。糖醇类保护剂可以进入细胞内部与水分子结合发生水合作用，增加细胞内溶质浓度，使细胞内外压力接近，减小细胞脱水损伤。例如，甘油是一种常用的保护剂，它可以与水发生水合作用，降低细胞外溶质浓度增加所造成的伤害。甘油进入细胞后增加了细胞内溶质浓度，使细胞内外压力相接近，减少因受热脱水而导致细胞死亡的现象。甘油还能减缓细胞因受热而脱水的速度和程度。

综上所述，选择合适的保护剂可以提高活菌制剂的质量，保护菌体并延长其储藏期。高分子保护剂和低分子保护剂在保护作用上有不同的机制，并根据具体情况选择合适的保护剂进行应用。

2. 活菌制剂常用保护剂的简单筛选

（1）保护剂筛选

在冷冻干燥前添加保护剂可以提高活菌制剂的活菌数和生物活性。常用保护剂有脱脂乳、海藻糖、谷氨酸钠、吐温 80 和甘油。可以通过调整不同保护剂的含量和组合来进行筛选。

（2）冷冻干燥制备方法

将活菌菌种按比例加入培养基中，在适宜条件下培养。离心收集菌体后，与保护剂混合均匀。样品经过预冷冻后，在冷冻干燥机中进行真空冷冻干燥。通过冻干存活率评估保护剂的效果。

（3）保护剂优化

选出效果良好的保护剂后，进行响应面试验。以这些保护剂为试验因素进行组合，并设定不同水平。通过试验结果确定最佳配方，如脱脂乳粉、海藻糖和甘油的不同浓度组合。

（4）保护剂组合确定

根据响应面试验结果，确定保护剂浓度对冻干存活率的影响。确定最佳保护剂配方以获得最大冻干存活率和最多的活菌数。

三、保持活菌制剂活性的技术方法

根据益生菌应用效果的概念，要确保益生菌在被人体摄入时保持活性，并在胃肠道中发挥益生功能。为了满足这一要求，食品中的益生菌活细胞数需要达到一定的标准。常见的建议和标准如下：通常情况下，食品中益生菌的活细胞数应达到 1×10^6 CFU/g；在某些情况下，益生菌的活细胞数在保质期内保持最低 1×10^5 CFU/g 也被认为是足够的；一些世界食品组织提出的官方标准是最低 $10^6\sim10^7$ CFU/g；日本酸奶及乳酸菌饮料协会的标准是乳制品中双歧杆菌的最低活细胞数为 1×10^7 CFU/mL；国际乳品联合会的标准是销售期间，酸奶类食品中至少含有 *L. acidophilus* 1×10^7 CFU/g，发酵牛奶中含有双歧杆菌 1×10^6 CFU/g；其他标准如瑞士食品管理局和 MERCOSOR 管理局要求同类产品中含活双歧杆菌的量为 10^6 CFU/g。

益生菌浓度的要求主要基于技术和成本的可行性。除了益生菌浓度外，每日摄入的益生菌最低量对于发挥益生作用也很重要。为了对消费者健康产生积极影响，每日的摄入量至少应达到 1×10^8 CFU。通过食用含有 1×10^6 CFU/g 或 1×10^6 CFU/mL 的食物 100 g 或 100 mL，可以弥补益生菌在通过胃肠道时的损失，从而实现所需的益生作用。在益生菌食品的生产过程中，要重视益生菌活性的标准，以确保保持高活性。增强益生菌活性可以从基因水平（通过基因工程）或生理水平（上游和下游加工步骤）入手。

（一）利用基因工程对益生菌进行改造

益生菌的特性由其基因决定，可以利用已有的在压力下培养的细菌基因库或抗性突变体中特异表达的基因来产生食品级突变体。食品级质粒可以用于将外源 DNA 整合到目标菌的染色体上，并利用调节系统进行修饰。通过这种方法，可以获得在不利环境下更具活力的益生菌，例如在食品加工过程中。然而，目前的食品安全立法设定了严格的标准，同时消费者对于食品中基因修饰微生物的存在和应用持保留态度。因此，这种方法在未来可能面临可行性挑战。

（二）改善培养条件

改变发酵液组成或改善发酵条件可以影响工业微生物菌种的活力。添加 Tween 80 或 Ca 到发酵液中可以促进冷冻过程中菌的存活。此外，菌体收集时间、生长温度和发酵液的 pH 值也是重要因素，需要适当调整，它们也决定了冷冻和冷冻干燥过程中菌的活性。有报道称，在不控制 pH 值的发酵过程中（最终 pH 值为 4.5），以 *Lactobacillus acidophilus* 为例，菌体对低酸性、高乙醇浓度、冻融循环、过氧化氢和冷冻干燥有抗性；而在控制 pH 值为 6.0 的条件下，细胞则非常敏感。这些发现对菌体在控制 pH 值条件下（接近中性 pH）生长能够达到最大生物量和活细胞数的理论提出了质疑，因为在不控制 pH 值条件下（最终 pH 值较低）生长的菌体被证实在工业生产和胃肠道中有更好的存活性。

（三）下游加工

1. 保护性化合物的添加

添加保护性化合物可以减少细胞在冷冻和干燥过程中的死亡。这些化合物分为两类：渗透性和非渗透性冷冻保护剂。渗透性保护剂如二甲基亚砜和甘油能进入细胞，稳定细胞蛋白，降低有害溶液浓度，并防止冰晶形成。非渗透性保护剂如羟乙基淀粉和各种糖不能进入细胞。在大多数益生菌制品中，保护剂通常限于以牛奶为主要成分的添加剂。将益生菌应用于非乳制品中并在室温下保存对益生菌的稳定性提出了挑战。

2. 益生菌的包埋

保持益生菌活性的一种可行方法是利用微胶囊包埋技术将细胞包裹在保护性的结构中，从而改善它们在不利环境下的存活能力。被包埋的细胞相比未包埋的细胞在体外胃肠环境中的存活能力得到改善，并且它们的保护性外壳使它们在食品体系中更好地存活。此外，包埋技术还可以提高菌体在干燥和储存过程中的存活率。微胶囊包埋技术在保护益生菌方面是当前国内外研究的热点之一。

3. 微胶囊技术

微胶囊技术是一种将物质包覆在薄膜中形成微小粒子的技术。微胶囊由内部的芯材和外部的壁材构成。壁材保护芯材免受环境影响，提高物质的稳定性和存活率。采用微胶囊技术包埋乳酸菌可以增强其抵抗能力，提高存活率，并有助于控制释放。微胶囊技术在食品和医药领域有广泛应用。

尽管微胶囊技术在医药、化工、食品等领域得到广泛应用，但在乳酸菌微囊化的实际生产中，仍存在困难和瓶颈。目前适用于乳酸菌的微囊化方法较少，工业化生产面临挑战。乳酸菌微囊化的壁材需要具备保护菌体和食品级标准的特性，通常需要联合使用多种壁材和辅助剂。现有设备的工作效率、机械化和自动化程度不能满足需求。改善微胶囊产品的应用性能需要长期研究，包括探索适用于工业化生产的方法、寻找合适的材料以及研发高效经济的生产设备，为乳酸菌微胶囊化提供可行的工业化解决方案。这是一个需要进一步研究和解决的问题。

微胶囊技术可以基本分为聚合反应法、相分离法和物理及机械法三类。对于乳酸菌的微胶囊化，需要满足以下条件：首先，制备过程要温和、快速，对菌体造成的损伤要小，最好在生理条件下进行制备；其次，使用的试剂和壳材料必须符合食品级标准，对菌体和人体无毒害作用；最后，微囊需要具备足够的机械强度，能够抵抗培养过程中的搅拌，不破裂，并能生成均匀且最佳尺寸的微囊颗粒。因此，尽管存在多种微胶囊制备方法，但适用于乳酸菌包埋的方法相对较少。

目前，乳酸菌包埋的微胶囊制备方法主要包括挤压法和乳化法。挤压法是利用亲水胶体制备微胶囊的常见方法，操作简单、成本低且菌体存活率高。海藻酸钠是常用的挤压法微胶囊制备材料。乳化法则利用乳化作用将细胞悬液与载体混合，形成固定化细胞和微胶囊。其过程涉及将细胞悬液添加到油相中，经过均质形成水油乳液，然后加入水溶性多聚物和凝胶剂，从而在油相中形成不溶性微小胶粒。乳酸菌包埋常用的壁材包括卡拉胶和刺槐豆胶混合物、海藻酸钠、壳聚糖和明胶等。

4. 冷冻和干燥条件的优化

冷冻用于制造冷冻菌粉或冷冻干燥的中间产品。冷冻速率对微生物存活率有重要影响，取决于冰晶大小和晶核形成位置，对细胞损伤和玻璃化的影响。快速冷冻（-196℃）有益于微生物存活和储存稳定性。低冷冻速率下的损伤与高浓度溶液有关，而高冷冻速率下的损伤主要由细胞内晶体形成产生的力量和细胞膜破裂引起。通过低温和高冷冻速率，可以抑制分子运动和晶核形成，从而减少冰晶形成。高冷冻速率对工业生产更有利，且能实现玻璃态，避免溶液浓缩和细胞内冰晶损伤。可以通过增大单位表面积来提高冷冻速率。干燥也是一种保护细菌的方法，但会导致大量死亡和质量降低。干燥细胞的酸化时间延迟较长，细胞膜受损会导致对 NaCl 更敏感。干燥过程中使用的保护性化合物主要是糖类。干燥方法包括冷冻干燥、真空干燥、喷雾干燥和流化床干燥。喷雾干燥是一种有前景的方法，可以提高速度、降低成本并保持存活性。

（四）储存条件

储存条件对益生菌制品的稳定性有着重要影响，包括储存温度、湿度和包装材料等。冷冻和干燥制品适合在低温下储存以保持菌体活性，并能显著延长货架期。极低温度（如-80℃）能有效保持益生菌的高活性，而在-196℃下则可以防止变质化学反应的发生。对于长时间储存的干燥益生菌制品，相对较低的湿度（11%~22%）有助于增强稳定性。当细菌暴露在氧气中时，细胞膜上的不饱和脂肪酸会氧化导致膜质变化。氧化过程受湿度影响，通过在缺氧条件下储存干燥益生菌可以有效抑制氧化过程。此外，包装材料也是影响储存中益生菌活性的重要因素。相对于 PET 瓶，玻璃瓶的透氧性较低，因此在玻璃瓶中储存的脱脂奶包埋双歧杆菌活性下降速度比在 PET 瓶中慢（在4℃下储存42天的情况下）。

思考题

①简述4种淀粉酶（α-淀粉酶、β-淀粉酶、葡萄糖淀粉酶和脱支酶）的性质和特点。
②测定 α-淀粉酶水解极限的原理以及不同菌种来源 α-淀粉酶的水解极限。
③蛋白酶按水解方式可分为哪几类？按最适 pH 又可分为哪几类？
④目前公认的较好的纤维素酶生产菌有哪些？
⑤活菌制剂的干燥方法包括哪几种？
⑥简述冷冻干燥技术的原理和优缺点。
⑦简述活菌制剂常用保护剂类型。
⑧简述保持活菌制剂活性的技术方法。

第九章 发酵农畜水产品
生产工艺

第一节 发酵蔬菜生产工艺

我国的农业正在朝着国际化贸易的方向发展，蔬菜的发酵和加工可以进一步提高产品的经济效益。发酵蔬菜是我国传统发酵食品，具有悠久的历史，其制作工艺可以追溯到先秦时代。蔬菜的发酵加工是通过乳酸菌、酵母菌和醋酸菌等多种益生菌生产及控制一定生产条件对蔬菜进行加工的一种方式，在发酵蔬菜的过程中，乳酸菌群起主导作用，它能够利用碳水化合物来产生大量的乳酸，使乳酸进入人体的消化道，从而降低消化道的 pH 值，同时利用食盐的高渗透压，抑制碱性腐败细菌的生长。泡菜、酸菜及酱菜等蔬菜在发酵过程中均会发生一系列变化，产生对人体健康有益的益生菌，从而促进消化系统的正常运转。在加工过程中，蔬菜发酵加工基本采用冷加工的方式，其加工工艺简单，且制成品具有一定的营养和保健功能，风味独特、保质期更长。发酵蔬菜加工不仅可以满足人们对蔬菜的日常膳食需求，还可以减少新鲜蔬菜因无法长期保存而造成的浪费，提高产品的附加值和利润，给农民带来更大的利益，这也是越来越多的人投身蔬菜发酵加工行业的重要原因之一。

一、泡菜的生产

泡菜的历史可以追溯到三千多年以前，《诗经》中也提到过泡菜，文中"中田有庐，疆场有瓜，是剥是菹，献之皇祖"，盐渍菜是泡菜的雏形，其中瓜是蔬菜，菹是渍制加工的意思。在世界范围内以地域划分泡菜，其分类有韩国泡菜、中国泡菜、日本泡菜及西式泡菜，常报道的西式泡菜中一般不涉及乳酸菌发酵的过程。我国四川、湖南、湖北、广东和广西等地都保存着传统的泡菜加工方法，其中最具有代表性为四川泡菜，四川的泡菜生产区主要分布在我国西南区域，四川泡菜其体系较为完整，以乳酸、乙酸、柠檬酸及草酸等为主。

泡菜是以新鲜蔬菜或蔬菜咸坯为原料，依靠乳酸菌（含量为 0.3% ~ 1.0%）发酵，利用盐渍（或腌）方式，经中低浓度食盐水（1% ~ 10%，一般为 2% ~ 8%）密闭泡渍、厌氧发酵，添加（或不添加）佐料、香料等加工而成的一种以酸味为主，兼有甜味及一些香辛料味，可以直接食用的发酵蔬菜制品。

（一）泡菜的发酵方式

泡菜的发酵方式分为自然发酵和人工发酵（发酵剂发酵）。

1. 自然发酵

自然发酵主要依靠天然附着在蔬菜表面的微生物（主要是乳酸菌）进行乳酸发酵；加上食盐（6% ~ 16%）的高渗透作用抑制其他杂菌的生长，达到泡制保存的目的。自然发酵泡菜存在很多问题：

①食盐浓度过高。食用过多的食盐会对人的某些器官如肾脉、心血管系统造成永久性损伤。

②质量不稳定。自然发酵泡菜的质量极不稳定，在储存过程中质构易软化，表面"生花"等引起发酵泡菜的风味改变。

③产生有毒物质。自然发酵的泡菜中除含有大量的乳酸菌以外，还含有其他大量的杂菌，其中包括腐败菌的存在。某些杂菌能产生硝酸盐的还原酶，使亚硝酸盐的含量增加。

④发酵时间较长。

2. 人工发酵（发酵剂发酵）

通过分离乳酸菌制备发酵剂，对泡菜进行纯种发酵。使用人工发酵剂能明显改善自然发酵的不足，如明显降低泡菜中亚硝酸盐的含量及能提前达到亚硝峰，提高了泡菜的食用安全度。

根据泡菜风味特征不同大体上分为保持原有风味的一般泡菜，酸度较高的酸泡菜及具有甜味或淡甜味的甜泡菜3种。

（二）泡菜生产工艺流程

盐水配制

↓

蔬菜原料→清洗→切分→入坛→泡制→管理→成品→包装→入库

（三）泡菜生产操作要点

1. 原料选择

根据其原料的耐贮性，可将制作泡菜的原料分为3类。

①可泡1年以上的原料：子姜、蓄头、大蒜、苦瓜、洋姜等。

②可泡3~6个月的原料：萝卜、胡萝卜、青菜头、草食蚕、四季豆、辣椒等。

③随泡随吃的原料：黄瓜、莴笋、甘蓝等。绿叶菜类中的菠菜、苋菜、小白菜等，由于叶片薄，质地柔嫩，易软化，一般不适宜用作泡菜的原料。

2. 泡菜容器

泡菜坛用陶土烧制而成，抗酸碱、耐盐。口小肚大，距坛口6~15 cm处有一水槽，槽缘略低于坛口，坛口上放一小碟作为假盖，坛盖扣在水槽上。除陶瓷的坛子外，也可用玻璃钢、涂料铁等制成泡菜坛子，但要求使用材料符合食品的卫生安全要求，材料自身不与泡菜盐水和蔬菜起化学反应。

泡菜坛子可以实现水密封，坛内发酵时产生的气体可以透过槽内的水层排出，而坛外的空气和微生物却无法穿过水层而进入坛内。泡菜容器能有效地将容器内外隔离，又能自动排气而且在发酵过程中可形成厌氧环境，不仅有利于乳酸发酵，还可以防止外界杂菌侵染。

泡菜坛子在使用前要进行清洗和检查。检查内容：一是看坛子是否漏气，是否有裂纹、砂眼；二是检查坛沿的水封性能是否良好，坛盖下沿中的水是否会进入坛内等。

3. 原料的预处理

原料充分洗涤后，将不宜食用的部分（老皮、粗筋、须根、老叶及霉烂斑点）剔除，用自来水清洗干净，沥干菜叶表面水分，根据需要切成块、片、条、颗粒等形状。在工业化生产中，为了便于管理，一般在原料清洗后要进行腌坯，又称为出坯，其目的是避免泡菜坛内食盐浓度的降低，防止腐败菌的滋生。腌坯是用10%左右的食盐将原料腌制几小时或几天，去掉原料中过多的水分，也去掉原料中的异味，但出坯时间长，会使原料中的可溶性固形物流失，原料中养分损失大。

4. 盐水的配制

腌制泡菜的盐水要求使用硬度在5.7 mol/L以上的硬水，一般使用井水或自来水，而塘水、湖水，由于硬度低且水质较差，一般不宜作泡菜用水。腌制泡菜的盐水含盐量一般为6%~8%，使用的食盐一般为精盐，在确定食盐的使用浓度时还应考虑原料是否出过坯，出过坯的原料用盐量要相对减少，其用盐量以最后产品与泡菜液中食盐的平衡浓度4%为准。为了加速乳酸发酵，可在泡制时加入3%~5%优质陈泡菜水以增加乳酸菌数量。此外，为了促进发酵或调色调味，一般可向泡菜水中加入3%左右的食糖或其他调味料。添加方法是：先煮调味料，然后将煎煮液加入盐水中，或是将调料做成料包放入泡菜坛中部。常加的调料及用量如下：黄酒2.5%，白酒0.5%，糖3%，甜醪糟1%，鲜红辣椒3%~5%，这些调料可直接与盐水混合均匀；其他香料如花椒、八角、甘草、草果、橙皮、胡椒等的加入量一般为盐水用量的0.05%~0.10%，也可加入其他香料，以使制品具备更诱人的风味。

5. 泡制与管理

（1）原料入坛

将准备好的蔬菜原料装入洁净的泡菜坛内，装至半坛时，放入香料包，再继续装料至距坛口6.6 cm时为止。随即注入所配制的盐水，盐水要淹没蔬菜。而后将坛口用小碟盖上，在水槽中加入15%~20%食盐水，形成严密的水封口。如果是用老盐水泡制时，可直接加入原料，并适当补加食盐、调味料或香料。

（2）乳酸发酵及成熟期的判断

①乳酸发酵。泡菜在发酵期间，由于乳酸的发酵作用，不断累积乳酸，而逐渐达到成熟。根据微生物活动情况和乳酸积累量的不同，此过程可分为三个阶段。

a. 发酵初期（异型乳酸发酵）。在原料装坛以后，原料表面带入的微生物会迅速繁殖，发酵开始。由于溶液的pH较高（≥5.5）、原料中还有一定量的空气，故发酵初期主要是一些不抗酸的肠膜明串珠菌、小片球菌及酵母菌甚为活跃，并迅速进行异型乳酸发酵及微弱的酒精发酵，发酵产物为乳酸、乙醇、醋酸和二氧化碳等，此时的菜质咸而不酸、有生味。随后乳酸发酵的进行，溶液的pH下降至4.0~4.5，CO_2大量排出，水封槽的槽水中有间歇性气泡放出，并使坛内逐渐形成嫌气状态，以利于植物乳杆菌的同型发酵，此阶段一般为2~5 d，泡菜的含酸可达到0.3%~0.4%，此为泡菜的初熟阶段。

b. 发酵中期（同型乳酸发酵）。由于乳酸发酵地进行，使乳酸不断积累，pH下降以及厌氧状态形成，属同型乳酸发酵的植物乳杆菌开始活跃。细菌数可达到（5~10）×10^7个/mL，此时乳酸的积累量可达0.6%~0.8%，pH 3.5~3.8，大肠杆菌、腐败菌、酵母菌和霉菌的活动受到抑制。这一期间为泡菜完熟阶段，时间为5~9天，此时的菜体酸味清香。

c. 发酵后期。在此期间，继续进行同型乳酸发酵，乳酸积累量继续增加，可达1.0%以上。当乳酸含量达到1.2%以上时，植物乳杆菌也受到抑制；菌数下降，发酵速度减慢乃至停止。此阶段菜质酸度过高，风味不协调。

经过以上 3 个阶段的发酵作用，从积累的乳酸含量、泡菜风味和品质来看，在初期发酵的末尾和中期发酵阶段，泡菜的乳酸含量为 0.4%～0.8%，风味品质最佳，即为泡菜的成熟期。

②泡菜成熟期的判断。乳酸发酵和泡菜的成熟期与原料种类、盐水种类及气温有关。如在夏季气温较高时，用新盐水泡制叶菜类，其成熟期一般为 3~5 天，根菜类要 5~7 天，而大蒜蒾头则需要半个月以上。到冬天气温降低，泡菜达到成熟期所需时间需延长。另外，用陈泡菜水泡制时泡菜成熟期可大大缩短，而且用优质的陈泡菜水泡制的产品比新盐水泡制的产品的品质更好。

（3）泡制过程中的管理

泡制期间要加强坛沿水的管理。坛沿水一般用清洁的饮用水或 10% 盐水。在发酵后期，易造成坛内真空状态，使坛沿水被倒吸入坛内。虽然坛沿水为清洁的水，但因暴露于空气中，易感染杂菌，如果被带入坛内，一方面会带入杂菌，另一方面也会降低坛内盐水浓度，所以坛沿水以盐水为好。在发酵期间每天要轻轻揭盖 1~2 次，以防坛沿水被吸入坛内。使用盐水时，随着发酵时间的延长，坛沿水易挥发，此时应适当补加槽水，以保证坛盖下部能浸没在槽水中，保持坛内良好的密封状态。

通常，由于生产中某些环节的管理失误，泡菜会产生劣变，如盐水变质、杂菌大量繁殖、起花长膜等。发生上述情况可采取以下的补救措施。

①盐水质量良好，只是轻微起花长膜时，可将膜去除，并缓慢加入白酒、生姜片等，以抑制杂菌的生长繁殖。

②若盐水已发生变质但尚不严重时，可将盐水倒出进行澄清过滤，去除杂菌后补充新盐水，并洗净坛内壁，同时加入白酒、调料及香料，继续进行泡制。

③若盐水或泡菜已出现严重变质时，弃去不用。

（4）成品管理

泡菜成熟后要及时取食，不宜长期储存，因长期储存会使其酸度增加，组织变软，品质下降。泡菜成熟取出后，适当加盐或补充盐水，使含盐量达 6%～8%，可继续加新菜坯进行泡制，泡制的次数越多，泡菜的风味越好，另外，多种蔬菜混泡或交叉泡制，其风味更佳。若不及时加新菜泡制，则应加盐提高其含盐量至 10% 以上，并适量加入大蒜、紫苏藤等富含抗生素的原料，盖上坛盖，保持坛沿水不干，以防止泡菜盐水变坏，此操作称"养坛"，以后可随时加新菜泡制。

泡菜泡制好后，取食时开盖要轻，以防止将槽水带入坛内，取食用的夹子、筷子应清洁卫生，严防将油脂带入坛内。

二、酱腌菜的生产

（一）酱腌菜概述

酱腌菜是我国的传统小菜，相传已有近三千年的历史。我国幅员广阔，各地的加工方法和生产季节不同，加上人们的口味各异，所以各地都有各具特色的酱腌菜产品，如我国北方的酸菜、四川的榨菜、扬州酱菜、萧山萝卜干和北京六必居酱菜等，都是极富特色、驰名中外的产品。

酱腌菜的种类很多，根据《中华人民共和国国内贸易行业标准》（SB/T 10439—

2007），酱腌菜包括酱渍菜、盐渍菜、酱油渍菜、糖渍菜、醋渍菜、糖醋渍菜、虾油渍菜、盐水渍菜和糟渍菜，其中酱（油）渍菜是以蔬菜咸坯，经脱盐、脱水后，用酱（油）渍加工而成的蔬菜制品；盐渍菜是以蔬菜为原料，用食盐盐渍加工而成的蔬菜制品；糖渍菜是以蔬菜咸坯，经脱盐、脱水后，用糖渍加工而成的蔬菜制品；糖醋渍菜是以蔬菜咸坯，经脱盐、脱水后，用糖醋渍加工而成的蔬菜制品；虾油渍菜是以蔬菜为主要原料，用食盐盐渍后经虾油渍制加工而成的蔬菜制品；糟渍菜是以蔬菜咸坯为原料，用酒糟或醪糟渍加工而成的蔬菜制品。

（二）酱腌菜生产原材料

1. 原料

酱腌菜加工的主要原料为蔬菜的根、茎、叶、瓜果，而花菜类较少。适于制作酱腌菜的根菜类有萝卜、胡萝卜、大头菜、芜菁（又名蔓菁）和芜菁甘蓝（又名洋大头菜）等，其中萝卜的比例最大；茎菜类有莴苣、苤蓝、榨菜、生姜、宝塔菜、土姜、莲藕、大蒜、藠头等；叶菜类有雪里蕻、箭杆白菜、酸白菜、春菜、川东菜、南丰菜、梅干菜、大白菜、京冬菜、结球甘蓝、芹菜等；瓜果类有黄瓜、菜瓜、辣椒、茄子、豇豆等；花菜类有黄花菜、韭菜花等。此外，石花菜、海带和一些果仁、果脯也可用于制作酱腌菜。

2. 辅助原料

①食盐。食盐是酱腌菜的主要辅助原料之一，它使酱腌菜具有咸味，并与氨基酸化合成为氨基酸的钠盐，使酱腌菜具有鲜味，食盐更重要的作用是防止蔬菜的腐败，使它们得以长期保存。我国的酱腌菜成坯，常采用高浓度盐水保存（即"封缸"）。酱腌菜用基的要求是水分及杂质少、颜色洁白、卤汁少。

②甜面酱和黄酱。酱是生产酱菜的重要辅助原料。酱的质量往往是酱菜质量的决定因素，酱菜质量的感观鉴定指标（色、香和味）都来源于酱。因此，制作优质的甜面酱和黄酱，是保证酱菜质量的先决条件。

③虾油和鱼露。虾油和鱼露是制作虾油渍菜的辅助原料。虾油和鱼露的不同之处在于原料。以小海虾为主的产品名虾油，以海鱼为主的产品叫鱼露。

④辣椒块、辣椒酱和辣椒油。辣味酱腌菜又称为辣椒酱和辣椒油渍菜，其辣味物质主要是辣椒，以辣椒块、辣椒酱、辣椒粉或用辣椒粉炸的辣椒油作为辅助原料。

⑤辛香料。酱腌菜除本身所具有的香味之外，各种辛香料在增加风味方面也起到一定的辅助作用。常用的辛香料有花椒、大料（八角、大茴香）、桂皮、胡椒、小茴香、咖喱粉、芥末面、五香粉、香辣粉、味精、胡椒粉和花椒粉。此外，还有姜粉、辣椒面、丁香、甘草、橘皮、砂仁、豆蔻、草蔻和山奈等。

⑥酱色料。酱腌菜品种的色泽对其质量有一定影响。瓜类、蒜苗、豇豆、椒、胡萝卜等应尽量保持蔬菜本身的天然色泽，但有些原料（如酱萝卜、藠头、脯、甜咸大头菜）等则需要改变颜色才能增加其特色，这就需要使用着色料。常用的着色料有酱色、酱油、食醋、红曲和姜黄等。

⑦防腐剂。防腐剂的作用是抑制酵母、霉菌和细菌等微生物的生长，延长酱腌菜制品的贮藏期。常用的防腐剂有苯甲酸钠和山梨酸钾等，一般在前期腌渍过程中使用，后期包装时可适当使用，但要严格按照国家防腐剂的标准使用。

（三） 酱腌菜酿造微生物及生物化学反应

1. 酱腌菜酿造过程中的微生物

（1） 细菌

蔬菜腌制中常见的细菌有乳酸菌、醋酸菌、丁酸菌和腐败菌。乳酸菌将糖发酵生成乳酸，乳酸发酵是蔬菜腌制中主要的发酵作用；醋酸菌是一种好气性细菌，在有空气的条件下可将乙醇氧化生成醋酸，少量的醋酸有利于腌制品风味的形成；丁酸菌是一类专性好气性细菌，在蔬菜腌制过程中以糖和乳酸为基质进行丁酸发酵，形成的丁酸具有强烈的不快气味，同时又消耗了糖与乳酸，因此对蔬菜腌制来说是一种有害菌；腐败菌的活动可以分解蔬菜组织蛋白质及其他含氮物质，引起蔬菜腌制过程中腐败的发生。

（2） 酵母菌

在蔬菜腌制中，正常酵母可在腌制中将糖发酵生成酒精，有利于形成制品的香气。但产膜酵母则在盐液表面形成菌层薄膜，消耗蔬菜组织内的有机物质，同时还分解腌制中生成的乳酸和乙醇，降低了腌制品的品质及保藏性，甚至导致腌制品的败坏。

（3） 霉菌

在蔬菜腌制过程中，一些霉菌（如曲霉、青霉等）的作用可使制品出现生霉现象，其生霉的部位一般在盐液表面或菜坛上层。霉菌能分泌果胶，使制品变软。同时，霉菌还能大量、迅速地分解乳酸，使制品的风味变劣，进而引起腌制品的败坏。

2. 酱腌菜酿造过程中的生物化学反应

蔬菜经过食盐腌制，由于渗透压的作用，蔬菜组织中的可溶性物质从细胞中渗出，使微生物和酶加以利用而引起一系列的生化反应，从而引起外观、质地、风味和组织的变化。蔬菜的体积随着细胞中水分的渗出而减小，同时盐卤渗入菜内，将组织内的空气排出，使菜的质地呈紧密半透明状态，在加工处理中不易折断。在整个腌制过程中，发酵是主要的变化。各种腌制品，除用盐量过大而使发酵停止外，一般都进行不同程度的乳酸发酵，同时也进行醋酸、酒精和丁酸发酵，以及糖类、淀粉和蛋白质等的分解，在这些过程中乳酸发酵占主要地位。乳酸发酵可以改进腌制品的风味，并延长贮藏期；乙醇发酵生成的酒精能与发酵产物中的酸作用生成酯，成为腌制品香味的主要来源之一；醋酸发酵在蔬菜腌制过程中也产生少量的醋酸及其他挥发酸，对腌制品同样起着改进风味和延长贮存期的作用；丁酸发酵及腐败细菌、有害酵母和霉菌的活动则对腌制有害。由于发酵作用和生物化学作用的结果，蔬菜的化学组织发生一系列变化。

（1） 糖与酸的互相消长

一般发酵性腌制品经过发酵作用后含糖量降低，而酸含量相应升高。非发酵性腌制品，酸含量基本没有变化，含糖量则出现两种不同情况：腌制品由于部分糖分扩散到盐水中，含糖量降低；酱菜及糖醋渍菜由于在腌制中加入大量糖分，含糖量明显提高。

（2） 含氮物质的变化

发酵性腌制品含氮物质有较明显减少。非发酵性腌制品含氮量的变化有两种情况：咸菜（盐渍品）由于部分蛋白质在腌制过程中浸出，含氮物质减少；酱菜由于酱内的蛋白质浸入菜内，产品蛋白质含量增高。

（3） 维生素的变化

在腌制过程中，维生素 C 因氧化作用而大量减少，一般规律是腌制时间越长、用盐量越大、产品露出盐卤表面接触空气越多、产品的冻结和解冻次数越多，维生素 C 的损失也越多。蔬菜中的其他维生素在腌制过程中较为稳定，变化不大。

（4）水分的变化

湿态发酵性腌制品水分含量基本无变化；半干态发酵性腌渍品水分含量明显减少；非发酵性腌渍品与鲜菜相比明显降低；糖醋腌制品的水分含量基本无变化。

（5）矿物质含量的变化

经过腌制的蔬菜灰分含量显著提高，各矿物质中钙的含量提高，而磷和铁的含量降低；酱菜中各种矿物质含量均有明显提高。

（6）风味的形成

蔬菜经过腌制后，原有的不良风味消失，由于发酵过程中的酯化作用和某些氨基酸的形成而产生一种特殊的香气。

（7）色泽的变化

发酵性腌制品及糖醋腌制品，由于乳酸、醋酸的作用，使绿色蔬菜失去鲜绿的色泽；一些非发酵性腌制品（盐制品、虾油制品）经适当工艺操作可基本保持蔬菜的绿色；酱制品由于吸附了酱的色素会改变原有的颜色。

三、发酵蔬菜汁饮料的生产

（一）发酵蔬菜汁饮料概述

发酵蔬菜汁饮料一般以蔬菜原汁为原料进行发酵制作，经发酵后的蔬菜汁饮料，不仅产品口感和风味大有改善，而且其独特的抗菌保健作用及改善肠道消化等功能也为一般饮料所不及。因此发酵蔬菜汁饮料具有广阔的市场前景。

（二）发酵蔬菜汁饮料的生产原材料

可用于制作发酵蔬菜汁饮料的原料较多，常用的有西红柿、胡萝卜、冬瓜、番茄、豆芽、平菇、甘蓝、南瓜和甜菜等。除了蔬菜汁外，还可添加果汁或乳品以增加发酵饮料的风味和营养价值。所用的水果有苹果和葡萄等，乳品有牛奶、羊奶及豆乳等。发酵蔬菜汁饮料原料的选择可参考以下原则。

①具有发酵微生物活动所需要的碳源、氮源，有利于微生物生长代谢。若碳源、氮源不足则微生物生长和发酵速度慢，易感染杂菌。一般蔬菜均可满足微生物生长代谢所需要的碳、氮及微量元素，如果蔬菜汁含糖量在3%以下，则须补充蔗糖或葡萄糖，此外，混合一些含氮物质较丰富的蔬菜（如豆芽、平菇），有利于增加产品风味。

②营养丰富或富含某种特殊的营养成分，对人们具有保健或疗效作用。

③来源广泛，资源丰富。

（三）蔬菜汁饮料发酵微生物及生物化学反应

发酵蔬菜汁饮料的生产可选用乳酸菌或酵母菌。蔬菜汁乳酸菌发酵饮料制作一般选择对蔬菜发酵适应性好的植物乳杆菌、发酵乳杆菌和肠膜明串珠菌等。从产酸性能和产品风味等综合考虑，通常采用几株乳酸菌混合共酵，也可在蔬菜汁中添加乳品改善产品的风味。在添加乳品的蔬菜乳酸菌发酵饮料制作中，一般使用保加利亚乳杆菌、嗜酸链球菌和长双歧杆菌等，可用单一乳酸菌种，也可将两种或多种共用以提高发酵产品风味，尤以乳杆菌和链球菌共酵的效果为好。普通酵母如啤酒酵母或葡萄酒酵母等产酒精能力较强，用于制作发酵蔬菜汁饮料会使酒精度偏高，因此蔬菜汁酵母菌发酵饮料制作一般采用特种酵母，即克鲁维酵母属的乳酸克鲁维酵母和脆壁克鲁维酵母，单独或混合使用。这类酵母产酒精能力较低，同时还产生各种有机酸，可以形成较好的饮料风味。

（四）发酵蔬菜汁饮料生产工艺

发酵蔬菜汁饮料的一般生产方法是先制备蔬菜原汁，加热灭菌后，冷却到适当温度，再接种预先培养的微生物进行发酵。

1. 蔬菜汁乳酸菌发酵饮料的制作

蔬菜汁乳酸菌发酵饮料的一般制作工艺如下：

蔬菜原料→预处理→打浆→混合→加热灭菌→冷却→接种→保温发酵→
调配→均质→预热→装瓶→灭菌→冷却→检验→成品

预处理包括原料的选剔、去皮、修整、切分、预煮。对于各种不同的原料有不同的要求，如胡萝卜应选心柱细小、色泽鲜艳的品种，去除发芽的肉质根；平菇应选色浅淡者。为了便于打浆，各种蔬菜原料都要求含粗纤维少，去除老叶、老根、病虫害、机械损伤等不可食部分。胡萝卜、冬瓜和番茄等需要去皮的蔬菜，可采用碱液去皮、机械去皮或热烫去皮。胡萝卜采用3%~6%沸碱液去皮；番茄采用去皮打浆机去皮打浆去籽。冬瓜、甘蓝等较大块蔬菜应适当切分，以便于预煮、打浆。预煮主要是灭酶护色，并软化组织，便于打浆。不同种类、品种的蔬菜采用不同预煮温度、时间。一般采用沸水；番茄需煮1~2 min；冬瓜（小薄片）煮2~3 min，豆芽煮2 min。胡萝卜组织致密，经高压蒸煮（0.1 MPa，15 min左右）后打浆效果较好。

经预处理好的蔬菜用打浆机打浆，使其微粒大小为0.3~0.5 mm；也可以采用胶体磨磨细，使口感更细腻。

采用多种蔬菜汁混合发酵可互补单一蔬菜风味的缺陷，增加营养，且有利于乳酸菌活动，也使产品发酵风味更佳。

蔬菜浆汁混合后，在95~100℃加热2 min灭菌，如条件允许可采取板式换热器进行。加热灭菌对产品的营养成分和风味影响较大，若前述各工序的清洁卫生程度高，使用活力强的乳酸菌种子液发酵，并控制发酵条件使乳酸菌生长旺盛，迅速产酸抑制杂菌活动，也可不进行加热灭菌。

植物乳杆菌、发酵乳杆菌和肠膜明串珠菌按1:1:1混合接种。接种量为5%~10%，发酵温度控制在30℃左右。乳酸菌活动需要一定的碳源，若菜汁中碳源不足（含糖量低于3.0%）；应补加蔗糖或葡萄糖，使含糖量在5%左右，以满足乳酸菌充分发酵产酸所需。此外，也可添加5‰~10%的脱脂奶粉，增加产品风味。

发酵成熟度取决于产品要求的酸度。混合乳酸菌共酵产酸量可达1.5%。若直接饮用发酵原汁，一般酸度为0.3%~0.4%时终止发酵。但一般发酵原汁较稠，考虑到消费者的接受性，采用稀释饮用效果更佳。因此，可在发酵原汁酸度达到1.0%以上时终止发酵，然后按20%~30%发酵原汁调配成成品。终止发酵可采用热处理杀死乳酸菌（85℃，1 min），也可采用低温冷冻（4℃以下），后者多用于含有活菌体的发酵饮料。

蔬菜汁乳酸发酵饮料可调配成甜酸味、咸鲜味和辛香味等，满足不同消费者的需要。甜酸味主要添加糖，甜酸适度、风味爽口；咸鲜味则添加盐和味精，清香可口、咸酸适宜；辛香味则添加 5%～10% 芹菜汁、1%～2% 姜汁及糖、盐和味精等调味。

蔬菜打浆后不经过滤直接发酵，可以充分利用资源，但灌装后易产生沉淀，影响外观且口感较糙，因此调配后的蔬菜汁需经高压均质处理，均质压力在 18 MPa 以上。产品调配好经均质后，预热至 75～85℃，趁热灌装、封口，在 95～100℃ 下杀菌 8～10 min 然后冷却，即为成品。

2. 蔬菜汁酵母菌发酵饮料的制作

蔬菜汁酵母发酵饮料的加工工艺基本同蔬菜汁乳酸菌发酵饮料。将蔬菜汁加热到 90℃ 灭菌后，冷却到适当温度，接种预先培养好的酵母菌进行发酵。接种量取决于所用酵母菌的性能、活性和对发酵液质量的要求，一般应使每毫升基质达到 $1×10^5$～$5×10^6$ 个细胞为宜。发酵过程中要防止杂菌污染，发酵温度为 25～40℃，温度低时发酵时间长，温度高时发酵饮料的香味较差。

蔬菜汁发酵液中含有菌体，可直接加工成产品，也可通过过滤或离心除去菌体后制成产品，或将发酵液浓缩、干燥或配制后成产品。蔬菜汁发酵液的浓缩可采用反渗透法或真空法，干燥可采用喷雾干燥或冷冻干燥法等。在产品化的最后阶段可加入适量的糖和香料等进行调配。采用高浓度的蔬菜汁发酵，或是将发酵液浓缩或干燥处理进行产品化或饮用时，需要进行适当的稀释。此外，如果在生产时添加 CO_2，还可制成碳酸饮料。

3. 发酵蔬菜汁饮料生产实例

由于原料特性和发酵菌种等不同，各种发酵蔬菜汁饮料的具体生产工艺通常会有一定差别。以下为几种发酵蔬菜汁饮料的制作实例。

①胡萝卜汁乳酸菌发酵饮料。取鲜胡萝卜汁（糖度为 6.0%）80 L、鲜西红柿汁（糖度为 4.8%）15 L、鲜南瓜汁（糖度为 7.8%）5 L、脱脂奶粉 3 L 混合均匀并溶解后，调整 pH 到 6.5，于 95℃ 下加热灭菌再冷却到 37℃，接种保加利亚乳杆菌和嗜酸链球菌，使菌数达到 $3×10^6$ CFU/mL。于 37℃ 下静置发酵 7 h，此时发酵液 pH 为 4.5，乳酸含量可达 240 mg/100 mL。将此发酵液进行离心分离，取清液 100 L，加砂糖 152 g 和柑橘香料 0.5 g 于 95℃ 下加热灭菌，然后冷却到 10℃，即制成发酵饮料。在以上制作过程中单用胡萝卜汁也可以，但和西红柿汁并用效果更好。胡萝卜汁用量应在 60% 以上，如果胡萝卜汁用量低于 60%，乳酸发酵不能很好地进行，且有杂味。

②南瓜汁乳酸菌发酵饮料。取鲜南瓜汁（糖度为 10.0%）20 L、脱脂奶粉 3 L、水 80 L 混合均匀并溶解后，调整 pH 到 6.5，于 95℃ 下加热灭菌后，再冷却到 37℃，接种保加利亚乳杆菌和嗜酸链球菌，使菌数达到 $3×10^6$ CFU/mL，于 37℃ 下静置发酵 10 h，此时发酵液 pH 为 4.8，乳酸含量可达 150 mg/100 mL。将此发酵液离心分离，取其清液 100 L，加砂糖 121 g，柑橘香料 0.5 g。混合均匀后，于 90℃ 加热灭菌，然后冷却到 10℃ 即为成品饮料。

③胡萝卜汁酵母菌发酵饮料。胡萝卜经挑选、水洗并破碎后，用带有直径为 2 mm 的滤网的筛分机榨汁，胡萝卜汁于 90℃ 下加热灭菌后，冷却到 30℃，接种预先培养的脆壁克鲁维酵母，于 30℃ 下进行静置发酵。发酵过程中产酒精比较缓慢，发酵中产生的有机酸、各种发酵产物和原料能够很好地融为一体，因此发酵液的风味平衡，尤其当酒精含量在 1%（W/V）以下时，发酵香味更为怡人。

④西红柿汁酵母菌发酵饮料。西红柿经挑选并用水洗净后破碎，再用带有直径为 0.5 mm

的滤网的精选机榨汁，榨汁后进行分离，所得西红柿汁浓缩至 1/2，90℃下加热杀菌，冷却到 35℃，然后分别接入预先培养的乳酸克鲁维酵母和脆壁克鲁维酵母，使两种菌数分别达到 $5×10^5$ CFU/mL。在防止外界杂菌污染的条件下，于 35℃下静置发酵 40 h，所得发酵液的酒精含量为 0.8%（W/V），pH 为 4.2。此发酵液经离心分离后为发酵母液。发酵母液加水稀释 2 倍进行配制，配制比例为 100 L 发酵母液加 200 g 砂糖和 0.5 g 柠檬香精。配好后于 95℃温度下杀菌 10 min，冷却后即为成品。

第二节　发酵肉制品生产工艺

发酵肉制品是指以畜禽肉为原料，在自然或人工控制条件下经特定有益微生物发酵产生具有特殊风味、色泽和质地，具有较长保存期的肉制品。肉品通过微生物的发酵后，肉中蛋白质分解为氨基酸，大大提高了其消化性；同时人体必需氨基酸、维生素和双歧杆菌素增加，使其营养性和保健性增强；微生物发酵分解蛋白质为氨基酸尚可进一步形成大量香味成分，从而使产品具特有风味。肉品中大量有益微生物的存在，可起到对致病菌和腐败菌的竞争性抑制作用，从而保证产品安全性，延长产品货架期；微生物的生理活动有利于减少亚硝胺的含量，提高产品的安全性。

我国发酵肉制品的生产具有悠久的历史，如中外驰名的金华火腿、宣威火腿及品质优良的中式香肠等民间传统发酵型肉制品，由于其良好的特殊风味，深受国内外消费者的青睐。发酵肉制品在欧洲尤其在地中海地区，其生产历史可以追溯到大约 2000 年以前，具有工艺考究、色香浓郁、风味独特的特点。

1. 发酵肉制品分类

（1）根据发酵程度分类

①低酸性发酵肉制品。低酸发酵肉制品一般是指 pH 大于 5.5 的产品，起源于欧美的低酸性发酵肉制品，是在低温下进行腌制缓慢干燥，随着干燥盐浓度逐渐提高。低温和干燥可以阻止微生物的生长，腌制过程持续至水分活度（A_w）低至足以达到保藏为止。在腌制过程中，火腿水分活度最终降低至 0.9 以下，低酸性香肠则可以降低至 0.88 以下，中式干香肠为 0.4，半干香肠为 0.65，水分含量损失可达 40%～50%。

②高酸性发酵肉制品。高酸发酵肉制品指 pH 小于 5.3，一般需要接种发酵剂进行发酵的产品。高酸是在发酵和脱水共同作用下产生的，其水分活度需降低至 0.95 以下，初始加盐量通常为 2.2%～3.0%，碳水化合物添加量为 0.3%～0.7%，微生物利用糖或碳水化合物发酵产酸，抑制有害微生物的生长。最终产品的 pH 必须达到 5.53 以下。

（2）按生产方式和原料状态分类

①发酵香肠。指将绞碎的肉（通常猪肉或牛肉）和动物脂肪同盐、糖、发酵剂和香辛料混合后灌进肠衣，经过微生物发酵而制成的具有稳定的微生物特性和典型的发酵香味的肉制品。根据发酵方式、加工时间、干湿状态等特性，形成不同风味和特点，可将发酵香肠分为三大类型：质地略硬的干香肠、质地略软的半干香肠和可涂抹性的发酵香肠。

②发酵火腿。指用大块肉为原料经微生物发酵而成的肉制品，又称生熏火腿或干腌火腿，主要产于中国和欧洲地中海地区。有些国家将牛、羊等不同家畜肥肉或整块肉加工出的腌腊制品也统称为火腿，可以生食（如欧洲）或熟食（如中国）。

火腿制品分为中式火腿和西式火腿两大类。中式火腿属于中国的传统腌腊制品，以我国的干腌火腿为代表，滋味鲜美，可长期保藏。其中以浙江的金华火腿、云南的宣威火腿和江苏的如皋火腿名气最大，质量最佳，被誉为我国的"三大名腿"，还有鹤庆火腿、贵州的威宁火腿、江西的安福火腿、湖北的恩施火腿等。西式火腿具有质嫩、保水性好、出品率高、生产周期短的优点，以意大利的帕尔玛火腿和西班牙的伊比利亚火腿最为著名，还有西班牙的塞拉诺火腿、意大利的圣丹尼尔火腿、法国的贝约火腿、科西嘉火腿、美国的乡村火腿、史密斯火腿、德国的西发里亚火腿。

2. 发酵肉制品的特点

（1）安全性提高

发酵肉制品中的微生物主要包括原料肉中固有的和环境中的微生物，也包括添加的发酵剂。这些微生物之间产生综合作用，有益菌旺盛生长，生成的乳酸降低了 pH，低 pH 值抑制有害微生物的生长繁殖，同时发酵菌株乳酸菌产生的抗菌物质可抑制病原微生物的增殖和毒素的产生。通过微生物的分解，发酵肉制品中的亚硝酸盐含量会在很大程度上降低。此外，产品中的致癌前体物质的量和转化前体物质生成致癌物的酶活性都会在乳酸菌的作用下而降低，因此可以降低致癌症物的形成，如避免了生物胺的形成。生物胺是由于酪氨酸与组氨酸被有害微生物中的氨基酸脱羧酶经催化作用而生成，危害人体健康。应用有益发酵剂后，可使脱羧酶的活性降低，避免生物胺的形成。

（2）货架期延长

发酵肉制品在发酵和成熟的过程中，内部的微生物处于厌氧状态，食盐和亚硝酸盐含量及 pH 降低，水分活度降低及干燥都可以抑制微生物的生长，在一定程度上延长了货架期。货架期稳定的肉制品主要有两类：一类是在 pH 5.2 以下、水分活度在 0.91 以下的；另一类是 pH 低于 5.0、水分活性低于 0.95。这些产品在货架期内一般不发生细菌性变质，但可能会发生物理或化学性质的变化。

（3）营养价值提高

一般在发酵肉制品中，乳酸菌是最重要、数量最多的微生物菌群。研究发现，摄入乳酸杆菌或含活乳酸菌的食品会使乳酸菌定植到人的大肠内，使乳酸菌继续发挥作用，协调人体肠道内微生物菌群的平衡。在肉制品发酵过程中，肌肉蛋白质被细菌产生的酶分解为小分子的肽和游离氨基酸，从而使消化率提高。同时形成酸类、醇类、杂环化合物、氨基酸等风味物质，产品的营养价值也得以提高。

（4）色泽美观

由于微生物及酶的作用，使肉制品发色充分，保持鲜艳的玫瑰红色。发酵过程还能改善肉制品的组织结构，降低亚硝酸盐的使用量，减少有害物质的形成。

（5）风味独特

碳水化合物经微生物降解形成乳酸和少量醋酸，赋予发酵肉制品典型的酸味，同时产生双乙酰、乙酸、甲酸、丙酸等多种风味物质。脂肪是肉品的主要化学成分之一，脂肪在发酵成熟过程中，发生分解和氧化，包括甘油三酯分解释放脂肪酸及不饱和脂肪酸，特别是多不饱和脂肪酸氧化生成羰基化合物，同时产生醇、醛、酮类化合物，这些物质的产生赋予产品特有的风味。蛋白质在微生物酶的作用下分解为氨基酸、核苷酸、次黄嘌呤等，是发酵香肠鲜味的主要来源，这些醛及相应的醇和酸对发酵肉制品风味有一定影响。同时，在发酵加工时，一般要加入胡椒、大蒜或洋葱等香辛料，这些香料会给发酵肉制品以特色风味。

3. 发酵肉制品的风味形成

肉的滋味来源于肉中的滋味呈味物,如无机盐、游离氨基酸、小肽、核酸代谢产物(如肌苷酸、核糖)等;香味主要由肌肉在受热过程中产生的挥发性风味物质如不饱和醛酮、含硫化合物及一些杂环化合物。除此之外,发酵肉制品的风味主要来自三个方面:一是添加到香肠内的成分(如盐、香辛料等),二是非微生物直接参与的反应(如脂肪的自动氧化)产物,三是微生物酶降解脂类、蛋白质、碳水化合物形成的风味物质。

(1)碳水化合物的降解

风干肠的肉馅制好后不久,碳水化合物的代谢就开始了。一般情况下,发酵过程中大约有50%葡萄糖发生了代谢,其中大约74%生成了有机酸,主要是乳酸,但同时还有乙酸及少量的中间产物丙酮酸等。

碳水化合物在乳酸菌作用下产生 D-/L-乳酸,在发酵香肠发酵的开始阶段主要是产生 D-型乳酸,随后 L-型乳酸和 D-型乳酸以相近的速度增加,一般来说,最终产物中 L-乳酸和 D-型乳酸的量几乎相同。在发酵肉制品中,D-乳酸含量在 $30 \sim 60 \ \mu mol/g$ 的范围内产品的口感较为适宜,含量过高会使产品产生不愉快的酸味。乳酸菌异型发酵还会产生醋酸,这种风味是北欧肠及快速发酵肠的特点。乳酸菌产生的酸虽然没有典型的风味化合物的特征,但可以提供特征酸味,是发酵肉中酸味的主要来源,并可以在某些条件下强化产品的咸味,而且较低的 pH 可以抑制产品中蛋白分解酶和脂肪分解酶的活性而改善产品的风味。

碳水化合物发酵也导致低分子量化合物的释放,如双乙酰、乙醇、2-羟基丁酮、1,3-丁二酮、2,3-丁二酮。Mateo 等指出一些酯类物质如丙酸乙酯、醋酸丙酯、丁酸乙酯也可能来自发酵过程。

(2)脂肪分解和氧化

脂肪是发酵肠的主要化学成分之一。在发酵肠成熟过程中,脂肪发生分解和氧化,包括甘油三酯分解释放脂肪酸及不饱和脂肪酸,特别是多不饱和脂肪酸氧化生成羰基化合物,这些物质的产生赋予发酵肠特有的风味物质。

脂肪分解是中性脂肪、磷脂及胆固醇在脂肪酶的作用下水解产生游离脂肪酸,是发酵肠成熟过程中的主要变化。细菌脂酶对脂肪酸释放有重要作用,乳杆菌及脂分解微球菌能分解短链脂肪酸甘油酯。而 KMol 认为细菌脂酶对脂分解作用不大,肉本身内源脂酶才是影响脂分解的关键因素。因此,细菌脂酶和内源脂酶是影响脂肪分解的主要因素,但两者哪一个更重要仍需进一步确定。不管脂肪酸释放的机理如何,它都是重要的风味物质,短链脂肪酸(C<5)有刺激性烟熏味,与油脂的酸败有关;中链脂肪酸($C_5 \sim C_{12}$)有肥皂味,对风味影响不大;长链脂肪酸(C>12)对食品香味无明显影响,但对风味产生有害影响。不过,香肠上的菌群可将它们进一步降解为羰基化合物和短链脂肪酸,而形成增加香肠理想香味的物质。

脂肪氧化是发酵肠风味的重要来源。首先,不饱和脂肪酸通过自由基链反应形成过氧化物,次级反应产生大量挥发性化合物,如烃类(从戊烷到癸烷)、链烷、甲基酮(从丙酮到2-辛酮)、醛(从戊醛到壬醛)、醇(1-辛烯-3-醇)及呋喃(2-甲基呋喃和2-乙基呋喃)。醛是来自脂肪的挥发性化合物中最重要的成分,它们的风味阈值很低,己醛是其中最丰富的风味物质。甲基酮是饱和脂肪酸经 β-氧化后,由 β-酮酸脱羧产生。甲基酮比同分异构的醛阈值高，它们对发酵肠的风味影响不太重要，但可能会增加芳香味、水果味、脂肪味。醇是由脂肪氧化产生的醛在醇脱氢酶的作用下产生的。另外，羟基脂肪酸内酯化及脂肪氧化可能会产生内酯。

（3）含氮化合物的代谢

发酵肉制品成熟期间，蛋白质发生水解产生多肽、游离氨基酸等；蛋白质水解的程度主要取决于肉中微生物菌群的种类和加工时的外部条件。香肠中的粗蛋白含量主要在成熟过程14~15 d发生变化，总含量会下降20%~45%，而非蛋白氮提高30%以上，非蛋白氮由游离氨基酸、核苷和核苷酸组成。Di-erick等确定，在成熟期的最初三天，蛋白质分解产生的α-NH_3-N减少，而游离NH_3-N在成熟末期从原来的35%提高到50%。核苷含量下降，而核苷酸增加。在成熟末期，α-氨基酸是主要的非蛋白氮。

蛋白质分解过程主要受肉中内源酶的调控，如钙激活蛋白酶和组织蛋白酶。微生物对影响非蛋白氮的组成及不同游离氨基酸的相对含量很重要。三种不同发酵剂易变小球菌、戊糖片球菌及乳酸片球菌相比较，戊糖片球菌产生的非蛋白氮最多，不同菌种产生不同的氨基酸。

（4）美拉德反应

发酵肉制品在生产过程中，水分活度不断降低，在这种环境条件下进行长时间的生产过程有利于美拉德反应的进行，该反应既有氨基酸与还原糖之间的反应，也有氨基酸与醛之间的反应。美拉德反应的过程复杂，形成的风味物质很多，其最终产物主要是含N、O、S的杂环化合物，如糠醛、呋喃酮、吡咯、吡嗪等类物质。经美拉德反应产生的风味物质的风味特征与参与反应的还原糖、氨基酸和醛的种类密切相关，如糖与甘氨酸反应产生牛肉汤味，与谷氨酸反应产生鸡肉味，与赖氨酸反应产生油炸土豆味，与蛋氨酸反应产生豆汤味，与苯丙氨酸产生焦糖味。

（5）香辛料

在发酵肉制品加工时，一般要加入胡椒、大蒜或洋葱等香辛料，这些香料会给发酵肠以特色风味。大蒜中的大蒜素可以转化成含有芳香味的含硫化合物及其衍生物，胡椒可以产生菇类物质，一些如胡椒等香辛料中锰的含量较高，可以促进乳酸菌的生长和代谢，从而刺激乳酸的生成，另外亚硝酸盐对风味也起一定的促进作用。

一、发酵香肠

（一）发酵香肠概述

发酵香肠是发酵肉制品中产量最大的一类产品，风味独特、色泽美观、营养丰富、保质期长、产品安全性高、质量稳定、无须冷藏、便于贮存和运输。

（二）发酵香肠生产

发酵香肠是指将绞碎的肉和动物脂肪同糖、盐、发酵剂和香辛料等混合后灌进肠衣，经过微生物作用而制成的具有稳定的微生物特性和典型发酵香味的肉制品。在欧洲部分地区，一些发酵香肠的最终产品通常在常温下贮存、运输，并且不经过熟制处理直接食用，而中式发酵香肠也可在常温下运输和贮存，但需熟制后方可食用。

我国传统的中式香肠主要利用微生物自然发酵，在西式发酵香肠中，多采用纯微生物发酵，人为控制发酵过程，抑制有害菌的生长，保证产品质量，并可缩短生产周期。

由于加工条件、产品组成及添加剂不同，发酵肠种类很多，可按以下方法分类：

①按地名。这类分类方法就是根据产地，国外如黎巴嫩大红肠、塞尔维拉特香肠、欧洲干香肠、萨拉米香肠，国内如广式香肠、四川香肠、湖南大香肠等。

②按干燥程度。可分为半干发酵香肠和干发酵香肠。半干发酵香肠的含水量为33%或更高，这类香肠主要有夏季香肠、图林根香肠、黎巴嫩大红肠等。干发酵香肠一般加工时间较长，其含水量为30%或更低，这类香肠主要有热那亚式萨拉米香肠、意大利腊肠、干香肠、加红辣椒的猪肉干香肠等。中式香肠多为干发酵香肠。

③按发酵程度。可分为低酸度和高酸度发酵香肠两种。这种分类方法是根据产品的pH进行划分，成品的发酵程度是决定发酵香肠品质的最主要因素。低酸度发酵香肠习惯上是指发酵后pH在5.5及以上的发酵香肠。它有着悠久的历史，形成了许多特色产品，如中式香肠及法国、意大利、南斯拉夫、匈牙利的萨拉米香肠等。低酸度发酵香肠通常是采用低温发酵和低温干燥制成的，低温和一定的盐浓度是抑制杂菌的手段。低酸度发酵香肠在生产上不添加碳水化合物，发酵、干燥时间较长，温度控制较低。高酸度发酵香肠是指产品pH在5.4以下的发酵香肠。它不同于传统低酸度发酵香肠，绝大多数是通过添加发酵剂或添加已发酵的香肠进行接种后发酵制成的。

（三）发酵香肠生产原材料

1. 原料肉

用于生产发酵香肠的肉糜中瘦肉含量为50%~70%。各类肉均可用作发酵香肠的原料，一般常用的是猪肉、牛肉和羊肉。在意大利、匈牙利和法国由于消费者偏爱猪肉的风味和颜色，这些国家仅用猪肉生产发酵香肠，而典型的德国发酵香肠的原料肉则采用1/3猪肉、1/3牛肉和1/3猪背脂为原料。若使用猪肉，则pH应在5.6~5.8，这有助于发酵，并保证在发酵过程中有适宜的pH降低速率。使用PSE肉［PSE肉俗称灰白肉，其颜色暗淡（灰白），pH及吸水力较低，肌肉组织松软并伴有大量渗水，嫩度和风味较差］生产发酵香肠，其用量应小于20%。就经验来说，老龄动物的肉较适合加工干发酵香肠，并用来生产高品质的产品。

2. 脂肪

脂肪是发酵香肠的一个重要组分，经干燥后脂肪的含量有时会达到50%。发酵香肠，尤其是干发酵香肠，其重要特性之一是具有较长的保质期（至少6个月），因此要求使用不饱和脂肪酸含量低、熔点高的脂肪。牛脂和羊脂因气味太大，不适于用作发酵香肠。一般认为色白而又结实的猪背脂是生产发酵香肠的最好原料。这部分脂肪只含有很少的多不饱和脂肪酸，如油酸和亚油酸的含量分别为总脂肪酸的8.5%和1.0%。如果猪日粮中多不饱和脂肪的含量较高，脂肪组织会较软，使用这样的猪脂肪会导致最终产品的风味和颜色发生不良变化，也可能发生脂肪氧化酸败，缩短货架期。

3. 碳水化合物

在发酵香肠的生产中经常添加碳水化合物，其主要目的是提供足够的微生物发酵底物，有利于乳酸菌的生长和乳酸产生。添加碳水化合物的数量和种类应满足乳酸发酵，同时避免pH降低过多，其添加量一般为0.3%~0.8%，常添加的碳水化合物是葡萄糖和寡聚糖的混合物。

4. 腌制材料

腌制材料包括食盐、亚硝酸钠或硝酸钠、D-异抗坏血酸钠等。

①食盐。在发酵香肠中食盐的添加量一般为 2.5%~3.0%，涂抹型发酵香肠的最终产品中食盐的含量可能达到 2.8%~3.0%，切片型发酵香肠的最终产品中食盐含量可能达到 3.2%~4.5%，这可将初始原料的水分活度降低到 0.96，但在意大利的萨拉米肠中，最终产品的食盐含量甚至达到 8.0%。高的食盐含量与亚硝酸盐以及低 pH 结合氮使原料中大部分有害微生物的生长受到抑制，同时有利于乳酸菌和微球菌的生长。

②亚硝酸钠和硝酸钠。除干发酵香肠外，其他类型的发酵香肠在腌制时首先选用亚硝酸钠。亚硝酸钠可直接加入，添加量一般小于 150 mg/kg。亚硝酸钠对于形成发酵香肠的最终颜色和延缓脂肪氧化具有重要作用，在生产发酵香肠的传统工艺或生产干发酵香肠的工艺中一般加入硝酸钠，其添加量为 200~500 mg/kg。如果开始腌制时亚硝酸钠的浓度过高，则会抑制有益微生物产生风味化合物或其前体物质的活力。一般认为，用硝酸钠生产的干香肠在风味上要优于直接添加亚硝酸钠的香肠。

③酸味剂。添加酸味剂的主要目的是确保肉馅在发酵早期阶段的 pH 快速降低。这对于不添加发酵剂的发酵香肠的安全性尤为重要。在涂抹型发酵香肠生产中，酸味剂也经常和发酵剂结合使用，因为涂抹型发酵香肠需要在一定时间内将 pH 快速降低以保证其品质。然而，在其他的制品中发酵剂与酸味剂结合使用将会导致产品品质降低，所以很少添加酸味剂。常用的酸味剂是葡萄糖酸-δ-内酯，其添加量一般为 0.5% 左右。它能够在 24 h 内水解为葡萄糖酸，迅速降低肉的初始 pH。

④D-异抗坏血酸钠。D-异抗坏血酸钠作为发色助剂，可保持发酵香肠色泽，防止亚硝酸盐形成，改善风味，使香肠切口不易褪色。一般添加量为 0.5~0.8 g/kg。

⑤其他辅料。主要指香辛料，以胡椒、大蒜、辣椒、肉蔻等最常用。香辛料的种类和数量视产品的类型和消费者的喜好而定，一般为原料肉重的 0.2%~0.3%。

此外，发酵香肠的生产中可添加大豆分离蛋白，但其添加量应控制在 2% 以内。

（四）发酵香肠中的微生物及生物化学

微生物是生产发酵肉制品的关键。传统的发酵肉制品是依靠原料肉中天然存在的乳酸菌与杂菌的竞争作用，乳酸菌作为优势菌群，很快产生乳酸抑制其他杂菌的生长。在香肠的自然发酵过程中，起发酵作用的微生物主要有三类：细菌、霉菌和酵母。随着商业化肉品发酵剂的开发，用于肉类发酵的发酵剂品种日益丰富。目前，商业化香肠发酵剂主要包括乳酸菌、微球菌、葡萄球菌、放线菌、酵母及霉菌等（表9-1）。

表9-1　发酵香肠中的常用微生物

微生物种类	菌种
酵母（yeast）	汉逊式德巴利酵母（*Dabaryomyces hansenii*） 法马塔假丝酵母（*Candida famata*）
霉菌（fungi）	产黄青霉（*penicillium chrysogenum*） 纳地青霉（*P. nalgiovense*） 扩展青霉（*P. expansum*）

微生物种类		菌种
细菌 （bacteria）	乳酸菌 （lactic acid bacteria）	植物乳杆菌（*L. plantarum*） 清酒乳杆菌（*L. sake*） 乳酸乳杆菌（*L. lactis*） 干酪乳杆菌（*L. caei*） 弯曲乳杆菌（*L. curvatus*） 酸乳片球菌（*P. acidilactici*） 戊糖片球菌（*P. pentosaceus*） 乳酸片球菌（*P. lactis*）
	微球菌（micrococcus） 葡萄球菌（staphlococci）	变异微球菌（*M. varians*） 肉食葡萄球菌（*S. carnosus*） 木糖葡萄球菌（*S. xylosus*）
	放线菌（actinomycetes）	灰色链球菌（*S. griseus*）
	肠细菌（enterobacteria）	气单胞菌（*Aeromonas* sp.）

（1）酵母

酵母适合加工干发酵香肠，汉逊式德巴利酵母是常用菌种。该菌耐高盐、好氧并具有较弱的发酵性，一般生长在香肠的表面。通过添加该菌，可提高香肠的风味。该菌与乳酸菌、微球菌合用可获得良好的产品品质。酵母除能改善干香肠的风味和颜色外，还能够对金黄色葡萄球菌的生长产生一定的抑制作用。但该菌本身没有还原硝酸盐的能力，同时还会使肉中固有的微生物菌群的硝酸盐还原作用减弱。

（2）霉菌

霉菌常用于生产干发酵香肠。常用的两种不产毒素的霉菌是产黄青霉和纳地青霉，它们都是好氧菌，因此只生长在干香肠表面。另外，由于这两种霉菌可分泌蛋白酶和脂肪酶，因而通过在干香肠表面接种这些霉菌可增加产品的芳香成分，提高产品品质。

（3）细菌

用作发酵香肠发酵剂的细菌主要是乳酸菌和球菌。乳酸菌能将碳水化合物分解成乳酸，降低原料的 pH，抑制腐败菌的生长。同时，由于 pH 的降低，蛋白质的保水能力下降，有利于香肠的干燥，因此乳酸菌是发酵剂的必需成分，对产品的稳定起决定作用。而微球菌和葡萄球菌能将硝酸盐还原成亚硝酸盐，能分解脂肪和蛋白质及产生过氧化氢酶，对产品的色泽和风味起决定作用。因此，发酵剂常采用乳酸菌和微球菌或葡萄球菌的混合剂。此外，灰色链球菌可以改善发酵香肠的风味，气单胞菌无任何致病性和产毒能力，对香肠的风味有利。

用作发酵香肠发酵剂的细菌应满足以下条件。

①必须具有与原料肉中的乳酸菌有效竞争的能力，对致病菌或其他的非必须菌具有拮抗作用，与其他的发酵剂菌种具有协同作用。

②必须具有产生适宜数量乳酸的能力，但不代谢产生生物胺和黏液。

③必须耐盐，且能在至少 6.0% 的食盐中生长。

④必须耐亚硝酸钠，并在 100 mg/kg 的亚硝酸钠中能生长。

⑤必须能在 15~40℃ 的温度范围内生长，且最适温度范围为 30~37℃。

⑥必须是同型发酵乳酸菌。

⑦必须无蛋白质分解能力。

⑧不能产生大量的过氧化氢，并应当是过氧化氢酶阳性。

⑨应当具有还原硝酸钠的能力。

⑩应当具备提高产品风味的能力。

能满足以上条件的细菌主要有乳酸菌、片球菌、微球菌和葡萄球菌。乳酸菌包括两个亚群：同型发酵乳酸菌和异型发酵乳酸菌。前者按 EMP 途径发酵葡萄糖产生乳酸；后者因缺少果糖二磷酸醛缩酶，其最终产物是乳酸、乙醇和 CO_2。在发酵香肠中应用的乳酸菌总是同型发酵乳酸菌。肉类工业中作为发酵剂常用的乳酸菌包括植物乳酸菌、清酒乳酸菌、干酪乳酸菌和弯曲乳酸菌等。片球菌属于兼性厌氧乳酸菌，能通过 EMP 途径发酵葡萄糖产生 L-乳酸或 DL-乳酸。片球菌无过氧化氢酶活性，某些片球菌产生的细菌素能抑制单核增生李斯特杆菌的生长。生产中常用的片球菌有戊糖片球菌和乳酸片球菌。微球菌是需氧的革兰氏阳性菌，能通过氧化途径分解葡萄糖产生酸和气体。微球菌具有过氧化氢酶活性和脂酶活性，对食盐有较高的耐受性（最高 15%）。微球菌的许多菌株能使产品着色，特别是由 α-胡萝卜素和 β-胡萝卜素衍生而来的黄色。微球菌能有效地将硝酸钠还原为亚硝酸钠，并改善产品的风味。生产上常用的微球菌是变异微球菌。葡萄球菌既可以进行有氧氧化，也可以进行无氧酵解。在无氧条件下，葡萄球菌发酵碳水化合物产生 D-乳酸和 L-乳酸。葡萄球菌具有分解硝酸钠的能力，也具有脂酶活性，在 15% 的食盐溶液中也能生长。生产上常用的葡萄球菌有木糖葡萄球菌、肉食葡萄糖球菌和模仿葡萄球菌。

（五）中式香肠加工

中式香肠品种较多，其一般工艺流程为：

原料肉→修整、切丁→冷冻（-4℃或-20℃，24 h）→斩拌→混合（加辅料、发酵剂）→灌肠（真空）→发酵→成熟干燥包装成品

1. 典型香肠配方（kg）

①广式香肠。猪瘦肉 35、肥膘肉 15、食盐 1.25、白糖 2、白酒（50°）1.5、酱油 0.75、鲜姜汁 0.5、胡椒粉 0.05、味精 0.1、亚硝酸钠 0.003；

②南京香肚。猪肉 100（肥肉比控制在 3∶7~4∶6）、食盐 5、白糖 5、调味料（八角∶花椒∶桂皮为 4∶3∶1）0.092、硝酸钠 0.03。

2. 原辅料的选择

中式香肠的生产几乎可以使用任何一种肉类原料，以猪肉用于香肠的生产最为普遍，有些产品中也加入牛肉、羊肉和禽肉及植物蛋白。用于香肠生产的肉馅中瘦肉的比例一般为 55%~80%。用于香肠生产的新鲜肉或冻肉应符合相应的国家标准，原料肉对香肠产品的色泽、质构、风味和外观具有重要的影响。

中式香肠的腌制剂主要包括氯化钠、亚硝酸钠、硝酸钠、抗坏血酸等。氯化钠在香肠中的添加量通常为 2.4%~3.0%，使初始原料的水分活度达到 0.96~0.97。亚硝酸盐可直接加入，添加量有国标强制规定。在生产发酵香肠的传统工艺中或在生产干发酵香肠过程中一般加入硝酸盐，其风味要优于直接添加亚硝酸盐。中式香肠中往往还包括大量的香辛料、酸化剂和发酵剂，其使用量因不同风味的产品而异。

3. 原料肉和脂肪的修整和切丁

原料肉的修整是指除去原料肉中的骨、腱、腺体和有血污的部分，剔除不合格的原料肉。

对猪背膘的修整主要是去除非脂肪部分。为了有利于斩拌地进行，在斩拌前对原料肉和脂肪还要进行切丁处理，即切成小块。

4. 冷却或冻结

新鲜的原料肉经切丁后，需要进行冷却，脂肪需要冻结。猪瘦肉和牛肉在-4℃微冻即可，而脂肪要在-20℃速冻18~24 h，这样不仅可以防止灌肠过程中出现"成泥"现象，同时还可以降低原料中的初始菌数。

5. 斩拌

混合斩拌制馅的方法有两种。一是一次性斩拌制馅法，即是指将猪瘦肉、牛肉、肥膘、其他辅料，以及发酵剂分别投入斩拌机斩碎，一次性搅拌混匀为内馅后灌肠。二是肥瘦肉分开斩拌后搅拌制馅法，是将瘦肉（包括牛肉）和肥膘先分开粗斩，然后一起于斩拌机内细斩、混合均匀即成发酵香肠肉馅。无论是采用哪种方法制馅，在斩拌、混合，以及后面的灌肠过程中需要注意的是脂肪的"成泥"现象，即脂肪解冻或斩拌过度，脂肪包裹在肉粒表面，这不仅阻碍干燥过程中的脱水，而且使成熟的产品切面脂肪粒和猪肉的分界模糊，降低产品的感观质量。因此在斩拌过程中，脂肪一般要控制在-8℃左右的冻结状态下。

6. 灌肠

将斩拌好的肉馅用灌肠机灌入肠衣。在灌肠之前应去除其中的空气，因为氧会影响香肠良好色泽和风味的形成，因此最好用真空灌肠机进行灌制。灌肠时肉馅的温度要求不超过2℃，以0~2℃为最适宜。用于发酵香肠生产的肠衣要有良好的透水性、透气性和弹性，在成熟干燥过程中能随着香肠的收缩而均匀收缩。天然肠衣是加工发酵香肠最佳的选择。

7. 发酵

灌肠后，香肠送入发酵室进行发酵。为避免水分在香肠表面冷凝，在送入发酵室之前先要在低的相对湿度下平衡到发酵温度。发酵温度是决定发酵速度最重要的因素，温度越高（也不能过高），发酵速度越快。香肠在发酵过程中另一需要控制的参数是发酵室的湿度。控制湿度的目的是防止发酵室的湿度过低，使香肠的表面形成坚硬外壳，另外，可以控制香肠表面霉菌和酵母的过度生长。一般情况下，高温短时发酵时设定空气的相对湿度为98%左右；但在较低温度下发酵时，一般原则是发酵室的相对湿度应比香肠内部的平衡水分含量对应的相对湿度低5%~10%。

8. 成熟、干燥过程

发酵过程也是成熟干燥过程。发酵结束后的相对较长的成熟干燥过程，是环境温度和湿度逐步降低，香肠发生一系列复杂的物理和化学变化，形成该产品特有品质的过程。发酵香肠在成熟干燥过程中具体温度、湿度和干燥时间的控制因不同的产品而异。

9. 包装

成熟后的香肠通常要进行包装。真空包装是目前常用的方法，对香肠颜色的保持和防止脂肪氧化是有益的。

（六）意大利色拉米香肠加工

色拉米肠是一种调味较浓的猪牛肉混合、经过发酵的香肠，品种有风干而稍硬型、新鲜而柔软型，有生有熟。著名的色拉米肠起源于意大利，在德国得到了一定改进，所以对色拉米肠的称呼常为意大利色拉米。

湿度采用92%和80%交替，使香肠处于较佳干燥状态。有些香肠生产过程中还接种霉菌或酵母菌，接种方法有两种：一种方法是将霉菌或酵母的液体培养液喷洒在香肠表团；另一种方法是先将霉菌或酵母菌制成菌悬浮液，然后将香肠在其中浸一下。霉菌和酵母的接种一般是在灌肠后进行，有时是在发酵后、干燥开始前才进行。

（七）中式发酵火腿加工

中式火腿以干腌火腿为代表，是用带骨、皮、爪尖的整只猪后腿或前腿，经过腌制、洗晒、风干、发酵、整型等工艺制成的。生产过程如下。

①配方：去骨牛肩肉26 kg，冻猪肩瘦肉修整碎肉48 kg，冷冻猪背脂修整碎肉20 kg，肩部脂肪12 kg，食盐3.4 kg，整粒胡椒31 g，亚硝酸钠8 g，鲜大蒜63 g，乳杆菌发酵剂适量，添加调味料粒肉豆蔻1个，丁香35 g，肉桂14 g。

②将肉豆蔻和肉桂放在袋内与水一起在低于沸点温度下煮10~15 min，过滤并冷却。

③冷却时把酒与腌制剂、胡椒和大蒜一起混合。

④牛肉通过3.2 mm孔板、猪肉通过12.7 mm孔板的绞肉机绞碎，与配料搅拌均匀。

⑤肠馅充填到猪直肠内，悬挂在贮藏间36 h干燥。

⑥肠衣晾干后，把香肠的小端用细绳结扎起来，每12.7 mm长系一扣。

⑦将香肠在10℃干燥室内吊挂9~10天。

二、发酵火腿的生产

（一）发酵火腿概述

发酵火腿根据习惯通常可分为中式和西式发酵火腿两种。中式发酵火腿香味浓郁，色泽红白鲜明，外形美观，营养丰富，可长期贮藏。我国以前有四大名火腿，即金华火腿、如皋火腿、宣威火腿和恩施火腿。目前恩施火腿已很少见，而金华火腿、如皋火腿、宣威火腿因口味好而深受广大消费者的喜爱，成为南腿、北腿和云腿的代表。南腿主要产于浙江省金华地区；北腿主要产于江苏省北部的如皋、东台、江都等地；云腿主要产于云南省的宣威、会泽等地和贵州省的威宁、盘州市、水城等地。三种火腿的加工方法基本相同，其中以金华火腿加工较为精细，产品质量最佳。

西式发酵火腿由于在加工过程中对原料的选择、处理、腌制及成品的包装形式不同，品种较多，主要有带骨火腿、去骨火腿等。

中式和西式发酵火腿的加工工艺大同小异，大部分中式发酵火腿仍然采用传统的加工方法生产，而西式发酵火腿有些已完全采用工业化标准化生产。

（二）发酵火腿生产原材料

1. 原料

发酵火腿的生产原料一般均选择猪的鲜后腿，不同产品对生产原料有具体的要求。我国的金华火腿采用金华"两头乌"——猪的鲜后腿，宣威火腿采用乌金猪的鲜后腿为生产原料。原料要求皮薄骨细，腿心（股骨）饱满，精肉多、肥肉少，肥膘厚度适中，金华火腿的腿坯质量为5.5~6.0 kg，宣威火腿为7~10 kg。法国科西嘉火腿采用科西嘉猪，按照传统饲养或放牧饲养方式，24 月龄进行屠宰，体重（141±15）kg，胴体和鲜腿分别为（115.5±14）kg 和（11.5±1.1）kg。西班牙伊比利亚火腿采用伊比利亚猪，按照传统饲养或放牧饲养方式，育肥阶段以橡子为饲料，屠宰体重为 160 kg 左右，鲜腿重 10~12 kg。意大利帕尔玛火腿采用家庭饲养的 10~12 月龄的肥猪，遗传型为大白×长白×杜洛克，屠宰活重 160~180 kg，鲜腿平均重 12.8 kg。

2. 腌制材料

腌制材料有食盐、硝酸盐、亚硝酸盐、蔗糖、葡萄糖、异抗坏血酸钠和香辛料等。

（1）工艺流程

原料猪选择及屠宰→冷却→上盐腌制→清洗和烘干→涂猪油→发酵→检验→成品

（2）生产工艺

①原料选择。伊比利亚火腿采用黑猪猪腿做原料，一般以重 12 kg 左右的为宜。

②冷却。在 0~4℃快速冷却 48 h，以使原料腿冷却至 2℃。

③上盐腌制。将原料腿挤血后，堆叠入不锈钢桶上盐，温度控制在 2~5℃，以 2℃/2 h 在 2~5℃循环变化 1 周，目的是热胀冷缩有利于盐的渗入，再上盐，重复操作 1 周；有的工厂只上一次盐，总上盐量为 3.5%。

④清洗和烘干。腌制好后，清洗、压模、挂架于 3~5℃下干腌 9 周后修腿，然后干燥处理，干燥温度为 22~25℃，共 4 周。

⑤发酵。在 22~24℃下发酵，发酵开始时需要在火腿上抹猪油或其他添加剂（或通过浸渍上油），目的是防止氧化，发酵时间为 18~20 个月，结束前 3 周升温到 28℃。

⑥成品检验。发酵结束后经检验即为成品，产品最终含盐量约为 2.5%。

（三）帕尔玛火腿

意大利的帕尔玛火腿以其优良的风味和鲜艳的红色而闻名。其制作工艺与中国的金华火腿、西班牙的伊比利亚火腿基本相似。

1. 工艺流程

原料猪选择及屠宰→冷却→修割→上盐腌制→放置→清洗和烘干→涂猪油→成熟和陈化检验做标记

2. 生产工艺

①原料猪选择及屠宰。用于制作帕尔玛火腿的猪必须产自意大利中部和北部的 11 个地区，饲料以奶酪副产品、粟、玉米和燕麦为主。猪饲养期必须超过 9 个月，体重不低于 150 kg，鲜猪后腿重 12~14 kg，皮下脂肪最好厚 20~30 mm。选用新鲜的猪后腿用于火腿制作。

②冷却。新鲜的猪后腿被放入冷却间（0~3℃）冷却 24 h，直到猪腿的温度达到 0℃，这时猪肉变硬，便于修整。用于生产帕尔玛火腿的猪后腿不能冷冻贮藏，宜放置在 1~4℃条件下的钢制或塑料制作的架子上 24~36 h，在这一时间内按后腿质量完成分类和修割。

③修割。需修割成鸡腿的形状。修割环境温度需控制在 1~4℃，修割时要去掉一些脂肪和猪皮，为后面的上盐腌制做好准备。修割损失的脂肪和肌肉量大约是总质量的 24%，在操作过程中，如果发现一些不完美的地方则必须将其切除。

④上盐腌制。冷却并修割后的猪后腿从屠宰车间被送到上盐车间。从 1993 年起，在腌制

中已停止使用硝酸钠或亚硝酸盐。腌制时需先对猪腿进行机械排血，然后腌制。腌制全部用海盐，上盐的方式根据不同的部位有所不同，猪皮表面部位使用粗粒湿盐（约含 20% 的水分），其用量为后腿质量的 1%~2%；在瘦肉部位要抹上冲粒干盐，用盐量为后腿质量的 2%~3%。将上盐后的猪腿放入冷藏室，冷藏室的温度为 1~4℃，相对湿度为 75%~90%，存放 7 天，完成第一阶段的腌制。然后取出进行盐的更新，进入第二阶段的腌制。放入另一间冷藏室（1~4℃），相对湿度为 70%~80%，在冷藏室保存约 21 天，时间长短要取决于猪后腿的质量，后腿重的时间要长，后腿轻的时间要短。

⑤放置。除掉猪后腿表面上多余的盐分，将其吊挂到冷藏间（1~4℃）里存放 60~90 天，分两个阶段控制湿度。第一段时间为 14 天，相对湿度为 50%~60%；余下时间为第二阶段，相对湿度为 70%~90%。在放置阶段需要进行"呼吸"，不能太湿也不能太干，目的是防止干燥过快而使后腿肉形成表面层，防止形成后腿肉组织的空隙。

⑥清洗和烘干。放置阶段结束后，后腿要用温水（38℃以上）进行清洗，目的是去除盐渍形成的条纹，或微生物繁殖所分泌黏液的痕迹，去除盐粒和杂质。洗涤后的后腿需放入干燥室内逐步烘干，前期为 12 天，热流空气温度为 20℃，后期为 6 天，温度逐渐降至 15℃。或利用周围环境的自然条件，选择晴朗干燥有风的天气进行风干，其目的是防止后腿膨胀和酶活力不可控制地增长。

⑦涂猪油。涂猪油的目的是使后腿肌肉表面层软化，避免表面层相对于内部干燥过快，避免进一步失水。猪油里会掺入一些盐、胡椒粉，有时掺入一些米粉。

⑧成熟和陈化。传统的悬挂方式，火腿在车间里自然风干，根据车间内的湿度适时打开窗户，逐渐、均匀地风干。在成熟阶段要求温度为 15℃，相对湿度为 75%，时间长短视后腿质量而定，小于 9 kg 的后腿风干约需 7 个月，大于 9 kg 的后腿风干约需 9 个月，其质量损失为 8%~10%。陈化阶段要求时间为 4~5 个月，温度为 18℃，相对湿度为 65%。在第 7 个月，帕尔玛火腿被放入"地窖"，这里凉爽、风更小。在这一过程中，会发生非常重要的酶促反应，这是决定帕尔玛火腿香味和口感的重要因素。

⑨检验、做标记。当陈化过程结束后，后腿质量会减少 25%~27%，最高可达 31%。理化测试部位取脱脂的股二头肌，火腿成品水分活度为 0.88~0.89，水分含量低于 63.5%，盐分含量小于 6.7%，蛋白质水解指数小于 13%。感官检验以嗅觉为主。经检验合格的火腿用火打上"5 点桂冠"印记，作为企业的识别标记。

（四）中国发酵火腿生产工艺

中式发酵火腿是我国著名的传统腌腊制品，因产地、加工方法和调料不同而分为金华火腿（浙江）、宣威火腿（云南）和如皋火腿（江苏）等。中式发酵火腿是用猪的前后腿肉经腌制、发酵等工序加工而成的一种腌腊制品。中式发酵火腿皮薄肉嫩、爪细、肉质红白鲜艳，肌肉呈玫瑰红色，具有独特的腌制风味，虽肥瘦兼具，但食而不腻，易于保藏。

1. 金华火腿

金华火腿历史悠久，驰名中外。相传起源于宋朝，早在公元 1100 年间民间已有生产，它是一种具有独特风味的传统肉制品。1915 年，金华火腿在巴拿马国际食品博览会上获得一等金质奖章，中华人民共和国成立后，该产品又陆续获得国家和部委的多项奖。

（1）工艺流程

猪后腿→修割腿坯→腌制→浸腿→洗刷→晒腿→修形→发酵→成品

（2）加工工艺要点

①原料选择。原料是决定成品质量的重要因素，金华地区猪的品种较多，其中两头乌最好。其特点是头小、脚细、瘦肉多、脂肪少、肉质细嫩、皮薄（皮厚约为 0.2 cm，一般猪为 0.4 cm），特别是后腿发达，腿心饱满。原料腿的选择：一般选质量为 5~6.5 kg/只的健康卫生鲜猪后腿（指修成火腿形状后的净重），皮厚小于 3 mm，皮下脂肪不超过 3.5 mm。要求选用屠宰时放血完全，不带毛，不吹气的健康猪。

②修割腿坯。刮净皮面和脚蹄间的残毛及血污物，用小铁钩勾去小蹄壳和黑色蹄壳。把整理后的鲜腿斜放在肉案上。左手握住腿爪，右手持削骨刀，削平腿部趾骨（俗称眉毛骨），削平髋骨（俗称龙眼骨）并不露股骨头（俗称不露眼）；从荐椎骨处下刀削去椎骨，劈开腰椎骨突出肌肉的部分，但不能劈得太深（俗称不塌鼻）；根据腿只大小，在腰椎骨 1~1.5 节处用刀斩落。把鲜腿腿爪向右，腿头向左平放在案上，把胫骨和股骨之间的皮割开，成半月形。开面后将油膜割去，操作时刀面紧贴皮肉，刀口向上，慢慢割去，防止硬割。然后将鲜腿摆正，腿爪向外，腿头向内，右手拿刀，左手将平后腿肉，割去腿边多余的皮。沿股动、静脉血管挤出残留的淤血。最后使猪腿基本形成竹叶形。

③腌制。修整腿坯后，即转入腌制过程。腌制是加工火腿的主要环节，也是决定火腿质量的重要过程。金华火腿腌制采用干腌堆叠法，就是多次把盐硝混合料撒布在腿上，将腿堆叠在"腿床"上，使腌料慢慢渗透。总用盐量以每次 10 kg 鲜净腿计算，控制在 700~800 g，做到大腿不淡，小腿不咸。由于食盐溶解吸热，一般腿温要低于环境温度 4~5℃，因此腌制火腿的最适温度应是腿温不低于 0℃，室温不高于 8℃。腌制时间与腿的大小、脂肪层的厚薄等因素有关，一般腌制 6 次，约需 30 天。

④洗腿。鲜腿腌制结束后，清洗腿面上油腻污物及盐渣，以保持腿的洁净，有助于提高腿的色、香、味。洗腿的水需洁净，可在水缸（池）中清洗。应先放水将腿逐只平放于水中，肉面向下（最底层肉面向上），腿皮必须浸没水中，不得露出水面。浸腿时间长短要根据气候、腿只大小、盐分多少、水温高低而定。冬季一般要浸泡 25 h 左右，春季一般是 6~8 h。腿浸一段时间后，即可进行洗刷。将洗刮干净的腿再置于清水中浸漂约 3 h，再刷洗一次。如果火腿浸泡后肌肉颜色发暗，说明火腿含盐量小，浸泡时间应相应缩短；如肌肉面颜色发白而且坚实，说明火腿含盐较高，浸泡时间需酌情延长。如用流水浸泡，则应当缩短时间。

⑤晒腿和整形。用草绳将腿拴住吊起，挂在晒架上，再用刀刮去脚腿和表面留开一定距离，以免遮挡光线，使肉面向阳，晾干水渍，即可在腿皮面上盖印，再晒 3~4 h 可开始整形。整形是在晾晒过程中将火腿逐渐校成一定的形状。将小腿骨校直，脚部弯曲，皮面压平，腿心丰满。使火腿外形美观而且肌肉经排压后更加紧缩。晾晒时间的长短根据季节、气温、风速、火腿大小、肥瘦、含盐量的不同而异。在冬季晾晒 5~6 天，在春季晾晒 4~5 天。晾晒时避免在强烈的日光下暴晒，以防脂肪融化流油。在晾晒过程中，遇到阴天时则挂在室内，若产生黏液应及时揩去，严重时应重新洗晒。晒腿时应检查腿头上的脊骨是否折断，如有折断应用刀削去，以防积水，影响质量。晾晒以紧而红亮并开始出油为度。

⑥发酵。火腿经腌制、洗晒后，内部大部分水分虽然外泄，但是肌肉深处，还没有足够干燥。因此，必须经过发酵过程，一方面使水分继续蒸发，另一方面使肌肉中的蛋白质、脂肪等部分分解，使肉色、肉味、香气更好。火腿进入发酵场前，应逐只检查腿的干燥程度，是否有虫害和虫卵。在腿架上应按大、中、小分类悬挂，彼此相距 5~7 cm。发酵间要保持干

燥，通风阴凉，室内的相对湿度应控制在70%左右。火腿发酵时间一般自上架起2~3个月。一般发酵时已进入初夏，气温转热，残余水分和油脂逐渐外泄，同时肉面生长出绿色、白色霉菌，这些霉菌分泌的酶，使腿中的蛋白质、脂肪等发生降解，使火腿逐渐产生了香味和鲜味。在自然条件下，腿上长出小白点、小绿点霉菌，随气温变化，小点霉菌由白变绿，逐步扩大到整只腿的肉面，这属于正常发酵。腿的皮面潮湿发黏，有黄糊，肉面霉呈白色或黑色，这是发酵异常的表现。发现发酵异常应及时采取措施，如可以用生石灰铺在地面上吸潮，或用白砻糠抹在腿的肉面上吸潮等。

⑦干腿整形。火腿发酵后，水分蒸发，腿身逐渐干燥，腿骨外露，需再次修整。将腿放在工作台上，用劈刀把突出于肌肉的趾骨削平，然后分三刀把突出于肌肉的"龙眼骨"修成荞麦形。把火腿两边多余的膘皮修成弧形，用斜刀法割去油膘、瘦肉高起部分用平刀法割去肉面不平整部分。干火腿整修后应达到刀工光洁，腿形呈竹叶形。

⑧落架、堆叠、分等级。火腿挂至7月初，根据洗晒、发酵先后批次、质量、干燥程度依次从架上取下，称为落架。刷去火腿上的霉菌，按传统火腿的规格质量标准进行分级堆放。每堆高度不超过15只，腿肉向上，腿皮向下，根据气温不同每10天左右翻堆一次。翻堆时根据需要可在火腿上涂抹少量的火腿油或食用植物油。

2. 宣威火腿

宣威火腿产于云南省宣威市，距今已有250余年的历史。在清雍正年间（公元1722—1735）宣威火腿就已闻名。宣威火腿的特点是腿肥大，形如琵琶，故有"琵琶腿"之称，其香味浓郁，回味香甜。

（1）工艺流程

选料→修整→腌制→发酵→堆放

（2）加工工艺

①选料。选用云南乌蒙山至金沙江一带出产的乌金猪的鲜腿为原料。原料腿要求新鲜、干净，且皮薄、腿心饱满，无淤血和伤残斑疤。

②修整。鲜腿修整与火腿成品的外形和质量密切相关。修腿时应去掉血污，挤出血管中的残血，刮净残毛，边缘修割整齐，得到火腿的坯形。

③腌制。一般采用干腌法，选用云南省一平浪精盐和黑井筒盐为腌制用盐，用量为鲜腿质量的7%。腌制前将盐磨细，分三次将盐涂擦在腿肉和腿皮上。每次用盐量分别为鲜腿质量的2.5%、3.0%和1.5%。在第一次用盐后（俗称头道盐），堆码，2~3天第三次上盐（俗称二道盐），接着堆码3天即可进行第三次上盐（俗称三道盐）。涂擦时先擦脚爪和后腿部位，然后擦腿皮，最后擦腿肉面，使其盐分能均匀地分散于腿中。一般腌制时间为15~20天。当火腿肌肉由暗红转为鲜艳的红色，肌肉组织坚硬，小腿部呈橘黄色且坚硬时，表明色腌好，可进行上挂发酵。

④发酵。经腌制后的猪腿于一定温度和湿度条件下，发生一系列生物化学变化，使部分营养成分发生分解，产生更多的风味物质。发酵时要求场地清洁、干燥、通风良好。挂腿时相互保持一定距离，不发生接触，以利于发酵微生物的生长，促进发酵，最终达到发酵的目的。发酵好的火腿即为成品，成品率为76%左右，平均重5.75 kg。

⑤堆放。火腿发酵完毕，即可从悬挂架上取下，并按大、中、小火腿堆叠在腿床上，一般堆叠不超过15只。大腿堆叠时腿肉向上，腿皮向下，然后每隔5~7天上下翻堆，同时，检查火腿的品质。

第三节　发酵水产品制品生产工艺

由于全球众多人口对于蛋白质的营养要求，使鱼产品的发酵得到发展。在一些国家，如东南亚的泰国、柬埔寨、马来西亚、菲律宾和印度尼西亚，发酵鱼产品是饮食的重要组成。Amano（1962）报道说柬埔寨有大约7.5%的食物蛋白质来自鱼沙司。

发酵鱼制品是水产品加工中颇具代表性的一大类产品，包括咸鱼、鱼露、鱼酱等。随着发酵技术的发展，发酵鱼制品以其独特的风味和口感及高的营养价值，日益受到消费者喜爱。

发酵鱼制品是指鱼类在酶或微生物作用下，经过一系列降解反应后得到的产品。传统的发酵鱼制品多采用自然发酵方法进行手工作坊式生产，存在发酵时间长、产品质量稳定性差、安全性低的问题。现代工业化生产着眼于改进鱼制品加工工艺，使产品适于长期贮藏，方便食用，质量稳定提高。

发酵鱼制品的生产一般要经过腌制和发酵两道工序，以形成其独特的风味特征。腌制主要是食盐渗透的过程，它不仅赋予产品主要滋味，而且使鱼脱水到一定程度，对微生物进行选择性培养，有抑制腐败微生物的作用。发酵是利用酶或微生物对鱼体或副产物中养分进行降解，使其产生一定的风味和色泽。根据产品的生产过程及成品的外形或用途，发酵鱼制品常可分为以下几种：

①腌腊鱼。腌腊鱼是一类典型的微生物发酵制品。腌腊制品的加工一般要经过腌制和干制两道工序，以形成其独特的风味特征。干燥可脱除大部分水分，使成品质量稳定、便于贮藏。干燥过程中有大量的乳酸菌、微球菌、葡萄球菌、酵母菌、霉菌生长。

②酒糟鱼。酒糟鱼经盐腌、干燥和糟制等工序加工而成，具有甜咸和谐、醇香浓郁、回味悠长、口感柔和、色泽亮丽等特点，是湖北、江西和浙江等地居民普遍制作的水产加工品。糟制可对酒糟鱼中的微生物进行选择性培养，促进制品风味的形成，是酒糟鱼加工的重要工序。

③鲊鱼。鲊鱼是中国传统的特色发酵鱼制品，以鱼块、米粉为主要原材料，进行固态发酵而制成，因其具有发酵风味浓郁、酸香可口、营养丰富且易于消化吸收等特点而深受广大消费者的欢迎。

④鱼露。鱼露是以新鲜的海鱼和盐为原料，经自然发酵或生物酶解而成的液态调味品。鱼露营养丰富，风味独特，其鲜味主要来自氨基酸、呈味核苷酸、多肽及有机酸等。

一、腌腊鱼发酵制品

水产品腌制加工具有悠久的历史，也是中国20世纪50~60年代保藏水产品的主要手段，著名的产品有咸带鱼、咸黄鱼、咸鲳鱼和咸鲜鱼等。然而目前人们进行腌制鱼的加工更多地是为了追求腌制品独特的风味和口感。

（一）生产原材料

1. 原料鱼

腌制鱼类主要有蓝圆鲹、鲐鱼、金线鱼、画眉笛鲷、勒氏笛鲷、鲳鱼、带鱼、黄鱼、鲤鱼、鲫鱼、鲢鱼等。

2. 腌制材料

主要为食盐，其他辅料为白糖、花椒、生姜、八角、桂皮等。

（二）腌腊鱼发酵制品微生物及生物化学反应

1. 腌腊鱼中的微生物

乳酸菌、微球菌、葡萄球菌和酵母菌是腊鱼中的优势微生物。不同条件腌制的腊鱼中的各类微生物数量有明显差异。降低食盐用量及提高腌制温度，腌腊鱼中各类微生物的数量均显著增加。所有菌株在15℃以上均能良好生长。所有分离的乳酸菌均具有胞外蛋白酶活性但无胞外脂肪酶活性。松鼠葡萄球菌、产色葡萄球菌和腐生葡萄球菌具有胞外蛋白酶活性，除松鼠葡萄球菌外，其余葡萄球菌均具有胞外脂肪酶活性。

2. 腌腊鱼中的生物化学变化

由于鱼体和微生物酶的作用，蛋白质、脂肪被分解，游离氨基酸增加并溶出，形成腌腊风味。同时，随着鲜度的下降，鱼腥味增加，其成分主要是挥发性盐基氮。当鲜度继续下降时，微生物引起的腐败变质可产生令人厌恶的异臭、异味。

（1）蛋白质

在腌腊鱼加工中，微生物代谢所产生的蛋白酶和原料中的内源蛋白酶均可能催化鱼肉中蛋白质的水解。游离氨基酸是蛋白质水解的最终产物，是腌腊制品中重要的呈味物质。腌腊鱼中的总游离氨基酸含量为 2.7~3.2 g/100 g（干基）。组氨酸、甘氨酸、精氨酸和丙氨酸是腌腊鱼中的主要游离氨基酸，其含量均大于 300 mg/100 g（干基），占游离氨基酸总量的30%以上。组氨酸和精氨酸主要呈苦味和略甜味，而甘氨酸和丙氨酸则呈鲜甜味，且其含量均为呈味阈值的几倍到几十倍，因此对腌腊鱼的滋味可产生重要影响。此外，脯氨酸、赖氨酸和苏氨酸的含量也相对较高，脯氨酸和苏氨酸是典型的甜味氨基酸，对腌腊鱼的鲜味也具有重要的辅助作用。

（2）脂肪

鱼肉中的粗脂肪含量在整个加工过程中变化不大。鱼肉中的 TBA 值在腌制阶段变化不大，干燥阶段呈显著增长趋势，说明鱼肉中脂肪的分解与氧化主要发生在干燥阶段。脂质的分解氧化是挥发性风味物质产生的重要途径。腌腊鱼中的脂质含量尽管较少，但是富含各种不饱和脂肪酸，为脂质的氧化创造了条件。经过脂质氧化可以产生醇、醛、酮、烷烃等风味物质。TBA 值的变化规律说明，腌腊鱼干燥过程中发生了显著的脂肪氧化反应。腌腊鱼中检出的1-辛烯-3-醇可由脂质的酶解产生，检出的己醛、庚醛、壬醛和辛醛等 $C_6 \sim C_{10}$ 饱和醛主要来源于油酸、亚油酸、亚麻酸及花生四烯酸等不饱和脂肪酸的氧化。

3. 腌腊鱼发酵制品加工工艺

（1）工艺流程

自然发酵：原料鱼→整理→清洗→沥干→腌制→风干→成品。

人工接种发酵：原料鱼→整理→清洗→沥干→腌制→接种混合发酵剂→发酵→干燥→成品。

（2）腌腊鱼生产过程

以接种发酵为例，其生产过程如下。

①原料选择。原料鱼选用鱼鳞完整，鱼体肉质坚实、有弹性，鱼眼发青，鱼鳃干净的冻鱼，鱼体较长，且头尾大小匀称，易于加工。

②腌制。采用4℃、10%盐水和0.5%白砂糖进行腌制，M（鱼）：V（盐水）＝1：2，腌制10 h，后取出备用。

③接种发酵。采用注射法沿鱼背部两侧各均匀接种约1 mL混合菌液（植物乳杆菌和木糖葡萄球菌的比例为1：2），倒挂于鼓风干燥箱内发酵，发酵温度为35℃，发酵10 h。

④干燥。于65℃下干燥至含水量约为60%。

⑤包装成品。一般采用真空包装。

二、鱼露发酵制品

（一）鱼露发酵制品

鱼露发酵制品是以鱼为原料经盐渍或腌制发酵后抽取澄明的滤汁，配以食盐、糖及其他辅助原料精制加工而成的一种味道鲜美、营养价值高的调味料。鱼露呈红褐色、澄明有光泽、味道鲜美，以口留香持久，香气四溢，具有原鱼特有的香味，营养丰富。鱼露发酵制品在我国辽宁、天津、山东、江苏、浙江、福建、广东、广西等地均有生产，以福州的产品最为出名，产量也最大，远销多个国家和地区。

鱼露发酵制品生产原材料如下：

1. 原料鱼

选用食用鱼类，要求新鲜、蛋白质丰富，发酵成熟后，香质好、味鲜无异味。一般用淡水鱼、海水硬骨鱼、海水软骨鱼等低值鱼，如鲲鱼、参鱼（金色小沙丁鱼）、七星鱼、三角鱼（绒纹单角鲀）、黄鳍鲔、鳍鱼、剑鱼、鲤鱼、修鱼、比目鱼等。

原料鱼中各种成分含量对鱼露加工工艺、成品产量、营养价值、香气及味道有不同程度的影响，尤其是蛋白质和酶对鱼露风味影响最大。不同种类的鱼，化学组成不同、蛋白酶活力不同，同一种鱼的不同部位、在不同的生长时期，其成分含量也不同。以下脚料为原料时，应注意蛋白质含量不同部位的比例。过去认为以淡水鱼为原料生产的鱼露风味较差，但研究表明，通过加酶、加曲，利用淡水鱼也可以生产出风味好的鱼露。

2. 腌制材料

（1）食盐

一般用盐量为30%～40%，大鱼、脂肪含量高或有腐败迹象的鱼，用盐量都应多些。将鱼按鲜度分级，则新鲜鱼用盐量为鱼重的25%～30%，次鲜鱼为30%～50%。用盐量根据气温变化可适当增减，气温高时盐量增加。食盐在鱼露发酵过程中的作用如下：抑制腐败菌的繁殖；破坏鱼细胞组织结构，更易于酶发挥作用；影响总氮与氨基氮的生成；与谷氨酸结合为谷氨酸钠，增加产品的鲜味；高盐抑制蛋白酶的活力，使发酵周期延长，为了缩短发酵周期，可以先低盐发酵，使蛋白酶充分作用一段时间后，再补足盐量，在用曲或加酶发酵的情况下，需要加入的盐量比较低，一般在5%～15%，但不能太低，太低除影响风味外，还会影响到产品的保存。

（2）其他

白糖，添加量可根据口味而定。

（二）鱼露发酵制品微生物及生物化学反应

1. 微生物

（1）乳酸菌

乳酸菌对鱼露生产极为重要，它可以产生有机酸、活性肽等物质，与鱼露的风味和质量有密切关系。研究人员从发酵半年的鱼露发酵液中筛选出产蛋白酶乳酸菌共22株，根据HR值（透明圈直径与菌落直径之比）的大小，选出HR值较大及菌落直径较大的乳酸菌12株，测定结果表明它们均有一定蛋白酶活力和降低pH的作用。

（2）米曲霉

一些国内外学者把发酵酒或大豆酱油的曲种加进鱼露中，也能促进鱼露的快速发酵。鱼露加曲发酵的过程类似酱油的酿造过程，所选用的菌种主要是酿造酱油用的米曲霉。米曲霉可分泌多种酶，如蛋白酶、淀粉酶、脂肪酶等，这些酶在鱼露发酵过程中，将原料鱼中的蛋白质、碳水化合物、脂类充分分解，经过复杂的生化过程，形成具有独特风味的物质。利用米曲霉制得的种曲，生长旺盛、水解能力强，可以用于鱼露的快速发酵生产。

（3）嗜盐和耐盐微生物

鱼露发酵过程中，盐浓度一般为20%～30%，如此高的盐浓度不仅抑制腐败微生物的生长繁殖，同时也抑制了鱼自身蛋白酶和有益发酵微生物的活性。一些学者把目光集中于嗜盐微生物，希望得到高产蛋白酶的嗜盐微生物，促进鱼露快速发酵。嗜盐微生物在胞内积累大量的小分子极性物质，如甘油、单糖、氨基酸及它们的衍生物，作为渗透调节物质，帮助细胞从高盐环境中获取水分。

2. 生物化学

鱼露之所以深受人们的喜爱，主要是因为其具有独特的香味和鲜味。鱼露的香味是多种醇和酯类成分综合作用的结果，其主要来源有：原料鱼自溶；曲霉发酵产物；空气中存在的耐盐乳酸菌、耐盐酵母菌的代谢产物；由各种代谢产物化学反应所生成。鱼露的鲜味主要来自多肽、氨基酸、核酸降解生成的呈味核苷酸，有机酸也能赋予鱼露以鲜味。谷氨酸为鱼露中所有氨基酸中含量最高的一种，占总氨基酸含量的1/6～1/5。

（三）鱼露发酵制品加工工艺

1. 鱼露生产工艺流程

鱼→盐渍或盐腌→发酵→过滤→调配→检验→包装→成品

2. 鱼露生产过程

将捕获的鱼采用食盐盐渍或盐腌。盐渍或盐腌与发酵是密切结合在一起的，盐渍或盐腌过程可以看作是鱼的保存过程，也可以看作是发酵的初级阶段。

（1）鱼的盐渍或盐腌

要求如下：应按鱼品种大小、鲜度分等级处理，大型的鱼应用绞肉机绞碎。在生产过程中，盐渍或盐腌一般在大型水泥池或罐中进行，用活动玻璃等盖子封口，在太阳光下暴晒，以利光、氧及自身的酶系加速鱼体的自溶。用盐量应足以抑制腐败微生物的繁殖，但又不影响鱼的发酵速度。盐与鱼应混合均匀，一层盐，一层鱼，顶层鱼用盐覆盖，且加石压。鱼经过一段时间盐渍或盐腌，便有大量卤水渗出，最后将鱼全部浸没。一般情况下，盐渍或盐腌时间长，鱼体在下阶段发酵所需要的时间就会短些，成品鱼露的风味也较好。但是为了提高设备利用率，缩短生产周期，也不宜将盐渍或盐腌的时间拖得太长，一般掌握在半年到一年。

（2）鱼露发酵

鱼露的发酵可采用天然发酵和人工快速发酵两种方法。天然发酵法生产周期长，但成品风味好；人工快速发酵法生产周期短，但成品风味差。

在鱼露发酵过程中，加入适量的活鱼内脏，因其含有丰富的蛋白酶，如胰蛋白酶、胰凝乳蛋白酶、组织蛋白酶等，可以加速蛋白质的分解，缩短发酵周期。研究表明，外加蛋白酶可以明显促进蛋白质的分解，大大缩短发酵周期。

在鱼露发酵过程中，加入一些酿造酱油所用的米曲霉或酿造清酒所用的曲种等，利用它们所分泌的蛋白酶、脂肪酶、淀粉酶等，将原料鱼中的蛋白质、脂肪、碳水化合物等充分分解，经一系列的生化反应，形成鱼露特有的风味。

3. 过滤和浸提半成品

抽取原鱼露发酵液，进行粗滤，经澄清，取澄清液于 $85 \sim 92℃$ 下加热灭菌。趁热用硅藻土或高岭土加细砂过滤，滤液即为半成品。

原鱼露的发酵渣用卤水或一定浓度的盐水进行浸提。浸提的作用主要是回收渣中的氨基酸，并提高氨基态氮的收得率。浸提所需要的时间视发酵渣内氨基酸含量而定，短者为 $4 \sim 5$ 天，长者为 $10 \sim 15$ 天。浸渍之后再进行提取，经反复浸渍抽提浸渍物后，当浸渍液中的氨基酸含量降到 0.20% 以下时，停止浸提。

4. 调配

浸提后的鱼露根据不同等级进行混合调配，较稀的可用浓缩锅浓缩，蒸发部分水分，使氨基酸含量及其他指标达到国家标准。

5. 检验

对调配好的鱼露进行检验。具体标准如下：

①感官指标。一级品：橙红到棕红色，透明无悬浮物和沉淀物，具固有香味，无异臭味；二级品橙黄色，较透明，无悬浮物和沉淀物，具固有香味，无异臭味。

②理化和微生物指标。理化指标具体见表9-2，微生物指标见表9-3。

表9-2　鱼露理化指标

项目	指标
氨基酸态氮/ $(g \cdot dL^{-1})$	0.5~1.0
全氮/ $(g \cdot dL^{-1})$	0.7~1.40
食盐/ $(g \cdot dL^{-1})$	≤29
挥发性盐基氮/氨基酸态氮/%	≤28
相对密度（20℃）	≥1.2

表9-3　鱼露微生物指标

项目	指标
细菌总数/ $(CFU \cdot mL^{-1})$	≤5×10³

项目	指标
大肠菌群/（CFU·100mL^{-1}）	≤30
致病菌	不得检出

6. 成品

将检验好的鱼露按等级分别灌装于消毒和干燥后的玻璃瓶内，封口贴标，即为成品。

三、鱼酱、虾酱和蟹酱

蟹酱，是以中、小型海蟹为原料，经洗净、捣碎、加盐后发酵制成的一种糊状发酵调料。滋味鲜美，具有独特的海蟹香气，是我国沿海地区常用的调味料之一，既可直接蘸食，也可用作烹调用料。蟹酱在我国历史悠久，有关蟹酱的记载最早可追溯于《周礼》及《齐民要术》等古籍中。

将鲜海蟹加工为蟹酱，不仅能解决其季节性食用局限，而且能使其营养成分更易被人体吸收、利用。蟹酱在发酵过程中，生蟹自身和微生物产生的酶类会将蟹中的碳水化合物、蛋白质、脂肪等大分子降解成单糖、氨基酸、脂肪酸等小分子代谢物。这些代谢物会被微生物利用进行初级代谢和次级代谢，进一步形成各种挥发性代谢物，使产品具有独特的风味。同时，发酵过程可以加强海蟹的生物活性，国内外已有研究表明，酶解蟹类加工副产物可以制备活性肽，已有研究从多种蟹类中发现了抗肿瘤肽、抑菌肽等活性多肽。

原料蟹洗净沥水→去壳、鳃、胃囊等污物→捣碎至组织均匀→放入发酵罐→加入其重量20%的食盐，拌匀腌渍→压紧抹平表面，加盖密封。每天搅拌一次，经20天左右，腥味逐渐减少，则发酵成熟。

鱼酱、虾酱、蟹酱都属于发酵制品，是历史悠久的民间加工产品，这几种制品加工制作的方法基本相同，都是利用体型较小的鱼、虾、蟹为原料，加入盐，不仅可防止腐烂，也可在原料中酶的作用下分解蛋白质，经发酵后再研磨细，制成一种黏稠状的酱料。它们含有咸味和美味成分，作为副食品能够生吃，也可作为菜肴的调味品而食用。通常生产鱼酱的原料是几厘米长的小鱼，虾酱所用的原料是小白虾、糠虾、磷虾、毛虾等小型虾类，蟹酱原料通常为梭子蟹或小沙蟹等。所用的原料一般以少脂为好，必须新鲜，加工制作的成品具有鱼虾蟹特有的鲜味，否则会使制品带有不快的味感。我国朝鲜族在泡菜制作中常会根据个人的口味加入鱼酱、虾酱等调料，制作出来的泡菜具有海鲜的味道，使泡菜不仅有营养，味道也更为鲜美。沿海渔民利用沿海丰富的鱼虾蟹资源制作成的鱼酱、虾酱、蟹酱的方法大致相同。

酱料加工工艺如下：

1. 制作工艺

原料处理→盐渍→发酵→成品。

2. 加工要点

（1）原料处理

将原料用清水清洗，沥干水分。

（2）盐渍

将腌制用的容器（可用木桶或缸）清洗干净，将原料放入，按原料重的25%～30%食盐量加入容器中盐渍，当虾体变红表明已初步发酵，可用木棒捣碎成酱，搅拌均匀，压紧抹平，加盖密封容器口。放盐量可根据季节气温变化而定，一般春夏季按原料重的 25% 放盐，秋冬季按原料重的 30% 放盐，如需增香，可在加食盐的同时加入茴香、花椒、辣椒等香辛料，以提高制品风味。

（3）发酵

经日晒 10 天左右，当酱料发酵膨胀时，每天 2 次边晒边搅拌，每次搅拌约 20 分钟，促进发酵均匀充分，并挥发臭气，在发酵几日后沥去卤汁，连续发酵 30 天左右，即为成品。

四、虾油

虾油并非油质，是以新鲜虾为原料、经发酵提取的汁液。传统的虾油是沿海人民凭借丰富的水产腌制技艺、巧加融合而形成的，实际上虾油是虾酱发酵成熟后取其上部澄清液过滤后煮制而成虾酱的衍生制品。一般加工季节为清明前一个月，生产原理与鱼露相同，主要原料是低值虾，以海虾为主，经盐渍、发酵提取而成，虾味浓郁，咸鲜合一，滋味见长，是食品工业和家庭佐料用餐的调料。

虾油加工工艺如下：

1. 制作工艺

新鲜虾→清洗→盐渍→发酵→炼油→成品。

2. 加工要点

（1）腌渍

将清理好的原料倒入容器，原料约占容器容积的 60%。经日晒夜露两天后，缸面有红沫浮起时，即可加盐搅拌。整个腌渍过程的用盐量为原料量的 16%~20%。经过 15 天的早晚搅动腌渍，不见虾体上浮或很少上浮时即可，每次搅动加少许盐直到食盐用完。

（2）暴晒发酵

阳光暴晒是虾油酿造的关键。搅动时间越长，次数越多，晒热度越足，腥味越少，质量越好。如遇雨天需加盖。经早晚搅动、日晒夜露，容器内呈浓黑色酱液、表面浮起一层清油时则发酵完成，便可开始熬炼虾油。

（3）提炼煮熟

经过晒制发酵后的虾酱液即可开始炼油。可用勺子撇去表面的浮油，再以 5%~6% 的食盐溶解成凉盐水溶液冲进缸内。加入盐水后，再搅动 3~4 次，以促使缸内虾油与渣分离。然后将虾油过滤后置于锅内烧煮，撇去锅内浮面泡沫，沉淀后即为成品的虾油。虾油成品为橙红或棕黄色透明液体，具有特有的虾香和鲜美的滋味。

五、其他发酵水产品

水产调味料作为一种日常佐料食品，在我国传统的调味料中占有重要比例和地位，含有丰富的氨基酸、多肽、糖、有机酸、核苷酸等呈鲜物质和牛磺酸等保健成分，这类调味品的美味之源主要是含有大量的谷氨酸，其浓郁的海鲜风味深受广大群众尤其是沿海一带渔民的喜爱。

广东称牡蛎为蚝，蚝油是用蚝（牡蛎）熬制而成的调味料。蚝油是广东菜肴中常用的传统鲜味调料，也是调味汁类最大宗的产品之一。它以"海底牛奶"之称的蚝牡蛎腺为原料，经煮熟取汁浓缩，加辅料精制而成。蚝油味道鲜美、蚝香浓郁、黏稠适度、营养价值高，是配制蚝油鲜菇牛肉、蚝油青菜、蚝油粉面等传统粤菜的主要配料。

传统蚝油虽然具有氨基酸含量高的优点，但色泽较差，腥味大且略有苦味，其制作方法有两种：一种是用鲜牡蛎干经煮制的汁，浓缩后而制成的一种液状鲜味调料；另一种是新鲜牡蛎捣碎研磨熬汁，这两种制品皆被称作原汁蚝油。现代蚝油的制作改进了加工工艺，克服了原汁蚝油的缺点，是原汁蚝油经改色、增稠、增鲜等处理后的制成品，称为复加工蚝油即精制蚝油。这种精制蚝油既保持了鲜蚝独有的风味特色，又无鲜蚝的腥臊异味。

蚝油加工工艺如下：

1. 原汁蚝油制作工艺

牡蛎洗涤→磨碎→澄清、过滤→浓缩→成品。

2. 加工要点

（1）澄清、过滤

将煮蚝油的汤汁静置后，用 120 目的筛绢过滤，除去蛎壳、泥沙等杂质。

（2）浓缩

在锅里涂上一层花生油以免烧焦，把过滤后的蚝汤倒入锅中，温度控制在 100℃左右，"直火"浓缩 10 多个小时即可成品。判断达到成品的经验有以下几种方法：一是看蚝油沸腾时产生的花纹；二是把蚝油滴一滴在纸上，以不迅速扩散为准；三是把蚝油滴在装有冷水的玻璃杯里，旋转杯子，以不粘杯壁为准，蚝油呈半流状、稠度适中、无渣粒杂质、色红褐色至棕褐色、具特有的香气、味道鲜美醇厚而稍甜、入口有油样滑润感者为佳。

蚝油用途广泛，适合烹制多种食材，如肉类、蔬菜、豆制品、菌类等，还可调拌各种面食、涮海鲜中佐餐食用等。蚝油也是腌制食材的调味料，蚝油特有的鲜味会渗透原料内部，增加菜肴的口感和质感。在烹饪肉类内脏时，用蚝油腌制后可以去除内脏的腥味，令其酱味香浓。使用适当的蚝油腌制肉类可去肉的腥味，并补充肉类原味的不足，添加菜肴的浓香味。

我国沿海一带的渔民几乎每家每户都有其制作水产调味料的独特方法，根据使用的原料、发酵程度、容器、天气、手艺等的不同，制作出来的味道、香味及其营养也各不相同。

思考题

①泡菜发酵过程中包括哪些微生物的作用？

②酱腌菜制作过程中有哪些生物化学变化？

③可以用哪些微生物来制作发酵蔬菜汁饮料？

④在蔬菜发酵中采用纯种发酵有哪些优点和缺点？

⑤发酵香肠的分类及其特点是什么？

⑥发酵香肠的生产原料主要有哪些？发酵香肠中的微生物有哪些，各起什么作用？

⑦中式和西式发酵香肠的生产工艺有哪些区别？

⑧发酵火腿的生产原料主要有哪些？发酵火腿中的微生物有哪些，各起什么作用？

⑨发酵鱼制品常经哪两道工序制成，其具体内容是什么？

⑩鱼露制品的特有风味主要由哪些物质经什么途径变化而来？

⑪什么是虾油，其有何特点？

第十章　功能性发酵食品

第一节　功能性食品

一、功能性低聚糖

功能性低聚糖是指由2~10个单糖通过糖苷键连接形成的直链或支链低度聚合糖，由于人体内唾液和胃肠道内没有水解功能性低聚糖的酶类，且不能被人体胃酸、胃酶降解，不被小肠吸收能直接进入大肠。进入大肠的低聚糖通过促进肠道蠕动、促进益生菌增殖、抑制有害菌的生长及润肠通便等作用实现其生理功能。

1. 功能性低聚糖的种类

根据低聚糖的聚合度、甜度、黏度、水溶性等特点，将功能性低聚糖分为水苏糖、乳酮糖、棉籽糖、异麦芽酮糖、大豆低聚糖、低聚木糖、低聚半乳糖、低聚果糖、低聚异麦芽酮糖、低聚龙胆糖、低聚异麦芽糖、低聚壳聚糖等。最常见的低聚糖是二糖，是两个单糖通过糖苷键连接形成的，共价键的主要类型包括：N-糖苷键型和O-糖苷键型。其中N-糖苷键型是寡糖链与多肽上Asn的氨基相连，主要类型有：杂合型、复杂型、高甘露糖型。O-糖苷键型是寡糖链与多肽上Ser或Thr的羟基相连。

2. 功能性低聚糖的理化性质

（1）甜度

功能性低聚糖的甜度为蔗糖的0.3~0.6倍，常被作为功能性的甜味剂，常见的低聚糖味道与蔗糖相似，口感清爽，略带特殊的气味。

（2）黏度

功能性低聚糖的黏度较蔗糖溶液高，不同种类的低聚糖黏度有差别，如大豆低聚糖的黏度比麦芽糖的黏度低，比异构糖的黏度高，低聚木糖的黏度相对低聚麦芽糖和大豆低聚糖的黏度均低。低聚糖的黏度有着一般糖类黏度的特性，会随着温度的升高而下降。

（3）耐热和耐酸的特性

低聚糖一般具有很好的耐热和耐酸特性，不同低聚糖之间略有区别，如低聚木糖的稳定个性最佳，在pH为2.5的酸性环境中或者100℃温度条件加热下都能保持稳定不分解，低聚麦芽糖和大豆低聚糖在140℃温度条件加热下都不易分解，而低聚果糖在150℃温度条件加热下也不分解，但是在pH值低于4的环境中热稳定性下降显著。

（4）吸水性

功能性低聚糖通常都具有良好的保水性，与其他类糖混合时也能够保持水分防止出现结晶等现象。

3. 功能性低聚糖的生理功能

（1）对肠道菌群的调节作用

功能性低聚糖由于不能在上消化道中被分解，因此能够直接运输到大肠部位发挥作用。大肠作为人体消化系统的重要组成部分，位于消化道的下段，接受小肠下传的含有大量水液的食物残渣，将其中的水液吸收，使之形成粪便，其中发挥重要作用的就是肠道内的微生物菌群。良好的微生物菌落结构对人体健康有着关键的作用，不良的生活习惯和饮食方式容易打破肠道菌群平衡，导致肠道环境中出现蓄积性毒素，并通过肠—脑轴、肠—胰轴等神经内分泌调节破坏人体健康。当人体摄入功能性低聚糖后，通过选择性地刺激益生菌的生长，如乳酸菌、双歧杆菌等，从而改善肠道的微生态，对预防结肠癌等肠道疾病有着显著的效果。低聚糖可以被双歧杆菌利用生成乳酸及醋酸等短链脂肪酸，这些短链脂肪酸可以促进肠道蠕动，增加肠道中粪便的湿度，促进排便，具有显著的抗便秘作用。

（2）促进肠道中矿物质元素的吸收

人体对营养物质的吸收是从胃开始的，但大部分的物质都是在小肠中吸收的，人体所需的矿物质全部在小肠内吸收。据统计，我国居民营养与健康现状调查表明，我国城乡居民普遍存在微量元素缺乏的问题，主要原因是我国居民膳食结构不合理，对水果、奶制品及豆制品的食用量不足。除了改善饮食结构外，通过功能性低聚糖调整肠道菌群促进矿物质吸收也是一条重要的途径。研究表明，低聚糖可以促进乳酸菌、双歧杆菌等有益菌的增殖，这些有益菌通过代谢低聚糖产生有机酸改变肠道中的 pH，从而能够提高小肠对矿物质的吸收。

（3）降低机体胆固醇

随着人们生活水平的逐步提高饮食结构发生巨大的变化，胆固醇的摄入越来越多，进而引发动脉粥样硬化，导致冠心病、血压升高、血管破裂、栓塞等疾病的发生。低聚糖因为不能被消化酶分解很难转化成脂肪，当低聚糖被益生菌分解以后产生有机酸，进一步抑制胆固醇的生成。有研究表明，高血脂患者连续服用 4 周低聚糖后，血清内总胆固醇的含量显著降低。人体中存在的乳杆菌能够通过抑制小肠壁对胆固醇微胞的吸收降低固醇。

（4）降低血压值及防止便秘

低聚糖能够促进人体肠道中双歧杆菌的增殖，研究表明粪便中双歧杆菌的丰度与舒张压成反比，因此功能性低聚糖具有降低血压的效果。同时，低聚糖还能够通过抑制血管紧张素转化酶（ACE）的活性，实现降低血压。当 ACE 活性受到抑制，血管紧张素 I 不能有效地转化为血管紧张素 II，从而抑制血管收缩。目前，研究人员从多种食物中获得低聚糖具有降血压效果，如玉米低聚糖、小麦低聚糖等。

4. 制备方法

功能性低聚糖的制备方法主要有以下几种：利用酸法或者酶法水解多聚糖、从天然原料中提取、利用糖基转移酶和水解酶催化、化学合成法。

（1）利用酸法或者酶法水解多聚糖

酸法或者酶法从多糖或者高聚糖中水解得到低聚糖工艺存在一定的难度，因为该反应过程存在较多的副产物，纯化难度较大。该方法主要用于低聚木糖、菊粉型果聚糖及低聚甘露糖等低聚糖的制备。低聚木糖的制备主要是以一些富含木聚糖的植物原料为主，如麸皮、米糠等农产品副产物等。制备过程中先将样品制备成木聚糖液，采用球毛壳霉或者出芽短梗霉等微生物产生木聚糖水解酶和阿魏酸酯酶等进行水解，再通过大孔吸附树脂或葡聚糖凝胶柱进行分离纯化得到低聚糖。不同低聚糖使用的原料不同时，对应的微生物也有所区别，如低聚甘露糖是地衣芽孢杆菌降解甘露糖形成的，菊粉型果聚糖是通过产菊粉酶的微生物作用后，生成的聚合度为 2~10 的短链低聚糖。

（2）从天然原料中提取

目前，能够直接从天然原料中提取获得的低聚糖种类并不多，如从大豆蛋白加工副产物分离大豆低聚糖，以及从植物中提取水苏糖等。大豆低聚糖的制备过程中采用加热或者调节 pH 值方法对大豆乳清进行处理，对去蛋白处理后的上清液进行透析，再采用柱色谱技术进行脱盐、脱色处理，处理后溶液进行浓缩即可得到大豆低聚糖糖浆，采用喷雾干燥等方式进行干燥处理即可得到大豆低聚糖。

（3）利用糖基转移酶和水解酶催化

糖的制备是通过糖基转移酶和水解酶催化合成的，比如采用 α-淀粉酶水解淀粉液化后，持续作用会产生低聚异麦芽糖，而麦芽糖在 α-葡萄糖苷转移酶的作用下可以生成低聚异麦芽糖。除此以外，采用蔗糖-6-葡萄糖基转移酶和葡萄糖酶作用于蔗糖也可以生产低聚异麦芽糖。

（4）化学合成法

化学合成法合成低聚糖尚未能够进行产业化，只是用于制备一些特殊的功能性低聚糖用于科学研究。如乳糖糖浆的制备，采用碱液处理乳糖，使乳糖中葡萄糖部分异构化，进一步通过脱色、脱盐及浓缩得到异构化的乳糖糖浆。

5. 低聚糖的应用

随着经济的迅速发展及人类大健康意识的增强，人们对于食品的需求已经不是停留在温饱阶段，而是更加青睐低能量、提高免疫力、调节肠道免疫功能等方面的食品。功能性低聚糖作为 21 世纪食品产业较为关注的明星产品，借助其独特的生理功能，已经作为特殊营养品的功能强化剂应用到功能食品中。

（1）在婴幼儿食品中的应用

天然母乳中存在的糖类主要是乳糖，仅有约 10% 的寡糖，这类寡糖在人类的上消化道中不能被消化分解，只能通过大肠中的微生物进行代谢分解，因此，该部分寡糖起到了调节肠道菌群增殖的作用，使婴儿肠道建立良好的微生物环境和后天免疫系统。而一些未通过母乳喂养的婴儿，则需要在其乳粉中添加一些低聚糖，用该部分低聚糖代替母乳中寡糖对微生物的增殖作用。目前，低聚糖作为添加剂主要使用在以牛奶为基础的配方奶和食品中。

（2）在中老年食品中的应用

随着医疗技术的发展，人类的平均寿命正在逐渐延长，很多国家逐步进入了老龄化时代，老年人由于机体本身的原因导致机体免疫力下降、器官功能衰退、骨质疏松、消化系统、代谢系统及循环系统功能减退等问题，严重影响了老年人的生活质量。低聚糖作为非常有潜力的功能强化剂，具有调节肠道菌群、提高免疫力等多种功能，已经作为食品配料添加到老年奶粉或者老年配方食品中。部分大型公司已经开发出一系列适合老年人使用的奶粉，如通过添加低聚糖减少半乳糖的含量，从而缓解老年人的乳糖不耐受症状。

（3）在孕产期食品中的应用

孕妇在孕期及产后调理过程中均会出现一些不可控的问题，比如为了保证胎儿的营养供给，需要通过增加饮食来解决，容易因体重没有很好控制而出现妊娠期高血压或者糖尿病症状。高血压及高血糖会对孕妇的生产及胎儿的神经发育产生较大影响。低聚糖作为益生调节剂，甜度低，结构稳定，在孕妇饮食中适量添加低聚糖可以实现减缓餐后血糖上升的速度，调节肠道益生菌的丰度，保证孕期能够进行全面的营养吸收。

（4）在减肥食品中的应用

减肥食品深受广大减肥爱好者的喜爱，主要通过减少糖和酯的摄入达到减重的效果，通常在减肥食品中不会添加蔗糖或者葡萄糖，而是通过添加低聚糖、木糖醇及甜味剂等，控制减肥食品拥有一定的口感又不会影响血糖的升高。低聚糖不仅可以起到调节肠道菌群的作用，还能够促进脂类物质的代谢。目前市面上已经出现了一些添加低聚糖的饮料、糖果咀嚼片等产品。

（5）在烘焙工业中的应用

低聚糖与蛋白共热时会出现美拉德反应，产生一些令人愉悦的香味，且低聚糖不易被消化吸收，热值较低。因此，在一些烘焙产品中已添加低聚糖。研究表明面制品添加低聚糖并不会影响其感官，反而可以延缓面包的老化速度，在烘焙食品中应用较多。

（6）在医药领域中的应用

低聚糖可以调节肠道菌群，增加益生菌的丰度，预防和治疗腹泻及便秘等症状，同时，低聚糖还具有激活免疫系统，提高机体免疫能力，清除体内毒素的作用。在医药领域有着广泛的应用前景。

（7）在动物生产中的应用

动物饲养过程中需要使用抗生素提高其抗病能力，但长期使用抗生素会造成很多问题，比如动物菌群失衡、破坏正常微生态环境、使动物产生耐药性等问题。低聚糖作为优质的饲料添加剂，能够调节肠道微生物的群落结构，抑制有害微生物的增殖，改善宿主动物健康，作为一种新型、绿色、无毒、无污染的环保添加剂，可有效替代抗生素在动物中应用。

二、真菌多糖

真菌多糖是由真菌的子实体或者菌丝体产生的一类代谢产物，真菌多糖具有多种生理活性。通常情况下，一种真菌多糖功能作用相对单一。研究人员逐步开展了多种真菌多糖复合使用研究，发现复合真菌多糖具有比单一多糖更加显著的效果，并表现出协同作用现象，越来越多的研究表明真菌多糖功效作用极佳，因此对其研究也受到了广泛的关注。

（一）真菌多糖的种类

真菌多糖是由 10 个以上的单糖通过糖苷键连接到一起的物质，主要为直链结构，少数真菌多糖存在支链结构，由糖苷键连接单糖形成的多糖为纯多糖。除此以外，其他一些含有肽链或者脂类成分的真菌多糖，被称为杂多糖。真菌多糖广泛存在与自然界真菌植物中，其特点就是安全性高，毒性小。

（二）真菌多糖的理化性质

多糖的理化性质决定了其广泛的生物活性，主要包括溶解度、含糖量、黏度、相对分子质量等，均属于真菌多糖本身物理属性。对绝大多数多糖而言，溶解度都比较低。多糖的黏度对其活性影响非常显著，由于多糖分子糖基中含有大量的羟基，而这些羟基之间容易形成化学键，导致黏度增加，黏度过大则导致其无法被利用，降低了其利用率。多糖的分子量是影响其活性的关键参数，其测定方法主要包括渗透压分析、黏度测定、高效液相色谱法和高效凝胶渗透色谱法等，其中高效液相色谱是应用最为广泛的方法，操作简单，检测时间短，结果准确。

（三）真菌多糖的结构

真菌多糖与其他多糖结构形式基本一致，都是由一级、二级、三级、四级结构组成，其中一级结构主要是由单糖及其连接方式和链接顺序组成。真菌多糖的一级结构一般分为两类，一类是由 β-1-3 糖苷键连接形成的葡聚糖，另一类是由 α-糖苷键组成的甘露聚糖。真菌多糖的二级结构是在一级结构的基础上通过氢聚集成的不同类型聚合物，三级结构则是在二级结构的基础上，由一级结构上的糖残基中的官能团之间相互作用形成的有序结构构象，四级结构是在三级结构的基础上，通过多糖之间多聚链的相互作用连接形成的聚合体。

目前真菌多糖的结构解析分为初级结构解析和高级结构解析，由于多糖的种类复杂，导致其结构容易发生变化，初级结构分析方法主要采用的是物理法、化学法和生物法。物理法主要包括基于光谱技术的分析方法，如紫外光谱、红外光谱、质谱、核磁共振等；化学法包括酸水解法、高碘酸氧化法、Smith 降解等；生物法则是以酶法为主。真菌多糖的高级结构鉴定方法主要有原子力显微镜、二维核磁、X 射线衍射、圆二色谱及电子衍射等。

（四）真菌多糖的功能

（1）真菌多糖的抗肿瘤活性

恶性肿瘤的高发病率和高死亡率已经成为人类面临的一项重大的公共卫生挑战。研究表明，真菌多糖具有显著的抗肿瘤效果，如对 S180 实体瘤、Ehrlich 实体瘤、Yoshida 肉瘤，以及 Lewis 肺功能等。真菌多糖抑制肿瘤的途径主要分为以下四类。

①多糖可以抑制癌症的发生。

②真菌多糖可以抑制肿瘤细胞的增殖。

③真菌多糖可以作为肿瘤治疗联合用药刺激肿瘤细胞发生免疫反应。

④真菌多糖具有预防肿瘤细胞转移或者迁移的作用。真菌多糖抗肿瘤的主要机制有很多，如诱导细胞凋亡、改变细胞生长周期、抑制癌基因表达等。张等发现灵芝多糖可以通过线粒体介导的凋亡途径发挥抗肿瘤作用；李等发现真菌多糖可以导致细胞周期阻滞在 S 期或者 G0/G1 期，从而诱导细胞发生凋亡。

（2）真菌多糖的免疫调节活性

真菌多糖的免疫调节活性主要是针对巨噬细胞功能的影响，研究发现真菌多糖可以增强 NK 细胞的毒性，同时增加巨噬细胞和淋巴细胞对炎症因子 TNF-α 和 TNF-γ 表达水平发挥作用，并与钙离子形成复合物增强机体免疫调节作用。研究表明在体内实验中，真菌多糖可以诱导巨噬细胞的吞噬能力、杀伤细胞的活性化及免疫组织脾脏细胞的增殖。真菌多糖还可以通过改善机体肠道菌群的种类和丰来度增强机体的免疫功能，如冬虫夏草多糖可以调节小鼠肠道中乳酸杆菌、梭状芽胞杆菌和类杆菌等多种菌群的多样性，减少肠道中有害致病微生物梭状芽胞杆菌及 Flexispira 等菌群的种类和丰度。也有研究表明，真菌多糖能够改善机体免疫功能，主要是通过调节益生菌与病原菌的比例实现的。

（3）真菌多糖的抗氧化活性

机体细胞的代谢活动会产生一些副产物，如活性氧等，这些活性氧在机体信号传导通路中起着关键的作用，但过量的活性氧对机体会造成不利的影响，导致多种疾病的发生，如糖尿病、衰老及癌症等。真菌多糖具有清除自由基，提高抗氧化酶活性的作用，能够实现抗氧化的作用。如红菇多糖具有较强的还原能力、螯合能力及抗氧化活性，能够清除羟基自由基、

DPPH、ABSTS 及其他自由基。蘑菇多糖则能够调节机体多种氧化酶，如超氧化物歧化酶（SOD）、过氧化物酶（POD）及谷胱甘肽过氧化物酶等。真菌多糖通过调节机体氧化酶活性减轻机体氧化损伤，保护了机体细胞免受活性氧的氧化应激损伤。

（4）真菌多糖对代谢性疾病的影响

①抗糖尿病作用。研究表明真菌多糖通过调节肠道菌群作用，提高盲肠颤螺旋菌和巴恩斯氏菌的数量，二者数量与血糖水平呈负相关。真菌多糖还能够提高小鼠肠道中拟杆菌属的丰度，降低肠球菌和气球菌属的丰度而实现对机体血糖的调节作用。除此以外，真菌多糖还能够给调节其他益生菌和有害菌的比例，实现对机体糖尿病的调节。同时，真菌多糖进入机体后，在体内微生物的发酵作用后，产生的发酵产物对糖尿病调节的激素分泌有着显著的促进作用，从而间接发挥调节血糖的作用。

②抗高血脂症的作用。真菌多糖的抗高血脂症也是通过调节肠道菌群的结构，促进与体内脂类物质代谢，改善高血脂症机体的代谢紊乱实现的。猴菇多糖能够通过降低肠道有害菌，提高有益菌的数量，并通过加速胆固醇的降解而降低总胆固醇、甘油三酯和低密度脂蛋白的水平。如茯苓多糖能够改善小鼠的糖脂代谢，减轻肝脏脂肪性病变，同时，茯苓多糖能够改善肠道黏膜的完整性，激活 PPAR-γ 代谢通路而发挥改善高血脂症的作用。

③抗肥胖作用。真菌多糖的抗肥胖作用同样是通过改善肠道菌群结构实现的，研究表明肥胖与肠道菌群有着密切的关系，如茯苓多糖通过改善肠道中颤螺旋菌属和厚壁门相对丰度，以及拟杆菌门和乳杆菌属的相对丰度，实现抗肥胖的效果。灵芝孢子多糖产生的丙酸酮通过介导其他中枢机制增加机体的饱腹感，从而实现降低食欲控制体重。

（5）抗结肠炎作用。炎症作为机体自我保护的一种机制，是在细胞活组织发生损伤时出现的一系列反应，且炎症与多种疾病都有着紧密的联系。研究表明真菌多糖具有显著的抗炎作用，如猴头菇多糖通过改善机体肠道微生物的结构，减少节杆菌、琥珀酸杆菌、黏液阿克曼等致病菌的水平，改善炎症反应。菌群结构的改善使得肠道内容物中丁酸和乙酸的含量大大降低，进而提高了 SCFAs 的含量，进一步强化了肠道黏膜的公共屏障，抑制腐败菌的增殖，维持肠道稳态，增强机体的耐受性，从而起到了抗结肠炎的作用。

（6）保肝作用。真菌多糖对四氯化碳引起的肝损伤具有良好的保护作用，四氯化碳能够破坏肝脏组织细胞的结构、降低抗氧化酶的活性和水平、增加机体的脂质氧化反应。研究表明杏鲍菇多糖能够改善机体抗氧化酶的水平，降低血清中蛋白水平，进而起到保护肝脏的作用。红菇多糖和灵芝多糖的研究均能够表明真菌多糖对化学试剂引起的肝脏组织损伤均有较好的保护作用。

（7）抗衰老作用。随着年龄的增长，机体的新陈代谢水平逐渐缓慢，表现出机体衰老的现象。真菌多糖可以通过调节肠道菌群而改善机体的新陈代谢，提高机体免疫力，阻止机体衰老。研究表明真菌多糖可以诱导机体分泌 IL-6，并抑制糖基化终产物及衰老促进剂的表达，减轻氧化应激造成的衰老。

（五）真菌多糖的制备方法

（1）发酵法制备真菌多糖

发酵法属于生物转化法的一种，主要利用微生物产生的一系列酶作为催化剂进行生物催化作用，整个过程较为复杂，但是该过程囊括了所有的体外有机化学反应，缩短了制备周期，降低了生产成本。采用微生物发酵技术制备多糖，发酵体系中微生物利用培养基中的碳源、氮源、无机盐等进行生长、代谢，而不能直接利用多糖，从而实现对多糖的分离纯化和富集目的。随着科技的发展进步，人类已经能够通过各种技术手段实现对真菌生长条件的控制，目前已经有研究人员采用发酵技术制备得到真菌多糖，并通过改善发酵培养基比例提高产率。

（2）生物合成法制备多糖

真菌多糖的制备主要是从真菌中直接提取，或者从发酵液中分离制备。随着分子生物学技术的发展，人们已经实现了对物种的特定形状的基因进行改造，用于制备一些难以人工合成的高纯度化合物，但该方法有一定局限性，关键在于无法完全解析多糖的生物合成途径。目前，普遍认为多糖的合成途径包括核苷酸糖前体的合成、重复单元的组装和聚合过程，但是对几个过程之间的转移酶研究还是十分有限，使得生物合成方法未能实现工业化生产。分子生物学技术对真菌多糖的生产制备有着积极的作用，在真菌多糖的制备和生产方面有着巨大的潜力。但目前仍然面临着巨大的挑战，如生产菌株的不稳定性、一些未知的副产物、复杂的下游过程和高成本等问题有待解决。

（3）直接提取法制备真菌多糖

直接提取法是以真菌孢子或子实体为原料直接进行获取多糖的手段，传统方法包括热水提取法、酸碱提取法，该方法存在较多的弊端，如高温会导致多糖的结构和生物活性遭到破坏。酸碱提取法能够获得比水提法更高的产量，但是使用酸碱对环境的影响比较显著。因此，研究人员在此基础上开发出多种创新技术，如超声辅助提取法，该法优点是在提取过程中使用溶剂和能源消耗较少，加工时间显著缩短，缺点是该方法温度较难检测，结果重复性差，不利于工业化生产；微波辅助提取法优点是试剂使用量少、提取率高，缺点是加热不均匀、工作体积小；酶辅助提取法的优点是操作简单、特异性强、提取率高、能耗较低，缺点是难以模块化控制、不利于工业化生产；亚临界水萃取法优点是能够同时提取、分离和解聚，缺点是改变了多糖的结构，对多糖的生物活性也有一定的影响。

（六）真菌多糖的应用

（1）在医药领域的应用

真菌多糖具有良好的抗癌、防癌功效，因此被作为免疫辅助药物提高肿瘤对化疗药物的敏感性。实践表明，真菌多糖与化疗药物联合使用可以起到减毒增效的作用，并且可以减轻化疗药物造成的不良反应。此外真菌多糖还与其他类药物配合使用治疗慢性肝炎及结核杆菌感染等疾病。

（2）在保健品领域的应用

真菌多糖具有多种生物活性，是一种生物增强剂和调节剂，对增强机体免疫，调节肠道微生物方面效果最为显著，因此真菌多糖被用于开发抗流感的保健食品或者调节消化道功能的保健品。真菌多糖功效十分显著，被誉为21世纪的健康卫士，但对真菌多糖的研究仍然尚浅，其功能尚未被完全开发出来，因此越来越多的医疗及科研工作者将真菌多糖的研究作为重点研究方向，这也为促进人类大健康产业发展做出巨大贡献。

三、糖醇

糖醇是一类具有生理功能的多元醇物质，含有两个以上的羟基，来源广泛，可用对应的糖进行制取，将糖分子上的酮基或者醛基还原成为羟基，进而形成糖醇。如木糖可被还原为木糖醇，葡萄糖可被还原为山梨醇，果糖可被还原为甘露醇，麦芽糖可被还原为麦芽糖醇。

糖醇在自然界的食物中含量较低，可被人体使用吸收，同时，糖醇也可以作为表面活性剂的制作原料使用。图 10-1 为部分糖醇的结构。

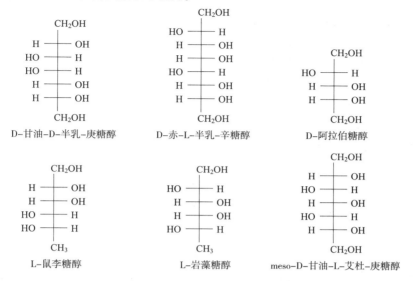

图 10-1　部分糖醇的结构

（一）糖醇的特性

糖醇虽然不是糖，但是具备糖类物质的某些特性，如在酸性和高热条件下比较稳定，不容易发生美拉德反应，且是一类热值较低的甜味剂，已经被广泛用于一些低热食品制作中，国外已经将糖醇作为糖的替代品广泛应用到食品中。糖醇能够为人体提供一定的热量，但是不影响血糖的上升。因此，用糖醇替代糖的食品也被称为无糖食品。糖醇在口腔内无法被口腔细菌利用，还能够升高口腔中 pH 值，所以糖醇不仅不腐蚀牙齿，还会对牙齿产生一定的保护作用，被用作防龋齿的最佳材料。

（二）糖醇的生理功能

1. 调节肠道菌群及消化系统功能

研究表明糖醇类物质能够调节肠道中微生物的群落结构，提高益生菌的水平，降低有害微生物的量，从而对机体代谢紊乱造成的食欲不振、免疫力低下、腹泻、便秘、体重过重等一系列健康问题有着非常强的缓解作用。

2. 辅助降血压、降血糖功能

糖醇是一种含有多羟基的特殊结构，在人体整个消化系统中没有可以水解的酶。因此，糖醇进入人体后，不会被直接吸收，仅有少部分糖醇被益生菌代谢产生热量，但是产生的热量值很低，如赤藓糖醇被认为是"零热值"，机体在代谢塔格糖时消耗的热量比其本身产生的热量要多，所以这两种糖醇被认为是糖尿病病人较为理想的代糖源。糖醇因为不能被体内酶代谢，所以不会影响胰岛素的水平和血糖的水平。糖醇有类似水溶性膳食纤维能够有效降低体内胆固醇和甘油三酯的水平，连续服用一段时间后，能够显著降低服用者的甘油三酯水平，具有辅助治疗"三高"的作用。

3. 促进机体对营养物质的吸收

糖醇能够促进肠道中双歧杆菌等益生菌的增殖作用，促进机体合成维生素、叶酸等营养物质，还能够通过调节肠道中 pH 的水平和肠道中发酵水平，提高对营养物质的吸收。研究表明人体摄入麦芽糖醇后能够显著提高钙的吸收，增强骨密度和韧性。因此，这类糖醇非常适合添加到保健食品中作为肠道调节剂使用，还可以添加到奶粉、钙片中，适用于婴幼儿及老年人的服用。

4. 提高免疫的作用

糖醇提高机体免疫的功能主要体现在以下几个方面。

①糖醇能够改善肠道微生物群落结构，抑制有害微生物的生长，还能刺激双歧杆菌等益生菌分泌物质产生提高免疫反应。

②糖醇可以通过促进淋巴细胞的转化，提高细胞杀伤活力，增强机体的免疫反应。

③糖醇可以通过抑制癌细胞对能量的吸收，实现"饿死细胞"，进而抑制癌细胞的生长。

5. 保护肝脏的作用

糖醇可以有效促进肝糖原的合成，而不影响血糖的水平。能辅助改善肝功能、抑制脂肪肝的形成，并且对肝炎、肝硬化等有着积极的治疗作用，是肝脏疾病患者理想的辅助治疗药物。

6. 其他作用

糖醇还具有其他一些作用，如抗炎作用、抗疲劳作用、保鲜防腐、防止骨质疏松、缓解前列腺炎、缓解皮炎等。

（三）糖醇的应用

糖醇因其热量较低，且不会引起血糖的升高，被用于作食品甜味剂；因其能够保持食品湿度、改善柔软度、控制食品脱水性、降低水分活度等作用，被广泛用作食品添加剂使用；同时，因为糖醇类物质的保健功能作用显著，也被用作功能性食品添加剂使用。

四、活性肽类

活性肽是一类源于蛋白的活性功能因子，分子量介于 50～10000 Da，是通过 20 种氨基酸按照不同的排列组成形成的从二肽到复杂的线性、环形结构的不同肽的总称。具有多种人体代谢和生理调节功能，容易被机体消化吸收，还具有促进免疫、调节机体激素水平、降低血压、血脂等作用，也是目前国际上研究热点。

（一）活性肽的分类

活性肽根据其功能主要分为两大类：一类是具有抗菌、免疫活性、神经活性及抗氧化等功能的生理活性肽；另一类是具有呈味、营养和表面活性特性的食品感官肽。

（二）活性肽的生理功能

1. 抗菌作用

抗菌活性肽就是我们所熟知的抗微生物肽，在自然界的生物体内广泛存在，当机体遭受外界伤害导致感染时，机体会迅速合成大量的活性肽以对抗微生物的侵袭。目前，已经能够采用分子生物学手段进行制备，如采用克隆技术生产乳链菌肽，具有很强的杀菌抑菌作用。

2. 提高免疫作用

当机体免疫力低下时会遭受各类病原微生物的攻击，从而使机体产生病态。研究表明肝细胞、白介素等活性肽具有激活免疫系统和调节免疫功能的作用，同时还能够增加外周血中淋巴细胞的数量。蛋白水解产物中的小分子活性肽不仅能够增殖巨噬细胞，还能刺激机体淋巴细胞的增殖，从而增强机体免疫能力。活性肽被机体黏膜吸收后进入淋巴组织，与淋巴组织发生相互作用，调节淋巴 T 细胞亚群功能，从而预防多种疾病的发生。

3. 神经保护作用

具有神经保护功能的活性多肽一般存在于牛奶、鲔鱼及大豆蛋白的水解产物中，主要有脑啡肽、生长激素抑制剂、舒缓激肽、促甲状腺性激素等，该活性肽可以与机体组织中多种神经受体结合，起到修复和保护神经细胞的作用。

4. 促进肝脏再生

当机体肝脏受到物理或化学因素损害后，小分子活性肽可以比较容易地渗透到肝脏细胞，与细胞膜结合，促进环磷酸鸟苷转化为环磷酸腺苷，促进肝细胞成熟，从而直接或间接地提高肝细胞增殖再生。

5. 抗癌作用

活性肽的分子量小，能够较为容易进入肿瘤部位，因此可以弥补传统抗癌化疗药物存在的问题，且活性肽具有低毒的特点，可以作为化疗药物的辅助药物进行使用，提高化疗药物减毒增效的作用。活性肽抗癌的机理较多，每种活性肽都具有自身的特点，辅助抗癌的作用也是由多种因素共同产生的。因此，目前对一些活性肽的抗力机理尚未完全清晰，有待进一步的研究。

6. 降压、降脂的作用

在机体的血压调节机制中，血管紧张素转化酶可以将血管紧张素 Ⅰ 转化为血管紧张素 Ⅱ，从而使血管收缩，升高血压水平。活性肽就是通过抑制血管紧张素转化酶的活性降低血压。同时，小分子活性肽能通过促进胆固醇代谢生成胆汁酸，进而促进脂类物质的代谢，是降脂作用的主要途径之一。

（三）活性肽的制备

1. 发酵法制备活性肽

发酵法制备活性多肽是近年来出现的制备活性肽的新方法，其具有产率高、产品活性强及制备工艺简单等特点，受到广泛的关注。发酵法制备活性肽是通过微生物生长过程中分泌出水解蛋白酶，其对第五种的蛋白进行水解形成活性肽，同时微生物的增殖需要提供的氮源也是来源于分解的蛋白产物。因此，底物蛋白附近会形成一个微生物圈，可以高效地产生具有活性的生物肽，降低了生产成本，且生产过程中微生物会将苦味肽除去。目前，发酵法生产生物活性肽的技术已经被广泛应用到食品和功能食品生产领域。微生物发酵活性肽已经凸显出众多优势，比如，微生物中产生的蛋白酶种类较多、酶的产量高、发酵成本低，且能够产出活性多肽。虽然发酵法生产活性肽具有非常好的特点，但是尚存在两个不可避免的问题：一是发酵法的生物安全性问题，二是发酵过程中作用机理不完全明确。

2. 人工合成法制备活性多肽

人工合成法制备活性多肽主要有三种途径：一种是采用化学合成法，该法在制备活性肽的过程中会出现一些消旋化和副反应，还要对反应底物中的肽链进行保护，还需要过量的连接试剂和载体，产生的废弃物会对环境造成一定的影响；第二种是酶法合成，酶法合成是基于催化酶的特性，具有相对准确的特点，反应较为温和，催化位置及反应方向均比较好控制，但在催化反应过程中，会出现一些反应的副产物，导致产率偏低。第三种方法是蛋白质水解，主要利用蛋白酶、酸或碱打开蛋白质的肽链，在温和的条件下就能够实现定位水解，且水解过程易于控制。但是该方法得到的活性肽容易降低活性。

（四）活性肽的应用

1. 在保健食品中的应用

活性肽分子量小也不能被机体直接吸收，食用后生理功能能够被保留，在机体内发挥较大的作用，且活性肽的来源广泛，已经被用于保健食品的开发。研究表明大豆活性肽能够提高机体免疫力，对机体重量和体脂有显著的降低作用，被用于减肥食品的开发中。国外已经开发出含有活性肽的降血压牛奶、降胆固醇饮料，以及其他一些能够促进机体矿物质吸收的软饮料等食品。

2. 在医药领域中的应用

活性肽具有独特的生物活性，可以代替部分抗生素的使用，活性肽对机体肠道中的菌群结构发生变化，促进益生菌的生长进而提高消化功能。服用活性肽以后，机体的代谢功能有明显的改善，促进了生长激素的水平，所以生物活性多肽将会成为最有前途的抗生素替代品之一。已有成品药进入临床，如人工合成的胰岛素，抗艾滋病病毒药物等也在研发中。将活性肽添加到饲料中，可以起到显著的抗菌、抗病毒、提高免疫力、改善适口性和环境保护等多种功效。

3. 在其他领域的应用

具有维持和修复皮肤细胞的作用，因此被广泛应用到化妆品中，如活性肽洗面奶、活性肽洁面素及多肽眼霜等产品。除此之外，在动物饲料中的应用比较广泛，活性肽对促进动物生长、生产、诱食性及饲料转化率方面作用显著。

五、多不饱和脂肪酸

多不饱和脂肪酸（polyunsaturated fatty acids，PUFAs）是指含有 2 个或 2 个以上双键且碳链长度在 18～22 个碳原子之间的直链脂肪酸，主要包括 α-亚麻酸（ALA）、二十碳五烯酸（EPA）、二十二碳六烯酸（DHA）、亚油酸（LA）、二高-γ-亚麻酸（DHGLA）、花生四烯酸（ARA）等。通常根据羧基到甲基段双键位置的距离将多不饱和脂肪酸分为 ω-3、ω-6、ω-7、ω-9 类别，距羧基最远端的双键在倒数第 3 个碳原子上的称为 ω-3；距羧基最远端的双键在倒数第 6 个碳原子上的称为 ω-6；距羧基最远端的双键在倒数第 7 个碳原子上的称为 ω-7；距羧基最远端的双键在倒数第 9 个碳原子上的称为 ω-9。

（一）多不饱和脂肪酸的来源

PUFAs 对人体的健康有着重要的作用，但是人体缺少合成多不饱和脂肪酸关键酶，因此在体内无法自身合成，需要通过外界摄取。目前 PUFAs 的来源主要是植物油脂或者深海鱼油，以及微生物（包括细菌、真菌、藻类）。海洋鱼类中含有大量的 PUFAs，但是实际上鱼类也不是真正的 PUFAs 生产者，海洋中的微生物才是 PUFAs 的真正生产者。现有的发现已经表明，能够从多种藻类分离得到 DHA 和 EPA，如金刚藻、绿藻纲、黄藻纲及隐藻纲，已经用于商业化生产 DHA 的海洋微生物主要是裂殖壶菌和隐甲藻。除此以外，采用基因工程技术、微生物发酵技术获取 PUFAs 也取得了较大进展。

（二）多不饱和脂肪酸的功能

1. 细胞膜的组成成分

细胞膜的组成成分主要是磷脂双分子层，用于传递细胞信号，其主要成分是多不饱和脂肪酸，DHA 属于 ω-3 多不饱和脂肪酸，在人体大脑和视网膜中含量非常丰富，在大脑皮层总脂中占比为 10%，在视网膜中的占比更高，能达到 60% 以上，因此多不饱和脂肪酸是细胞膜的重要组成部分，且研究表明 PUFAs 插入磷脂双分子层后对细胞膜的流动性产生重要的影响。同时，PUFAs 能稳定细胞膜表面上的钙离子通道，阻断钙离子流降低钙离子的浓度。

2. 免疫调节作用

PUFAs 作为机体必需的脂肪酸可参与免疫系统的调节，研究表明 PUFAs 可以显著改善免疫细胞：T 淋巴细胞、B 淋巴细胞、K 淋巴细胞及 NK 淋巴细胞的膜的结构，从而改变细胞的空间结构及细胞与外界信号交换的能力，最终起到对免疫系统的调节作用。除此以外，PUFAs 还能够改变第二信使，影响淋巴细胞的功能，抑制 T 淋巴细胞的分泌作用。

3. 影响基因的表达水平

PUFAs 可以对人体某些基因的表达产生影响，PUFAs 参与基因的调控作用主要是通过与核受体和转录因子结合发挥作用，不同类型的 PUFAs 对脂肪物质代谢过程中的酶和功能蛋白的基因有着调节作用。

4. 其他作用

PUFAs 是人体必需的营养物质，具有预防高胆固醇、降低血压、预防心肌梗死、胆结石，以及动脉粥样硬化、肥胖等疾病。过多的摄取 PUFAs 也会对机体产生伤害，导致机体出现衰老、过敏、免疫力抑制，严重时可能引发癌症，因此，对 PUFAs 的摄取需要控制在一定范围内。

（三）多不饱和脂肪酸的制备方法

1. 微生物发酵法制备多不饱和脂肪酸

微生物法制备多不饱和脂肪酸是基于微生物体内的生物合成，是一个较为复杂的过程，微生物利用饱和脂肪酸硬脂酸为底物，经过脱饱和酶的作用后在特定的位点插入双键，再经过碳链的延长形成特定的 PUFAs。如 DHA 的生物合成是从乙酰辅酶 A 和丙二酸单酰辅酶 A 经过缩合、脱水、还原等多个步骤，有约 30 种不同的酶促反应和约 70 个脂肪酸循环形成的，其中最为关键的生物酶是去饱和酶，该酶对不饱和脂肪酸的不饱和度起着关键的控制作用。微生物发酵法制备 PUFAs 的特点在于生产周期短，能够工厂化生产，不受场地、季节、气候等环境因素的影响，还能够根据微生物的特点，制备不同类型的 PUFAs。微生物发酵法制备 PUFAs 的关键技术在工程菌的筛选及发酵工艺的改进中，已有多名科学家通过诱导驯化和改良微生物性状，实现高产 PUFAs。

2. 利用基因工程技术生产多不饱和脂肪酸

随着分子生物学技术的发展，利用植物油基因工程和微生物发酵工程生产多不饱和脂肪酸已经取得了显著的成绩。通过基因编辑技术将微生物抗性基因导入微生物内得到高产菌株，实现 PUFAs 的高产。除此以外，还有一些 PUFAs 合成途径关键酶基因被克隆并成功转化，提高 PUFAs 的合成量。

（四）多不饱和脂肪酸的应用

PUFAs 具有多种生理活性，如抗炎、抗血栓、抗动脉粥样硬化等作用，其与矿物质及维生素等物质一样，是人体生长代谢的必需品，PUFAs 的严重不足、超量及比例失衡都会对机体产生较大的损伤，引起心脏和大脑的功能性障碍。因此，PUFAs 在医药领域及保健食品领域均有巨大的应用空间。

六、红曲

红曲是由红曲霉真菌红曲霉 *Monascus purpureus* Went. 的菌丝体寄生在粳米表面形成的红曲米，可以作为药食两用资源使用。红曲性甘，味温，具有健脾消食、活血化瘀等功效，常用于治疗食积腹胀、泻痢腹痛、产后恶露不尽、跌打损伤等病症。

（一）红曲中活性物质

随着国内外学者对红曲中活性成分的持续研究，已经发现了红曲中存在的具有较高价值的代谢产物。第一类是红曲酶素类的物质，主要是红曲菌体外水解酶素。第二类物质是红曲的一级代谢产物，包括醇类、脂类及不饱和脂肪酸类物质。第三类是红曲的二级代谢产物，包括红曲色素、莫那可林 K、GABA 等。第四类物质主要是一些抗氧化剂类成分，包括 Dimerumic acid 黄酮酚等。除此之外，红曲中还有一些具有降血糖功效的物质。目前，对红曲中的二级代谢产物的研究比较多，特别是莫那可林，发现其具有抑菌、抗癌、增强免疫力、抗癌、减少老年痴呆发生率、预防骨质疏松等多种疾病的预防及治疗作用。

（二）红曲色素的生物活性

1. 降血压活性

红曲具有降血压的作用，并且呈现剂量依赖性，红曲通过抑制血管紧张素转化酶的活性，降低血浆内皮素和升高血浆钙素相关调控基因的水平来实现降低血压；此外，红曲还能够通过抑制钠水潴留降低血容量起到降低血压的作用，红曲降低血压的作用主要是通过调节机体水盐平衡实现，且红曲中降低血压的活性物质种类较多，还能够通过与其他成分联合作用起到降血压的作用。

2. 降血糖作用

红曲能够显著降低机体血糖水平，是通过增加神经末梢乙酰胆碱的释放来刺激胰腺细胞中的乙酰胆碱受体毒蕈碱 M3 受体，进而促进胰岛素的分泌实现降低血糖水平。连续服用一段时间的红曲后，可以增加外源性胰岛素的反应，因此，红曲可以作为治疗胰岛素抵抗的辅助治疗剂使用。

3. 减肥降脂活性

红曲提取物能够依赖性地降低 3-磷酸甘油脱氢酶的活性，减少脂肪的累积，降低脂肪合成途径关键转录因子的表达水平和其他特异性基因表达。同时，研究还发现，红曲的乙醇提取物能够抑制脂肪细胞的增殖和分化，促进脂肪细胞中脂肪的分解，但是不影响肝素—脂蛋白降解酶的活性。因此，红曲具有减肥降脂的功效，主要是其能够促进脂肪的分解，并使机体有轻微的厌食作用。

4. 抗癌活性

研究表明红曲对多种癌症的治疗均有一定的作用，红曲提取物对结肠癌的增殖有一定的抑制作用，能够促进癌细胞的凋亡。红曲提取物对肺癌细胞的转移有显著的抑制作用，主要是通过抑制血管内皮细胞生长因子水平实现的，并且发现红曲提取物中有促进血管形成的关键成分，可以用作化疗药物的辅助药物。

5. 抗炎、抗氧化活性

研究发现红曲提取物对炎症的发生有一定的抑制作用，并对机体一氧化氮合酶活性有一定的抑制作用。采用正己烷提取红曲得到的和红曲色素有很强的抗氧化活性，对 DPPH、NO、羟自由基等具有强烈清除作用。

6. 其他活性作用

除上述活性以外，红曲还具有抗菌、抗疲劳、抗突变、增强机体免疫力、预防骨质疏松、抗阿尔兹海默症、抗脂肪变性等多种生理活性。

（三）红曲的制备方法

红曲的制备方法主要是采用发酵法进行制备，将大米进行筛选、浸泡、分装、灭菌、接种、培养、干燥等多个步骤进行加工制得红曲的成品，发酵结束后会对发酵产品的色度、细度、水分等理化指标进行分析和评价，过程相对复杂。红曲的发酵菌株的选择对发酵产物有着较大的影响，筛选的主要手段是通过物理或化学手段进行，如紫外诱变、化学诱变及基因工程构建菌株等。红曲制备工艺流程图如图 10-2 所示。

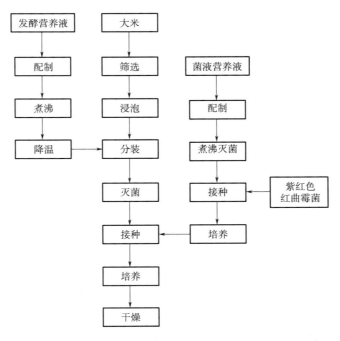

图 10-2 红曲制备工艺流程图

（四）红曲色素的应用

研究表明红曲色素拥有多种生理活性，因此被广泛应用在多个领域。

1. 在肉制品加工中的应用

在肉制品加工行业中面临的主要问题有保持产品色泽、抗菌、延长产品保质期等，企业通常会添加亚硝酸盐作为发色剂，亚硝酸盐具有很好的抑菌作用，可以被用于延长产品的保质期。由于长期服用亚硝酸盐对人体健康有较大的威胁，因此急需寻找能够替代亚硝酸盐物质的产品，红曲色素具有很好的染色发色作用，还有很强的抑菌功能，且红曲色素安全性高，在食品加工领域有着良好的作用。

2. 在调味品行业中的应用

红曲在调味品种主要用在发酵酱油过程中，经过改良后的红曲可用于生产酱油，红曲有着非常好的着色作用，可以提高酱油的红润度，增加酱油的色泽。

3. 在酿酒业中的应用

红曲在酿酒业中的应用有着悠久的而历史，从唐代开始就有关于红曲的记载。随着人类大健康理念的增强，红曲酿造的抗疲劳、抗氧化型功能酒也受到消费者的追捧，市场逐渐扩大。研究表明高粱红曲相较于其他菌株更适合作为红曲酒的生产，目前已经上市的红曲酒有清香型燕麦红曲酒、五色米养生红曲酒等。

4. 在面制品中的应用

在面制品生产过程中加入红曲，能够增加面制品的色泽、韧性、黏性和结构，如在红曲面包中加入红曲，面包的颜色变红且与普通面包相比具有更好的香味。目前已经上市的红曲产品有红曲茯苓馒头、红曲饼干、红曲面条等。

5. 在纺织行业中的应用

红曲色素具有非常好的结合着色能力，且染色后较为稳定不易褪色，可作为天然的染色剂使用。研究表明，采用红曲色素对真丝绸染色，结果表明红曲色素在 pH 为 3、温度为 85℃、染色时间为 30 min 时效果较好，不易分解。

七、金属硫蛋白

金属硫蛋白（MT）是一种金属结合蛋白，富含半胱氨酸，广泛存在于动植物及微生物体内，也是一类低分子量多功能性的诱导性蛋白，结构高度保守，该蛋白对金属镉、铜和锌的结合能力强。

（一）金属硫蛋白的理化性质

1. 结构组成

根据 MT 中金属含量和氨基酸的组成不同可以将金属硫蛋白分为 4 种亚型结构，包括 MT-I、MT-II、MT-III、MT-IV。不同来源的 MT 之间分子量相差较小，分子量为 6~7 kD，含有 61 个氨基酸，多数的 M 中包含 20 个 Cys，少数的 MT 中含有 21 个 Cys，且特别容易与金属离子形成络合物。MT 的高级结构是由两个独立的金属离子结合位点组成，羟基端是由 4 个金属离子结合的 α 结构域，氨基端是由 4 个金属离子结合的 β 结构域。MT 分子具有很好的热稳定性，主要是因为其结构是哑铃形。

2. 等电点

一般情况下，MT 的等电点在 4 左右，在低 pH 值下较稳定。不同来源的 MT 蛋白的等电点范围不同，如哺乳动物的 MT 等电点在 3.9~4.6 范围内，水生动物 MT 等电点在 3.5~6.0 的范围内，MT 在等电点时溶解度最小，蛋白容易沉淀析出，根据这个原理可以实现不同 MT 的分离纯化。

3. 可诱导性

MT 是一种典型的可诱导蛋白，通过物理或化学的方式可以实现的 MT 的诱导表达。最常用的方法是金属诱导方法，很多金属元素都能够诱导 MT 的合成，如 Hg、Ag、Cu、Cd、Zn 等，当机体受到外界刺激时也会合成 MT 用于提高自身的防御功能。虽然目前都在用重金属进行 MT 蛋白的诱导合成，但是重金属会对机体本身产生较大的伤害，同时重金属也会对环境造成一定的危害，并且很难去除。

4. 稳定性和光谱特性

MT 与金属离子结合后形成稳定的结构，很难被其他金属离子置换掉，但是当 MT 处于酸性条件时，其结构上的金属离子可以发生脱离现象，留下的硫蛋白依然比较稳定。当 MT 处在中性环境的时候，其二硫键间发生交联形成大分子聚合物。因此，MT 所处的环境和连接金属离子的种类直接影响了其稳定性和结构的存在形式。

（二）　金属硫蛋白的功能分析

1. 代谢调节及解毒功能

硫蛋白在机体微量元素的代谢中发挥重要的作用，其能够结合多种金属离子，实现对重金属的解毒作用，从而维持微量元素的代谢平衡。金属硫蛋白对离体供血心肌间质起着保护作用，能够抑制由高脂肪导致的心肌收缩障碍，对胃黏膜上由幽门螺杆菌造成的胃溃疡有显著的保护作用，硫蛋白还能够抑制肿瘤细胞的增殖。

2. 清除自由基功能

金属硫蛋白具有清除自由基、抵抗应激反应的作用。机体代谢产生的自由基导致多种疾病发生，严重影响了机体的正常功能，而金属硫蛋白具有较强的清除自由基的功能，如金属硫蛋白中的锌离子对羟基自由基的清除作用非常强。金属硫蛋白对机体遭受的紫外损伤和电离辐射损伤都有一定的保护作用。

（三）　金属硫蛋白的合成

在生物体内金属硫蛋白的合成主要是通过金属离子的诱导效应，金属硫蛋白合成的序列具有金属诱导合成增强的作用。转录调节的识别位点是金属硫蛋白遗传物质转录的识别位点。研究发现在所有的金属离子中，铬离子和汞离子的诱导能力最强，且结合产物的牢固性最强，不易被其他离子替换。

（四）　金属硫蛋白的应用现状

1. 在医学方面的应用

金属硫蛋白具有多种生物活性，特别是在治疗癌症、心脑血管疾病、重金属中毒及营养缺乏的症状有显著的疗效。在预防和治疗癌症的过程中，金属硫蛋白通过清除自由基和重金属解毒功能低于因重金属和致癌试剂造成的制剂致癌致突变作用。金属硫蛋白与癌细胞的增殖有着密切的关系，被用作癌症治疗的靶标，能够显著降低放疗对患者机体正常细胞的损伤。同时，研究还表明，金属硫蛋白对防止胃肠道黏膜溃疡、抵御氧化应激损伤、抗辐射和光损伤等都有显著的功能。

2. 在化妆品行业中的应用

金属硫蛋白具有多种功能，对皮肤衰老、清除色素沉积、防止皮肤产生皱纹和防止皮肤产生炎症等有着很好的疗效，且安全性高，因此被用于化妆品的添加剂使用。金属硫蛋白与 SOD 相比有着特殊的优点，如其分子量低于 SOD，具有能够促进皮肤吸收、清除自由基能力强、热稳定性高、半衰期长等特点，其来源于生物体本身，因此非常适用于美容产品添加。

3. 在重金属检测和环境检测中的应用

由于金属硫蛋白本身对金属离子有着较强的结合特性，可用于检测海洋环境中重金属的污染程度，还能够用于回收和清除环境中的重金属离子。目前已经有通过测定海洋生物中金属硫蛋白中重金属离子的含量来分析海洋重金属污染情况。有学者将酵母来源金属硫蛋白基因导入到烟草中，发现转基因烟草对土壤中铜离子吸附能力显著提高。

4. 在水产品养殖中的应用

金属硫蛋白不仅能够提高机体免疫力，还能够清除重金属和机体自由基，促进水生动物生长与繁殖，因此被用作水产品养殖饲料的添加剂。

随着对金属硫蛋白的生物活性及特性进行不断的深入研究，金属硫蛋白受到了越来越多的关注，如何快速大量获得该蛋白产品的制备技术成为关键。相信在不久的将来，金属硫蛋白将在食品保健品、医疗卫生、美容化妆品等领域中发挥更大的作用。

八、L-肉碱

（一）L-肉碱的特性

L-肉碱是一种水溶性的氨基酸，化学名为 β-羟基-γ-三甲胺丁酸，分子式为 $C_7H_{15}NO_3$，相对分子质量为 161.20。L-肉碱是一种无色的结晶物质，结构与胆碱和甜菜碱相似，有两种旋光异构体，分别为：L-肉碱和 D-肉碱。动物体内只有 L-肉碱有生理活性，能够促进脂肪代谢转化为能量，其作用主要是将长链脂肪酸从线粒体膜外运送到膜内促进脂肪酸的 β 氧化。D-肉碱会选择性地抑制 L-肉碱的生理功能，并且对多种新陈代谢有一定的危害性，因此，一般说的肉碱主要是指 L-肉碱。L-肉碱广泛存在于动植物和微生物中，最早在 1905 年由 Gulcuitsch 和 Kriberg 从肉组织提取物中发现，1927 年由 Tomita 和 Sendju 证实肉碱的分子结构为 L-β-羟基-γ-三甲胺丁酸。1948 年 Frienkel 等发现黄粉虫幼虫的生长需要一种生长因子，其属于 B 族维生素，并将其命名为维生素 B_T，1952 年 Carter 等证实维生素 B_T 就是肉碱。1958 年 Fritz 发现了肉碱在哺乳动物脂肪酸代谢中的氧化作用。L-肉碱的主要生理功能是促进脂肪转化为能量，在 2003 年 L-肉碱被国际肥胖健康组织认定为最安全无副作用的减肥营养补充品。图 10-3 为 L-肉碱结构图。

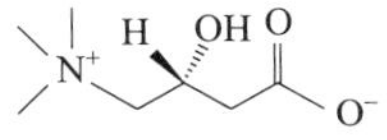

图 10-3 L-肉碱结构图

（二）L-肉碱的生理功能

1. 抗疲劳作用

机体出现疲劳的主要原因是糖在无氧条件下产生乳酸和蛋白质氧化脱氨基产生胺类物质累积造成的。研究表明 L-肉碱具有抗疲劳作用，给小鼠灌胃 L-肉碱后可以显著提高小鼠水中游泳的时间，主要原因是 L-肉碱增加了肌酐糖原的储备，减少了肌酐糖原的消耗，同时 L-肉碱抑制了机体乳酸的生成，并将脂肪酸氧化产生的酯酰辅酶 A 排出体外，避免其与有机酸结合造成机体的酸中毒。此外，L-肉碱与胺类物质结合通过尿液排出体外，减少机体氨中毒的概率。因此，L-肉碱能够缓解运动产生的疲劳，并且能够加速机体从疲劳中恢复。其他研究也表明，L-肉碱可以促进机体过量或非生理性的酰基排出，并促进乙酸乙酯的氧化和调节生成酮类物质。

2. 神经保护作用

L-肉碱具有显著的清除自由基的功能，可以作为一种抗氧化剂能够保护机体组织免受氧化损伤。研究发现 L-肉碱有通过大脑血脑屏障的作用，可以作为乙酰胆碱合成的乙酰基载体，影响信号转导途径和相关基因的表达。Virmani 等研究发现 L-肉碱参与了机体的氧化反应，特别是在神经代谢性疾病的机体内更加显著。同时，研究表明乙酰肉碱可以缓解神经元的衰退和加快神经元的再生。

3. 抗氧化作用

研究表明 L-肉碱具有显著的清除自由基、超氧游离子和螯合过渡金属离子的能力，对于内源性抗氧化酶活性有一定的保护作用，如谷胱甘肽过氧化物酶（GPx）、过氧化氢酶（CAT）和超氧化物歧化酶（SOD）等。L-肉碱还能够提高老龄动物的学习能力，改善老年痴呆症状，减轻脑缺血后的神经损伤及灌注，提高严重肝性脑病患者的认知能力。L-肉碱的抗氧化作用主要依赖于脂质过氧化反应和黄嘌呤氧化酶活性，并刺激亚铁血红素氧合酶-1 和内皮型一氧化氮合成酶等氧化标记的基因表达。

4. 调节机体代谢

L-肉碱可以调节机体乙酰辅酶 A 和辅酶 A 的比例，二者比例升高导致丙酮酸脱氢酶影响糖的氧化，抑制丙酮酸激酶影响糖的酵解，进而导致能量代谢异常，L-肉碱可以将线粒体内的短链酰基送到膜外，从而调节乙酰辅酶 A 和辅酶 A 的比例。L-肉碱还参与亮氨酸、异亮氨酸和缬氨酸的代谢转运，促进支链氨基酸的代谢。

5. 治疗 L-肉碱缺乏症

研究表明 L-肉碱缺会导致有机酸血症和脂肪酸氧化缺陷症，有机酸血症属于先天性的代谢异常疾病，临床病症是由于酰基辅酶 A 化合物的积累而阻断了氨基酸、碳水化合物和脂肪类 3 种物质的分解代谢途径，酰基辅酶 A 化合物水解为游离酸而导致的严重酸中毒，积累的有机酸会导致游离肉碱的活性下降，并且致使其结合化合物从尿液中排出。过量的有机酸累积会干扰体内能量代谢、破坏氧化还原反应的平衡。研究发现在上述两种病症中，机体会出现多种代谢酶的缺乏，如链酰基辅酶 A 脱氢酶（MCAD）、长链酰基辅酶 A 脱氢酶（LCAD）、超长链酰基辅酶 A 脱氢酶（VLCAD）和长链 3-羟基-CoA 脱氢酶（LCHAD）等。

6. 治疗遗传性神经代谢疾病

目前临床上已经将 L-肉碱通过口服和注射用于治疗遗传性神经代谢障碍疾病，一些有机酸败血症的检测和临床诊断用到 L-肉碱治疗，主要是通过中心代谢中 L-肉碱的标准组分化疗来进一步确定病症。通过补充 L-肉碱可以缺少机体内游离肉碱量，并能够及时释放对其他氧化途径有用的乙酰辅酶 A。研究还发现 L-肉碱对丙酸血症、甲基丙二酮症、异戊酸血症、3-羟基-3-甲基戊二酸血症和戊二酸尿症 I 型等患者也有一定的作用。

7. 有利于婴儿健康

L-肉碱在婴儿利用脂肪作为能量来源的代谢中起到关键作用，因此是婴幼儿的必需营养品。婴幼儿对 L-肉碱的合成能力较低，仅为成年人的 12% 左右，对于早产婴儿来讲，必须补充外源性的 L-肉碱才能满足机体需求。L-肉碱在婴儿的生长发育过程中参与多种生理过程，如在生酮作用、氮代谢等方面均具有一定的功能。到目前为止，世界已有 22 个国家在婴幼儿奶粉中加入 L-肉碱，我国也已有添加左旋肉碱的母乳化奶粉上市。

（三）L-肉碱的制备方法

L-肉碱的制备方法较多，主要有微生物发酵法、化学合成法、直接提取法及酶转化法等，其中化学合成法是通过化学合成 D-肉碱和 L-肉碱的混合物，再通过纯化分离得到 L-肉碱，但是这种方法导致出现大量的副产物——D-肉碱，并且导致环境污染，产生的 D-肉碱不能被有效利用，从而造成了资源的浪费。生物转化法相较于化学合成法在环境污染及节能方面有着巨大的优势，生物转化法可以减少约一半的有机废物，约 25% 的废水废液及 90% 以上的焚烧废物。目前，L-肉碱生产制备主要采用的是微生物转化方式，利用微生物将一些前体化合物转化为 L-肉碱，具有转化能力的微生物达到上百种，包括细菌、霉菌、酵母菌、放线菌等，转化效率较高的有大肠杆菌（Escherichia）、变形杆菌（Proteus）、醋酸杆菌（Acetobacter）、不动杆菌（Acinetobacter）、假单胞菌（Pseudomonas）、酿酒酵母（Saccharomyces cerevisiae）、产朊假丝酵母（Candida utilis）、泡盛曲霉（Aspergillus awamor）、米曲霉（Aspergillus oryzae）、红曲霉（Monascus anka）、黑曲霉（Aspergillus niger）等。不同底物采用的代谢途径及涉及的酶不同，主要采用的底物有巴豆甜菜碱、γ-丁基甜菜碱和 D-肉碱，涉的酶包括：以 γ-丁基甜菜碱为底物的代谢酶有 γ-丁基甜菜碱羟化酶、γ-丁基甜菜碱 CoA 连接酶、γ-丁基甜菜碱 CoA 脱氢酶和 L-肉碱脱水酶等；以巴豆甜菜碱为底物涉及的代谢酶有巴豆甜菜碱 CoA 连接酶、巴豆甜菜碱 CoA 水合酶和巴豆甜菜碱 CoA 还原酶等；以 D-肉碱为底物的代谢途径涉及的酶主要是 D-肉碱消旋酶。

1. 以巴豆甜菜碱为底物生成 L-肉碱

研究表明巴豆甜菜碱是 L-肉碱的前体化合物，微生物通过产生的巴豆甜菜碱还原酶（Cai A）可以将巴豆甜菜碱水解为 L-肉碱。该还原酶只有在有氧或者厌氧条件下电子受体量多于巴豆甜菜碱时存在，催化巴豆甜菜碱转化成 γ-丁基甜菜碱，因此通过删除巴豆甜菜碱还原酶基因可以提高 L 肉碱的产量。Eiehler 等研究表明将大肠杆菌中 Cai D 和 E 基因转化到工程菌种，能够显著提高肉碱消旋酶的含量及活性，并促进 DL-肉碱转化为 L-肉碱。最近也有

研究人员将 *E. coli* BW25113 菌株进行了基因改造，当微生物以巴豆甜菜碱为底物进行转化时，主要有两个去路，一个是在巴豆甜菜碱 CoA 水和酶 Cai D（由 cai D 基因编码）的作用下生成 L-肉碱，而另一个去路是在巴豆甜菜碱 CoA 还原酶 Cai A（由 cai A 基因编码）的作用下生成了 γ-丁基甜菜碱，这一途径对产 L-肉碱很不利，因此若阻断这一途径，必须敲除 cai A 基因。

2. 以 γ-丁基甜菜碱为底物转化生成 L-肉碱

在动物体内 γ-丁基甜菜碱由赖氨酸、甲硫氨酸等物质转化而成，γ-丁基甜菜碱是 L-肉碱合成的直接前体，微生物利用自身产生的底物在辅酶 A 合成酶、辅酶 A 脱氢酶和水解酶的作用下得到 L-肉碱。采用 γ-丁基甜菜碱作为底物生产制备 L-肉碱具有非常高的转化率，通常转化率在 59% 以上。虽然采用 γ-丁基甜菜碱有非常高的转化率，但是该底物本身价格比较高，导致生产成本较高，工业化生产过程中还存在一定的难度。

3. 以 D-肉碱为底物转化生成 L-肉碱

利用 D-肉碱为底物转化生成 L-肉碱有两种途径，一种是在肉碱消旋酶的作用下相互转化生成；另一种是在 D-肉碱脱氢酶和 L-肉碱脱氢酶共同作用下，首先在 D-肉碱脱氢酶的作用下将 D-肉碱转化为 3-脱氢肉碱，然后由 L-肉碱脱氢酶进一步转化为 L-肉碱。

（四）L-肉碱的应用广泛

目前左旋肉碱已应用于医药、保健和食品等领域，并已被瑞士、法国、美国和世界卫生组织规定为法定的多用途营养剂。我国食品添加剂卫生标准 GB 2760—2014 规定了左旋肉碱酒石酸盐为食品营养强化剂，可应用于咀嚼片、饮液、胶囊、乳粉及乳饮料等。脂肪的代谢过程要经过一道障碍，障碍就是线粒体膜，线粒体可以燃烧脂肪，使之释放能量，被身体消耗，但是长链脂肪酸通不过这道障碍。L-肉碱就起到了搬运工的作用，把长链脂肪酸搬运到屏蔽外面，送给线粒体，让它进一步氧化，因此，L-肉碱作为减肥产品的补充剂受到广大减肥人员的青睐。同时，作为动物饲料、饵料添加剂可以促进畜禽、鱼类的生长，市场潜力巨大。

九、谷胱甘肽

（一）谷胱甘肽简介

谷胱甘肽（GSH）是一种含有 γ-酰胺键和巯基的三肽化合物，是由半胱氨酸、谷氨酸和甘氨酸这三种氨基酸通过肽键缩合而成，具有 γ-谷氨酰基和巯基两种活性基团，化学名为 γ-L-谷氨酰-L-半胱氨酰-甘氨酸。谷胱甘肽有氧化型谷胱甘肽（GSSG）和还原型谷胱甘肽（GSH）两种。在生物体内谷胱甘肽的主要活性成分是还原型的谷胱甘肽，氧化型的谷胱甘肽含量比还原性的含量低。因此，通常所说的谷胱甘肽是指还原型的谷胱甘肽。谷胱甘肽也被称为媚力肽，是机体解毒的特效物质。半胱氨酸上的巯基为谷胱甘肽活性基团（故谷胱甘肽常简写为 G-SH），易与某些药物（如扑热息痛）、毒素（如自由基、碘乙酸、芥子气，铅、汞、砷等重金属）等结合，而具有整合解毒作用。作为机体的重要抗氧化剂和自由基清除剂，与体内自由基和重金属等结合后把有害物质排出体外。谷胱甘肽还原酶能够催化氧化型和还原型谷胱甘肽两者之间相互转化，谷胱甘肽的辅酶能够为磷酸糖旁路代谢提供 NADPH。

所有的动植物中均含有谷胱甘肽，其中在动物的肾脏、肝脏、红细胞及小麦胚芽中含量都比较丰富，如在人体血液中含 26~34 mg/100 g，鸡血中含 58~73 mg/100 g，猪血中含 10~15 mg/100 g，在西红柿、菠萝、黄瓜中含量也较高（12~33 mg/100 g），而在甘薯、绿豆芽、洋葱、香菇中含量较低（0.06~0.7 mg/100 g）。

（二）谷胱甘肽的生理作用

1. 谷胱甘肽的机体防御作用

主要生理作用是能够清除掉人体内的自由基，作为体内一种重要的抗氧化剂，保护许多蛋白质和酶等分子中的巯基。GSH 的结构中含有一个活泼的巯基-SH，易被氧化脱氢，这一特异结构使其成为体内主要的自由基清除剂。例如当细胞内生成少量 H_2O_2 时，GSH 在谷胱甘肽过氧化物酶的作用下，把 H_2O_2 还原成 H_2O，其自身被氧化为 GSSG，GSSG 在存在于肝脏和红细胞中的谷胱甘肽还原酶作用下，接受 H 还原成 GSH，使体内自由基的清除反应能够持续进行。

2. 保护器官的作用

还原型谷胱甘肽与体内的自由基结合是通过还原型谷胱甘肽中具有活性的巯基与其结合，这种结合可以使其转化为代谢的酸类物质，同时也可以加速自由基的排泄和保护器官避免受到损伤。还原型谷胱甘肽也可以参与羧甲基和转丙氨基反应，从而达到保护肝功能的生理作用。同时，谷胱甘肽对于放射线、放射性药物所引起的白细胞减少等症状，有强有力的保护作用。

3. 谷胱甘肽促进细胞增殖及信号心传递作用

谷胱甘肽是一种自然合成的三肽类物质，也是一种非酶性的抗氧化剂。不仅可以维持机体的氧化还原平衡、参与细胞的抗氧化反应，在细胞增殖方面及机体免疫应答方面发挥重要作用。同时，有研究表明，谷胱甘肽在神经系统中充当神经调质和神经递质中发挥重要的作用。

4. 谷胱甘肽对红细胞的保护作用

谷胱甘肽还可以保护血红蛋白不受过氧化氢氧化、自由基等氧化从而使它持续正常发挥运输氧的能力。红细胞中部分血红蛋白在过氧化氢等氧化剂的作用下，其中二价铁氧化为三价铁，使血红蛋白转变为高铁血红蛋白，从而失去了带氧能力。还原型谷胱甘肽既能直接与过氧化氢等氧化剂结合，生成水和氧化型谷胱甘肽，也能够将高铁血红蛋白还原为血红蛋白。人体红细胞中谷胱甘肽的含量很多，这对保护红细胞膜上蛋白质的巯基处于还原状态，对防止溶血具有重要意义。

（三）谷胱甘肽的制备方法

1888 年，谷胱甘肽首先从酵母中分离出来。日本 1983 年进行了含量较多的谷胱甘肽酵母的生产，其后又研究了谷胱甘肽提取、分离技术及分析检测方法。谷胱甘肽在诸多领域都有重要的应用价值，另外由于谷胱甘肽的原料药还依赖于进口，因此其制备受到广泛的关注。目前，谷胱甘肽的制备方法主要有发酵法、溶剂提取法、化学合成法和酶合成法。

1. 发酵法

发酵法制备谷胱甘肽主要是利用微生物将糖类物质转化为谷胱甘肽，能够生产谷胱甘肽的菌株主要是酵母菌、酿酒酵母和热带假丝酵母，其菌体内 GSH 含量较高，且能长时间保持合成 GSH 的能力。发酵法生产 GSH 的重点在于优良菌种的选育，以常规诱变育种及遗传工程技术就可以得到优良的生产菌株。发酵法具有一定的优势，比如：反应条件温和、发酵时间较短、生产过程较简单等，但其也具有一定的弊端，发酵所获得谷胱甘肽的含量并不高，工业化生产谷胱甘肽迫在眉睫，因此要在菌种选育方面进行研究，利用常规育种方法、基因工程和代谢工程对优良菌种进行改良与开发，同时在培养基和培养条件方面，利用现代化的数据处理方法进行优化，建立高效的产品分离纯化回收工艺，进而提高谷胱甘肽的产量。

2. 溶剂提取法

溶剂提取法以富含丰富的谷胱甘肽的小麦胚芽和酵母为原料，利用适当的溶剂处理，再经过分离纯化得到。谷胱甘肽的生产都是采用溶剂提取法，这也是谷胱甘肽最经典的方法。溶剂提取法提取谷胱甘肽早已被应用，但溶剂提取法存在生产工艺落后、生产规模小、提取出来谷胱甘肽的质量不高、工艺流程相对较为复杂等缺点。

3. 化学合成法

化学合成法生产谷胱甘肽始于 20 世纪 70 年代，是将谷氨酸、半胱氨酸和甘氨酸为原料经过一系列化学反应缩合成谷胱甘肽，化学合成主要经过基团保护、缩合、脱保护三个阶段。目前化学合成法生产工艺比较成熟，但是化学合成方法比较复杂、反应步骤多、反应时间长、成本高、操作复杂、可能会发生消旋而影响活性、环境污染等多种不利因素，所以有关谷胱甘肽的化学合成研究不如生物合成那么广泛。而且由于经济利益的因素，很多有关化学合成谷胱甘肽的专利和期刊都没有公开报道。

4. 化学—酶合成法

化学—酶合成法，即先用化学方法合成 S-苄基甘氨酰半胱氨酸，再与谷氨酸在生物催化酶——谷氨酰转肽酶的作用下生成 GSH。S-苄基-谷胱甘肽的产率受到酶纯度的严重影响，而该酶的分离纯化工作量非常大、成本高。应用谷氨酰转肽酶催化合成 S-苄基-谷胱甘肽，需要通过基因工程手段提高谷氨酰转肽酶的酶活和转肽反应的选择性。该方法的主要步骤如下。

①用 Bzl 对半胱氨酸的巯基进行保护。
②用 Z 保护基对半胱氨酸的氨基进行保护。
③活化半胱氨酸的羧基。
④采用成酯的方式对甘氨酸的羧基进行保护。
⑤保护后的半胱氨酸和甘氨酸反应。
⑥反应后产物 SBCGM 与 L-谷胱酰胺在酶的作用下发生反应，生成 L-谷胱酰 SBCGM。

（四）谷胱甘肽的应用

1. 在畜禽肉类及海产品中的应用

谷胱甘肽能够有效抑制核酸分解、增强食品风味，能够有效延长食品的保质期。研究表明，添加谷胱甘肽的肉类食品能够有效减少菌落总数，抑制微生物的生长，还能提高肉制品的风味。谷胱甘肽通过提高鱼类的消化酶活性、促进分泌生长激素和改善蛋白质合成促进海鲜鱼类的生长发育。研究表明，添加谷胱甘肽到鱼类饲料中，投喂后鱼的粗蛋白含量显著提高，并增强了鱼的抗氧化应激能力。

2. 在酒类产品中的应用

谷胱甘肽具有较强的抗氧化能力，添加到酒类产品中，能够有效减少酒的褐变反应，减少因为褐变对酒类产品色泽、风味和营养品质的影响，所以在酒类产品中应用较为广泛。研究表明谷胱甘肽的抑制褐变效果优于抗坏血酸和 L-半胱氨酸，且高产谷胱甘肽的菌株 Y-18 在降低果酒褐变值的同时，能保持良好的发酵特性。此外谷胱甘肽对酒香气成分也起到保护作用，戚一曼等研究表明，添加适量谷胱甘肽能较好地保持果酒的特征香气成分，有利于延长猕猴桃酒的贮藏期。

3. 在调味品中的应用

谷胱甘肽可以作为调味剂应用到食品中，谷胱甘肽与 L-谷氨酸钠、胱氨酸和木糖混合加热，能产生独特的牛肉风味；而且谷胱甘肽和呈味核苷酸如肌苷酸、鸟苷酸和谷氨酸钠混合后，会形成强烈的肉类风味，可作为调味剂和风味剂应用于各种食品的加工中。此外，谷胱甘肽具有一定的增味效果。研究表明，通过探究谷胱甘肽对无机盐的增味影响，发现谷胱甘肽与 NaCl 在 40℃、pH 为 7.0 时，可达到最佳的增味效果，且谷胱甘肽和无机盐体系的滋味也最为丰富。谷胱甘肽对苦味具有一定的增强作用，可延长苦味的滞留感，并能够增添食品的苦味效果，为食品风味的深入研究提供了科学依据。

4. 在其他食品中的应用

在蔬果类食品的加工中，加入适量的谷胱甘肽可有效防止褐变，并且保持原有的诱人色泽、风味及营养价值。添加谷胱甘肽能够有效减少苹果在榨汁及储存过程中的褐变，保持苹果汁的感官质量和延长其货架期。将谷胱甘肽和抗坏血酸复合使用对鲜切苹果能起到有效防止褐变的作用，且复配效果显著优于抗坏血酸的单独使用。在面制品中添加适量的谷胱甘肽，不仅能有效改善面团的流变特性，控制面团的强度和黏度，而且缩短了面制品的揉捏时间、干燥时间；在面条加工中，谷胱甘肽还作为酪氢酸酶的抑制剂，能防止不良的色泽变化。

5. 在医药领域的应用

谷胱甘肽对肾衰竭、肾病综合征及糖尿病肾病有一定的治疗作用。谷胱甘肽治疗肾衰竭主要是通过与患者体内产生的自由基结合并使其失活，清除有害代谢物，加速细胞损伤修复及改善患者的肾功能。在病毒性肝病治疗中，还原型谷胱甘肽可以通过转甲基和转丙氨基反应，增强肝脏的解毒功能，并促进胆汁代谢，进而保护肝细胞。在酒精性肝病的治疗上，采用谷胱甘肽能加速自由基排泄，减少对肝细胞损害，恢复肝脏解毒功能，促进肝功能恢复。机体遭受病毒攻击时会引起氧化应激状态，谷胱甘肽与多种抗氧化酶构成体内的抗氧化系统，能维持正常的氧化还原状态，对氧自由基、过氧化物及亲电子剂的灭活起着重要的作用。

谷胱甘肽在食品加工业和医药行业等各个领域有着广泛的应用。不仅在医学领域发挥了重要的作用，在食品及其他领域同样表现得非常有潜力。目前存在的问题主要在于谷胱甘肽的工业化生产，利用常规育种方法、基因工程和代谢工程对优良菌种进行改良与开发，同时在培养基及培养条件方面，利用现代化的数据处理方法进行优化，建立高效的产品分离纯化回收工艺，进而提高谷胱甘肽的产量。随着对谷胱甘肽的不断深入研究，相信以后谷胱甘肽会有更广阔的应用前景，对人们的生活也产生更多积极的影响。

第二节 食品添加剂

一、黄原胶发酵生产

（一）黄原胶的简介

黄原胶，又名汉生胶或黄胶，是一种由黄单胞杆菌发酵产生的细胞外酸性杂多糖。是由 D-葡萄糖、D-甘露糖和 D-葡萄糖醛酸按 2∶2∶1 组成的多糖类高分子化合物，相对分子质量在 100 万以上。黄原胶分子结构图如图 10-4 所示。黄原胶的二级结构是侧链绕主链骨架反向缠绕，通过氢键维系形成棒状双螺旋结构。黄原胶具有良好的水溶性、对热和酸碱具有很好的稳定性，能够与多种盐相溶，同时黄原胶还具有非常独特的流变特性。黄原胶在食品医药等诸多领域广泛应用，主要用作增稠剂、乳化剂、悬浮剂、稳定剂等。黄原胶为浅黄色粉末，略带臭味。易溶于水，不溶于乙醇溶液，耐冻结和解冻。遇水后分散、乳化变成稳定的亲水黏稠性胶体。

黄原胶是集增稠、乳化、悬浮、稳定于一体的性能优越的生物胶。黄原胶的性能受到其侧链末端的丙酮酸基团的影响，具有长链分子的一般性能，但因为其含有较多的官能团，又会显示出独特的性能，特别是在水溶液中的构象多样，与溶解条件有着非常大的关系。

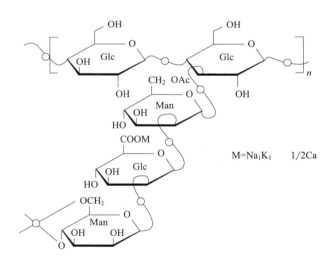

图 10-4　黄原胶分子结构图

（二）黄原胶的微生物发酵制备

1. 菌种的制备

黄原胶是采用黄单胞菌通过发酵后制备的，黄单胞菌的培养与其他菌种培养过程相似，先通过单一菌株进行扩大培养。从基础的斜面培养到摇瓶培养，再从实验室的生物反应器到发酵种子罐，最终从种子罐到生产发酵罐。一般在生产阶段，黄单胞菌的接种量为 5%～

10%，接种量过大会增加扩培的步骤导致污染的概率增加。实际生产中都会采用 4 级扩大培养，每一级培养时都要检查菌种的污染情况，保证接种的种子为无菌的纯菌种。

2. 培养条件

黄原胶的发酵培养基使用的是高 C/N 比的培养基。碳源作为生物发酵的一个重要影响因素，对发酵产生黏度有影响，蔗糖作为碳源的发酵液黏度高于葡萄糖的发酵液黏度。黄原胶发酵的时间通常为 48~56 h，在发酵的前 24 h 主要是菌种的生长时间，菌种大量繁殖；24 h 后开始进入产胶期间，产胶量最高时间为 36 h。发酵产胶的最适 pH 值在 7.3~7.6 范围内，而产胶前菌种最适生长的 pH 范围为 6.0~6.3。随着发酵时间的延续，微生物产生的 CO_2 含量增多，导致 pH 值下降会影响黄原胶含量，当发酵过程中 pH 持续降低时发酵速度也随之逐渐变慢，到 pH 为 5.4 时，微生物就不再产胶。因此，整个发酵体系需要保持在中性的水平上。微生物在生长及生产黄原胶时均需要有氧气的参与，氧气可以使微生物和发酵底物悬浮，实现充分接触，增加底物的利用率，同样过程中持续搅拌也非常重要，黄原胶生产过程中会导致发酵液黏度增加，适当的搅拌速度能够让发酵处于一个高水平，并且促进氧气的均匀分布。氧气量的过大或者过小都会抑制微生物的生长，一般空气流量控制在每分钟通气量与反应体积比为 0.5 min^{-1}，搅拌速度为 500 r/min 左右最佳。发酵过程中随着发酵液黏度的不断增加，产生的 CO_2 无法顺利排出，导致出现大量的泡沫，需要在发酵过程中添加消泡剂，研究表明采用菜籽油作为消泡剂具有较好的效果，且菜籽油能最终被微生物所利用。

3. 黄原胶的提纯

黄原胶在发酵过程中会出现高黏度、杂质多和产品浓度低等问题，因此在后续去杂、脱水、提纯、精制中存在较大的困难，这也是在制备黄原胶的耗时、耗成本的地方。黄原胶的性质极不稳定，容易发生变质，分离过程还受到温度、离子强度等多种因素影响。因此，在黄原胶分离过程中，需要操作迅速，缩短时间。目前黄原胶提纯的方法主要有两类，第一类是硅藻土过滤法，硅藻土颗粒小、比表面积大，表面有孔，具有一定的吸附作用，能够有效地除去发酵液中的菌体和颗粒杂质，显著提高发酵液的透明度。但硅藻土在去除杂质的同时也会吸附部分黄原胶，造成一定的损失，通常使用浓度为 15 g/L。第二类是酶降解法，该方法是一类新型的发酵液净化方法，先通过热杀菌的方式处理发酵液中的微生物，再加入碱性蛋白酶等通过搅拌降解菌体及蛋白质不溶物，该方法能够使黄原胶有较好的透明度和透光度，可以减少稀释、抽滤、分离纯化等步骤，能够显著提高产品的纯度。最后调整溶液的 pH 值，并通过乙醇或者异丙醇溶剂进行有机溶剂沉淀，得到黄原胶。

二、食用色素——红曲色素的发酵生产

（一）红曲色素的简介

红曲色素是一种由红曲霉属的丝状真菌经发酵而成的优质的天然食用色素，是红曲霉的次级代谢产物，已经鉴定出结构的有 16 种化合物，其中包括 6 种醇溶性色素：红曲玉红胺、红斑红曲胺、黄色红曲素、安卡红曲黄素、黄色素 Yellow II 和 Xan-thomonascin A，具有"天然、营养、多功能"等特点。红曲红素又被称为红曲米、红曲、赤曲、红米或者褐米，商品名为红曲红。红曲色素中 70%~80% 的色素为脂溶性成分，易溶于甲醇、三氯甲烷、乙醚、石油醚等有机溶剂。红曲红素中 20% 的水溶中性色素溶解度与溶液的 pH 有直接的关系，当 pH 低于 4 时，色素的溶解性降低，当 pH 降低到 3.5 以下时会出现沉淀。pH 在 4.8~8.5

时，色素的色调和吸收波长变化范围较小。红曲色素溶液中呈现的颜色随浓度的增加而加深，当浓度高到一定程度时会出现黑褐色并且伴有荧光产生。红曲色素与蛋白有着极好的亲和性，着色后不易褪色。红曲色素以大米、大豆等为原料，通过红曲霉发酵制备的天然红色色素，主要用于肉制品的防腐着色，还用于其他调味品、面制品、酒类产品等食品中。有研究表明红曲色素中起到抑菌防腐作用的部分是色素，主要是橘黄色素。红曲色素含有六种主要的成分，包括红色色素、黄色色素和紫色色素各两种。不同颜色中的两种色素只是其侧链上的 R 基不同，代表性的结构如图 10-5 所示。

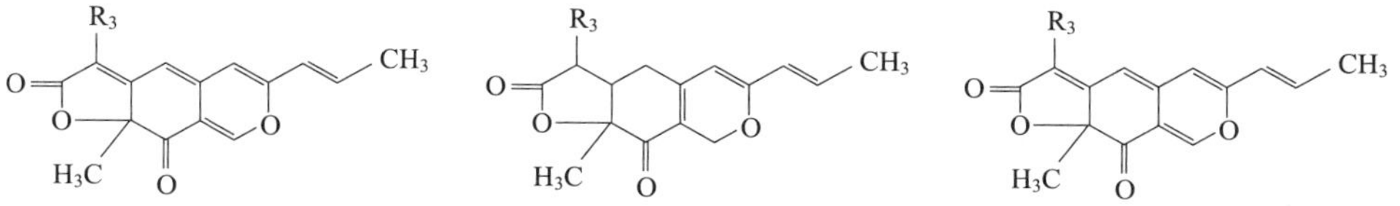

（紫色）
$R_3 = —COC_3H_{11}$
红斑曲胺
$R_3 = —COC_3H_{15}$
红曲玉红胺

（黄色）
$R_1 = —COC_3H_{11}$
红曲素
$R_1 = —COC_3H_{15}$
黄红曲素

（橙色）
$R_3 = —COC_3H_{11}$
红斑红曲素
$R_2 = —COC_3H_{15}$
红曲玉红素

图 10-5　红曲色素的结构式

（二）红曲色素的微生物发酵制备

红素色素的生产方式主要有液态发酵和固态发酵两种，产物分别为红曲米和红曲红（液态或粉末）。传统的固态发酵法是将红曲霉接种在蒸熟的粳米上进行发酵得到红曲米，其影响因素有：红曲霉菌种自身特性、底物、发酵过程中的温度、湿度和通气量等。固态发酵生产工艺具有复杂、易染菌、产品质量不稳定等缺点。液态深层发酵历史较短，有助于实现自动化，提高红曲发酵产品质量稳定性。红曲色素的液态深层发酵影响因素有菌株种类、培养基成分（碳源、氮源、无机盐、生长因子等）和发酵条件（如溶氧、pH 值、温度）。红曲色素的液态发酵制备如下。

①菌种的分离筛选及培养基。采用透明胶或载玻片培养法在 PAD 培养基上进行，筛选出表达性能稳定、生长速度快、菌丝体生产旺盛、色素较好的菌株作为生产用菌株。活化培养基：马铃薯葡萄糖琼脂培养基（PDA 培养基）；种子培养基（g/L）：麦芽糊精 40，葡萄糖 20，蛋白胨 20，$MgSO_4 \cdot 7H_2O$ 1，$NaNO_3$ 1，$ZnSO_4 \cdot 7H_2O$ 2，KH_2PO_4 1，pH 值自然；发酵培养基（g/L）：麦芽糊精 100，硫酸铵 26.43，$ZnSO_4 \cdot 7H_2O$ 0.18，$MnSO_4 \cdot H_2O$ 0.17，$MgSO_4 \cdot 7H_2O$ 1，乳酸调节 pH=5。葡萄糖溶液：葡萄糖 400 g/L，pH 值自然。

②发酵方法。筛选得到的菌株制备成孢子悬液，接种到三角瓶中，120 r/min、30℃、培养 48 h 制备成一级种子液，将一级种子液接种到二级种子液中继续培养 24 h。将二级种子液接入到发酵液中培养 36～48 h。将种子液按照 10% 的体积分数接种到发酵罐培养基中，设定的发酵条件为 300 r/min、通气速率为 3 L/min、发酵 13 天。通常根据红曲米的红色程度判断红曲米是否成熟或者遭到污染。

红曲色素发酵工艺流程：

大米、洗净 ⟶ 浸泡8～10 h ⟶ 蒸米121℃，20 min ⟶ 趁热打散 ⟶ 喷水冷却34℃

滤渣 ⟵ 烘干40～45℃，12 h ⟵ 检测 ⟵ 加水保湿 ⟵ 恒温培养32～34℃，7 d ⟵ 接红曲菌种

③红曲色素的提取工艺。红曲的提取过程主要有乙醇浸提和超声波辅助提取两种方法，乙醇提取法是目前应用最多的方法，因为其对红曲色素的提取率最高。通常在提取过程中采用 60%的乙醇进行提取，提取温度控制在 60~70℃，温度过高或者过低对提取产量均有较大的影响。pH 控制 4 左右，浸提时间在 1~2 h，重复提取两次，提取次数越多，产率越高。除了传统的乙醇提取之外，还有三级逆流提取工艺，提取液是 60%的乙醇，提取温度为 50℃，减压浓缩真空干燥后得红色固体，即为红曲色素。传统法提取具有提取溶剂用量大、提取温度高、生产效率低等缺点，三级逆流提取在乙醇用量、缩短提取时间、降低提取温度方面有着极大的优势。

红曲色素提取工艺流程：

三、生物防腐剂——乳酸链球菌肽的发酵生产

（一）乳酸链球菌肽的简介

乳酸链球菌肽（Nisin）是由乳酸链球菌产生的由 34 个氨基酸组成的小分子抗菌肽，分子量为 3510 Da，分子式为 $C_{143}H_{228}N_{42}O_{37}S_7$，常常形成二聚体或四聚体结构，分子量为 7000 Da 和 14000 Da，包含 4 种稀有氨基酸，羊毛硫氨酸（Ala-S-Ala）、β-甲基羊毛硫氨酸（Abu-S-Ala）、脱氢丙氨酸（Dha）和脱氢丁氨酸（Dhb）。乳酸链球菌肽是由乳酸链球菌产生的一种高效、无毒、安全、营养的天然食品防腐剂，对致病性病原体如李斯特菌、金黄色葡萄球菌、芽孢杆菌等革兰氏阳性菌有抗菌活性，对酵母菌、革兰氏阴性菌和霉菌均无效。乳酸链球菌肽具有良好的抑菌效果、对热稳定且安全无毒副作用，能够满足食品保鲜的需求，因此在 1969 年时被世界卫生组织批准作为食物防腐剂使用，1988 年被美国食品药品监督管理局（FDA）列入 GRAS 名单，被批准用于食品防腐剂。乳酸链球菌肽结构式如图 10-6 所示。

（二）乳酸链球菌肽的制备

乳酸链球菌肽由乳酸链球菌菌株在受控条件下的发酵醪液，再经蒸汽喷射杀菌，由压缩空气泡沫浓缩或酸化，盐析后喷雾干燥而得。乳酸链球菌肽的生物合成过程较为复杂，前体物质经过一系列的修饰后才能形成成熟的有活性的乳酸链球菌肽分子，前体中的丝氨酸和苏氨酸在脱水酶 Nis B 的催化下脱水生成 Dha 和 Dhb 残基，生成的脱氢残基在环化酶 Nis C 的催化下与半胱氨酸偶联，形成甲基羊毛硫氨酸环。完全修饰的 Nisin 前体在转运蛋白 Nis T 的作用下可以跨膜运输到细胞外，最后在体外需要蛋白酶 Nis P 对 Nisin 前体进行前导肽的切割才能形成成熟且有活性的抗菌肽。

发酵法制备乳酸链球菌肽

发酵培养基为：蔗糖 1%，蛋白胨 1%，酵母膏 1%，KH_2PO_4 1%，NaCl 0.2%，$MgSO_4 \cdot 7H_2O$ 0.02%，pH 6.8。

发酵条件：发酵最适温度为 35℃，最适 pH 为 7.0~7.5，发酵时间为 8~10 h，接种量在

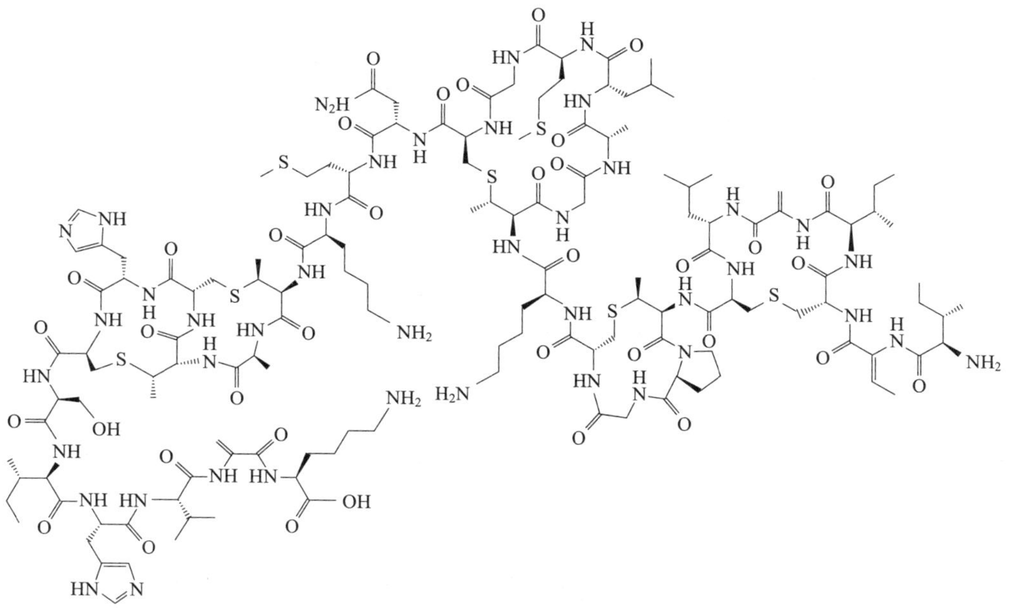

图 10-6 乳酸链球菌肽结构式

5%~6%范围。

乳酸菌菌种经过一级二级放大后，接种到发酵培养基，进入发酵生产阶段，发酵结束后，将乳酸菌发酵液浓缩，调整 pH 至 1.7~3.0，与有机溶剂混合，进行分离提取，依次经过过滤、浓缩、絮凝、离心、干燥等得到产品。

（三）乳酸链球菌肽的应用

1. 在肉制品中的应用

在新鲜的牛肉添加乳酸链球菌肽，能够有效地抑制单核细胞增生李斯特菌及芽胞杆菌等的生长，延长肉制品的贮存期。乳酸链球菌肽与其他制剂联合应用取得显著的成果，如将 EDTA 与乳酸链球菌肽联合应用可有效延长肉制品的保藏时间，防止食品发生腐败。此外，纳米材料也应用于 Nisin 抗菌剂的开发。研究发现负载 Nisin 的壳聚糖—单甲基富马酸纳米颗粒可有效抑制肉末中金黄色葡萄球菌和李斯特菌的生长。

2. 在乳制品中的应用

乳制品经过巴氏杀菌后，仍然存在单核细胞增生李斯特菌、金黄色葡萄球菌等致病菌存活，存在一定的安全风险。加入乳酸链球菌肽后能够有效抑制奶酪中李斯特菌及金黄色葡萄球菌等微生物的生长。研究者们越来越多地通过将 2 种或更多种抗菌药物组合使用增强对病原体的抗菌作用，拓展抗菌谱，同时可降低各种抗菌剂的浓度。

3. 在酒精饮料中的应用

啤酒酿造过程中会存在革兰氏阳性菌的污染，添加乳酸链球菌肽后可以广泛地抑制啤酒中的革兰氏阳性菌，并且不会影响到啤酒酵母的活性，还能够延长啤酒、果酒等产品的货架期，具有良好的应用前景。

第三节　中药发酵技术以及中药发酵概述

一、中药发酵的定义与历史

中药发酵是模拟中药在人体内的消化分解过程，借助于酶和微生物采用现代生物工程技术，在人体外建立一个"工业化肠胃系统"，对中药进行预消化、分解和转化，把中间物质（大分子）分解转化成能够被直接吸收的小分子物质。药物通过发酵过程，能够改变其本来的性能，增强或产生新的功效，扩大用药品种。

中药发酵历史悠久绵长，在一千年以前，就开始用发酵的方法来炮制中药。据考证，神曲、建神曲、半夏曲、采云曲、沉香曲、红曲、淡豆豉、百药煎和片仔癀等9种传统中药就是经过发酵炮制而成。但是传统发酵出现的弊端太多，如发酵菌种、温度、湿度、氧气等不稳定。以前传统发酵过程多数凭经验进行，缺乏规范的技术和指标，质量差异较大，无法保证产品的安全性、有效性、稳定性。同时，传统发酵越来越不适应现代化工业生产的需求，因此现代中药发酵技术的研究以及变成如今的热点话题。

二、现代中药发酵的发酵技术

现代中药发酵技术运用现代生物技术，用现代科学的角度去探索发酵炮制的工艺以及机制。目前中药发酵技术按照发酵形式主要分为两大类：液体发酵和固体发酵。

（一）液体发酵技术

将菌丝加入培养基然后与药材混合之后再一定温度条件下进行发酵，这就是液体发酵（又称液体深层发酵）。液体发酵具有多种优势如机械化、自动化程度高，物质传递效率高，适合也有利于实现大规模工业化生产。液体发酵缺点是易染菌，因为多数中药不具备抗菌能力，易被杂菌污染这样对工业条件要求比较高，因此需要进一步提高其工业工艺，新型发酵罐的设计和研制也凸显的尤为重要。

（二）固体发酵技术

以具有一定活性成分的中药材、药渣或富含多种营养成分的农副产品作为发酵营养基质，用一种或多种真菌作为发酵菌种的发酵形式就是固体发酵技术。基质在提供真菌所需营养的同时，还受到真菌酶的影响从而改变自身组织与成分，会产生新的、不一样的性味功能。其是具有双向性的，也体现了真菌与基质之间的有机结合。不一样的发酵组合可能会产生很多不一样的产品，有广阔的开发前景。但是固体发酵技术的发酵过程自然开放，基质也不灭菌，且机械化程度相对于液体发酵要低很多，很难大规模生产，多用经验判断缺乏科学的质量控制指标从而限制了其应用。

三、发酵对中药的作用和影响

中药通过发酵后可起到多种功效，如增效、解毒、产生新活性成分、节约药用资源等。

（一）增效与解毒作用

中药发酵的增效作用主要体现在两个方面：提高中药有效成分含量，增加有效成分的利用率。一些学者研究发现，黄芪发酵可以大幅提高黄芪多糖的含量。经过测定，发酵后的黄芪多糖最多可达普通方法的 5 倍。实验表明，发酵中药一般只需要普通水提物的 1/28，便可发挥同等药效。研究证明，苷类成分在肠道内难以吸收，大多数需经肠道细菌酶分解为分子量更小的苷元才能发挥疗效。另外，苦参经过灵芝发酵后毒性降低；利用灵芝对大豆进行深层发酵也可以较完全地去除引起食后胀气的低聚糖，这些表明了中药发酵的解毒作用。

（二）产生新活性成分

在中药发酵过程中，微生物会形成多种多样的次生代谢产物，这些次生代谢产物的是良好的药物。另外，由于微生物生命活动和生长代谢有特别强大的分解转化物质的能力，比一般的化学、物理手段能够更大幅度地改变药性，产生新的活性成分。除了生产次生代谢产物，有些微生物以中药的有效成分为前体产生新的化合物，或者次生代谢产物和有效成分发生反应形成新的化合物。在发酵的过程中，微生物能够完成一些常规手段难以完成的反应，主要包括环氧化、酯基转移、酯化、脱氢、水解、水合、氢化、芳构化等。

发酵对中药活性成分的影响，可以从四个方面概括：第一点是微生物在生长过程中可以产生很多生物活性物质包括多种酶、抗生素等，这些酶类可以催化中药成分的分解或者转化成其他成分。第二点是微生物的次生代谢过程中可以产生活性化合物。第三点是中药的某些成分可以改变微生物的代谢途径从而形成新的成分，或者将中药中的有效成分转变为新的成分。第四点是微生物的代谢可以转化中药的有效成分，次生代谢产物可以和中药的有效成分发生反应形成新的成分。

（三）节约药用资源

中药发酵后不仅可起到多种功效，还可以节约药用资源。利用发酵技术对中药提取后的药渣进行多次提取发酵，能够充分有效地吸收和利用药渣里面的大部分营养物质，节约药用资源。

四、中药发酵的发展方向

目前，中药发酵是现代中药研究的热点之一，但是由于时间和技术等原因其仍处于发展的起步阶段。因此，为了更好地利用这些天然的中药材，也为了人类的健康做出更大的贡献，有许多的问题需要我们进一步研究和探索。中药发酵的发酵菌种是一个很有潜力的发展方向。因为，相比较于微生物的种类而言，目前从自然界分离得到的真菌及细菌，只占很小的比例，还有大量的菌种未发现。单一菌种发酵在工业生产中已经开始应用，而多菌种混合发酵有更强的生物转化能力，但是混合发酵难以控制从而应用受到限制。我们应加大力度研究，解决这一难题。中药学与生物学这两门科学的重要结合点之一就是中药发酵。中药发酵可以较大幅度地改变药物的药性，提高疗效，降低毒副作用，发现新的药用资源，节约药用资源，为中药的发展开辟新的研究领域，具有广阔的前景。

五、具体案例——关于人参发酵研究概述

人参属于五加科人参属植物的干燥根，是著名的传统中药，同时也作为药食同源的新食

品原料（2012 年原卫生部批准 5 年及 5 年以下人工种植的人参作为新资源食品）。人参主要生长于我国东北地区，素有"国宝"之称，位居关东三宝之首。中国是世界人参的主产区，占世界人参产量的 70%，其中 1/3 用于出口，出口地区主要包括马来西亚、新加坡、日本等。

人参具有极其丰富的功能性物质，主要包含人参皂苷、人参多糖、挥发油和氨基酸等。人参皂苷是最重要的活性物质，大量研究表明人参皂苷具有非常重要的保健功效如抗疲劳、抗氧化、增强免疫力等。现在，用人参为原料研发的功能性食品和保健品成为热点，但是单一人参制品容易上火，发酵人参可以很好地解决这个问题，因此人参发酵工艺的研究一直备受关注。

（一）人参分类

按生物学分类，参分为人参和西洋参两大类，它们都属于五加科植物。按五加科植物来定性，可以将党参、沙参、丹参、玄参等纳入参的家族。按产地和品种形态特征，人参可分为高丽参、抚松参、集安参、石柱参、东洋参、西洋参。

（二）人参中草药发酵的机理

中药发酵是以优选的肠道益生菌作为菌种，利用微生态学、仿生学的方法，在体外模拟人体的肠道环境，消化分解中药成分，通过微生物将大分子物质变为可被人体直接吸收的小分子物质，实现对传统中药的充分利用。现代中药发酵技术可以起到减毒增效、产生新活性成分、节约药用资源等作用。纤维素、半纤维素、果胶质、木质素等物质构成了植物细胞壁，要提高中药材活性成分首先是打开细胞壁及细胞间质，而发酵可以在微生物的作用下打开细胞壁，活性物质溶出，极大程度地提高了有效成分的含量。在发酵过程中，酶或者酶系可以将人参中含量较多的人参皂苷转化成含有特殊功能基团的稀有人参皂苷。

（三）人参发酵工艺优化

1. 人参发酵微生物的选择

目前，用于进行人参发酵的主要微生物有乳酸菌、酵母菌、枯草芽孢杆菌、双歧杆菌等，可以单一菌种进行发酵，也可以复配菌种发酵。不同的菌种对于人参发酵影响不同，终产物活性物质成分也不同。有学者用高效液相方法研究 9 种人参皂苷含量的变化，从大量常用菌种中筛选可以发酵转化人参皂苷、提高人参皂苷含量的菌种。研究人员在植物乳杆菌、嗜酸乳杆菌、干酪乳杆菌、副干酪乳杆菌和发酵乳杆菌中发现最有利于转化的菌种是植物乳杆菌，经过其转化，人参产生的稀有皂苷 F2 和 Rg3 含量最高。有研究表明用灵芝与人参共同发酵，不仅人参的抗氧化活性得到提高，而且稀有人参皂苷含量也会得到提升。另外，研究发现用人参与仙人掌果复配发酵后，稀有人参皂苷数量得到增加。

2. 人参发酵条件的优化

影响人参发酵的条件主要包括菌种、底物、反应温度、pH 值、发酵时间等。不同菌种进行发酵时的最优条件是不同的。有研究筛选最佳菌种结果，确定植物乳杆菌的最佳发酵工艺条件为：发酵温度为 37℃，发酵时间 16 天，菌种的接种量为 1.0%，发酵初始 pH 值为 6.0，人参发酵液中稀有皂苷含量增幅明显。当发酵菌种为枯草芽孢杆菌时，以转化得到 Rg3 含量最高为标准，研究者得到的最佳发酵工艺为：以乳酸细菌培养基为发酵培养基、在发酵温度为 35℃下，发酵 pH 值 7.0，发酵时间 2 天。总结各种文献研究，人参发酵的最优发酵工艺大概为：发酵温度 30~40℃，发酵 pH 值为 6.0 或 7.0，发酵时间 2~6 天，培养基为 MRS 培养基，基质含水量定为 50%。

（四）人参发酵产品的研究现状

人参是著名的传统中药，也是药食同源的新食品原料，具有极其丰富的营养价值及保健功效。随着研究的深入以及行业的关注，利用人参开发出来的产品越来越多。发酵人参制品因有其独特的降火、增免、补气等功效而受到关注，目前市面上常见有发酵人参口服液、人参酸奶等。

目前，很多学者对人参发酵产品进行深入研究，如以植物乳杆菌发酵而成的人参液为原料，调配成发酵人参口服液，可增项功效和改善口感。初琦等在人参浆液中加入大米糖化液，利用微生物之间的相互作用进行人参发酵，最终制得人参米酒。有研究者通过微生物发酵生产制成人参酒，将更多的人参发酵活性物质保留，除了皂苷外，人参中的重要组分人参多糖也是非常有效的活性物质，可以增强免疫力。

（五）总结与展望

新时代下，我们要传承精华，守正创新，加快推进中医药现代化、产业化，推动中医药事业和产业高质量发展、走向世界，充分发挥中医药防病治病的独特优势和作用，为实现中华民族伟大复兴的中国梦贡献力量。中药发酵提高中药的生物利用度、是中药发展的面上创新、是中药现代化的方向之一，中药发酵历史悠久，我国古代人民就开始用发酵的方法来炮制中药。更何况古代传统发酵基本都是凭着经验进行，缺乏系统规范的技术和质量检测指标，质量差异较大，无法保证产品的安全性、有效性和稳定性。同时已经不能满足现代化工业生产的需求，因此，中药发酵是中药现代化创新和发展的必然趋势。

自 20 世纪 80 年代提出"双向发酵"技术以来，人参等中草药的发酵研究是一大热点。该技术既能让人参中的营养物质被微生物生长所利用，又能使人参原有的化学成分在微生物体内酶的催化下发生转变，为人参的二次开发及功能性食品保健品的研制等提供了崭新的发展方向。为充分利用人参，今后工作可从下面开展：首先筛选出菌种，针对不同活性物质的菌种；其次了解发酵过程的合成途径及调控机制；再次确定发酵工艺；最后功能评价保证产品质量和安全，为进一步人参的开发做依据。

六、经济社会效益

我国是世界中药资源最丰富的国家，国际市场中 70% 的天然药用植物源于中国。随着科学的发展，人民生活的日益改善，世界对中药科学医疗重视和认识提高，特别是人类社会面对各类疫病时，中医药在临床中的杰出的表现，为中医药获取很大的发展机遇。近年来全球市场对天然药物的需求持续增长，生物医药业已成为 21 世纪极具发展潜力的新兴产业，而中药产业是我国最具特色的传统优势产业之一，也是极具有市场潜力的朝阳产业。

随着我国中医药事业快速发展，服务能力明显增强，中药产业规模明显扩大。至 2015 年，我国中药产业年规模已达 4100 亿元以上，占国内医药市场的 1/3。中药出口已达 23.32 亿美元，全国中药生产企业已近 1500 家。当前，大健康产业已成为全球最大的新兴产业。

然而，目前我国中医药界在传承与发展上受到严重制约，导致中药科技基础相对薄弱，中成药功能主治模糊、制药工艺粗放、质控技术落后、过程风险管控薄弱等，制约了中医药大健康产业做大做强。国内大中药产业的中药企业规模较小，产品低水平重复、无序竞争现象突出。以企业为研发主体的产学研合作机制尚不健全，创新投入和技术储备严重不够，科技成果转化滞后，导致中药产品科技含量不足，产品附加值低。对于科研创新能力相对较弱的企业而言，进行经方的二次研发是较好的发展方向。另外复方药物将会是今后新药研发的重要方向。由于我国新药产出与研发投入不成正比，传统的新药研发模式将会受到挑战。

发酵中药制剂是中药现代化的重要组成部分，应用仿生学多菌共生的微生态发酵技术，利用微生态学、仿生学的方法，通过生物嫁接的方式，对中药有效成分进行生物学转化，有力支持经济和社会的全面可持续发展。

中药现代化对国家科技发展和人民身体健康都具有重大的战略意义。中药发酵功能性食品研发及产业化项目地进行有利于巩固当地中药健康工业，提升大丰当地中药产业发展规模和水平，符合国家战略需求，对建设现代中药健康产业，促进中药资源可持续发展具有重要的作用。同时，发酵中药制剂具有现代生物产业的技术要求，技术先进，附加值高，可在一定程度上改变传统中药工业结构，吸纳大批人员就业，具有显著的社会和经济利益。

七、产品案例——以酸枣仁、百合、重瓣红玫瑰、玉竹、茯苓、当归、甘草为中药材发酵的饮品

基础理论研究是为了产业化服务，只有真正的将实验室的研究带向市场才是真正创造价值的地方。本案例选取"改善睡眠"为主要功能方向进行深度开发，选取"酸枣仁、百合、重瓣红玫瑰、玉竹、茯苓、当归、甘草"七种中药材进行复配益生菌发酵，在额外添加功效物质调配而成发酵饮品。

下面介绍一下玉竹百合发酵饮品工艺规程，生产工艺简图见图10-7。

（一）生产工艺简图

（二）工艺详细说明

①原辅料检验：质量部严格按照验收标准对原辅料等进行检验，检验合格的物料方可投入车间使用。

②清场要求：生产部进行生产前的清洁清场工作，具体清场要求按清场管理程序要求进行，清场合格后，进行生产。

③原辅料领料：领料操作工根据物料清单进行领料操作，领料时需按指令单核对物料名称、数量等信息是否同指令单要求一致，检查物料质量情况，有无过期、变质、发霉等异常情况。

④称量：将酸枣仁、百合、重瓣红玫瑰、玉竹、茯苓、当归、甘草、低聚异麦芽糖、白葡萄浓缩汁、蓝莓浓缩汁、黑果腺肋花楸果浓缩汁、γ-氨基丁酸、胶原蛋白肽、透明质酸钠、角豆提取物、酶制剂按照配方量精密称重，备用。

⑤加料酶解：将酸枣仁、百合、重瓣红玫瑰、玉竹、茯苓、当归、甘草按照工艺配方加至酶解罐中，然后加入酶制剂，升温至55℃，酶解90 min。

⑥灭酶提取：将酶解罐中的物料升温至90℃，并维持30 min进行灭酶提取。

⑦UHT均质杀菌：将调配罐中的物料进行均质和超高温瞬时灭菌，灭菌条件为113～117℃，15 s。

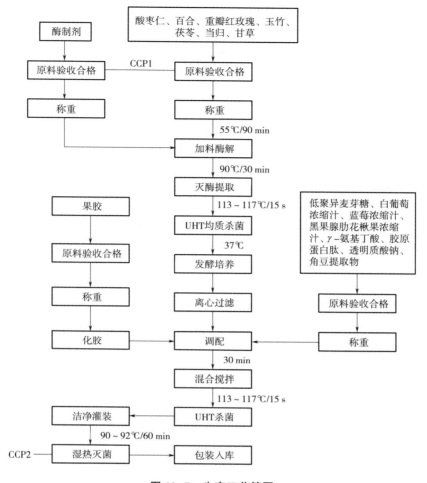

图 10-7 生产工艺简图

（CCP1：原辅料符合验收标准要求；CCP2：90~92℃，60 min）

⑧发酵培养：均质杀菌后，将物料降温至37℃左右，按照配方工艺加入发酵菌粉。

⑨离心过滤：发酵结束后，对物料进行离心，随后将清液输送至调配罐中。

⑩预混化胶：在调配罐中，称取配方量的果胶，然后通过混料机将胶粉缓慢投入调配罐，边添加边搅拌（30 min），得胶液。

⑪配制：将发酵清液由清液暂存罐输送至调配罐中，将称重好的低聚异麦芽糖、白葡萄浓缩汁、蓝莓浓缩汁、黑果腺肋花楸果浓缩汁、γ-氨基丁酸、胶原蛋白肽、透明质酸钠、角豆提取物、三氯蔗糖通过在线混料机加到清液中。

⑫补水定容：所有物料添加完成后，补水定容，加入蓝莓香精，继续搅30 min得到总混合溶液，测定液体的可溶性固形物含量。

⑬UHT灭菌：对待装物料进行超高温瞬时灭菌，条件为113~117℃/15 s，灭菌后的物料转移至待装罐。

⑭洁净灌装：将混合溶液通过液体灌装设备，进行灌装。装量为（40±1.2）mL。

灌装过程中，随时检查装量。合格品放置于固定容器中，由生产人员送至待验区，并做好重量、操作人姓名和批号等标记。

⑮湿热杀菌：成品进灭菌柜，条件为 90~92℃，60 min 。

⑯包装入库：对产品进行外包装，并仔细核对产品内外包装产品名称、规格、生产日期及批号等信息是否一致。包装好的产品经检验合格、批记录审查合格后方可入库保存。

思考题

①什么是功能性低聚糖？功能性低聚糖的种类有哪些？

②真菌多糖的功能有哪些？

③简述糖醇的生产制备工艺？

④生物活性肽类物质在结构上有什么特征？

⑤利用基因工程技术生产多不饱和脂肪酸的优点是什么？

⑥简述红曲色素在肉制品加工中的应用？

⑦简述金属硫蛋白参与机体代谢调节和解毒的作用机制？

⑧举例说明不同微生物转化法制备 L-肉碱的原理？

⑨简述谷胱甘肽的生理作用？

⑩简述黄原胶的性质及在食品中的应用情况？

⑪pH 值对微生物发酵法制备黄原胶的影响？

⑫简述发酵法制备红曲色素的工艺流程？

⑬简述乳酸链球菌肽在乳制品中的应用？

⑭简述现代中药发酵技术的优点与缺点？

第十一章 发酵工业废水 废渣的生态化利用

第一节 发酵工业的废水及废渣

一、发酵工业的废水

发酵工业主要是利用微生物的生命活动产生各类酶，对有机或者无机物质类的原料进行加工，并获得相应的有效工业制品的行业。包括传统发酵工业，比如酿造类（酒类、酱油及食醋等）和发酵食品（酸菜、火腿等）的生产；近代发酵工业，比如酒精、乳酸及丁醇等的生产；新兴发酵工业，比如抗生素、有机酸、氨基酸及单细胞蛋白等的生产。在这些原料繁多、工艺复杂、产品种类多的工业中，不可避免产生组成差异大、有机物含量高、排放产出量高的工业废水。

食品发酵行业需水量巨大。水自始至终贯穿在食品发酵工业的整个生产过程中，而且一直扮演着重要的角色。食品发酵企业都是以水为工业用水和清洗用水，因此食品发酵工业的需水量很大，排放的废水量也大。如果过度用水，就难以避免会产生大量废水，加重企业的经济负担，降低利润，同时造成环境的污染。随着我国对环保的要求越来越严格，企业须采取措施有效削减用水量，尽可能地降低排放废水的产生，避免废水超额排放所带来的环境问题。

自 20 世纪 60 年代以来，随着环境问题的日益严重，污染治理技术等生态治理技术迅速发展。固体废物和废水的无害化处理是通过环境工程的基本方法，对固体废物和废水中的总有机碳、特殊有害物质、无机类物质和不可利用杂质等进行降解、除杂、中和等工艺处理，以使排放物达到不损害健康、不污染周围自然环境的处理技术。目前，我国发酵工业的废弃物和废水的控制与处理的发展趋势也正从"无害化"向着"减量化"和"资源化"发展。

（一）发酵工业废水的来源及水量

我国淡水资源只占世界的 7%，是严重缺水的国家之一。发酵行业生产过程中需耗费大量清水，年用水量约为 3 亿 t。发酵行业是利用微生物液体发酵并提取精制来获得产品，生产过程残留下来的废液属于高浓度有机废水，是主要的污染源。目前，发酵产业是我国的排水大户，其排出的高浓度有机废水量已占轻工行业的第 2 位，仅次于造纸行业。据来自国家生态环境部的统计，全国年废水排放总量约为 572 亿吨，110 条河流被城市工业严重污染，自然净化能力基本趋于零。因此，发酵行业要从综合利用资源的角度出发，通过采用先进的科学技术，实现经济性、社会性、环境性和效益性。

发酵工业的一般工艺流程如下，原料经过处理、发酵过程得到包含产品的发酵液，并经过特定的分离与提纯工艺，得到纯度较高的产品。

$$原料 \longrightarrow 处理 \longrightarrow 分离 \longrightarrow 提纯 \longrightarrow 产品$$

食品工业将水作为原料用水和清洁用水，用量很大，废水排放量也很大。食品工业水主要来源于三个生产工段：一是原料清洗工段，大量沙土杂物、叶、皮、鳞、肉羽、毛等进入废水中，使废水中含大量悬浮物；二是生产工段，原料中很多成分在加工过程中不能全部利用，未利用部分进入废水中，使废水含大量有机物；三是设备和地面。

食品工业废水的特点主要表现在以下 6 个方面。

①废水量大小不一，各类食品的生产加工方式不同，产品品种繁多，生产规模各异，致使食品发酵企业产生的废水量不等。

②生产随季节变化，废水水质、水量也随季节变化，如苹果汁加工过程中，前期苹果清洗需要的水量较小，而后期由于腐烂苹果的增多，清洗时需要的水量增大。

③食品工业废水中可生物降解成分多，大多数食品发酵工业的原料是农副产品，经过加工后产生的废水中自然有机物质成分较多（如蛋白质、脂肪、糖、淀粉），基本不含有毒物质，故生物降解性好，一般其 BOD/COD 比例高达 0.80 以上。

④废水中含有各种微生物，故废水易腐败发臭。

⑤多数属高浓度有机废水，其 BOD 值在 500 mg/L 以上的情况很多，其中浓度高达数万毫克每升的也不罕见。

⑥废水中会同时出现氮、磷含量过高的情况。在肉类、豆类和动物胶加工时，会因蛋白质的降解产生氮，在水产品加工、鱼膏等制品加工，以及火腿和腊肠制作时，会导致废水中的氮、磷增高。

（二）废水处理的基本方法

按作用原理可以将废水处理的方法分为物理法、化学法和生物法三类，每一类有数种工艺及设备。

1. 物理法

物理法是废水处理，特别是预处理时最经济、最高效的方法之一。主要是通过物理作用分离废水中的非均相物料体系，包括废水中的不溶解的悬浮物和油滴。通常是采用沉淀、过滤、离心分离等常规的单元操作，将水中不溶物、胶体和油脂分离出来，初步得到净化。

①过滤。过滤主要利用多孔介质，在外力的作用下，固液分散物系中的流体通过介质孔道，固体颗粒被介质截留，从而实现固液分离的单元操作。过滤是处理废水最常用的分离手段，通常有筛滤、过滤和微滤等几种。筛滤通常用于预处理或者一级处理；过滤和微滤通常用于深度处理。筛滤主要作用是从废水中分离出粒度比较大的分散性悬浮废物，常用设备有栅格或格筛。而过滤和精滤主要用来去除废水中粒度较小或絮状固体悬浮物，主要设备有叶滤机或板框过滤机。

②撇除。部分发酵工艺废水含有大量的油脂，油脂往往无法通过过滤的方法分离。油脂的存在会造成管道、泵或者其他设备的堵塞，造成生产故障或损失，并且油脂的回收也有一定的经济价值，也符合当前的"双碳"政策。含有较多油脂的废水一般用静置撇除的方法去除。

③沉淀。沉淀是用除去原废水中无机和有机固体废物的工艺操作。用初级沉砂池除去原废水中的无机固体废物，用二级沉淀池分离废水中的生物相和液相，一般设置在筛滤工序

之后。

④气浮。气浮主要用于去除发酵工业废水中的乳化油、表面活性物质和其他悬浮固体，有真空式气浮、加压溶气气浮和散气管（板）式气浮，应用最普遍的是加压溶气气浮。当废水进入溶气气浮池之前，往水中投加化学絮凝剂或助凝剂，可提高乳化油脂和胶体悬浮颗粒物的去除率。

2. 化学法

发酵工业废水中通常含有溶解性有机物或 CIP 来源的酸碱等，这类物质通常无法通过物理法去除。可通过向废水中添加化学药剂，使废水中和或发生化学反应，使有机物氧化或还原成无害物质，或者变成易分离物质。化学法是通过化学反应作用来分离、去除废水中呈溶解、胶体状态的污染物或将其转化为无害物质的废水处理法。一般来说，化学法通常和物理法配合使用，采用的方法主要有中和、混凝、氧化还原、萃取、汽提等方法。

①中和法。发酵工业废水通常含有大量酸碱，特别是原料和设备的清洗来源的酸碱，排放时需将其中和，利用中和反应处理废水的方法即为中和法。

②氧化还原法。氧化还原法是往废水中添加氧化剂或还原剂，与污水中的有害物质氧化或还原成无害物质的方法。一般来说水中含有有机污染物后，好氧菌作用会使其氧化分解。同样地，这些物质也可以被化学氧化剂氧化，且化学氧化剂的氧化降解反应迅速、部分氧化剂成本低廉、氧化分解程度高。

3. 生物法

发酵工业废水可通过微生物的代谢作用，使废水溶液、胶体物质或悬浮物等有机物或污染物等，转化为稳定无害的物质。生物法分为好氧生物处理法和厌氧生物处理法两种，主要使用的处理设备是消化池。

①好氧生物处理法。好氧生物处理法是在提供游离氧的前提下，以好氧微生物为主，使有机物降解的无害化处理方法。废水中以胶体状态和溶解状态存在的有机物，可作为微生物营养源。这些高能位的有机物经过一系列的生化反应过程，逐级释放能量，最终以低能位的简单无机物稳定下来，达到无害化的目的。

好氧生物处理法的优点是反应速度快、反应时间短、反应容器小、反应过程基本不产生异味、运行条件控制简单，适于大规模废水处理。一般来说，如果有机物浓度较低，供氧速率能满足生物氧化速率时，采用好氧生物处理较适宜。对于城市生活污水和中、低浓度工业有机废水（一般 BOD_5 低于 500 mg/L），一般采用好氧生物法处理。好氧生物处理工艺根据微生物的生长状态又分为活性污泥工艺和生物膜法工艺。

②厌氧生物处理法。厌氧生物处理法是指在没有游离氧的情况下，以厌氧微生物为主要菌群对废水中的有机物进行降解、稳定的处理方法。在厌氧生物处理过程中，复杂的有机物被降解，转化为简单、稳定的化合物，同时释放能量。在此过程中，有机物的转化分为三部分：部分转化为甲烷气体，可回收利用；部分被分解为 CO_2、水、氨气、硫化氢等无机物，并为细胞合成提供能量；仅少量有机物转化合成新的细胞的组成部分。

由于食品发酵工业废水中含有易生物降解的高浓度有机物，无毒性，所以适于采用厌氧生物处理工艺进行处理。厌氧生物处理工艺又分为厌氧活性污泥工艺和厌氧生物膜法工艺。

二、发酵工业废渣

发酵工业废渣一般无毒无害，还含有丰富的营养成分，非常适合微生物的生长繁殖，极易受微生物作用而迅速腐败，不易长期保存，腐败时产生令人不愉快的气味，污染环境。有些废渣如果不经过处理，直接排入下水道及河沟，会对生态环境造成严重的影响。

（一）废渣的来源与性质

食品发酵工业废弃物有不同的分类方法，按其形态可分为固体废弃物（废渣）、废水和废气，按生产工艺可分为发酵食品工业废弃物和非发酵食品工业废弃物。发酵食品工业中的废渣主要是以农副产品为原料，生产各种产品过程中产生的废弃物，如酒糟、粮食废渣、果蔬废渣、菌体等。这些废渣大部分无毒，营养丰富，有的可直接作为家禽饲料，有的可以作为固体发酵产品或单细胞蛋白的生产原料。

在食品加工过程中，可利用的只是原料的一部分，其中有 30%～50% 的原料未被利用或在加工过程中被转化为废弃物。

（二）废渣处理的基本方法

食品工业废弃物中，大多是废水和废渣的混合物，混合物中固形物含量一般 5%～16%，其中含有大量蛋白质、氨基酸、维生素及多种微量元素，是很好的微生物营养物和饲料原料。在处理前，一般都需要先进行固液分离，然后进行处理和利用。这些技术包括分离技术、干燥技术、生物发酵技术、堆肥技术等。

1. 分离技术

在食品废渣、废水混合物中，悬浮颗粒体积的差异很大，从微小的胶体物质到粗大的悬浮颗粒，因此，需要采用比较有效的方法对其进行分离。常用的固液分离技术有离心法、沉降法和过滤法等。

2. 干燥技术

通过固液分离后，食品废渣、废水中的固体物质被分离出来。为了保持物料的营养物质，通常采用干燥技术进行物料干燥，以防止其霉烂变质，使制品能较长时间贮存，减小体积和质量，便于加工、运输，扩大供应范围。干燥的方法有多种，如通风干燥、滚筒干燥、真空干燥、喷雾干燥、升华干燥等。

3. 生物发酵技术

通过生物发酵可把食品有机废弃物转化成菌体蛋白。菌体蛋白是良好的饲料，既可解决废弃物的处理问题，又可开发新的饲料资源，是一种非常有发展前途的方法。生物发酵的关键是优良菌株的选育和发酵参数的优化组合。由于食品工业废弃物种类多，成分杂，因此，常采用优良菌株进行优化组合发酵。生物发酵的一般工艺过程如下：

废渣→配料→拌料→蒸煮→冷却→接种→固体发酵池发酵→干燥→粉碎→包装→成品

经过固体发酵后，食品废渣的性质会发生很大的改变，其利用价值（如饲料养分）常会得到较大提高。以柠檬酸废渣为例，经固体发酵后，粗蛋白含量由 9.75% 提高到 32.48%，而粗纤维含量却由 22.40% 降低到 8.53%，其饲料价值明显提高。

4. 堆肥技术

堆肥是指利用自然界中广泛存在的微生物，通过人为调节和控制，促进可生物降解的有机物向稳定的腐殖质转化的生物化学过程。几乎所有的食品废弃物都可通过堆肥转化成有用的产品，如有机肥料实现废弃物的资源化转化。依据堆肥过程中利用的是好氧微生物还是厌氧微生物，可把堆肥分为好氧堆肥和厌氧堆肥。好氧堆肥是指在有氧条件下，好氧微生物通过自身的生命活动进行的氧化分解和生物合成的过程。通过氧化分解过程，一部分有机物转化成简单的成分，并释放出能量；另一部分有机物则通过合成过程转化成新的物质，使微生物生长繁殖，产生更多的中间产物和微生物体等。厌氧堆肥则是在无氧条件下，厌氧微生物对有机物进行氧化分解和生物合成的过程。

厌氧堆肥利用的是厌氧微生物的活动，无须供给氧气，因而动力消耗不大，但发酵效率低、堆肥速度慢、稳定化时间长。好氧堆肥利用的是好氧微生物的活动，需要始终供给足够的氧气，因而动力消耗较大，但好氧堆肥发酵效率大、堆肥速度快、稳定化时间短，易于实现大规模工业化生产，因此，工业化堆肥一般都采用好氧堆肥方法。

第二节　废水、废物处理的生态化策略

一、废水、废渣的减量与清洁化生产

（一）废水废渣的减量

减量是从"省资源、少污染"的角度提出的，要在保证产量的情况下减少原料用量，其有效途径之一是提高转化率、减少损失率，减少废渣排放量。当前减量应该注意从以下途径来实现。

①用更高效的加工技术减少产生废渣的途径，如培育淀粉含量更高的马铃薯，从而有助于减少加工后的废物。

②加强管理与控制，防止加工时控制不善或包装不恰当，或流通期间管理失误产生废渣。

③加工环境对食品加工中所产生的废渣也起到不可忽视的作用。

（二）废水废渣的清洁化生产

清洁生产是一个相对抽象的概念，包括了多方面的内容，如废物最少化、无废少废工艺、清洁工艺、预防污染等，但清洁化生产不包括末端治理技术，如空气污染控制、废水处理、固体废弃物焚烧或填埋。联合国环境规划署和环境规划中心（UNEPIE/PAC）综合了各种说法，对清洁生产做了如下定义："清洁生产是指将综合预防的环境策略持续地运用于生产过程和产品中，以减少对人类和环境的风险性。"对生产过程而言，清洁生产包括节约原材料和能源、减少有毒材料的使用、在废物离开生产过程以前减少其数量和毒性等；对产品而言，清洁生产指减少产品在生产过程中（包括从原料提炼到产品的最终处置）对人类和环境的影响。

清洁生产力求达到两个目标：一是通过资源的综合利用（如二次能源的再利用）、短缺资源的代用及节能、降耗、节水等工艺控制，合理利用自然资源，减缓资源的耗竭；二是减少废物和污染物的排放，促进工业产品的生产、消耗过程与环境相容，降低工业活动对人类和环境的风险。

清洁生产主要包括清洁的能源、清洁的生产过程和清洁的产品三个方面。清洁的能源是指买各种方法对常规能源进行清洁利用的能源，清洁的生产过程是指原材料从投入到生产产品的全过程，包括节约原材料和能源、替代有毒原料、改进工艺技术和设备、充分利用劣质原料和资源综合利用，并将排放物的数量和毒性削减在离开生产过程之前；清洁的产品是指覆盖产品的整个生命周期，即产品的设计、生产、包装、运输、流通消出、报废，从全过程减少产品对人类和环境的不利影响。清洁生产是实现绿色产品的技术手段，它具有如下特点。

①寿命周期可持续发展性。清洁生产是从产品寿命周期的角度考虑问题，其强调在产品寿命周期的各个环节中采取"绿色"措施，所以在产品的生产、使用、回收处理及再利用过程中能节省资源和能源，减少或消除环境污染，并能为劳动者提供良好的劳动保护，真正做到经济、环境、资源的可持续发展。

②系统性。产品寿命循环各阶段的清洁生产内容相互之间都有内在联系，它们之间相互影响，共同构成一个整体，因此应运用系统工程的原理和方法规划清洁生产系统，使系统的各要素有机地集成在一起，达到最佳运行状态。

③效益性。发展经济和提高生活质量是人类追求的目标，但必须以自然资源和良好的生态环境为依托。忽视资源与环境的保护，经济发展也会受限。清洁生产注重生态效益、经济效益和社会效益的综合，并把系统的整体效益放在首位。

④预防为主，治理为辅。与传统生产企业的末端治理不同，清洁生产采取预防为主，治理为辅的战略，在产品的整个寿命循环自始至终都将环境、资源、能源、劳动保护等因素影响考虑在内，其最终目标是实现"零污染"。由于传统企业在生产的前期所采取的预防措施较少，因此后续产生较大的污染，带来许多难以解决的环境问题，不得不对其进行大面积的治理，而清洁生产的整个工作循环都采取预防措施，在生产过程限度地减少污染物，因此污染较小，治理量也较少。

二、废水、废渣的生物转化和综合利用

①传统酿造业的发酵转化产品。

②食品加工废渣的发酵转化。在罐头、果脯等各类果品加工中，果皮、果核含有丰富的有机物、微量元素、维生素等。将果皮、果核粉碎，加入适当的微生物进行发酵，可以制成果酒；果皮、果核经加水研磨、蒸煮杀菌、压滤等程序，也可制成果饮料，提高原料的利用率。

③利用粮食副产物发酵生产真菌多糖饮品。真菌（如金针菇、银耳、香菇、灵芝、猴头菇、茯苓、虫草等）中所含多糖具有免疫激活、抗肿瘤、抗衰老、降血糖、降血脂、保肝、防血栓等生理功能。可利用粮食副产物各种真菌，再以真菌为原料生产各种保健品。

④生产饲料。啤酒生产的主要原料是大麦、大米和酒花，但啤酒发酵主要利用原料中的淀粉，大部分蛋白质留在啤酒糟中，可以综合利用。白酒是我国传统的蒸馏酒，也是世界六大装储酒之一。过去10多年以来，由于国内酒类市场不断升温，啤酒消费也持续增加，白酒在市场所占份额稍微有所下降，但白酒的消费量依然很大。众所周知，目前用于发酵法酒精生产的原料主要有三大类：薯类（薯干）、谷物类（主要为玉米）和糖类（糖蜜）。不同原料生产得到的酒精糟液的组成有所差别，其综合利用的途径也各有异同。

第三节　废水废渣资源的综合利用

一、废水资源的综合利用

食品发酵工业废水最大的特点是本身无毒性且含有大量蛋白质、糖等可被微生物利用的

有机物，因此可以对这类废水进行二次利用，通过废水的再生利用直接生产转化为产品，从而达到减少最终污染物的处理费用、降低生产成本、减轻环境污染的目的。

（一）　单细胞蛋白生产

单细胞蛋白，也称菌体蛋白、微生物蛋白，它是以各种有机或无机营养物为培养基，在适宜条件下培养单细胞微生物，使其大量增殖，并将菌体、加工后产生的蛋白质收集。利用食品发酵工业废水生产单细胞蛋白的技术主要是采用专门选育的单一菌种在无菌条件下按一定的比例接种于配置好的废水和辅料发酵罐中进行培养，当菌体浓度最高时放罐收集菌体。培养方式采用连续发酵培养方式较好，这种方式有利于降低电耗，提高生产效率，提高原料利用率。连续发酵培养的重点在于控制好稀释率，使菌体生长始终处于对数期，从而达到最高生物量和最大程度地降低 COD。但此类方式存在以下两个方面的缺点：一是在生产过程中需要大量通风，能耗较大；二是有机废液浓度较低，因此菌体浓度也不会太高，后续分离干燥成本也较高。

（二）　生物酶类生产

1894 年，学者高峰让吉首次从霉菌中制备出高峰淀粉酶，开创了近代生物酶的生产。随后行业研究人员分别从动物脏器，果蔬，微生物中获取多种生物酶。随着基因工程技术的发展，酶的定向改造成为可能，这使行业内利用微生物获取酶比利用瓜果蔬菜和动物组织更加容易，使该种方法的使用成为行业首选。采用微生物利用废水废渣中的各类碳氮源生产高价值生物酶具有巨大的成本优势。目前，利用微生物菌群固态发酵的方法进行各种酶类的生产取得了可喜的结果。江南大学学者采用厨余垃圾作为米曲霉的培养基生产超低成本生物酶，将其用于污泥的预处理，提高厌氧消化速度。

（三）　生物质能源生产

目前生物质能源的开发利用主要集中在制备液态燃料和气态燃料上。液态燃料主要包括燃料乙醇、生物柴油等；气态燃料包括氢气和沼气等。

利用富含淀粉的粮食生产燃料乙醇（第一代生物质燃料乙醇）的技术已经成熟，但世界银行的政策研究报告表明，第一代生物质燃料乙醇的大规模发展导致粮食价格上涨 70%～75%，继续发展下去将导致全球 8 亿机动车与 20 亿贫困人口争粮的状况，因此现在世界各国均开始限制以粮食为原料的燃料乙醇企业的发展。以木质纤维素为原料的第二代生物质燃料乙醇的生产开发引起了世界各国的关注，但由于微生物不能直接利用纤维素产生酒精，而目前纤维素的降解技术还没有突破性进展，主要是菌种的纤维素酶活性普遍偏低，降解效率较差，所以用纤维素生产燃料乙醇的成本较高，还不适于大规模工业化生产。

近年来，利用沼气发酵法处理啤酒厂的工业废水，取得了较好的效果，不但使废水得以净化，还能产生大量的沼气，作为燃料使用。沼气发酵法生产沼气的主要流程如下：综合废水先流入酸发酵罐，在这里碳水化合物加水分解并通过厌氧微生物作用，生成乙酸、丙酸、酒精和氢气等，然后流入沼气发酵罐，以乙酸为主的低级脂肪酸，在厌氧沼气菌群作用下，生成沼气、CO_2 和氨气等，沼气浓度占 70%～90%。

我国是世界上沼气利用开展得较好的国家之一，生物质沼气技术已相当成熟，利用的原料主要是动物粪便和高浓度的有机废水，目前已进入商业化应用阶段。污水处理的大型沼气工程技术也已基本成熟，进入商业示范和初步推广阶段。

二、废渣资源的综合利用

（一）食品及食品添加剂生产

1. 啤酒废酵母在食品工业中的应用

啤酒酵母由于所含氨基酸、维生素和矿物质等营养成分比较丰富，因而在食品行业具有广阔的应用前景。啤酒酵母在食品中的最新用途是生产酵母蛋白营养粉。其生产过程如下：酵母泥稀释过筛后，自动沉淀，沉淀物用 5% 左右的氯化钠清洗脱苦，再经离心分离，加热自溶［控制温度在（50±1）℃］，制成的酵母乳液在 85℃ 下进行灭菌，此乳液添加一些营养成分，干燥即得成品。酵母蛋白营养粉可添加到面包、饼干和香肠等食品中，能赋予食品复杂而广阔的口味和浓郁感，在食品加工领域有广阔的应用前景。

利用啤酒废酵母制取鲜酱油、营养酱油的工艺已获得成功，为啤酒废酵母的应用开辟了一条新途径。啤酒酵母还可生产酵母浸膏，用作发酵工业的培养基，特别是用它做霉菌等真菌的培养效果最佳。另外，啤酒废酵母可生产肉香剂、核苷酸天然调味剂。

2. 啤酒糟在食品工业中的应用

啤酒糟采取深度加工后，部分产品含蛋白质高达 54%，且纤维素少，可以代替部分面粉，生产面包和饼干。由于蛋白质含量高，其营养价值和风味接近黑面包，市场前景好。啤酒糟还由于含有高蛋白等原因被用于再次发酵的原料，盐城工学院余晓红团队采用发酵法提取酚酸和低聚糖等高附加值产品，不仅可回收废弃物，变废为宝，且可充分利用功能性成分，满足功能性食品的市场需求。

3. 酒精工业废渣在食品及食品添加剂生产中的综合利用

薯类原料酒糟上清液中含有无机盐、粗蛋白，特别是可溶性无机氮含量高，可以生产淀粉酶。德国学者以枯草杆菌 ATCC 21556 为菌种，接入 3% 菌种在 30℃ 培养 29 h 后，发现发酵液中酶活性达最高值，该淀粉酶适宜的作用温度为 60℃。

糖化酶在酶制剂工业中应用广泛，以酒糟液替代部分原料生产糖化酶，可以大大降低糖化酶的生产成本。郑州轻工业学院对此进行研究，在产酶相当的前提下，用酒糟液生产糖化酶可节约生产用水 70%，节约原料 20%，具有很高的推广价值。

赖氨酸是动物不能自身合成的限制性氨基酸，在食品、医学及饲料方面应用广泛。黑龙江省轻工科学研究院以玉米（含薯类）酒糟为原料，用赖氨酸产生菌 FL-02 进行固态发酵，赖氨酸的含量可达 4%~6%，并伴有多种酶、维生素及氨基酸生成，为有效利用酒精糟液开辟了一条新途径。

4. 白酒工业废渣在食品及食品添加剂生产中的综合利用

利用酒糟可栽培多种食用菌，如平菇、金针菇、香菇、凤尾菇、黄背木耳、黑木耳猴头菌等。酒糟栽培食用菌的技术，通常是首先对酒糟进行预处理，用日光曝晒法除去酒糟中含有的醇类、醛类及易挥发有机酸类，然后加 4% 左右（鲜酒糟加 1.5% 左右）石灰降低酒糟酸度，再添加一定比例的辅料（如木屑、米糠、磷酸钙等），经装袋灭菌、接种和发酵，并按规程管理，控制好温度、湿度，即可取得较好的收益。

一般白酒酒糟中含有一定量的粗淀粉、粗蛋白、糖和有机酸，因而作为酿醋原料是酒糟综合利用的途径之一，所用菌种为甘薯曲霉 As3.324、米曲霉 3.811、自然曲、K40 酵母菌和醋酸菌 Asl.41。其在酒糟原料中添加配料麸皮、大米、米粉或面粉等。

在白酒生产中，甘油是以淀粉为原料发酵酸酒的后期产物，当乙醇蒸出后，少量甘油则留在酒糟中，一般含量为每吨酒糟中含甘油 1~3 kg。若单纯对酒糟中含有的如此少量的甘油进行提取，从提取设备、工艺技术和成本效益上考虑是没有经济价值和实际意义的，但酒糟中尚含有在酿酒过程中没有完全利用的淀粉，占酒糟的 10% 左右，可经过再发酵，制取甘油产品。

5. 黄酒糟在食品中的应用

黄酒是历史悠久、营养丰富的民族传统美酒，早在一千多年前已负盛名。近年来，随着人们生活水平的提高，黄酒消费旺盛，黄酒业有了新的发展，开发了机械化黄酒生产等新工艺。但黄酒行业的迅速发展带来的环境污染问题也日趋严重，引起人们的关注。黄酒发酵成熟后，经过滤使酒液与固形物分离，滤渣即为黄酒糟。黄酒糟含有大量淀粉、蛋白质和酒精等，又具有黄酒的香味，用途很广，是很有利用价值的副产品。由于黄酒品种不同，原料和生产工艺不一样，因此出糟率差别甚大。普通黄酒出糟率一般为 20%~30%。绍兴黄酒酿造时使用较多的生麦曲作糖化剂，因其生淀粉在糖化过程中不能被充分分解利用而残留下来，因此出糟率相对较高，如元红酒为 31% 左右，加饭酒为 33% 左右。

（二）　有效成分的提取和再利用

1. 啤酒废酵母在生物制药工业上的应用

啤酒酵母除含有多种生物活性物质外，还含有许多完整的酶系，所以啤酒酵母是提取多种生化物质及生化药物的宝贵资源。例如，从酵母细胞中提取凝血质、麦甾醇和卵磷脂，利用啤酒酵母制取核酸、核苷酸、核苷类药物，制取药物果糖二磷酸钠、谷胱甘肽和葡聚糖等。

2. 酒花糟的开发利用

利用酒花糟可提取酒花浸膏，进一步制取酒花素片和酒花油剂。酒花素是一种疗效高、副作用小、疗程短的广谱抗菌类药物。酒花素中的葎草酮、蛇麻酮具有脂溶性能、容易穿透结核杆菌的薄膜而发生复合作用，破坏菌体的生长而使之死亡。故酒花素作抗结核病药效果好。酒花浸膏的生产已工业化，目前最新的生产工艺采用超临界 CO_2 萃取技术，解决常规萃取溶剂的残留问题。

3. 葡萄酒工业废渣中有效成分的提取和再利用

对于含色素较高的红葡萄酒糟，可以用 70℃ 的热水加以浸提，然后使浸提液经冷却器进入沉淀槽分离杂质，再通过树脂柱，使色素被树脂吸附，当树脂吸附饱和后，用酒精将色素洗脱下，树脂再生，对溶有色素的酒精溶液进行减压蒸馏，最后的色素溶液经过干燥获得色素粉。提取所得的葡萄皮红色素有一定的耐光性，短时间能耐较高温度，它色泽鲜艳，无毒无害，是一种比较理想的天然色素，可广泛应用于酸性食品和饮料，但遇铁会使其结构发生变化，产生沉淀，因而生产和应用时，应避免与铁制品接触。

另外，葡萄皮中含有一定量的纤维素和果胶物质，果胶的提取率与所使用的溶剂有关，一般情况下得到的果胶含量为干物质含量的 5%~9%，其果胶性质接近高脂果胶。

思考题

①简述食品发酵工业废水、废渣处理的基本方法。

②废水、废渣的减量，当前应该从哪些途径来实现?

③简述清洁生产的概念及特点。如何联系实际将其应用于生产上?

④如何最大限度地对各种发酵食品的废物进行利用?

参考文献

[1] 樊明涛, 张文学. 发酵食品工艺学 [M]. 北京: 科学出版社, 2021.

[2] 徐岩. 发酵工程 [M]. 2版. 北京: 高等教育出版社, 2022.

[3] 张兰威. 发酵食品原理与技术 [M]. 北京: 科学出版社, 2014.

[4] 赵蕾. 食品发酵工艺学（双语教材）[M]. 北京: 科学出版社, 2016.

[5] 杨生玉, 张建新. 发酵工程 [M]. 北京: 科学出版社, 2013.

[6] 何国庆. 食品发酵与酿造工艺学 [M]. 北京: 中国农业出版社, 2001.

[7] 刘井权. 豆制品发酵工艺学 [M]. 哈尔滨: 哈尔滨工程大学出版社, 2017.

[8] 王传荣. 发酵食品生产技术 [M]. 北京: 科学出版社, 2006.

[9] 江成英, 吴耘红. 生物工程实验原理与技术 [M]. 大连: 大连理工大学出版社, 2013.

[10] 刘仲敏. 现代应用生物技术 [M]. 北京: 化学工业出版社, 2004.

[11] 许赣荣, 胡鹏刚. 发酵工程 [M]. 北京: 科学出版社, 2013.

[12] 汪志君, 韩永斌, 姚晓玲. 食品工艺学 [M]. 北京: 中国质检出版社, 2012.

[13] 姚汝华, 周世水. 21世纪生物科学与工程系列教材 微生物工程工艺原理 [M]. 2版. 广州: 华南理工大学出版社, 2005.

[14] 靳烨. 畜禽食品工艺学 [M]. 北京: 中国轻工业出版社, 2004.

[15] 陶兴无. 发酵产品工艺学 [M]. 2版. 北京: 化学工业出版社, 2016.

[16] 李兰平, 王成涛. 发酵食品安全生产与品质控制 [M]. 北京: 化学工业出版社, 2005.

[17] 张惟广. 发酵食品工艺学 [M]. 北京: 中国轻工业出版社, 2005.

[18] 侯红萍. 发酵食品工艺学 [M]. 北京: 中国农业大学出版社, 2016.

[19] 尚丽娟. 发酵食品生产技术 [M]. 北京: 中国轻工业出版社, 2018.

[20] 陈坚, 方芳, 周景文, 等. 发酵食品生物危害物的形成机制与消除策略 [M]. 北京: 化学工业出版社, 2017.

[21] Brian J B Wood. 发酵食品微生物 [M]. 2版 北京: 中国轻工业出版社, 2001.

[22] 姜锡瑞. 生物发酵产业技术 [M]. 北京: 中国轻工业出版社, 2016.

[23] 秦人伟, 郭兴要, 李君武. 食品与发酵工业综合利用 [M]. 北京: 化学工业出版社, 2009.

[24] 解万翠. 水产发酵调味品加工技术 [M]. 北京: 科学出版社, 2019.

[25] 田洪涛. 现代发酵工艺原理与技术 [M]. 北京: 化学工业出版社, 2007.

[26] 陈坚, 汪超, 朱琪, 等. 中国传统发酵食品研究现状及前沿应用技术展望 [J]. 食品科学技术学报, 2021, 39 (2): 1-7.

[27] 甘晖. 几种常见的传统水产调味料的制作方法 [J]. 科学养鱼, 2014 (6): 76-77.

[28] 石毛直道. 发酵食品文化——以东亚为中心 [J]. 楚雄师范学院学报, 2014, 29 (5): 7-13.

[29] 付欣, 于淼, 鲁明, 等. "双发"食品研究进展及发展趋势初探 [J]. 食品工业,

2020, 41 (4): 217-221.

[30] 刘肖冰. 我国蔬菜发酵加工现状与发展方向 [J]. 食品安全导刊, 2019 (24): 66-67.

[31] 杜连启, 吴燕涛. 酱油食醋生产新技术 [M]. 北京: 化学工业出版社, 2010.

[32] 殷涌光, 刘静波. 大豆食品工艺学 [M]. 北京: 化学工业出版社, 2006.

[33] 徐凌. 食品发酵酿造 [M]. 北京: 化学工业出版社, 2011.

[34] 王福源. 现代食品发酵技术 [M]. 北京: 中国轻工业出版社, 1998.

[35] 余龙江. 发酵工程原理与技术 [M]. 2 版. 北京: 高等教育出版社, 2021.

[36] 韦平和, 李冰峰, 闵玉涛. 酶制剂技术 [M]. 北京: 化学工业出版社, 2012.

[37] 王秋菊, 崔一喆. 微生态制剂技术与应用 [M]. 北京: 化学工业出版社, 2018.

[38] 杨昌鹏. 酶制剂生产与应用 [M]. 北京: 中国环境科学出版社, 2006.

[39] 韦革宏, 杨祥. 发酵工程 [M]. 北京: 科学出版社, 2008.

[40] 王岁楼, 熊卫东. 生化工程 [M]. 北京: 中国医药科技出版社, 2002.

[41] 韦革宏, 史鹏. 发酵工程 [M]. 2 版 北京: 科学出版社, 2021.

[42] 姚汝华, 周世水. 微生物工程工艺原理 [M]. 广州: 华南理工大学出版社, 2013.

[43] 李平兰, 王成涛. 发酵食品安全生产与品质控制 [M]. 北京: 化学工业出版社, 2005.

[44] 王淼. 食品风味物质与生物技术 [M]. 北京: 中国轻工业出版社, 2004.

[45] 孙俊良. 酶制剂生产技术 [M]. 北京: 科学出版社, 2004.

[46] 黄亚东. 白酒生产技术 [M]. 北京: 中国轻工业出版社, 2012.

[47] 逯家富, 赵金海. 啤酒生产技术 [M]. 北京: 科学出版社, 2004.

[48] 贺小贤. 生物工艺原理 [M]. 北京: 化学工业出版社, 2003.

[49] 逯家富, 彭欣莉. 啤酒生产实用技术 [M]. 北京: 科学出版社, 2010.

[50] 高玉荣. 发酵调味品加工技术 [M]. 哈尔滨: 东北林业大学出版社, 2008.

[51] 孙欣. 吸附与包埋技术固定化乳酸菌及其性质研究 [D]. 青岛: 中国海洋大学, 2007.

[52] 陈宁. 氨基酸工艺学 [M]. 北京: 中国轻工业出版社, 2007.

[53] 郑友军. 调味品生产工艺与配方 [M]. 北京: 中国轻工业出版社, 1998.

[54] 张秀玲, 包怡红. 果酒加工与果酒文化 [M]. 哈尔滨: 黑龙江科学技术出版社, 2007.

[55] 胡斌杰, 胡莉娟, 公维庶. 发酵技术 [M]. 武汉: 华中科技大学出版社, 2012.

[56] 臧学丽, 胡莉娟. 实用发酵工程技术 [M]. 北京: 中国医药科技出版社, 2017.

[57] 宋超生. 微生物与发酵基础教程 [M]. 天津: 天津大学出版社, 2007.

[58] 张水华, 刘耘. 调味品生产工艺学 [M]. 广州: 华南理工大学出版社, 2000.

[59] 贺小贤. 生物工艺原理 [M]. 2 版. 北京: 化学工业出版社, 2008.

[60] 田晓菊. 调味品加工实用技术 [M]. 宁夏: 宁夏人民出版社, 2010.

[61] 陈福生. 食品发酵设备与工艺 [M]. 北京: 化学工业出版社, 2011.

[62] 韩北忠. 发酵工程 [M]. 北京: 中国轻工业出版社, 2013.

[63] 李洪军. 畜产食品加工学 [M]. 北京: 中国农业大学出版社, 2021.

[64] 周光宏. 畜产食品加工学/面向 21 世纪课程教材 [M]. 北京: 中国农业大学出版

社，2002.

[65] 梅乐和，姚善泾 林东强．生化生产工艺学 ［M］．2 版．北京：科学出版社，2007.

[66] 葛向阳，田焕章，梁运祥．生物技术和生物工程专业规划教材 酿造学 ［M］．北京：高等教育出版社，2005.

[67] 梅乐和，姚善泾，林东强．生化生产工艺学 ［M］．北京：科学出版社，1999.

[68] 顾国贤．酿造酒工艺学 ［M］．北京：中国轻工业出版社，1996.

[69] 苏东海．酱油生产技术 ［M］．北京：化学工业出版社，2010.

[70] 黄儒强，李玲．生物发酵技术与设备操作 ［M］．北京：化学工业出版社，2006.

[71] 胡洪波．生物工程产品工艺学 ［M］．北京：高等教育出版社，2006.

[72] 田木．益生菌复合微生态制剂的制备工艺及免疫功能研究 ［D］．吉林：吉林大学，2023.

[73] 熊宗贵．发酵工艺原理 ［M］．北京：中国医药科技出版社，1995.

[74] 孙欣，陈西广．保持益生菌食品中益生菌活性的技术方法 ［J］．食品工业科技，2007，28（9）：4.